"十三五"国家重点出版物
出版规划项目

纳米材料前沿 >

Graphene: From Basics to Applications

# 石墨烯
## 从基础到应用

刘云圻 等编著

化学工业出版社

·北京·

本书依据作者研究团队以及国内外石墨烯材料的最新研究进展，从基础到应用较全面地概述了石墨烯的基本概念、基本理论和原理，详细叙述了石墨烯的制备方法、生长机理、凝聚态结构和石墨烯化学，重点阐述了石墨烯的电学性质、光学性质和磁学性质，最后较为系统地介绍了石墨烯在复合材料、能源材料和工业应用等方面的前景和存在的挑战。

本书可供高等院校化学、材料、物理和信息等专业高年级本科生、研究生以及研究院所科研人员参考和阅读。

**图书在版编目（CIP）数据**

石墨烯：从基础到应用/刘云圻等编著．—北京：化学工业出版社，2017.9（2020.1重印）
（纳米材料前沿）
ISBN 978-7-122-30154-3

Ⅰ.①石⋯　Ⅱ.①刘⋯　Ⅲ.①石墨-纳米材料-研究　Ⅳ.①TB383

中国版本图书馆CIP数据核字（2017）第164277号

---

责任编辑：韩霄翠　仇志刚
文字编辑：李　玥
责任校对：宋　玮
装帧设计：尹琳琳

---

出版发行：化学工业出版社
　　　　（北京市东城区青年湖南街13号　邮政编码100011）
印　　装：北京瑞禾彩色印刷有限公司
710mm×1000mm　1/16　印张28¼　字数480千字
2020年1月北京第1版第3次印刷

购书咨询：010-64518888
售后服务：010-64518899
网　　址：http://www.cip.com.cn

凡购买本书，如有缺损质量问题，本社销售中心负责调换。

---

定　价：148.00元　　　　　　　　　　　　　　版权所有　违者必究

## 石墨烯：从基础到应用

### 编写人员名单
（按姓氏汉语拼音排序）

| | |
|---|---|
| 鲍桥梁 | 苏州大学 |
| 蔡　智 | 复旦大学 |
| 付　磊 | 武汉大学 |
| 耿德超 | 中国科学院化学研究所 |
| 韩江丽 | 武汉大学 |
| 孔德斌 | 国家纳米科学中心 |
| 李鹏飞 | 苏州大学 |
| 李绍娟 | 苏州大学 |
| 刘津欣 | 武汉大学 |
| 卢文静 | 武汉大学 |
| 苗力孝 | 国家纳米科学中心 |
| 沐浩然 | 苏州大学 |
| 石高全 | 清华大学 |
| 王　帅 | 华中科技大学 |
| 王西鸾 | 北京林业大学 |
| 王　钰 | 中国科学院过程工程研究所 |
| 王玉生 | 苏州大学 |
| 魏大程 | 复旦大学 |
| 夏庆林 | 中南大学 |
| 肖　菲 | 华中科技大学 |
| 薛运周 | 苏州大学 |
| 张　涛 | 武汉大学 |
| 张哲野 | 华中科技大学 |
| 赵增华 | 中国科学院过程工程研究所 |
| 智林杰 | 国家纳米科学中心 |

## 总序

纳米材料是国家战略前沿重要研究领域。《中华人民共和国国民经济和社会发展第十三个五年规划纲要》中明确要求："推动战略前沿领域创新突破，加快突破新一代信息通信、新能源、新材料、航空航天、生物医药、智能制造等领域核心技术"。发展纳米材料对上述领域具有重要推动作用。从"十五"期间开始，我国纳米材料研究呈现出快速发展的势头，尤其是近年来，我国对纳米材料的研究一直保持高速发展，应用研究屡见报道，基础研究成果精彩纷呈，其中若干成果处于国际领先水平。例如，作为基础研究成果的重要标志之一，我国自2013年开始，在纳米科技研究领域发表的SCI论文数量超过美国，跃居世界第一。

在此背景下，我受化学工业出版社的邀请，组织纳米材料研究领域的有关专家编写了"纳米材料前沿"丛书。编写此丛书的目的是为了及时总结纳米材料领域的最新研究工作，反映国内外学术界尤其是我国从事纳米材料研究的科学家们近年来有关纳米材料的最新研究进展，展示和传播重要研究成果，促进学术交流，推动基础研究和应用基础研究，为引导广大科技工作者开展纳米材料的创新性工作，起到一定的借鉴和参考作用。

类似有关纳米材料研究的丛书其他出版社也有出版发行，本丛书与其他丛书的不同之处是，选题尽量集中系统，内容偏重近年来有影响、有特色的新颖研究成果，聚焦在纳米材料研究的前沿和热点，同时关注纳米新材料的产业战略需求。丛书共计十二分册，每一分册均较全面、系统地介绍了相关纳米材料的研究现状和学科前沿，纳米材料制备的方法学，材料形貌、结构和性质的调控技术，常用研究特定纳米材料的结构和性质的手段与典型研究结果，以及结构和性质的优化策略等，并介绍了相关纳米材料在信息、生物医药、环境、能源等领域的前期探索性应用研究。

丛书的编写，得到化学及材料研究领域的多位著名学者的大力支持和积极响应，陈小明、成会明、刘云圻、孙世刚、张洪杰、顾忠泽、王训、杨卫民、张立群、唐智勇、王春儒、王树等专家欣然应允分别担任分册组织人员，各位作者不懈努力、齐心协力，才使丛书得以问世。因此，丛书的出版是各分册作者辛勤劳动的结果，是大家智慧的结晶。另外，丛书的出版得益于化学工业出版社的支持，得益于国家出版基金对丛书出版的资助，在此一并致以谢意。

众所周知，纳米材料研究范围所涉甚广，精彩研究成果层出不穷。愿本丛书的出版，对纳米材料研究领域能够起到锦上添花的作用，并期待推进战略性新兴产业的发展。

万立骏
识于北京中关村
2017年7月18日

# 序
PREFACE

碳在元素周期表中排第六位，是第二周期第Ⅳ族主族元素。碳原子拥有六个核外电子，其电子构型为 $1s^2 2s^2 2p^2$，最外层有四个价电子。两个碳原子通过 $sp^3$、$sp^2$ 和 sp 杂化，分别可以形成 C—C 单键、C=C 双键和 C≡C 叁键。正是由于碳元素的电子结构和不同的碳碳键成键方式，造就了碳材料结构的奇特性和种类的多样性。无论是价值连城、坚硬无比的钻石，乌黑柔软的石墨，还是被称为固体石油的煤都由碳元素构成。不仅如此，数以千万计的有机化合物和具有无穷奥妙的生命体，它们的主体元素也是碳。近年来，随着纳米材料科学的飞速发展，碳家族不断添加新成员。1985 年罗伯特·柯尔（Robert F.Curl）等人制备出了 $C_{60}$，其结构和建筑师富勒（Fuller）的代表作相似，所以称为富勒烯（Fullerene）。哈罗德·克罗托（Harold W.Kroto）、理查德·斯莫利（Richard E.Smalley）和罗伯特·柯尔亦因共同发现 $C_{60}$ 并确认和证实其结构而获得 1996 年诺贝尔化学奖。1991 年日本电子公司的饭岛澄男（Sumio Iijima）博士发现了碳纳米管。2004 年，英国曼彻斯特大学物理学家安德烈·海姆（Andre K.Geim）和康斯坦丁·诺沃肖洛夫（Konstantin S.Novoselov），成功地从石墨中剥离出石墨烯，两人也因此共同获得 2010 年诺贝尔物理学奖。零维的富勒烯、一维的碳纳米管、二维的石墨烯及三维的石墨和金刚石构成了完整的碳系家族，尤其是二维的石墨烯已成为该家族中一颗耀眼的科学明星。

石墨烯是由一层碳原子构成的周期六方点阵蜂窝状二维晶体。其中每个碳原子与其他 3 个碳原子通过 σ 键相连接，剩余的 1 个 p 电子轨道垂直于石墨烯平面，每个碳原子贡献 1 个未成键的 π 电子，与周围的原子形成 π 共轭的网络结构。与其他碳材料相比，石墨烯具有完美的大 π 共轭体系和最薄的单层原子厚度的结构，这使得石墨烯拥有非常优异和独特的光、电、磁、力等物理性能和化学性能，致使石墨烯材料在高性能复合材料、智能材料、电子器件、太阳能电池、能量储存装置和药物载体等领域具有极其广阔的应用前景。为此，各国的政府、高等院校、科研院所和企业进行了大量的人力、物力和财力的投资。英国是石墨烯的故乡，2013 年英国政府投资 6100 万英镑在曼彻斯特大学创建国家石墨烯研究院,以使英国在石墨烯研究方面继续保持世界领先水平。2015年英国政府又投资6000万英镑同样在曼彻斯特大学成立石墨烯工程创新中心,旨在打造新的尖端石墨烯研究设施,实现"发现在英国""制造也在英国"的国家目标。2015年欧洲提出石墨烯旗舰计划,预计10年累计投资10亿英镑,旨在把石墨烯及相关二维材料从实验室推广到社会应用中。美国"国家纳米技术计划"将石墨烯作为重要组成部分,2004~2013年间美国国家自然科学基金会资助了近500项石墨烯研究项目。我国对石墨烯的研究和应用开发高度重视,仅科学技术部(科技部)国家重点基础研究发展计划(973计划)就先后立项三项;2015年11月,工业和信息化部联合国家发展和改革委员会、科技部出台了《关于加快石墨烯产业创新发展的若干意见》,提出我国石墨烯材料未来5年的发展目标。目前,我国已成为石墨烯研究和应用开发最为活跃的国家之一。数据显示,我国发表的研究论文数、申请的专利数均为全球第一,其中专利数占全世界的1/3。

在这样的背景下,《石墨烯:从基础到应用》一书应运而生。当今,出版一本介绍石墨烯的基本知识,全面分析和总结已经取得的大量成果,正确把握未来的研究和发展方向,促进和开拓石墨烯独特性能的实际应用的高质量专著非常及时,也很有必要。本书的作者长期专注于石墨烯的研究工作,在石墨烯的制备、结构表征、化学反应、光、电、磁性能研究,以及石墨烯在复合材料、能源材料和工业应用等方面取得了一系列优秀的成果,受到国内外同行的关注和肯定。在此基础上,他们经过认真分析、归纳、思考,最终写成《石墨烯:从基础到应用》一书。相信本书出版后,无论是从事石墨烯研究与开发的科技工作者,还是对石墨烯感兴趣的大学生、研究生、企业家以及管理人员,都会从本书中获得知识、得到启发,进而提升我国石墨烯的原始创新能力,推进石墨烯产业化的发展,实现从跟踪、追赶到并跑、再到领跑的目标。

中国科学院院士
北京大学教授

# 前言 FOREWORD

2004年，英国曼彻斯特大学物理学家安德烈·海姆和康斯坦丁·诺沃肖洛夫用胶带剥离法成功地从石墨中剥离出石墨烯。2010年两人共同获得诺贝尔物理学奖，这在诺贝尔授奖史上是比较迅速的。石墨是块状晶体材料，石墨烯是二维单层原子晶体材料，两者化学组成相同，就其物质本身而言，石墨烯并不是一种新物质，两者的根本区别在于厚度不同。另外，在做扫描隧道显微镜实验时，为了得到干净的表面，即用胶带剥离高取向的石墨，所以胶带剥离法也不是新方法。那么为什么海姆和诺沃肖洛夫教授能凭借石墨烯获得诺贝尔奖？这值得我们深思。究其原因主要有三个。首先，观念上有突破。经典的二维晶体理论认为：准二维晶体材料由于其本身的热力学扰动，在常温常压下会迅速分解从而不能稳定存在。海姆和诺沃肖洛夫教授从实验上证明二维晶体材料在常温常压下能稳定存在，突破了传统观念。其次，石墨烯独一无二的性能。石墨烯具有许多优异的性能，迄今为止，有些性能仍是独一无二的。如：高强度，石墨烯的强度比金刚石还高（杨氏模量1100GPa，断裂强度125GPa），比世界上最好的钢铁高100倍；高透明性，单层石墨烯的透光度97.7%，几乎完全透明；高导热性，热导率5000$W\cdot m^{-1}\cdot K^{-1}$，是铜的10倍；高载流子迁移率，室温载流子迁移率200000$cm^2\cdot V^{-1}\cdot s^{-1}$，是单晶硅的100倍。由于石墨烯的高载流子迁移率，石墨烯基场效应晶体管的截止频率高达400GHz，所以有学者认为："碳电子学"有可能取代"硅电子学"，从而开创电子学的新时代，这是第三个原因。认真思考石墨烯的发现及海姆和诺沃肖洛夫教授凭此获得诺贝尔奖的原因，对我们如何做开拓性、高水平的研究，乃至如何评价研究成果，不无启发和领悟。

除了上述独一无二的性能外，石墨烯还具有高比表面积（2630$m^2\cdot g^{-1}$）、高载流子浓度（$10^{13}cm^{-2}$）和高的环境、化学、热稳定性。石墨烯是目前已发现的最轻、最薄、强度最大、导电性和导热性最好的材料。石墨烯的这些优异性能一方面激发了人们的研究热情，另一方面掀起了应用开发和产业化的热潮。无论何种材料，其最基本的两个属性：一是能"成材"，如石材、钢材和塑材等；二是能"赚钱"。因此，一些基于石墨烯、含石墨烯或石墨烯改性的展品或产品已面世，如触摸屏、导静电轮胎、导电油墨、移动电源、取暖器、散热器、功能涂料、复合材料和润滑剂等。中国是石墨烯资源大国，也是石墨烯研究和应用开发最活跃的国家之一。预计2020年全球石墨烯市场将达到1000亿美元，其中，我国的石墨烯市场将占据50%以上的份额，在全球市场上占据主导地位，实现石墨烯"开花在英国""结果在中国"的国家目标。

受如此大好形势的鼓舞和推动，我们编著了《石墨烯：从基础到应用》一书。本书共分9章。第1章由耿德超博士撰写，介绍了石墨烯的基础知识，包括发现历史，结构、性能和表征手段。第2章由张涛、卢文静、韩江丽、刘津欣和付磊教授撰写，总结了石墨烯的各种制备方法，包括剥离法、SiC外延生长法、电弧放电法、氧化还原法、化学气相沉积法、偏析生长法和自下而上合成法，并对各种制备方法的优缺点进行了评述。第3章由王西鸾副教授和石高全教授撰写，概述了石墨烯化学，包括石墨烯的功能化、化学掺杂、光化学、催化化学和超分子化学。第4章由魏大程教授和蔡智撰写，首先介绍了石墨烯的基本电学性质，接着阐述了电学性能的调控方法，然后介绍了石墨烯在电学器件方面的应用。第5章由李绍娟、沐浩然、王玉生、李鹏飞、薛运周和鲍桥梁教授撰写，首先介绍了石墨烯的线性、非线性光学性质；然后重点综述了石墨烯的各种光学原型器件，包括激光器、光调制器、光偏振器和光探测器；最后介绍了石墨烯表面等离子体的基础知识、观测方法和应用。第6章由夏庆林教授撰写，概述了石墨烯的磁学性质。第7章由苗力孝、孔德斌和智林杰研究员撰写，简要评述了石墨烯基复合材料在五个方面的应用，包括电学复合材料、光学复合材料、生物复合材料、力学热学复合材料和石墨烯基复合材料在其他领域中的应用。第8章由张哲野博士、肖菲副教授和王帅教授撰写，展示了石墨烯作为能源材料的特点和优势以及在超级电容器、二次电池、燃料电池、太阳能电池和储氢等方面的应用前景。第9章由赵增华和王钰研究员撰写，从工业应用的角度评述了石墨烯在功能材料、能量存储与转换和环境监测与治理三个方面的应用前景。虽机遇与风险并存，但前途光明。

中国科学院院士、北京大学刘忠范教授在百忙之中欣然为本书作序，为本书增色不少，我们非常感激。

石墨烯的基础研究和应用开发发展十分迅速，新的知识、成果不断涌现，文献资料指数式增加，由于编著者的水平有限，书中难免有不妥之处，恳请专家和读者批评指正！

2017年3月

# Chapter 1

## 第1章
## 石墨烯的基础知识

001
耿德超
（中国科学院化学研究所）

| | | |
|---|---|---|
| 1.1 | 石墨烯的发现历史 | 002 |
| 1.2 | 石墨烯的基本结构与性能 | 006 |
| 1.2.1 | 石墨烯的基本结构 | 006 |
| 1.2.2 | 石墨烯的基本性能 | 006 |
| 1.3 | 石墨烯的基本表征手段 | 015 |
| 1.3.1 | 光学显微分析 | 015 |
| 1.3.2 | 电子显微分析 | 018 |
| 1.3.3 | 扫描探针显微分析 | 022 |
| 1.3.4 | 拉曼光谱分析 | 026 |
| **参考文献** | | **027** |

# Chapter 2

## 第2章
## 石墨烯的制备

033
张涛，卢文静，韩江丽，刘津欣，付磊
（武汉大学化学与分子科学学院）

| | | |
|---|---|---|
| 2.1 | 剥离法 | 034 |
| 2.1.1 | 机械剥离法 | 034 |
| 2.1.2 | 化学剥离法 | 037 |
| 2.2 | SiC 表面外延生长法 | 041 |
| 2.2.1 | 在SiC的Si终止面外延生长石墨烯 | 042 |
| 2.2.2 | 在SiC的C终止面外延生长石墨烯 | 043 |
| 2.3 | 电弧放电法 | 044 |
| 2.4 | 氧化还原法 | 045 |
| 2.4.1 | 石墨氧化物的制备 | 045 |

# 目录 CONTENTS

2.4.2 石墨氧化物的还原　049

**2.5 化学气相沉积法**　**056**
2.5.1 金属表面化学气相沉积　056
2.5.2 绝缘基底表面化学气相沉积　073

**2.6 其他方法**　**076**
2.6.1 偏析生长石墨烯　077
2.6.2 自下而上合成石墨烯　079
2.6.3 切开碳纳米管制备石墨烯　080
2.6.4 TEM电子束石墨化　081

**2.7 石墨烯的转移**　**082**
2.7.1 将机械剥离的石墨烯转移至任意基底上　083
2.7.2 剥离SiC表面外延生长的石墨烯　085
2.7.3 将金属上以CVD法生长的石墨烯
　　　转移至任意基底上　087
2.7.4 任意基底上生长的石墨烯的通用转移法　095
2.7.5 小结　096

**参考文献**　**097**

3.1 引言　106
3.2 石墨烯功能化　107
3.2.1 石墨烯平面的共价功能化　108
3.2.2 石墨烯边缘的共价功能化　117
3.2.3 非共价功能化石墨烯　120
3.3 石墨烯掺杂　122

## Chapter 3

**第3章**
**石墨烯化学**

105

王西鸾，石高全
（北京林业大学材料科学与技术学院，清华大学化学系）

| 3.3.1 | 表面转移掺杂 | 123 |
| 3.3.2 | 取代掺杂 | 124 |

**3.4 石墨烯光化学**     129

| 3.4.1 | 基于自由基的光化学反应 | 130 |
| 3.4.2 | 光还原反应 | 132 |

**3.5 石墨烯催化化学**     134

| 3.5.1 | 氧化石墨烯催化 | 134 |
| 3.5.2 | 还原氧化石墨烯催化 | 136 |
| 3.5.3 | 杂化石墨烯催化 | 137 |
| 3.5.4 | 功能化石墨烯催化 | 138 |

**3.6 石墨烯超分子化学**     139

| 3.6.1 | 液晶行为 | 139 |
| 3.6.2 | 自组装 | 142 |
| 3.6.3 | 三维自组装 | 144 |

**3.7 总结与展望**     152

**参考文献**     153

# Chapter 4

## 第 4 章 石墨烯的电学性质

魏大程，蔡智
（复旦大学高分子科学系）

| 4.1 | 石墨烯的基本电学性质 | | 168 |
| 4.2 | 对石墨烯电学性能的调控 | | 170 |
| | 4.2.1 | 通过物理的方法 | 170 |
| | 4.2.2 | 通过化学的方法 | 173 |
| | 4.2.3 | 通过构建异质结的方法 | 183 |
| 4.3 | 石墨烯在电学方面的应用 | | 185 |
| | 4.3.1 | 石墨烯场效应晶体管 | 185 |

4.3.2 石墨烯高频器件　　　　　　　　189

4.3.3 石墨烯逻辑电路　　　　　　　　192

4.3.4 石墨烯传感器　　　　　　　　　195

4.3.5 石墨烯存储器件　　　　　　　　198

4.3.6 石墨烯电极　　　　　　　　　　202

4.3.7 光电探测器　　　　　　　　　　204

4.3.8 石墨烯量子点器件　　　　　　　205

**参考文献**　　　　　　　　　　　　　　206

# Chapter 5

## 第5章 石墨烯的光学性质及光电子应用

211

李绍娟，沐浩然，王玉生，李鹏飞，薛运周，鲍桥梁
（苏州大学功能纳米与软物质研究院，苏州纳米科技协同创新中心）

5.1 石墨烯的光学性质　　　　　　　　212

　5.1.1 石墨烯的线性光学性质　　　　212

　5.1.2 石墨烯的非线性光学性质　　　213

5.2 石墨烯在激光器中的应用　　　　　215

　5.2.1 基于石墨烯的锁模光纤激光器应用　　217

　5.2.2 基于石墨烯的调Q光纤激光器应用　　220

　5.2.3 石墨烯在固体激光器上的应用　　221

5.3 基于石墨烯的光调制器　　　　　　223

　5.3.1 基于直波导结构的石墨烯电光调制器　　223

　5.3.2 基于微环及马赫-曾德尔结构的
　　　　石墨烯电光调制器　　　　　　226

　5.3.3 基于平面结构的石墨烯电光调制器　　229

5.4 基于石墨烯的光偏振器　　　　　　232

5.5 基于石墨烯的光探测器　　　　　　234

　5.5.1 基于石墨烯的超快、宽波段光探测器　　234

　5.5.2 等离子体增强的石墨烯光探测器　　235

| | | |
|---|---|---|
| 5.5.3 | 共振腔增强的石墨烯光探测器 | 238 |
| 5.5.4 | 波导型石墨烯光探测器 | 239 |
| 5.5.5 | 叠层范德华异质结型光探测器 | 241 |
| **5.6** | **石墨烯的表面等离子体** | **242** |
| 5.6.1 | 石墨烯表面等离子体的激发机制 | 243 |
| 5.6.2 | 石墨烯表面等离子体的观测方法 | 245 |
| 5.6.3 | 石墨烯表面等离子体的应用 | 250 |
| **5.7** | **总结与展望** | **254** |
| **参考文献** | | **255** |

# Chapter 6

## 第6章 石墨烯的磁学性质

夏庆林
（中南大学物理与电子学院）

| | | |
|---|---|---|
| **6.1** | **引言** | **264** |
| **6.2** | **磁性基本知识** | **266** |
| 6.2.1 | 微观物质（原子）的磁性 | 266 |
| 6.2.2 | 宏观物质的磁性 | 266 |
| **6.3** | **缺陷对石墨烯磁性的影响** | **268** |
| 6.3.1 | 点缺陷 | 268 |
| 6.3.2 | 晶界和边界（线缺陷） | 273 |
| 6.3.3 | 石墨烯纳米带的磁性 | 277 |
| **6.4** | **掺杂对石墨烯磁性的影响** | **277** |
| 6.4.1 | 非磁性元素掺杂 | 277 |
| 6.4.2 | 磁性元素掺杂 | 280 |
| **6.5** | **原子和分子/团簇吸附对石墨烯磁性的影响** | **280** |

| | |
|---|---|
| 6.5.1 原子吸附 | 280 |
| 6.5.2 分子吸附 | 282 |
| **6.6 石墨烯的超导电性** | 284 |
| **6.7 总结与展望** | 287 |
| **参考文献** | 287 |

# Chapter 7

## 第7章
## 石墨烯基复合材料

299 —— 苗力孝，孔德斌，智林杰
（国家纳米科学中心）

| | |
|---|---|
| **7.1 引言** | 300 |
| **7.2 石墨烯基电学复合材料** | 302 |
| 7.2.1 石墨烯基储能复合材料 | 302 |
| 7.2.2 石墨烯基电催化复合材料 | 306 |
| **7.3 石墨烯基光学复合材料** | 309 |
| 7.3.1 石墨烯量子点复合材料在光学领域中的应用 | 309 |
| 7.3.2 石墨烯基光催化复合材料 | 313 |
| 7.3.3 石墨烯基透明导电薄膜复合材料 | 316 |
| **7.4 石墨烯基生物复合材料** | 319 |
| 7.4.1 石墨烯基生物复合支撑材料 | 319 |
| 7.4.2 石墨烯基生物功能材料 | 321 |
| 7.4.3 石墨烯基生物传感材料 | 322 |
| **7.5 石墨烯基力学与热学复合材料** | 324 |
| **7.6 石墨烯基复合材料在其他领域中的应用** | 327 |
| **7.7 总结与展望** | 329 |
| **参考文献** | 329 |

# Chapter 8

## 第 8 章
## 石墨烯能源材料与器件

张哲野，肖菲，王帅
（华中科技大学化学与化工学院）

| | | |
|---|---|---|
| 8.1 | 引言 | 340 |
| 8.2 | 超级电容器 | 341 |
| 8.2.1 | 超级电容器储能机理 | 342 |
| 8.2.2 | 石墨烯材料在超级电容器中的应用 | 344 |
| 8.3 | 二次电池 | 349 |
| 8.3.1 | 锂离子电池 | 350 |
| 8.3.2 | 石墨烯材料在锂离子电池中的应用 | 351 |
| 8.3.3 | 石墨烯材料在锂硫电池中的应用 | 353 |
| 8.3.4 | 石墨烯材料在钠离子电池中的应用 | 354 |
| 8.3.5 | 石墨烯材料在金属-空气电池中的应用 | 355 |
| 8.4 | 燃料电池 | 356 |
| 8.5 | 太阳能电池 | 358 |
| 8.5.1 | 石墨烯材料在染料敏化太阳能电池中的应用 | 358 |
| 8.5.2 | 石墨烯材料在量子点太阳能电池中的应用 | 360 |
| 8.5.3 | 石墨烯在有机光伏电池中的应用 | 360 |
| 8.6 | 储氢 | 362 |
| 8.7 | 总结与展望 | 366 |
| | 参考文献 | 367 |

| | | |
|---|---|---|
| 9.1 | 引言 | 376 |
| 9.2 | 功能材料 | 381 |
| 9.2.1 | 结构增强复合材料 | 381 |
| 9.2.2 | 防腐涂层材料 | 385 |
| 9.2.3 | 新型导热材料 | 387 |
| 9.2.4 | 电磁防护材料 | 391 |
| 9.2.5 | 储氢材料 | 393 |
| 9.3 | 能源存储与转换 | 395 |
| 9.3.1 | 超级电容器 | 396 |
| 9.3.2 | 锂电池 | 398 |
| 9.3.3 | 太阳能电池 | 400 |
| 9.3.4 | 燃料电池 | 403 |
| 9.4 | 环境监测与治理 | 405 |
| 9.4.1 | 气体检测 | 405 |
| 9.4.2 | 污水处理 | 409 |
| 9.4.3 | 海水淡化 | 411 |
| 9.4.4 | 土壤治理 | 413 |
| 9.5 | 总结与展望 | 414 |
| 参考文献 | | 414 |
| 索引 | | 426 |

# Chapter 9

## 第9章
## 石墨烯的工业应用前景与展望

赵增华，王钰
（中国科学院过程工程研究所）

# NANOMATERIALS
## 石墨烯：从基础到应用

# Chapter 1

# 第1章
# 石墨烯的基础知识

耿德超
中国科学院化学研究所

1.1 石墨烯的发现历史

1.2 石墨烯的基本结构与性能

1.3 石墨烯的基本表征手段

纳米（nm），它与米（m）、厘米（cm）、毫米（mm）一样，是几何大小的度量单位，1nm=$10^{-9}$m，大概等于4～5个原子直线排列起来的长度。著名物理学家、诺贝尔奖获得者Richard P.Feynman最早提出了在纳米尺度上进行科学研究的可能性与设想。事件起源于1959年加州理工学院物理学年会上Feynman的一次富有想象力的演说。他在那次题为《底部还有很大空间》("There's plenty of room at the bottom")的演说中指出，"如果我们能按照意愿在微观尺度操纵一个个原子，将会出现什么奇迹？"在这次著名的演讲中，他指出未来世界将是纳米技术发展的时代，纳米技术必将彻底改变人类的生活。Feynman的设想点燃了纳米科技之火，五十多年后的今天，人们在纳米科技方面取得了许多突破性的重大成果。

作为纳米材料大家庭中的重要一员，石墨烯是世界上首次被成功制备的二维纳米材料。严格意义上讲，石墨烯是碳原子基于$sp^2$杂化组成的六角蜂巢状结构，仅有一个原子层厚。它是碳家族中继富勒烯和碳纳米管之后一种碳的新型同素异形体。在此之前，碳家族成员中从零维的富勒烯到一维的碳纳米管再到三维的金刚石、石墨均已发现，唯独二维结构的碳晶体一直未被发现，石墨烯的出现正好填补了这个空白。

作为一种纯粹由碳骨架构成的完美二维原子晶体，石墨烯自2004年被成功剥离以来[1]，因其独特的结构和优异的性能在过去十多年间引起了科学界的广泛关注，同时也经历了长足的发展。英国曼彻斯特大学的两位科学家Andre K.Geim和Konstantin S.Novoselov也因在石墨烯方面的开创性工作获得了2010年诺贝尔物理学奖。在当年的诺贝尔颁奖致辞中，获奖者Andre K.Geim作了题为"Random walk to graphene"的报告[2,3]，该报告细致回顾了石墨烯这种新型材料的发现历程，认可了前人对薄层石墨的早期研究工作。

# 1.1
## 石墨烯的发现历史

严格意义上讲，石墨烯并不是一个新事物，在其真正在实验室中被成功剥离之前，关于石墨烯的理论研究已经相当充分。但是，从理论上对于石墨烯及其特性的预言到最终石墨烯被发现，中间足足经历了近60年的时间。早在20世纪50年代，Philip R.Wallace就提出了石墨烯的概念并在理论上对石墨烯的电子结构进行了研究[4]，同时预言了石墨烯的线性频散关系。随后J.W.McClure等人建立了石墨烯激发态的波动方程[5]。G.W.Semennoff在1984年推导出了石墨烯激发态的狄拉克方程，发现了它与波动方程的相似性[6]。而"graphene"这个名称则是由H.P.Boehm在1986年首次提出[7]并准确定义的："The term graphene layer should be used for such a single carbon layer"。十一年后，国际纯粹与应用化学联合会（IUPAC）明确统一了"graphene"的定义，表述如下："The term graphene should be used only when the reactions, structural relations or other properties of individual layers are discussed"。

在早期对于石墨烯的理论研究中，石墨烯一直是作为石墨及其后来出现的富勒烯和碳纳米管的基本结构组成单元。同时，传统理论计算也认为石墨烯仅仅且只能是一个理论上的结构，不会实际存在。这种观点的论据还要继续追溯到早期的经典二维晶体理论，R.E.Peierls和L.D.Landau分别提出理论[8,9]，认为准二维晶体材料由于其本身的热力学扰动，在常温常压下会发生迅速分解从而不能稳定存在进而也无法被成功制备出来。后来David Mermin和Herbert Wagner继续深化了关于二维材料的理论，即Mermin-Wagner理论[10,11]，他们指出表面起伏会破坏二维晶体的长程有序性从而使其不能稳定存在。基于上述理论认识，"graphene"一词虽然被理论物理学家首先提出，但是他们对其实际存在并没有抱太大的期望。

在随后的石墨烯发现舞台上，实验物理学家大放异彩。时至今日，我们也已经清楚地知道，将铅笔在任意物体上"一划"，得到的碎屑在显微镜下观察就可能会有石墨烯的存在。无独有偶，在十几年前，科学家们就开始使用类似方法进行石墨烯制备的研究。1999年，美国科学家Rodney Ruoff领导的研究团队一直尝试通过摩擦手段来实现石墨烯的制备[12,13]，他们选用导电的硅片作为基底，希望通过不断的摩擦从片层石墨中得到少层甚至单层石墨，即石墨烯。这种制备方法的原理与铅笔划痕方法一致，十分可惜的是，当时他们并未对得到的"碎屑"产物作进一步的研究和表征，尤其是厚度的检测，致使他们错失了发现石墨烯的机会。

佐治亚理工大学的Walter de Heer一直致力于利用外延生长法来实现石墨烯的制备，他所带领的研究组在2004年早些时候独立地利用碳化硅合成了石墨烯，完成了单层石墨烯电学性质的测定并发现了超薄外延石墨薄膜的二维电子气特性[14]，开启了一条通向大规模制备石墨烯纳米电子器件的道路。或许心有不甘，在2010年诺贝尔奖委员会宣布将当年的物理学奖授予曼彻斯特大学的两位科学家时，他公开向诺奖委员会致信同时撰写了补充文章，指出诺贝尔奖评审委员会在石墨烯科学背景资料方面存在大量事实错误并提供了自己在更早时间撰写的与石墨烯相关的基金申请书和申请的一项专利（"Patterned thin film graphite devices and method for making same"，US7015142 B2）。显然，Walter de Heer关于石墨烯的开拓性工作应该得到认可。

美国哥伦比亚大学的Philip Kim在同一时期也开展了制备单层石墨烯的工作。他们的制备思路与"铅笔划"思路一致，是首先利用石墨制作一个"纳米铅笔"，然后利用此铅笔在特定基底表面"一划"便可以得到石墨薄片，在该工作中他们利用此方法可以获得层数最低为十层的石墨薄片[15]。从石墨烯发现历史的角度看，他们的工作距离石墨烯的发现仅一步之遥，就连后来得到诺贝尔奖的Andre K.Geim也提到Philip Kim理应与其一起分享诺贝尔奖。

在众多科学家为制备单层石墨烯不懈奋斗时，曼彻斯特大学的两位俄裔科学家也在梦想着得到单层石墨烯。Andre K.Geim与其昔日的弟子Konstantin S.Novoselov为了实现单层石墨烯的制备，尝试了很多种方法，并且运用了很多先进的仪器，但是都徒劳无功。最终，经过一系列的尝试，他们发现利用普通胶带直接在高定向石墨上反复撕离就可以获得石墨烯样品。这一极其简单的手段解决了石墨烯制备极其复杂的瓶颈问题。在胶带反复剥离下的大量石墨片中发现的石墨烯见图1.1。他们对剥离得到的石墨烯样品进行了一系列的表征和电学性质测试，发现了石墨烯独特的场效应特性。2004年，他们在"Science"杂志上发表文章[1]，重点介绍了石墨烯的获取方法及其场效应特性检测结果。这一标志性成果引起了科学家们的巨大兴趣和广泛关注。至此，石墨烯终于正式登上科学舞台，开启了材料科学史上的一段传奇。

在整个石墨烯的发现历史上，不得不提的是氧化石墨（graphite oxide，GO）的研究工作，其与石墨烯的发现发展过程息息相关甚至是融为一体。关于氧化石墨的研究可以追溯到19世纪40年代，德国科学家Schafhaeutl当时便报道了使用硫酸和硝酸插层剥离石墨的方法[16,17]，随后英国化学家Brodie改进了实验方法[18,19]，加入了氧化剂如$KClO_3$，氧化剂的加入利于插层剥离过程的进行，同时也会对石墨片表面进行氧化从而得到氧化石墨。随后的数十年中，科学家在氧化剂的选择上开展了一系列的研究工作[20~24]。通过氧化还原制备少层甚至单层石墨的手段在20世纪得到了长足的发展，时至今日，该方法仍然是制备大规模石墨烯的最有效手段之一。图1.2展示了氧化石墨的发展历程，也描绘了石墨烯发现历史的一些重要的时间节点和事件[25]。

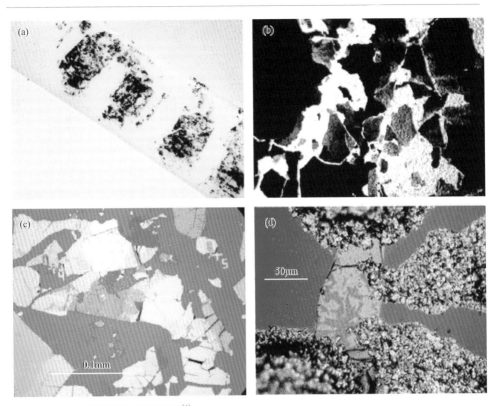

图1.1 胶带剥离得到的石墨烯样品[1]

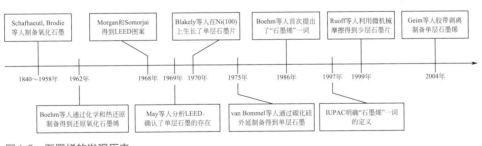

图1.2 石墨烯的发现历史

纵观石墨烯的发现历程，就如同碳的其他同素异形体一样，其发现既有偶然性也有必然性。偶然之处在于谁也不曾想到竟是通过最简单的胶带剥离手段得到了单层石墨烯，必然的则是石墨烯的发现过程也遵循事物发生发展的规律，并不是一蹴而就的，前人也为石墨烯的最终发现和研究做出了许多奠基性的工作。

## 1.2 石墨烯的基本结构与性能

### 1.2.1 石墨烯的基本结构

简单来讲,石墨烯就是单层的石墨片,是富勒烯、碳纳米管和石墨等碳材料的基本构成单元。石墨烯具有 $sp^2$ 杂化碳原子排列组成的蜂窝状二维平面结构。石墨烯作为单原子层的二维晶体,一个 2s 轨道上电子受激跃迁到 $2p_z$ 轨道上,另一个 2s 电子与 $2p_x$ 和 $2p_y$ 上的电子通过 $sp^2$ 杂化形成三个 σ 键,每个碳原子和相邻的三个碳原子结合在平面内形成三个等效的 σ 键,因此三个 σ 键在平面内彼此之间的夹角为 120°。而 $2p_z$ 电子在垂直于平面方向上形成 π 键。石墨烯中的碳原子通过 $sp^2$ 杂化与相邻碳原子以 σ 键相连,形成规则正六边形结构,碳碳键长约为 0.142nm,单层石墨烯厚度约为 0.35nm。图 1.3 显示了二维原子晶体石墨烯的晶格结构。

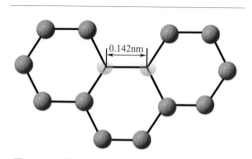

图 1.3 二维原子晶体石墨烯的晶格结构

### 1.2.2 石墨烯的基本性能

#### 1.2.2.1 石墨烯的电学性能

石墨烯是一种典型的零带隙半金属材料,其电子能谱——电子的能量与动量呈线性关系[26]，也就是说石墨烯的导带与价带相交于布里渊区的一点$K(K')$，如图1.4所示。处于该点附近的电子运动不能再用传统的薛定谔方程加以描述，只能通过狄拉克方程来进行解释[27]，因此该点也称为狄拉克点$K(K')$。

石墨烯的特殊结构使其具有一些特殊的性质。首先，在石墨烯狄拉克点附近，电子的静止有效质量为零，为典型的狄拉克费米子特征，其费米速度高达$10^6 m \cdot s^{-1}$，是光速的1/300，悬浮石墨烯的载流子密度高达$10^{13} cm^{-2}$，迁移率高达$200000 cm^2 \cdot V^{-1} \cdot s^{-1}$[28,29]，即使在$SiO_2$衬底上，石墨烯的迁移率仍然可高达$10000 \sim 15000 cm^2 \cdot V^{-1} \cdot s^{-1}$[30]。其次，电子波在石墨烯中的传输被限制在一个原子层厚度的范围内，因此具有二维电子气的特征，基于此，电子波极容易在高磁场作用下形成朗道能级，进而出现量子霍尔效应[31]。再次，由于电子赝自旋的发生，电子在传输运动过程中对声子散射不敏感，最终使得在室温下就可以观察到量子霍尔效应[32]。除了整数量子霍尔效应外，由于石墨烯特有的能带结构，导致了新的电子传导现象的发生，如分数量子霍尔效应（即$v$为分数）、量子隧穿效

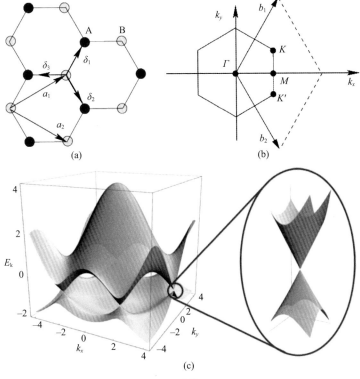

图1.4　石墨烯的晶体结构和能带结构[26]

应、双极性电场效应等。最后，石墨烯的载流子浓度和极性可以通过掺杂手段进行有效的调控，目前常见的掺杂方式有原子替代掺杂[33~35]和表面掺杂[36]，两种掺杂方法均可以得到高载流子浓度的n型或p型石墨烯，为石墨烯的功能化修饰进而改变石墨烯的性质提供了良好的基础。

正如块状材料存在一定的表面态一样，有限尺度的石墨烯纳米结构同样具有特殊的边缘电子态，例如宽度在纳米尺度的石墨烯纳米带（准一维）和各种形貌的石墨烯岛（准零维）。与石墨烯晶体结构零带隙导致的半金属态不同，在石墨烯纳米带中，由于受到量子化的限制，电子态具有依赖于纳米带宽度和边缘原子结构类型的性质。

20世纪90年代，Fujita[37]和Nakada[38]等人利用紧束缚电子结构模型发现，边缘结构为锯齿形状的石墨烯纳米带具有金属性质，且费米面能级附近电子态集中在石墨烯的边缘；而边缘结构为扶手椅形状的石墨烯纳米带，其电子根据宽度不同表现出金属性或者半导体性。如图1.5所示，根据石墨烯纳米带中碳原子链的条数可以定义纳米带的宽度[37]。根据此定义，研究表明石墨烯纳米带的能隙会随着纳米带宽度的变化而变化，其中$N_a=20$的扶手椅型石墨烯纳米带出现了带隙，显示出半导体性质，而同样宽度的锯齿型石墨烯纳米带为零带隙的金属，且在费米能级处出现了局域的边缘态。

Son等人[39]进一步通过第一性原理计算发现了锯齿型石墨烯边缘态的存在，并利用施加的横向电场破坏了其对称性，最终实现该结构对一种自旋电子可导。同样的分析手段，在扶手椅型纳米石墨烯条带结构中没有发现边缘态的存在，基于二维点阵和紧束缚模型理论计算[40]发现了石墨烯纳米带宽度与带隙的相关性。在实际的石墨烯纳米带样品中，由于其边缘可能出现结构的无序、化学修饰等因素

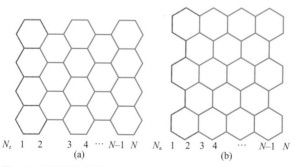

图1.5 石墨烯纳米带

（a）锯齿型边界结构；(b)扶手椅型边界结构

影响，测量得到的能隙都不为零，但是仍然和条带的宽度存在一定的相关性[41]。

总之，石墨烯纳米带作为一种新型的石墨烯结构，其电子性质强烈依赖于本身结构，基于这一特性，通过合理设计不同宽度或边界类型的石墨烯纳米带及其进一步的组合，可以实现纳米电子器件的有效构筑。比如，选取分别具有金属性和半导体性的石墨烯纳米带可以形成肖特基势垒，进一步构筑而成的三明治结构可以形成量子点，且量子态可以通过石墨烯纳米带的结构进行有效的控制[42]。最近，来自瑞士和德国的科学家合作实现了石墨烯纳米带边界类型的精确合成[43]，在该工作中，他们选取合适的有机单体作为前驱体，采用自下而上的方式，经过表面辅助的聚合反应和脱氢环化反应在Au（111）基底上制备了边界类型为锯齿结构的石墨烯纳米带，该工作为制备性能可控的石墨烯提供了有效途径，在自旋电子学等领域具有极广阔的应用前景。

前述石墨烯的电学性质讨论均是基于石墨烯的单层结构，其实石墨烯电学性质与层数之间也存在一定的相互关系。双层石墨烯是由石墨烯派生出来的另一个重要的二维体系，结构上来讲，双层石墨烯是由两个单层石墨烯按照一定的堆垛模式而形成的。理论计算表明，双层石墨烯中的载流子能谱为手性无质量的能谱形式，其能量正比于动量的平方，与单层石墨烯相比既有类似之处又有差异。在双层石墨烯结构中，由于层间π轨道的耦合，在施加外电场后很容易打开带隙而成为半导体[44]。图1.6显示了利用紧束缚模型理论计算得到的双层石墨烯能带结构关系[45]，值得注意的是，双层石墨烯是目前已知的唯一可以通过外场调节其半

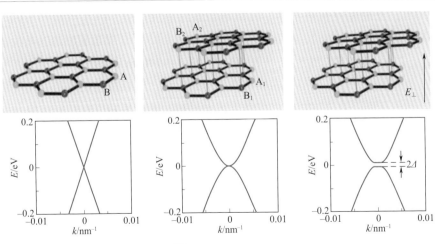

图1.6 双层石墨烯的能带结构关系[45]

导体性质的材料。最近的理论和实验结果也证实[46,47]，通过合理施加垂直于石墨烯平面的电场，其带隙随外场大小可以在0.1～0.3eV范围内发生变化。

为了实现对双层石墨烯的性质研究，其制备方法的发展也一直是该领域的热点问题。在此我们简述最常用的化学气相沉积法在制备可控转角双层石墨烯上的进展。Zhong等人[48]利用化学气相沉积法首次在铜催化剂上生长了大面积的均一双层石墨烯，尺寸可达2in×2in（1 in=0.0254m），电学测试中带隙的出现证实了双层石墨烯的存在。Duan等人同样利用氩气辅助的化学气相沉积法制备了由两片单晶六角石墨烯按照Bernal堆垛方式组成的双层石墨烯，且尺寸可以达到300μm[49]。最近，Ruoff等人在生长过程中引入氧气，在铜基底上制备了尺寸达0.5mm的Bernal堆垛方式组成的双层石墨烯晶体[50]。上述工作为可控制备双层石墨烯提供了有效的途径，也为将来对其性质的深入研究打下了基础。

随着层数的继续增加，石墨烯的能带结构也会逐渐变得复杂。其中，三层石墨烯具有半金属特性，同时其带隙可以通过栅压的调节来控制[51]。总之，石墨烯层数的变化会相应带来其性质的改变，这也为调控石墨烯的性质提供了一种途径，同时为未来基于石墨烯的电学等领域的应用奠定了基础。

#### 1.2.2.2
#### 石墨烯的光学性能

石墨烯由单层到数层碳原子组成，因此大面积的石墨烯薄膜具有优异的透光性能。对于理想的单层石墨烯，波长在400～800nm范围内的光吸收率仅有2.3%±0.1%，反射率可忽略不计；石墨烯层数每增加一层，吸收率增加2.3%；当石墨烯层数增加到10层时，反射率也仅为2%（图1.7）[52]。单层石墨烯的吸收光谱在300～2500nm范围内较平坦，只在紫外区域（约270nm）存在一个吸收峰[53]。因此，石墨烯不仅在可见光范围内拥有较高的透明性，而且在近红外和中红外波段内同样具有高透明性；这使得它在透明导电材料，尤其是窗口材料领域拥有广阔的应用前景。首尔大学Young Duck Kim等人将电流通过真空中悬于两电极之间的石墨烯，可以加热到2500℃并且辐射强度高出基底上的石墨烯1000倍[54]。进一步改进后，该器件有望用于超薄显示器中的纳米光发射器[55]。Bao等人[56]和Xing等人[57]先后发现了石墨烯是一种很好的饱和吸收体，可用来做超快脉冲激光器。Hendry小组[58]通过可见光到近红外光波段的四波混频实验，得到单层石墨烯三阶非线性极化率在近红外区域为$1.5×10^{-7}$esu。Zhang等人[59]用Z扫描实验测量了石墨烯的非线性折射率。

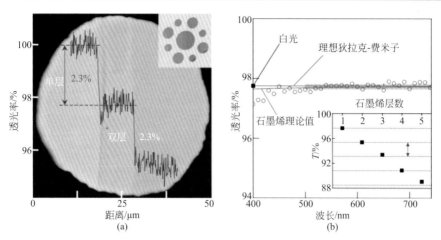

图1.7 （a）石墨烯的透光性；（b）石墨烯层数以及光波长对透光率的影响[52]

## 1.2.2.3
### 石墨烯的力学性能

与碳纳米管、碳纤维等碳材料相似，石墨烯中单层内碳原子$sp^2$杂化后形成牢固的碳碳键，而在石墨烯层间则主要依靠范德华力和$\pi$电子的耦合作用。因此石墨烯具有出色的力学性能，同时石墨烯的结构特点决定了其力学性能的各向异性。由图1.8可以看出，石墨各向异性远高于其他材料，仅次于单壁碳纳米管[60]。

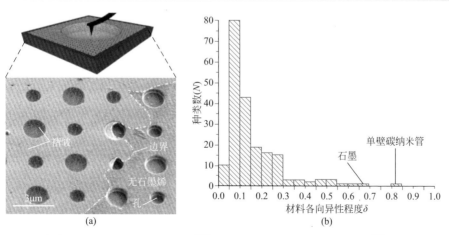

图1.8 （a）石墨烯力学性能测试示意图[61]；（b）六角晶体材料各向异性分布[60]

James Hone等人[62]对单层石墨烯的力学性质进行了较系统全面的研究。结果表明，石墨烯的平均断裂强度为55N·m$^{-1}$，石墨烯厚度0.335nm，石墨烯的杨氏模量可达（1.0±0.1）TPa，理想强度为（130±10）GPa。James Hone等人研究了化学气相沉积法所制备石墨烯的力学性能，同时表明石墨烯晶粒完美连接成的石墨烯膜同样具有优异的力学性能[61]。碳原子间的强大作用力使其成为目前已知的力学强度最高的材料，将来可能作为增强材料广泛应用于各类高强度复合材料中。

最近，研究人员将传统剪纸艺术（通过剪切和折叠纸张来构建复杂的结构）应用于石墨烯制作技术[63]。他们使用黄金垫作为手柄，首先使用红外激光器对石墨烯薄膜上的黄金垫施加压力，将石墨烯弄皱，然后对产生的位移进行测量，测量结果可以用来计算石墨烯层的力学性能。经过分析，研究人员发现起皱石墨烯的力学性能得到提升，正如揉皱的纸比光滑的纸韧性更强，事实上正是这样的机械相似性，使研究人员能够把纸模型的方法应用于石墨烯制备。这一发现将成为研发新型传感器、可伸缩电极或制造纳米机器人的专用工具。

#### 1.2.2.4
石墨烯的热学性能

石墨烯是二维sp$^2$键合的单层碳原子晶体，与三维材料不同，其低维结构可显著削减晶界处声子的边界散射，并赋予其特殊的声子扩散模式。Balandin等人[64]测得单层石墨烯的热导率高达5300W·m$^{-1}$·K$^{-1}$，明显高于金刚石（1000～2200W·m$^{-1}$·K$^{-1}$）、单壁碳纳米管（3000～3500W·m$^{-1}$·K$^{-1}$）等碳材料，室温下是铜的热导率（401W·m$^{-1}$·K$^{-1}$）的10倍。Ghosh等人[65]研究了石墨烯热导率随层数的变化情况。图1.9（a）所示为热导率测量方法，石墨烯从单层增加到4层时，热导率迅速降低，由4100W·m$^{-1}$·K$^{-1}$降至2800W·m$^{-1}$·K$^{-1}$，4层石墨烯热导率与高质量石墨相当。由于石墨烯具有非常高的稳定性，因此可以用作导热材料。厦门大学蔡伟伟课题组[66]利用非接触光学拉曼技术进一步研究了同位素效应对化学气相沉积法制备的石墨烯热导率的影响，实验结果表明，不含同位素$^{13}$C的石墨烯的热导率在320K温度下高于4000W·m$^{-1}$·K$^{-1}$，该数值两倍于$^{12}$C和$^{13}$C以1∶1比例组成的石墨烯的热导率。该工作为调控石墨烯的导热性质提供了一种有效的途径，将会进一步促进二维原子晶体中热性能的研究。

优异的导热性能使石墨烯在热管理领域极具发展潜力，但这些性能都基于微观的纳米尺度，难以直接利用。因此，将纳米的石墨烯组装形成宏观薄膜材料，同时保持其纳米效应是石墨烯规模化应用的重要途径。一般来讲，氧化石墨烯薄

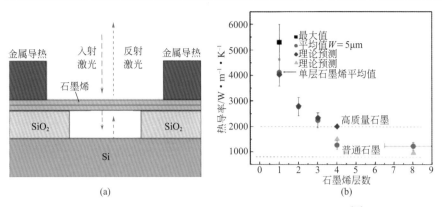

图1.9 （a）热导率测量的示意图；（b）石墨烯热导率随层数增加而降低[65]

膜在退火后热导率会提升，但也变得脆而易碎。如果把一维的碳纤维作为结构增强体，把二维的石墨烯作为导热功能单元，通过自组装技术，就可构建结构/功能一体化的碳/碳复合薄膜。中国科学院山西煤炭化学研究所的研究人员[67]所构筑的这种全碳薄膜具有类似于钢筋混凝土的多级结构，其厚度在10～200nm可控，室温面向热导率高达977W·$m^{-1}$·$K^{-1}$，拉伸强度超过15MPa。以氧化石墨烯为前驱体很容易获得薄膜材料，但这种材料需通过热处理才能恢复其导热/导电性能。进一步的研究结果[68]表明，1000℃是薄膜性能扭转的关键点，薄膜的性能在该点发生质变，面向热导率由6.1W·$m^{-1}$·$K^{-1}$迅速跃迁至862.5W·$m^{-1}$·$K^{-1}$，并在1200℃时提升到1043.5W·$m^{-1}$·$K^{-1}$。这一发现不仅解决了石墨烯热化学转变的基础科学问题，也为石墨烯导热薄膜的规模化制备提供了依据。

### 1.2.2.5
### 石墨烯的其他性能

2014年，Geim课题组[69]在世界上首次发现了单层石墨烯对质子的透过行为，研究发现质子可以完全高效地穿过一些二维原子晶体，石墨烯的该特性必将令其在基于质子的领域内展现巨大的应用前景。通过对石墨烯进行处理，石墨烯可以制成具有选择透过性的膜材料。Ivan Vlassiouk等人采用氧等离子体处理技术得到带有孔洞的石墨烯膜并用于水脱盐。他们通过控制处理条件来控制孔洞大小，从而进一步控制石墨烯膜对分子通过的选择性[70]。优化后的多孔石墨烯膜脱盐率接近100%，表现出极其优异的选择性（图1.10）。美国南卡罗来纳大学的工程师研制出世界上最薄的氧化石墨烯过滤膜[71]。氢气和氦气能够轻易通过这种薄膜，而

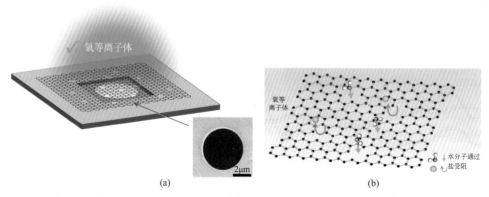

图1.10 （a）氧等离子体处理石墨烯产生孔洞[70]；（b）多孔石墨烯膜用于水脱盐[74]

氧气、氮气、甲烷以及一氧化碳等其他气体通过的速度则要慢得多。Geim等人[72]还利用氧化石墨烯薄膜制备了超快分子筛，该分子筛可以选择性地对水合半径小于0.45nm的溶质透过，而且透过速率相比于简单的扩散速率提高了数千倍，显示了石墨烯在过滤领域的巨大潜力。新兴石墨烯基膜对分子分离具有重要意义，利用石墨烯及其衍生物可以制备具有良好的纳米结构的高速和高度选择性渗透膜，未来石墨烯基膜可以用于水和气体净化等领域[73,74]。

此外，石墨烯的比表面积可达$2630m^2 \cdot g^{-1}$，分子附着或脱离石墨烯表面时会引起石墨烯局部载流子浓度的变化，进而造成电阻发生阶跃式变化，从而产生信号。因此可以将石墨烯用于各种高灵敏度传感器并应用于环境监测等领域。南开大学陈永胜教授等研究发现了一种特殊的石墨烯材料，在几十厘米的真空管里，在一束光的瞬间照射下，几毫克的新型石墨烯材料一次最远可前进40cm[75]。这一独特发现使太阳光驱动太空运输成为可能。

加州大学伯克利分校物理系的Mike F.Crommie教授领导的小组[76]借助石墨烯首次实现了对"原子坍塌"现象的成功观察，他们利用扫描隧道显微镜（STM）把石墨烯上的五个钙二聚体（calcium dimers）放到一起，组成超大"原子核"，继而通过STM来观测由此产生的原子坍塌态——电子螺旋地绕近又绕出原子核，并且有空穴产生（对应于正电子）的现象。该工作对于未来基于石墨烯的电子器件的发展，尤其是极小的纳米器件的发展也有着深远的意义。最近，来自西班牙、法国和埃及的合作研究团队通过在石墨烯上添加氢原子使其产生磁矩，且可以在较大距离范围内产生铁磁性，最终实现了对石墨烯磁性在原子级别上的调控[77]。氢原子修饰的石墨烯材料作为存储信息的材料，可以极大地提高信息的存储密度，从而促进未来电子信息领域的发展。

# 1.3
# 石墨烯的基本表征手段

对于一种原子尺度的纳米材料，研究石墨烯时不可避免要涉及其表征与分析，通过合适的测试手段我们可以得到关于石墨烯材料尺寸、形貌、原子结构等方面的信息，这些特征对分析石墨烯的性质以及指导石墨烯的研究具有重要的意义，各种表征手段可以为石墨烯的研究提供强有力的支持。由于石墨烯独特的低维属性，研究它的微观结构就必须使用一些可以观测到纳米尺度的分析手段，如各种电子显微分析技术等。

## 1.3.1
### 光学显微分析

尽管光学显微镜通常作为一种研究宏观材料的表征手段，无法给出石墨烯的具体晶格以及原子尺度的信息，但是在特殊情况下，光学显微镜对于石墨烯的层数初步判定以及形貌尺寸解析等却能提供一种快速便捷的方法。事实上，石墨烯的最早发现与成像分辨就是通过光学显微镜实现的[1]［图1.11（a）］。通常使用光学显微镜观察石墨烯都是在具有一定厚度氧化层的硅片上进行的。由于石墨烯的纳米尺寸的厚度会导致透过石墨烯的光发生干涉效应，因此不同层数的石墨烯在光学显微镜下具有不同的颜色，从而实现可视，这也是石墨在肉眼下具有不透明性的原因。然而，在使用光学显微技术表征石墨烯时，二氧化硅层的厚度以及入射光的波长对视野下石墨烯的对比度具有决定性作用。如果选择的氧化层厚度以及入射光波长不合适会导致石墨烯在光学显微镜下的不可见。使用不同的单色光源可以实现在各种衬底上观察到石墨烯，常见的衬底有$SiO_2$、$Si_3N_4$、$Al_2O_3$等，甚至聚合物PMMA（聚甲基丙烯酸甲酯）都可以作为观察石墨烯的基底。由于$SiO_2$是CMOS器件中广泛使用的介电层，因而在$SiO_2$基底上观测石墨烯是研究

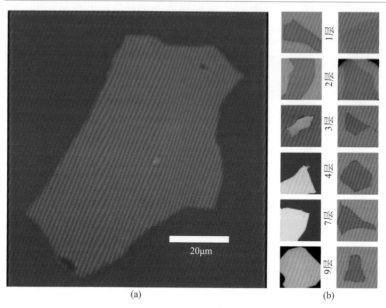

图1.11 （a）首次在光学显微镜下观察到单层石墨烯[1]；（b）不同厚度石墨烯样品的光学图片[79]

得最广泛也是最多的。为了更方便有效地采用显微镜观测石墨烯，一般选择自然光白光作为光源，此时$SiO_2$层的厚度控制在300nm或100nm是最合适的[78]，在此厚度下人眼对不同层数的石墨烯的光学分辨最敏感。采用光学显微镜对石墨烯的层数进行表征已经经过了大量的研究，图1.11（b）展示了不同层数的石墨烯在550nm光源下的不同颜色，通过它们颜色的对比差异可以判断出它们具有不同的层数[79]。利用光学显微镜表征石墨烯的层数，主要是不同厚度的石墨烯在光学显微镜下具有不同的颜色，但是一般只能根据它们颜色的相对差别来定性地判断石墨烯的相对层数，而无法直接给出石墨烯的层数。尽管如此，光学显微镜技术已经成为一种非常成熟的石墨烯层数的标定技术。

除了在一定厚度的$SiO_2$上可以采用光学显微镜观测到石墨烯，在金属基底上也可以通过光学显微镜检测到石墨烯的存在。这种现象是在用化学气相沉积法制备石墨烯的过程中发现的。在铜基底上生长石墨烯后经过在一定温度下的氧化处理，由于未被石墨烯覆盖的铜会被氧化成红色的氧化亚铜，而有石墨烯覆盖的区域则不会被氧化因而在光学显微镜下具有很明显的颜色对比度。图1.12（a）是直接采用光学显微镜观察金属基底上的四边形石墨烯，可以看出，由于石墨烯的尺寸比较大，石墨烯的大小与形貌直接用肉眼就可以观测到[80]。随着化学气相沉积法的发展，越来越多的不同形貌不同尺寸的石墨烯被制备并采用光学显微镜进行

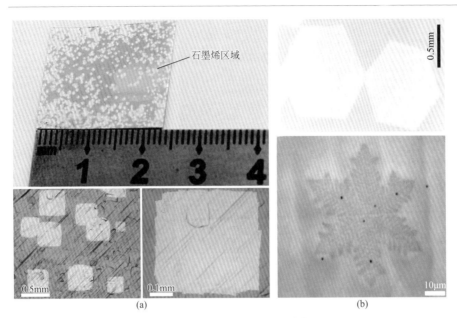

图1.12 （a）首次采用光学显微镜观察金属铜上的石墨烯[80]；（b）利用光学显微镜表征具有不同形貌的单晶石墨烯[81,82]

表征[81~83][图1.12（b）]。相比于在绝缘基底上使用光学显微镜表征石墨烯，在金属铜上利用铜与氧化亚铜的颜色差异来表征石墨烯具有更高的对比度，可以更清晰地观察到石墨烯的存在，但是该手段却无法分辨出石墨烯的层数差异。

尽管在一般条件下，光学显微镜只能大范围地表征石墨烯，但是经过一定的特殊处理后，使用光学显微镜还可以表征石墨烯更微观的信息，如石墨烯的晶界。采用这种方法不需要进行石墨烯的转移，从而避免了转移过程中出现的一些问题，如石墨烯破损、褶皱、污染等，因此对于观察石墨烯晶界具有更直观的优势。这种方法是在潮湿的环境下首先将石墨烯紫外曝光处理，利用石墨烯晶界下的基底铜具有选择性氧化作用而实现石墨烯在光学显微镜下的可见，图1.13为这种方法的示意图以及实现的光学可见性[84]。在潮湿的气氛下，$O_2$、$H_2O$ 等在紫外处理下会产生自由基，这些自由基会选择性地通过石墨烯的晶界氧化下层的基底铜，当氧化区域增大到一定程度时就可以实现在光学显微镜下观察了。由图1.13中（b）、（c）氧化前与氧化后的对比图可以很清楚地看到石墨烯晶界由不可见转变为可见。而且经过研究发现石墨烯的晶界与基底铜的晶界不具有相关性，如图1.13（d）所示，石墨烯晶界与基底铜晶界相交，其中白色的线代表了石墨烯晶界。

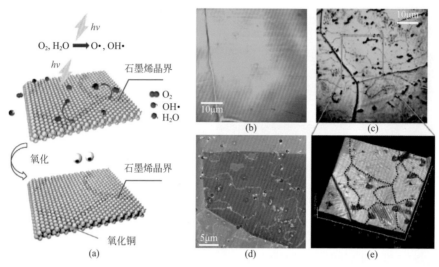

图1.13 直接使用光学显微镜观察石墨烯的晶界[84]

(a)紫外处理铜上石墨烯样品的示意图;(b),(c)石墨烯/铜样品在紫外处理前后的对比图;(d)氧化后石墨烯/铜的SEM图;(e)图(c)中红色框内石墨烯的AFM侧向力图

## 1.3.2
### 电子显微分析

电子显微分析是研究材料精细结构的有效手段,在表征纳米材料、指导纳米材料合成应用上发挥着重要的作用。常用于表征石墨烯的电子显微分析技术主要包括扫描电子显微镜(scanning electron microscope,SEM)和透射电子显微镜(transmission electron microscope,TEM)。

### 1.3.2.1
#### 扫描电子显微镜分析(SEM)

扫描电子显微镜利用电子束扫描样品表面激发出二次电子,收集二次电子进行成像即可得到样品表面形貌的三维信息。它具有高倍率、大景深、高分辨率等优点,在石墨烯研究特别是CVD石墨烯研究中被广泛用来表征石墨烯的晶粒大小、晶粒取向、晶粒形貌等信息。由于扫描电子显微镜需要基底导电,所以采用金属催化的CVD生长的石墨烯特别适合用扫描电子显微镜观察。由于石墨烯发射

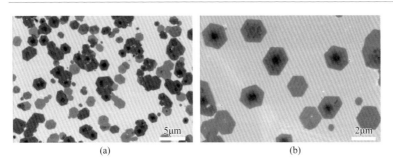

图1.14　金属铜箔上生长的六边形单晶石墨烯的扫描电子显微镜图片[85]

二次电子的能力比较弱，在扫描电子显微镜的视野中一般会呈现为深色，图1.14所示为在基底铜上生长的六边形石墨烯的扫描电镜图[85]。使用扫描电子显微镜来观察石墨烯具有很高的对比度，甚至层数不同也会造成差别，因而也可用于定性的区别石墨烯的层数。

除了用于表征石墨烯的形貌、尺寸、取向等信息，扫描电子显微镜还可以用来研究CVD石墨烯的生长过程。通过改变生长过程中的参数调控石墨烯的生长，进行扫描电镜观察得到一系列与参数相关的生长结果，从而可以研究温度、时间、流量等对石墨烯生长的影响[86]。而且它还可以提供一些对于CVD生长石墨烯具有指导意义的参数，如成核密度、生长速率等。

由于SEM表征环境与石墨烯生长环境类似，通过一定的处理步骤对扫描电镜进行改良可以实现对CVD石墨烯生长的原位观察，这对于阐明石墨烯生长机理以及论述不同参数对生长过程的影响具有重要的意义，可以从根本上实现对石墨烯生长过程中原子尺度变化过程的可视。最近Willinger组利用扫描电镜原位观察了低压化学气相沉积（LPCVD）石墨烯的过程，包括从基底退火到石墨烯成核生长最后到基底的降温过程（图1.15）[87]。在SEM腔内他们直接观察到了基底铜的动力学变化过程，证明了高温CVD生长实际是发生在部分熔化、高度流动的铜表面的。实时观察石墨烯成核与生长为进一步阐明石墨烯生长机理提供了直接的证据。

一般的扫描电子显微镜还会配备一些额外的检测器，如进行元素分析的能量色散X射线分析仪（EDX）、分析基底晶向的电子背散射衍射（EBSD）检测器。图1.16所示为采用EDX分析仪得到的生长了石墨烯后的元素面扫描图[88]。经过高温生长后，沉积在绝缘基底上的铜发生去润湿作用，会在基底上留下图1.16中所示的树枝状的铜相，通过EDX对C、Si、Cu元素的扫描成像可以得到石墨烯与基底的三维分布情况。

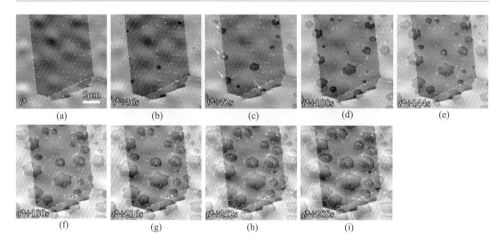

图1.15　1000℃下SEM原位观察LPCVD制备石墨烯片的成核与生长过程

白色箭头代表石墨烯在铜晶界处的成核，绿色虚线标出基底铜的晶界，随着生长时间的延长，石墨烯成核数量增多，石墨烯尺度增大[87]

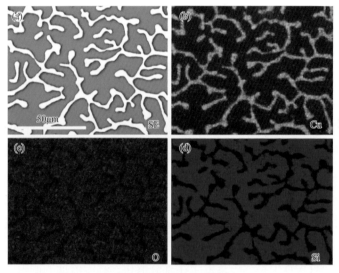

图1.16　使用EDX分析仪表征制备的石墨烯[88]

（a）生长2h后石英上铜（白色）的SEM图；（b）~（d）样品表面铜、氧、硅的EDX元素面扫描图

## 1.3.2.2
## 透射电子显微镜分析（TEM）

　　透射电子显微镜是利用高能量的电子束穿过薄膜样品经过聚焦与放大后所得到的图像，透射电子显微镜与光学显微镜的成像原理基本一样，所不同的是前者

用电子束作光源,用电磁场作透镜,因而具有更高的分辨率。另外,由于电子束的穿透力很弱,因此用于电镜的样品需达到纳米尺度的厚度。透射电子显微镜由于其所具有的超高分辨率特征而常用来观察石墨烯结构的微观原子像、层数、晶格缺陷等信息。

由于在制备TEM样品或进行TEM表征时石墨烯边缘会发生卷曲,因而观察石墨烯的层片边缘可以得到石墨烯的层数信息。图1.17所示为表征的不同层数的石墨烯[89],在TEM下可以很清晰地看出石墨烯的层数,这点与此前表征碳纳米管的情况类似。

除了表征石墨烯的层数,TEM还可以用于石墨烯的原子级别成像,特别是近些年逐步发展的球差校正透射电子显微镜,可以观察到亚埃级尺度的图像[90~92]。图1.18所示为采用球差校正透射电子显微镜观察的石墨烯晶格结构[91],可以看到在图1.18(b)中石墨烯的六边形晶格结构清晰可见。当两个沿着不同取向的石墨

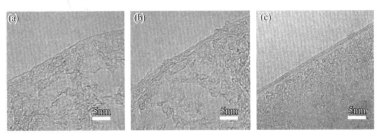

图1.17 (a)~(c)一层、两层、三层石墨烯的TEM图[89]

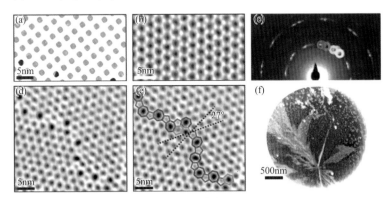

图1.18 原子分辨率的球差校正TEM图[91]

(a)转移到TEM微栅上的石墨烯的SEM图;(b)完美无缺陷石墨烯的TEM图;(c)两个石墨烯晶粒相交处形成的石墨烯的晶界在TEM下成像;(d)晶界处的五元环与七元环以及计算的单晶相对转角;(e)暗场选区电子衍射图(不同颜色的圈标出了不同的晶格取向);(f)实空间内不同晶粒取向分布图

烯单晶连接时会形成石墨烯晶界，而通过高分辨率的TEM可以得到石墨烯晶界的原子构成，发现它由五元环和七元环以及杂乱的六元环连接而成，甚至石墨烯单晶间的转角等信息也可以顺利得到。

一般的TEM还会配备其他的分析工具，如能量色散X射线分析（energy-dispersive X-ray analysis，EDX）和选区电子衍射（selected area electron diffraction，SAED），可以用来进行元素分析以及石墨烯的晶体学表征，其中EDX可以得到类似于SEM中的元素面扫描图，SAED可以鉴定石墨烯的单晶属性以及层数。

## 1.3.3
### 扫描探针显微分析

扫描探针显微镜的基本原理是基于量子力学中的隧道效应。主要包括原子力显微镜（AFM）和扫描隧道显微镜（STM）。AFM主要利用施加载荷后样品表面与纳米尺度针尖的相互作用力而成像，是一种无损检测方法，常用来表征石墨烯的形貌、尺寸、层数等信息。STM主要利用在外加电压下样品中产生的隧道电流成像，常用来表征石墨烯的晶格结构、层数、堆叠情况等。

#### 1.3.3.1
原子力显微镜分析（AFM）

AFM通过分析侧向力可以得到样品的高度图，因而是表征石墨烯层数的重要工具。理论上单原子层的石墨烯的厚度是0.335nm，但是由于表面吸附物或者石墨烯与针尖存在的相互作用导致测得的石墨烯厚度会大于0.335nm，一般低于1nm可以认为是单层的石墨烯。由于表征需要针尖在样品表面移动，所以表征效率比较低，测得的样片范围比较小。图1.19（a）所示为典型的石墨烯的AFM图，由于石墨烯发生折叠导致部分区域为双层，通过AFM表征可以清晰地分辨出石墨烯的层数信息[93]。通过三维成像还可以得到样品的三维结构图，使用AFM表征可以发现，独立存在的石墨烯为了自身稳定，表面一般是存在一定起伏的，这也证明了有限尺度的二维石墨烯晶体在一定条件下是可以稳定存在的。使用的针尖不同以及测试的参数不同可以得到不同的像，如摩擦力显微镜、磁力显微镜、静电力显微镜等。Salmeron组利用摩擦力显微镜测试机械剥离得到的石墨

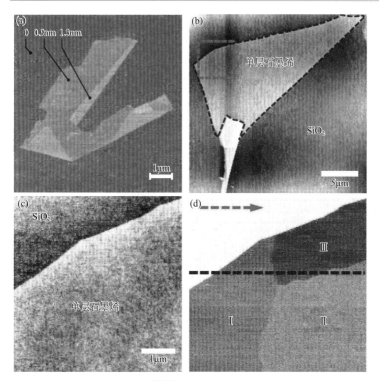

**图1.19 石墨烯的AFM表征**[93,94]

(a) AFM高度图表征石墨烯层数;(b) 机械剥离石墨烯的AFM高度图;(c) 图(b) 红色方框内石墨烯的选区AFM高度图;(d) 图(b) 红色方框内石墨烯的选区AFM摩擦力图

烯发现,尽管在高度图中是均一的单层石墨烯,如图1.19(b)、(c)所示,但是在单层石墨烯中不同区域具有摩擦力各向异性,如图1.19(d)所示,这是由于剥离与转移过程中会带来石墨烯各向异性的褶皱、缺陷等[94]。

利用AFM还可以研究二维异质结构以及它们之间的取向关系,图1.20所示为Jiang组采用化学气相沉积在$h$-BN上沉积的石墨烯[95],由于石墨烯晶格与硼氮晶格存在一定的取向与作用力,因而在AFM针尖下可以观察到莫尔纹。从图中的多晶石墨烯的AFM表征可以看到,只有当石墨烯晶畴与基底BN具有一定的取向时才会出现莫尔条纹,这是因为具有一定取向的石墨烯与BN间存在一定的范德华相互作用力。

中国科学院物理研究所纳米物理与器件实验室张广宇研究员等[96]发展了一种气相外延技术,国际上首次在六方氮化硼基底上外延了大面积单晶石墨烯,使石墨烯和氮化硼之间的晶格相对转角为零,进一步利用高分辨的AFM对该层状结构

图1.20 h-BN上多晶单层石墨烯的摩擦力图[95]

（a）BN上生长的典型的多晶石墨烯（其中可以看出规律的莫尔条纹）；（b）图（a）中黑色方框内对应的AFM放大图；（c）~（e）分别对应于图（b）中蓝色、绿色、粉色数字区域的原子分辨的AFM图；（f）图（a）中橙色区域的原子分辨的AFM图（即基底BN的原子晶格结构）

进行了观察，检测到了石墨烯和六方氮化硼所形成的莫尔斑纹。在输运测量中，他们观察到超晶格子带以及磁场下形成的超晶格朗道能级。

### 1.3.3.2
### 扫描隧道显微镜分析（STM）

STM可以提供石墨烯表面原子级分辨的结构信息，事实上，由于石墨表面的原子尺度的平整度[97]，早期STM的研究大部分都是以石墨作为基底的。由于STM需要样品表面干净平整，而且扫描区域小无法精确定位，因而表征效率比较低。但是通过STM表征可以完美呈现石墨烯的六角蜂窝晶格结构。

STM测试一般要求基底导电，因而采用金属催化CVD法或碳化硅外延生长的石墨烯是用于STM表征的最佳样品。图1.21（a）、（b）所示为典型的铜上生长的单层单晶石墨烯的STM图[98]，由原子分辨率的STM拓扑图中可以清晰看到石墨烯的六角蜂窝晶格结构，图1.21（b）中展示了石墨烯的六角蜂窝晶格结构，通过STM表征可以直观地看到石墨烯的单个原子结构。

由于STM的微观成像以及原子尺度分辨率，它还可以用来确定石墨烯的边界类型与原子排列，这些信息对于研究特殊结构石墨烯如石墨烯纳米带的性质具有重要作用。Müllen组采用自下而上法合成了石墨烯纳米带,并用STM表征了其宽度和边界原子级精细结构[99]。图1.21中(c)、(d)为在Au上由小分子前驱体制备的具有一定取向排列的石墨烯纳米带,其宽度和边缘结构也可以通过STM测试实现精确表征。

STM除了可以研究石墨烯的晶格结构、取向、边界类型以及层数外,还可以研究材料的杂原子吸附、掺杂、插层等。最近,Gao组利用STM证明了Ru上生长的石墨烯的硅插层机理[100],如图1.22所示,在原子分辨的STM图中可以看出石墨烯下面插层的Si原子。通过STM研究,验证了其机理是石墨烯表面形成缺陷、Si原子在缺陷处插层、Si原子在层间移动、石墨烯晶格修复等过程。

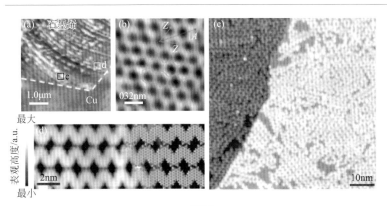

**图1.21　铜上单晶石墨烯的STM表征[98,99]**

(a)石墨烯晶粒边缘的STM拓扑图;(b)原子尺度分辨的石墨烯的STM图[对应于图(a)中绿色框内石墨烯的晶格结构与取向];(c)合成的大面积的氮掺杂的石墨烯纳米带;(d)小范围的STM图(其中部由其结构模型展示了由于N—H相互作用导致的排列取向性)

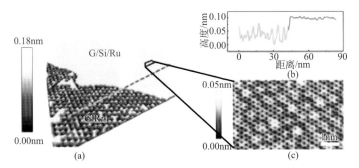

**图1.22　单层石墨烯/硅/钌层的STM形貌图[100]**

(a)插层硅后的三维STM形貌图;(b)图(a)中虚线所代表的高度分布图;(c)图(a)中黑色方框对应的硅插层后石墨烯的晶格图

## 1.3.4
## 拉曼光谱分析

拉曼光谱（Raman spectra）是一种基于单色光的非弹性散射光谱，对与入射光频率不同的散射光进行分析可以得到分子振动、转动等方面的信息，可以用来分析分子或材料的结构。对于石墨烯来说，拉曼光谱是一种用于检测分析石墨烯层数、缺陷程度、掺杂情况等方面信息的很方便快捷的方法。使用不同波长的光源所得到的石墨烯的拉曼光谱会存在峰位置、强度等方面的差异。图1.23（a）所示为514nm波长激发光源时石墨和石墨烯的典型拉曼光谱[101]。对于完美的石墨烯结构，其主要的拉曼特征峰为位于1580cm$^{-1}$处左右的G峰和位于2700cm$^{-1}$处左右的2D峰。其中G峰是碳sp$^2$结构的特征峰，来源于sp$^2$原子对的伸缩振动，可以反映其对称性和结晶程度；2D峰源于两个双声子的非弹性散射。而对于不完美的石墨烯则还会在1350cm$^{-1}$附近出现一个D峰，它对应于环中sp$^2$原子的呼吸振动，D峰对应的振动一般是禁阻的，但晶格中的无序性会破坏其对称性而使得该振动被允许，因而D峰也被称为石墨烯的缺陷峰。

随着石墨烯层数的变化，G峰和2D峰的位置、宽度、峰强度等会相应发生变化，因而可以用来反映石墨烯的层数。一般对于单层的石墨烯，2D峰为单峰，且峰形比较窄，强度约是G峰的四倍[102,103]。层数的增多会导致2D峰的峰形变宽，强度变小，对于双层的石墨烯2D峰可以进一步分为四个峰。层数增加到一定程度石墨烯就演变为体相的石墨。其2D峰的位置较石墨烯存在很大的差别，相比于石墨烯向右偏移，同时会存在峰的叠加现象。

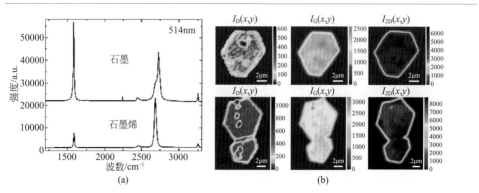

图1.23 石墨烯的拉曼表征

（a）石墨与石墨烯的拉曼光谱[101]；（b）石墨烯晶粒与石墨烯的拉曼成像图[98]

除了特定点区域的拉曼光谱外，还可以利用拉曼面扫描的功能对石墨烯材料进行大面积的分析，通过入射光在指定区域内逐点取样可以得到样品的拉曼成像图，这对于分析石墨烯的均匀程度、缺陷分布等具有重要的指导意义。Chen组利用拉曼面扫描功能对石墨烯晶粒与石墨烯晶界进行了表征，如图1.23（b）所示，分别为石墨烯单晶的D峰、G峰、2D峰强度拉曼成像图以及石墨烯晶粒连接处的D峰、G峰、2D峰强度拉曼成像图，由此可以看出单个六角石墨烯晶粒的均匀性以及石墨烯晶粒连接处存在的高密度的缺陷[98]。

## 参考文献

[1] Novoselov K S, Geim A K, Morozov S V, et al. Electric field effect in atomically thin carbon films[J]. Science, 2004, 306(5696): 666-669.

[2] Geim A K. Random walk to graphene(Nobel lecture)[J]. Angew Chem Int Ed, 2011, 50(31): 6966-6985.

[3] Geim A K. Nobel lecture: random walk to graphene[J]. Rev Mod Phys, 2011, 83(3): 851-862.

[4] Wallace P R. The band theory of graphite[J]. Phys Rev, 1947, 71(9): 622-634.

[5] McClure J W. Diamagnetism of graphite[J]. Phys Rev, 1956, 104(3): 666-671.

[6] Semenoff G W. Condensed-matter simulation of a three-dimensional anomaly[J]. Phys Rev Lett, 1984, 53(26): 2449-2452.

[7] Boehm H P, Setton R, Stumpp E. Nomenclature and terminology of graphite intercalation compounds[J]. Carbon, 1986, 24(2): 241-245.

[8] Peierls R. E. Quelques propriétés typiques des corps solides[J]. Annales de l'institut Henri Poincaré, 1935, 5(3): 177-222.

[9] Landau L. D. Zur theorie der phasenumwandlungen ii[J]. Phys Z Sowjetunion, 1937, 11: 26-35.

[10] Mermin N D, Wagner H. Absence of ferromagnetism or antiferromagnetism in one- or two-dimensional isotropic heisenberg models[J]. Phys Rev Lett, 1966, 17(22): 1133-1136.

[11] Mermin N D. Crystalline order in two dimensions[J]. Phys Rev, 1968, 176(1): 250-254.

[12] Lu X, Huang H, Nemchuk N, et al. Patterning of highly oriented pyrolytic graphite by oxygen plasma etching[J]. Appl Phys Lett, 1999, 75(2): 193-195.

[13] Lu X, Yu M, Huang H, et al. Tailoring graphite with the goal of achieving single sheets[J]. Nanotechnology, 1999, 10(3): 269.

[14] Berger C, Song Z, Li T, et al. Ultrathin epitaxial graphite: 2d electron gas properties and a route toward graphene-based nanoelectronics[J]. J Phys Chem B, 2004, 108(52): 19912-19916.

[15] Zhang Y, Small J P, Pontius W V, et al. Fabrication and electric-field-dependent transport measurements of mesoscopic graphite devices[J]. Appl Phys Lett, 2005, 86(7): 073104.

[16] Schafhaeutl C. Ueber die verbindungen des kohlenstoffes mit silicium, eisen und anderen metallen, welche die verschiedenen gallungen von roheisen, stahl und schmiedeeisen bilden[J]. Journal für Praktische Chemie, 1840, 21(1): 129-157.

[17] Schafhaeutl C. On the combinations of carbon with silicon and iron, and other metals, forming the different species of cast iron, steel, and malleable iron[J]. Philosophical Magazine Series

3, 1840, 16(103): 297-304.
[18] Brodie B C. On the atomic weight of graphite[J]. Philosophical Transactions of the Royal Society of London, 1859, 149, 249-259.
[19] Brodie B C. XIII-researches on the atomic weight of graphite[J]. Quarterly Journal of the Chemical Society of London, 1860, 12(1): 261-268.
[20] Morgan A E, Somorjai G A. Low energy electron diffraction studies of gas adsorption on the platinum (100) single crystal surface[J]. Surf Sci, 1968, 12(3): 405-425.
[21] May J W. Platinum surface leed rings[J]. Surf Sci, 1969, 17(1): 267-270.
[22] Blakely J M, Kim J S, Potter H C. Segregation of carbon to the (100) surface of nickel[J]. J Appl Phys, 1970, 41(6): 2693-2697.
[23] Van Bommel A J, Crombeen J E, Van Tooren A. Leed and auger electron observations of the SiC (0001) surface[J]. Surf Sci, 1975, 48(2): 463-472.
[24] Boehm H P, Clauss A, Fischer G O, et al. Dünnste kohlenstoff-folien[J]. Zeitschrift für Naturforschung B, 1962, 17(3): 150.
[25] Dreyer D R, Ruoff R S, Bielawski C W. From conception to realization: an historial account of graphene and some perspectives for its future[J]. Angew Chem Int Ed, 2010, 49(49): 9336-9344.
[26] Geim A K, Novoselov K S. The rise of graphene[J]. Nat Mater, 2007, 6(3): 183-191.
[27] Novoselov K S, Geim A K, Morozov S V, et al. Two-dimensional gas of massless dirac fermions in graphene[J]. Nature, 2005, 438(7065): 197-200.
[28] Bolotin K I, Sikes K J, Jiang Z, et al. Ultrahigh electron mobility in suspended graphene[J]. Solid State Commun, 2008, 146(9-10): 351-355.
[29] Du X, Skachko I, Barker A, et al. Approaching ballistic transport in suspended graphene[J]. Nat Nanotech, 2008, 3(8): 491-495.
[30] Ponomarenko L A, Yang R, Mohiuddin T M, et al. Effect of a high-kappa environment on charge carrier mobility in graphene[J]. Phys Rev Lett, 2009, 102(20): 206603.

[31] Zhang Y, Tan Y W, Stormer H L, et al. Experimental observation of the quantum hall effect and berry's phase in graphene[J]. Nature, 2005, 438(7065): 201-204.
[32] Novoselov K S, Jiang Z, Zhang Y, et al. Room-temperature quantum hall effect in graphene[J]. Science, 2007, 315(5817): 1379.
[33] Xue Y, Wu B, Jiang L, et al. Low temperature growth of highly nitrogen-doped single crystal graphene arrays by chemical vapor deposition[J]. J Am Chem Soc, 2012, 134(27): 11060-11063.
[34] Wei D, Liu Y, Wang Y, et al. Synthesis of N-doped graphene by chemical vapor deposition and its electrical properties[J]. Nano Lett, 2009, 9(5): 1752-1758.
[35] Wang X L, Zhang L, Yoon Y, et al. N-doing of graphene through electrothermal reactions with ammonia[J]. Science, 2009, 324(5938): 768-771.
[36] Ren Y, Cai W, Zhu Y, et al. Controlling the electrical transport properties of graphene by in situ metal deposition[J]. Appl Phys Lett, 2010, 97(5): 053107.
[37] Fujita M, Wakabayashi K, Nakada K, et al. Peculiar localized state at zigzag graphite edge[J]. J Phys Soc Jpn, 1996, 65(7): 1920-1923.
[38] Nakada K, Fujita M, Dresselhaus G, et al. Edge state in graphene ribbons: nanometer size effect and edge shape dependence[J]. Phys Rev B, 1996, 54(24): 17954-17961.
[39] Son Y W, Cohen M L, Louie S G. Half-metallic graphene nanoribbons[J]. Nature, 2006, 444(7117): 347-349.
[40] Son Y W, Cohen M L, Louie S G. Energy gaps in graphene nanoribbons[J]. Phys Rev Lett, 2006, 97(21): 216803.
[41] Han M Y, Ozyilmaz B, Zhang Y, et al. Energy band-gap engineering of graphene nanoribbons[J]. Phys Rev Lett, 2007, 98(20): 206805.
[42] Xu Z, Zheng Q S, Chen G. Elementary building blocks of graphene-nanoribbon-based electronic devices[J]. Appl Phys Lett, 2007, 90(22): 223115.

[43] Ruffieux P, Wang S, Yang B, et al. On-surface synthesis of graphene nanoribbons with zigzag edge topology[J]. Nature, 2016, 531(7595): 489-492.

[44] Mccann E, Fal'ko V I. Landau-level degeneracy and quantum hall effect in a graphite bilayer[J]. Phys Rev Lett, 2006, 96(8): 086805.

[45] Oostinga J B, Heersche H B, Liu X, et al. Gate-induced insulating state in bilayer graphene devices[J]. Nat Mater, 2008, 7(2): 151-157.

[46] Castro E V, Novoselov K S, Morozov S V, et al. Biased bilayer graphene: semiconductor with a gap tunable by the electric field effect[J]. Phys Rev Lett, 2007, 99(21): 216802.

[47] Mccann E. Asymmetry gap in the electronic band structure of bilayer graphene[J]. Phys Rev B, 2006, 74(16): 161403.

[48] Lee S, Lee K, Zhong Z. Wafer scale homogeneous bilayer graphene films by chemical vapor deposition[J]. Nano Letters, 2010, 10(11): 4702-4707.

[49] Zhou H, Yu W J, Liu L, et al. Chemical vapour deposition growth of large single crystals of monolayer and bilayer graphene[J]. Nat Commun, 2013, 4: 2096.

[50] Hao Y, Wang L, Liu Y, et al. Oxygen-activated growth and bandgap tunability of large single-crystal bilayer graphene[J]. Nat Nanotech, 2016, 11(5): 426-431.

[51] Craciun M F, Yamamotom R, Oostinga J B, et al. Trilayer graphene is a semimetal with a gate-tunable band overlap[J]. Nat Nanotech, 2009, 4(6): 383-388.

[52] Nair R R, Blake P, Grigorenko A N, et al. Fine structure constant defines visual transparency of graphene[J]. Science, 2008, 320(5881): 1308.

[53] Bonaccorso F, Sun Z, Hasan T, et al. Graphene photonics and optoelectronics[J]. Nat Photonics, 2010, 4(9): 611-622.

[54] Kim Y D, Kim H, Choy Y, et al. Bright visible light emission from graphene[J]. Nat Nanotech, 2015, 10(8): 676-681.

[55] Optics: graphene shines bright in a vacuum[J]. Nature, 2015, 522(7556): 258-258.

[56] Bao Q, Zhang H, Wang Y, et al. Atomic-layer graphene as a saturable absorber for ultrafast pulsed lasers[J]. Adv Funct Mater, 2009, 19(19): 3077-3083.

[57] Xing G, Guo H, Zhang X, et al. The physics of ultrafast saturable absorption in graphene[J]. Optics Express, 2010, 18(5): 4564-4573.

[58] Hendry E, Hale P J, Moger J, et al. Coherent nonlinear optical response of graphene[J]. Phys Rev Lett, 2010, 105(9): 097401.

[59] Zhang H, Virally S, Bao Q, et al. Z-scan measurement of the nonlinear refractive index of graphene[J]. Optics Letters, 2012, 37(11): 1856-1858.

[60] Wang L F, Zheng Q S. Extreme anisotropy of graphite and single-walled carbon nanotube bundles[J]. Appl Phys Lett, 2007, 90(15): 153113.

[61] Lee G H, Cooper R C, An S J, et al. High-strength chemical-vapor-deposited graphene and grain boundaries[J]. Science, 2013, 340(6136): 1073-1076.

[62] Lee C, Wei X, Kysar J W, et al. Measurement of the elastic properties and intrinsic strength of monolayer graphene[J]. Science, 2008, 321(5887): 385-388.

[63] Blees M K, Barnard A W, Rose P A, et al. Graphene kirigami[J]. Nature, 2015, 524(7564): 204-207.

[64] Balandin A A, Ghosh S, Bao W, et al. Superior thermal conductivity of single-layer graphene[J]. Nano Lett, 2008, 8(3): 902-907.

[65] Ghosh S, Bao W, Nika D L, et al. Dimensional crossover of thermal transport in few-layer graphene[J]. Nat Mater, 2010, 9(7): 555-558.

[66] Chen S, Wu Q, Mishra C, et al. Thermal conductivity of isotopically modified graphene[J]. Nat Mater, 2012, 11(3): 203-207.

[67] Kong Q Q, Liu Z, Gao J G, et al. Hierarchical graphene-carbon fiber composite paper as a flexible lateral heat spreader[J]. Adv Funct Mater, 2014, 24(27): 4222-4228.

[68] Song N J, Chen C M, Lu C, et al. Thermally reduced graphene oxide films as flexible lateral heat spreaders[J]. J Mater Chem A, 2014, 2(39): 16563-16568.

[69] Hu S, Lozada Hidalgo M, Wang F C, et al. Proton transport through one-atom-thick crystals[J]. Nature, 2014, 516(7530): 227-230.

[70] Surwade S P, Smirnov S N, Vlassiouk I V, et al. Water desalination using nanoporous single-layer graphene[J]. Nat Nanotech, 2015, 10(5): 459-464.

[71] Zhang W F, Zhang J, Chen X Y, et al. Bitrialkylsilylethynyl thienoacenes: synthesis, molecular conformation and crystal packing, and their field-effect properties[J]. J Mater Chem C, 2013, 1(39): 6403-6410.

[72] Joshi R K, Carbone P, Wang F C, et al. Precise and ultrafast molecular sieving through graphene oxide membranes[J]. Science, 2014, 343(6172): 752-754.

[73] Liu G, Jin W, Xu N. Graphene-based membranes[J]. Chem Soc Rev, 2015, 44(15): 5016-5030.

[74] Koh D Y, Lively R P. Nanoporous graphene: membranes at the limit[J]. Nat Nanotech, 2015, 10(5): 385-386.

[75] Zhang T, Chang H, Wu Y, et al. Macroscopic and direct light propulsion of bulk graphene material[J]. Nat Photon, 2015, 9(7): 471-476.

[76] Wang Y, Wong D, Shytov A V, et al. Observing atomic collapse resonances in artificial nuclei on graphene[J]. Science, 2013, 340(6133): 734-737.

[77] González Herrero H, Gómez Rodríguez J M, Mallet P, et al. Atomic-scale control of graphene magnetism by using hydrogen atoms[J]. Science, 2016, 352(6284): 437-441.

[78] Blake P, Hill E W, Castro Neto A H, et al. Making graphene visible[J]. Appl Phys Lett, 2007, 91(6): 063124.

[79] Ni Z H, Wang H M, Kasim J, Fan H M, et al. Graphene thickness determination using reflection and contrast spectroscopy[J]. Nano Lett, 2007, 7(9): 2758-2763.

[80] Wang H, Wang G, Bao P, et al. Controllable synthesis of submillimeter single-crystal monolayer graphene domains on copper foils by suppressing nucleation[J]. J Am Chem Soc, 2012, 134(8): 3627-3630.

[81] Mohsin A, Liu L, Liu P, et al. Synthesis of millimeter-size hexagon-shaped graphene single crystals on resolidified copper[J]. ACS Nano, 2013, 7(10): 8924-8931.

[82] Geng D C, Wu B, Guo Y L, et al. Fractal etching of graphene[J]. J Am Chem Soc, 2013, 135(17): 6431-6434.

[83] Hao Y, Bharathi M S, Wang L, et al. The role of surface oxygen in the growth of large single-crystal graphene on copper[J]. Science, 2013, 342(6159): 720-723.

[84] Duong D L, Han G H, Lee S M, et al. Probing graphene grain boundaries with optical microscopy[J]. Nature, 2012, 490(7419): 235-239.

[85] Wu B, Geng D, Guo Y, et al. Equiangular hexagon-shape-controlled synthesis of graphene on copper surface[J]. Adv Mater, 2011, 23(31): 3522-3525.

[86] Geng D C, Meng L, Chen B Y, et al. Controlled growth of single-crystal twelve-pointed graphene grains on a liquid cu surface[J]. Adv Mater, 2014, 26(37): 6423-6429.

[87] Wang Z J, Weinberg G, Zhang Q, et al. Direct observation of graphene growth and associated copper substrate dynamics by in-situ scanning electron microscopy[J]. ACS Nano, 2015, 9(2): 1506-1519.

[88] Ismach A, Druzgalski C, Penwell S, et al. Direct chemical vapor deposition of graphene on dielectric surfaces[J]. Nano Lett, 2010, 10(5): 1542-1548.

[89] Chen J Y, Wen Y G, Guo Y L, et al. Oxygen-aided synthesis of polycrystalline graphene on silicon dioxide substrates[J]. J Am Chem Soc, 2011, 133(44): 17548-17551.

[90] Russo C J, Golovchenko J A. Atom-by-atom nucleation and growth of graphene nanopores[J].

PNAS, 2012, 109(16): 5953-5957.
[91] Huang P Y, Ruiz Vargas C S, van der Zande A M, et al. Grains and grain boundaries in single-layer graphene atomic patchwork quilts[J]. Nature, 2011, 469(7330): 389-392.
[92] Wu Y A, Fan Y, Speller S, et al. Large single crystals of graphene on melted copper using chemical vapor deposition[J]. ACS Nano, 2012, 6(6): 5010-5017.
[93] Meyer J C, Geim A K, Katsnelson M I, et al. The structure of suspended graphene sheets[J]. Nature, 2007, 446(7131): 60-63.
[94] Choi J S, Kim J S, Byun I S, et al. Friction anisotropy-driven domain imaging on exfoliated monolayer graphene[J]. Science, 2011, 333(6042): 607-610.
[95] Tang S, Wang H, Zhang Y, et al. Precisely aligned graphene grown on hexagonal boron nitride by catalyst free chemical vapor deposition[J]. Sci Rep, 2013, 3: 2666.
[96] Yang W, Chen G, Shi Z, et al. Epitaxial growth of single-domain graphene on hexagonal boron nitride[J]. Nat Mater, 2013, 12(9): 792-797.
[97] Batra I P, García N, Rohrer H, et al. A study of graphite surface with stm and electronic structure calculations[J]. Surf Sci, 1987, 181(1-2): 126-138.
[98] Yu Q, Jauregui L A, Wu W, et al. Control and characterization of individual grains and grain boundaries in graphene grown by chemical vapour deposition[J]. Nat Mater, 2011, 10(6): 443-449.
[99] Cai J, Pignedoli C A, Talirz L, et al. Graphene nanoribbon heterojunctions[J]. Nat Nanotech, 2014, 9(11): 896-900.
[100] Li G, Zhou H, Pan L, et al. Role of cooperative interactions in the intercalation of heteroatoms between graphene and a metal substrate[J]. J Am Chem Soc, 2015, 137(22): 7099-7103.
[101] Ferrari A C, Meyer J C, Scardaci V, et al. Raman spectrum of graphene and graphene layers[J]. Phys Rev Lett, 2006, 97(18): 187401.
[102] Ferrari A C. Raman spectroscopy of graphene and graphite: disorder, electron-phonon coupling, doping and nonadiabatic effects[J]. Solid State Commun, 2007, 143(1-2): 47-57.
[103] Malard L M, Pimenta M A, Dresselhaus G, et al. Raman spectroscopy in graphene[J]. Physics Reports, 2009, 473(5-6): 51-87.

# NANOMATERIALS
石墨烯：从基础到应用

# Chapter 2

# 第 2 章
# 石墨烯的制备

张涛，卢文静，韩江丽，刘津欣，付磊
武汉大学化学与分子科学学院

2.1 剥离法

2.2 SiC 表面外延生长法

2.3 电弧放电法

2.4 氧化还原法

2.5 化学气相沉积法

2.6 其他方法

2.7 石墨烯的转移

早在1947年，就有人预言过石墨烯的存在以及其可能具有的诸多性质，但尝试制备石墨烯的科学家却很少。前苏联的力学"泰斗"朗道曾断言："在有限温度下，任何二维的晶格体系都是不稳定的"。2004年Geim教授和Novoselov教授成功地制备出稳定存在的石墨烯[1]，整个科学界都为之轰动，由此各个领域都掀起了一股关于二维材料的研究热潮。如果没有当时在实验室中剥离出的那片小小的石墨烯，便没有如今二维材料如此蓬勃的发展，由此可见石墨烯的成功制备所带来的巨大影响。随后的研究表明，石墨烯具有许多优异的性质，这进一步激发了人们对它的强烈兴趣。然而，了解如何制备石墨烯是研究其性质及应用的前提。此外，对于理论科学家而言，通晓石墨烯的制备方法有助于他们对不同方法制备的石墨烯做出合理的预期。本章对石墨烯不同的制备方法进行了总结，其中包括剥离法、SiC表面外延生长法、电弧放电法、氧化还原法、化学气相沉积法以及偏析生长法、自下而上合成法等其他方法。对于石墨烯的研究而言，制备与转移相辅相成、缺一不可，将石墨烯转移至不同的基底上对于它的理论研究及实际应用具有重要意义，因此本章最后一节还重点介绍了石墨烯的各种转移方法。

## 2.1 剥离法

### 2.1.1 机械剥离法

机械剥离法，顾名思义，就是利用机械外力克服石墨层与层之间较弱的范德华力，经过不断地剥离从而得到少层甚至单层石墨烯的一种方法。根据作用尺度的不同，这类方法可以分为微机械剥离法和宏观剥离法（包括插层、研磨等方法）。由于简便有效，利用胶带黏附力克服层间作用力的微机械剥离法最简单，应用也最为普遍。这种方法可以追溯到1965年，当时Frindt等人利用这种方法成功获得了小于10nm的薄层$MoS_2$[2]。而1997年时，Ohashi等人利用这种方法成功剥离得到了厚度为30～100nm的石墨片层，并且他们还测量了不同厚度的石墨片在各种温度下的电阻值[3]。

诺贝尔奖获得者Geim和Novoselov最初获得石墨烯的方法十分简便：通过外力将用于剥离的胶带紧紧黏附在一片高定向热解石墨（highly oriented pyrolytic graphite，HOPG）表面，然后撕下胶带使二者分开，这样就会有一部分的石墨片层克服层间作用力而留在胶带上；然后将粘有石墨片的胶带与新胶带的黏性面通过按压贴合在一起，再轻轻地撕开两块胶带，这样使得一块石墨片分成两片更薄的片层；通过重复剥离，便可以使所得石墨片的厚度不断减小，此时可观察到石墨烯的颜色逐渐变淡。将这些胶带粘在硅片表面，由于范德华力和毛细张力的作用，剥离所得的石墨烯片便会附着在硅片上，最后再将样品放入丙酮中溶去残胶[1]。在对1mm厚的HOPG进行反复剥离后，他们最终获得了厚度小于10nm的薄层石墨片，如图2.1（a）所示。图2.1（b）展示了他们所获得的稳定的单层石墨烯，由此打破了"二维的晶格体系不稳定"的定论。他们将这种剥离的少层石墨烯片制成了场效应晶体管（field-effect transistor，FET）[图2.1（c）]，并测量了其电学性质，这些薄层的石墨烯片表现出了零带隙和高迁移率的性质。

铅笔在纸上写字是利用摩擦力克服石墨笔芯里的范德华力，使少层的石墨留在纸上。Geim等人利用相似的原理提出了摩擦剥离制备石墨烯的方法[4]。具体来说，他们将一块石墨的干净面"蹭"到$SiO_2$/Si基底表面，这样就可以在基底表面留下一部分石墨薄片。他们惊奇地发现，在这种方法获得的石墨薄片中能够找到单层的石墨烯。但是为什么在早前进行的石墨剥离过程中并未发现单层的石墨烯呢？他们对此也给出了解释：在剥离得到的样品中，单层的石墨烯是极少量的，并且由于其极高的透光性，很难用光学显微镜（optical microscopy，OM）观察到，同时在透射电子显微镜下也没有很明显的特征，而用来鉴定样品层数的原子力显微镜并不适合寻找，于是之前的研究者们通常只能看到较厚的石墨片。此后，

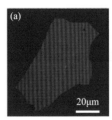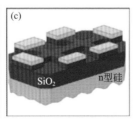

图2.1 （a）在氧化硅基底上剥离得到的少层石墨烯（厚度约3nm）的光学图像；（b）单层石墨烯（厚度约0.8nm）的AFM图像；（c）石墨烯FET示意图[1]

第2章 石墨烯的制备

他们还采用这个方法对多种其他层状材料进行剥离,成功地制得了多种可以稳定存在的二维材料(如$MoS_2$、$NbSe_2$以及$Bi_2Sr_2CaCu_2O_x$等)。

采用胶带剥离法虽然可以获得单层或者少层的石墨烯,但是这种方法却很难精确地对层数进行控制。为此,Dimiev等人发展了一种新的剥离方法,利用锌膜进行剥离获得层数可控的石墨烯[5]。他们首先在覆盖有少层石墨的$SiO_2/Si$基底上溅射一层锌膜,然后将基底置于盐酸中,溶解掉上面的锌层,便会使最顶层的石墨烯被除去。通过锌膜的不断沉积和石墨烯层的不断移除,控制留在基底上的石墨烯的层数。此外,利用电子束光刻还可以对溅射锌膜的形状进行调节,从而改变除去的石墨层的形状,因此这种方法可以用来制备各种各样的石墨烯"印章"。虽然这种方法对层数有极高的可控性,但是会对石墨烯结构造成损伤,因为沉积锌层并将其放入盐酸中快速溶解的过程很容易对下层的石墨造成损害。同时,直接对石墨进行锌膜剥离的过程非常耗时,因而这并不算一种便捷、无损地剥离制备石墨烯的方法。

此外,研究者们还试图对剥离制备石墨烯的过程进行精确操控。Ruoff等人在1999年报道了利用AFM针尖剥离制备石墨烯片层的工作[6]。他们首先在新剥离的HOPG表面沉积一层$SiO_2$,再利用氧等离子体刻蚀的方法获得一定厚度和形状的HOPG,之后再用氢氟酸除去$SiO_2$,最后通过与其他基底的摩擦使之转移到目标基底上。利用这种技术,可以通过AFM的针尖对$SiO_2$基底上的HOPG进行有效的分离,通过精确地操控可以在Si基底上得到形状可控的石墨烯片。然而这种方法获得的石墨烯层数往往不可控,而且利用AFM针尖进行剥离操作困难、费时,因而这种方法并不适合大量制备石墨烯。

无论是胶带剥离,还是摩擦剥离,都只适用于实验室中的研究。由于产量低且剥离的尺寸较小,并不适合大规模制备石墨烯。为了克服上述剥离石墨烯方法产量低的缺点,研究者们发展了许多有望规模制备石墨烯的宏观剥离法,其中具代表性的方法是机械切割石墨法和机械研磨石墨法。Subbiah等人使用了一个超锐利、可高频振动的钻石楔作为切割工具对HOPG进行剥离,获得了大面积的少层石墨片[7]。这种方法可以剥离出毫米级的大面积石墨片,其厚度在20~30nm。但是,采用这种方法获得的石墨片表面非常粗糙,且层数也不均一,使用的仪器也十分昂贵。Chen等人则使用了一种机械研磨石墨的方法制备石墨烯[8]。他们首先将较厚的石墨分散在$N,N$-二甲基甲酰胺(DMF)中,然后使用球磨机对其进行研磨,这样便可以获得少层(小于3层)的石墨片,经过离心分离和反复清洗之后除去未被剥离的厚层石墨和溶剂,得到了单层和少层的石墨片。研磨过程的主导作用力应是剪切力，否则会对石墨烯的晶格结构产生破坏。这种剥离方法可方便、廉价、大量地得到少层的石墨片，但是尺寸通常很小。宏观剥离法可实现石墨片的大量制备，但是在层数控制等方面还有待改进。

机械剥离法获得的石墨烯通常具有完整的晶格结构，所制得的器件性能优异。其中，胶带剥离法作为一种可以简便、快捷地制备高质量石墨烯的方法，已被广泛地应用于各种实验研究中。尽管机械剥离法极大地促进了石墨烯的研究，但是这种方法并不适合石墨烯的大规模制备。

## 2.1.2
### 化学剥离法

机械剥离法被证明是一种有效的制备石墨烯的方法，然而其缺点是产量低且可控性差。而化学剥离法可在溶液中将块状石墨剥离成大量的石墨薄片，有望实现薄层石墨的大规模制备。在早期的研究中，人们对富勒烯和碳纳米管等$sp^2$杂化碳材料在溶剂中的分散行为已有了一定的认知，采用化学剥离法制备石墨烯很自然地成为了被关注的研究方向。为了实现石墨层的分离，必须考虑以下两个问题：第一，向石墨层间输入能量实现层与层的分离，温和的超声处理是一个行之有效的方法；第二，抑制石墨烯片层的重新团聚，使其维持孤立的薄片状态，因此，溶剂的选择至关重要。根据溶剂选择的不同，化学剥离法可以分为非水溶剂法和表面活性剂辅助法。

#### 2.1.2.1
非水溶剂法

2008年，Novoselov和Geim提出了一种通过微波辅助化学剥离石墨获得石墨烯的方法：他们将石墨放入DMF中超声处理3h，得到含有石墨烯的稳定分散液，接着将得到的溶液以13000r·min$^{-1}$的速度离心分离10min，使厚层石墨和石墨烯分离[9]。但在当时这仅仅是一个初步的尝试，石墨烯的产率和含量均有待提高。

常用于分散石墨烯的有机溶剂有N-甲基吡咯烷酮（NMP）、N,N-二甲基乙酰胺（DMAC）、γ-丁内酯（GBL）和1,3-二甲基-2-咪唑啉酮（DMEU）等。Hernandez等人系统地研究了各种有机溶剂在分散石墨烯以及形成稳定的石墨烯分散液方面的性能[10]。他们首先制得浓度为0.1mg·mL$^{-1}$的石墨分散液，然后低功率超声处理，接着低速（500r·min$^{-1}$）离心90min，最后得到了均匀液体（可稳定分散5个月）。图2.2（a）为不同浓度（从6μg·mL$^{-1}$到4μg·mL$^{-1}$）的石墨烯分散在NMP中的照片，图2.2（b）和（c）展示了不同浓度石墨烯分散液的吸收特性，图2.2（d）所示为离心后石墨烯的浓度与溶剂表面能的关系，在溶剂表面张力为40～50mJ·m$^{-2}$时最利于石墨烯的分散，并能够获得浓度高达0.01mg·mL$^{-1}$的石墨烯分散液。这项工作表明，溶剂的选择对于化学液相剥离石墨烯的产量有决定性的作用，研究者认为这是由于不同溶剂表面能与石墨烯匹配度不同所导致，使用表面张力为40～50mJ·m$^{-2}$的溶剂获得了最高的石墨烯产量。

除此之外，Warner等人报道了一种在1,2-二氯乙烷（DCE）中超声剥离石墨得到石墨烯的方法[11]。相较于其他常用的极性有机溶剂，DCE的沸点很低因而更容易被除去，所以这种方法得到的石墨烯更干净，适合进行TEM观察。Bourlinos等人报道了一系列的全氟芳香环溶剂用于液相剥离石墨烯[12]，他们认为剥离过程中电子很容易从富电子的碳层中转移到缺电子的全氟芳香环上。

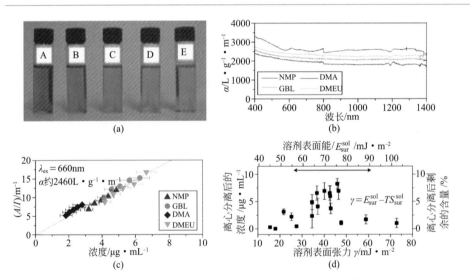

图2.2 （a）离心分离之后，石墨烯片在NMP溶剂中从浓度为6μg·mL$^{-1}$（A）到4μg·mL$^{-1}$（E）的分散情况；（b）石墨烯片分散浓度为2～8μg·mL$^{-1}$时分散于NMP、DMA、GBL和DMEU溶剂中的吸收光谱；（c）吸光度（$\lambda_{ex}$=660nm）与比色皿长度的比值和溶解在NMP、DMA、GBL和DMEU四种溶剂中浓度的函数关系图（均表现出朗伯-比尔行为），其平均吸光度<$\alpha_{660}$> = 2460L·g$^{-1}$·m$^{-1}$；（d）对于一系列的溶剂，离心后测得的石墨烯浓度与溶剂表面张力的关系图[10]

除了溶剂，所使用的石墨原料也是影响剥离效果的一个重要因素。Li等人提出用商业可膨胀石墨作为原料来制备石墨烯纳米带[13]。他们在混合气体（含有3% $H_2$的Ar）中对可膨胀石墨进行加热处理，在1000℃下维持60s，这使得石墨层间缺陷处的气体剧烈膨胀，导致石墨层间的堆叠趋于松弛，然后置于间亚乙烯基苯-2,5-二辛氧基-对亚乙烯基苯的共聚物（PmPv）的DCE溶液中，超声处理30min。PmPv能以非共价键的方式修饰剥离的石墨烯，因此有助于获得均匀稳定的分散液。通过这种方法所制得的石墨烯纳米带宽度分布广，从几纳米到几十纳米不等，层数约为1～3层。他们将得到的石墨烯纳米带制成了场效应晶体管，发现其半导体行为与纳米带的宽度有关。在后续研究中，Li采用商业可膨胀石墨成功制备了具有高导电性的石墨烯片[14]。他们依然将可膨胀石墨置于混合气体中，在1000℃下加热60s，然后和NaCl晶体一起研磨，得到灰色的混合物，然后洗去NaCl，过滤得到石墨片，最后在发烟硫酸下室温处理一天，可使得硫酸分子有效地插入石墨层间，更容易分离得到单层石墨。接着通过不断地过滤和清洗除掉酸液，将得到的样品置入四丁基氢氧化铵（TBA）和DMF中，超声处理5min，然后在室温下静置3d，使TBA能够充分地插入到石墨层中。TBA可以进入经过发烟硫酸处理的可膨胀石墨层间，进一步增大石墨层间距，更有效地分离获得单层石墨烯片。随后加入一定量的甲氧基-聚乙二醇-磷脂酰乙醇胺（m-PEG-DSPE），超声处理1h，得到均匀的分散液，最后再通过离心分离获得含有单层石墨烯的上层黑色清液。他们将制得的石墨烯片覆盖在石英上，发现其透光率为83%，电阻为8kΩ。

### 2.1.2.2
### 表面活性剂辅助法

在之前对碳纳米管的研究中，研究者发现表面活性剂能够包覆碳纳米管，从而使其有效地分散于水和其他溶剂中，并可实现金属型和半导体型碳管的分离[15]。在非水溶剂中剥离石墨时，石墨烯分散液的稳定性很大程度上取决于所选择的溶液，而表面活性剂的加入可以弱化对溶剂的挑剔性，因此这个方法很快地被应用于石墨烯的化学剥离中。

Lotya等人首先报道了一种表面活性剂辅助的化学剥离石墨烯的方法[16]。剥离过程如下：将石墨分散于浓度为5～10mg·$mL^{-1}$的十二烷基苯磺酸钠（SDBS）水溶液中，低功率超声30min，将所得分散液静置24h，然后在500r·$min^{-1}$的离心速度下处理90min除去未剥离的厚层得到石墨烯。由于库仑斥力的存在，表面活性剂抑制了石墨烯的重新聚集，这样可以获得大量的少层石墨（少于5层），其中含有大约3%的单层石墨烯。之后他们进一步改良了这个方法，采用胆酸钠代替SDBS作为表面活性剂辅助剥离，获得了浓度更高的石墨薄片分散液，单层的含量得到了明显提高[17]。同时，他们将低功率超声的时间延长至430h，使得石墨烯能够更有效地分散，最后浓度可以达到约$0.3 g \cdot mL^{-1}$。

引入表面活性剂有利于石墨烯的分散，使利用密度梯度离心分离不同厚度的石墨片成为可能。Green等人提出了一种利用离心分离不同层数的石墨片的有效方法[18]。他们首先利用胆酸钠作为表面活性剂辅助分散得到薄层石墨分散液，然后采用密度梯度离心的方法进行分离。分离得到的结果如图2.3（a）所示，在离心管中出现了明显的分层，图2.3（b）和（c）分别对应图2.3（a）中不同标记区域的AFM图像，图2.3（d）中分别展示了图2.3（b）和（c）中标示直线对应的高度剖面图，表明不同区域对应的石墨片具有不同的厚度。

作为一种与石墨烯表面能不匹配的溶剂，乙醇被认为很难用于剥离石墨烯，Liang等人则报道了一种在乙醇中剥离石墨烯的方法[19]。他们在乙醇中添加了一

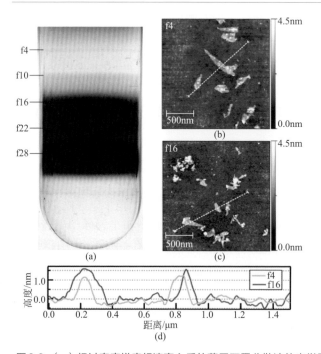

图2.3 （a）经过密度梯度超速离心后的薄层石墨分散液的光学图片；（b），（c）沉积在$SiO_2$上分别处于f4区域和f16区域处的薄层石墨对应的AFM图像；（d）图（b）和图（c）中标记直线的高度剖面图[18]

种聚合物稳定剂——乙基纤维素，从而成功地分离得到了大量的石墨烯。Das 等人则通过原位聚合法，在石墨烯的表面包覆了一层聚酰胺[20]，在加入表面活性剂后可以稳定地分散于水相中。除此之外，官能化的芘分子也被证明可以有效地稳定水中的石墨烯[21]。

相较于机械剥离的低产出，化学剥离可以有效地大量制备出石墨烯片，并且可以通过改变超声的时间和强度、离心过程、表面活性剂或溶剂对整个剥离过程进行调控，从而获得大量单层或其他层数的石墨烯片。采用表面活性剂辅助剥离可弱化对溶剂的选择限制，使得水或乙醇等一些常见溶剂也可以用于剥离石墨烯。但是相较于使用非水溶剂，这种方法引入了难以去除的化学物质，会对所获得的石墨烯质量产生影响。因此，如何除去残留在样品上的溶剂和其他化学分子也是一个需要考虑的问题。无论是高质量的机械剥离法还是高产出的化学剥离法，都是通过外力剥离石墨得到的石墨烯，由于剥离过程的不可控性，所得到的石墨烯片在形状、层数、大小等方面都是随机的，这不利于石墨烯后续的应用。

## 2.2 SiC 表面外延生长法

早在 20 世纪 60 年代，Badami 等人就发现在超高真空下将 SiC 加热到 2150 ℃其表面会产生石墨[22]。后续的研究表明，在高温高真空的条件下，SiC 表面的 Si 会发生升华。当 Si 原子升华后，为了降低能量，表面剩下的少层碳会发生重构形成石墨烯[23~25]。在此过程中，石墨烯的形成速率及其结构和性质与反应压力、保护气种类等有很大关系[26~32]。目前，通过对生长条件以及 SiC 基底的调控，已能在 SiC 表面外延生长出大面积均匀的石墨烯[23,24]。

在 SiC 表面，石墨烯的外延生长速率会随着层数的增加而变慢，这是由于内层的 SiC 与表面的 SiC 相比更难脱去 Si 原子[27]。在表层的石墨烯形成后，内层 SiC 中的 Si 原子几乎只能从表层石墨烯的缺陷（破洞或晶界）处逃逸进而在内层形成石墨烯，因而表层石墨烯的缺陷程度会直接影响到最终获得的石墨烯的层数。值得强调的是，在 SiC 上生长石墨烯的方法有两种，这两种方法生长出来的石墨烯质量相差很大。一种方法是在超高真空中加热 SiC，该法在较低温度（1100～1200℃）下便可在SiC表面外延生长出石墨烯。然而，此时碳原子的迁移速率较慢，生成的石墨烯的缺陷较大，所得的石墨烯层数往往较厚（≈6层）[33,34]。人们一般采用这种方法制备石墨烯进而研究缺陷[35]。另一个方法是由Walter de Heer研究小组发展的在高真空的高频加热炉内的生长方法，生长温度提高到1400℃以上，生长出来的石墨烯无论是在硅面还是在碳面，质量都远好于第一种方法生长的石墨烯。这种方法得到的样品表面非常平，缺陷极少，有很高的迁移率，表现出优异的电学性质[36,37]。

SiC的两个面——Si终止面[SiC（0001）]和C终止面[SiC（000$\bar{1}$）]，均可在一定条件下外延生长出石墨烯，而这两个极性面外延生长的石墨烯具有完全不同的性质[30]。Si面可以生长出单层和双层的石墨烯，并且石墨烯与Si面的作用力较弱，在载流子中性点（即狄拉克点）0.2eV处可以保持原有的线性波谱，然而Si面生长的石墨烯往往呈重掺杂（约为$10^{13}cm^{-2}$），此外它的缺陷浓度也较高，因而所得石墨烯的迁移率通常较低[38]；而SiC的C面则会生长出无序堆积的多层石墨烯，掺杂较少且缺陷极少，因而其往往具有很高的迁移率[39]。下面将对在SiC的Si终止面和C终止面外延生长石墨烯分别进行介绍。

## 2.2.1
### 在SiC的Si终止面外延生长石墨烯

低能电子衍射（low energy electron diffraction，LEED）表明，随着温度的升高，SiC的热分解会经历一系列碳的重构过程，最终才能形成石墨烯[30]。随着温度的逐渐升高，SiC的Si终止面会从富含硅的（3×3）相，经过SiC的（1×1）相，继而发生（$\sqrt{3}\times\sqrt{3}$）R30重构，最后发生（$6\sqrt{3}\times6\sqrt{3}$）R30重构形成石墨烯（图2.4）。由于SiC的Si终止面外延生长的第一层碳会与顶层的Si原子之间形成共价键，这使得该层碳并不具有$sp^2$杂化结构，因而它不具有石墨烯特有的电子性质，通常将与Si面共价相连的这层碳称为缓冲层。研究表明，在缓冲层形成后，C原子会更容易吸附在其与SiC基底之间，而不是在其表面。随着C原子的继续增加，在第一层碳的下方形成一层新的缓冲层。与此同时，第一层碳会发生异构化从而形成石墨烯。随着缓冲层的不断形成，同时缓冲层上的碳不断转换成石墨烯，便可在SiC的Si终止面上逐渐外延生长出少层石墨烯。

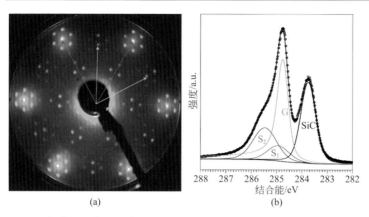

图2.4 （a）SiC（0001）面生长的石墨烯的LEEM表征［蓝色箭头对应于基底SiC（0001），而红色箭头对应于石墨烯的晶格结构］；(b）X射线光电子能谱（X-ray photoelectron spectroscopy，XPS）结果中的C 1s峰［其中C的各峰分别对应于SiC、($6\sqrt{3}\times6\sqrt{3}$）界面层以及石墨烯中的碳］[30]

## 2.2.2
### 在SiC的C终止面外延生长石墨烯

早期在SiC的C终止面生长石墨烯的研究表明，SiC（$000\bar{1}$）面生长的石墨烯质量不高且是无序堆积的，因此相比于Si终止面生长石墨烯，基于C终止面的研究较少。然而，Hass等人的研究表明：SiC的C终止面上会以无序堆积的方式形成多层石墨烯[40]。正是这种层与层之间的无序堆积，使得C终止面上生长的石墨烯层间耦合相对较弱，进而使得每层石墨烯近似独立，因而C终止面外延生长的石墨烯可以保持单层石墨烯的电子传输特性。由于这一独特的性质，C终止面生长石墨烯逐渐引起人们的广泛关注。Robinson等人的研究表明，C终止面外延生长的石墨烯的无序堆积会减弱基底的声子散射作用，从而使得石墨烯室温下载流子迁移率可达$1.81\times10^4 cm^2\cdot V^{-1}\cdot s^{-1}$[41]。C终止面生长的多层石墨烯的几种典型的拉曼2D峰见图2.5。然而，与Si终止面生长石墨烯相比，在C终止面生长的石墨烯层数较难控制。为此，Camara等人在高温退火4H-SiC（$000\bar{1}$）的过程中，用额外的碳覆盖SiC表面控制Si原子的升华速率，成功地在C终止面上实现了均匀单层石墨烯的外延生长[42]。

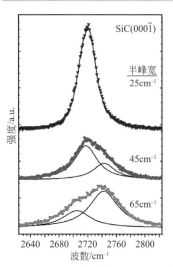

图2.5 C终止面生长的多层石墨烯的几种典型的拉曼2D峰[41]

与机械剥离法制备的石墨烯相比，SiC表面外延生长的石墨烯具有许多优势。首先，SiC表面外延生长的石墨烯面积较大。此外，由于SiC表面较为平整，台阶宽度可达近百微米，因而在其上外延生长的石墨烯也非常平整。另外，SiC表面的石墨烯层电子浓度相对低，制得的石墨烯的费米面非常靠近狄拉克点，这使得SiC表面外延生长石墨烯成为了研究石墨烯本征性质的理想方法。可以预见，SiC上外延生长的石墨烯不但会继续在电子器件方面引人注目，而且它还将在狄拉克电子体系领域的基础研究中获得越来越多的重视。

## 2.3 电弧放电法

电弧放电法广泛应用于石墨烯、富勒烯以及碳纳米管的制备中。电弧放电一般是在一个填充有一定气体的密封空间内进行的：在两个近距离的石墨电极两端加足够的电压，使空间内的气体发生电离而导电，从而产生电弧放电现象。在这种情况下，阳极的石墨电极会被消耗，然后在密封壁上重新沉积形成石墨烯层。在这个过程中，放电中心的温度可达到几千摄氏度，如此高的温度有利于缺陷处的碳原子重新组装，故而这种方法得到的石墨烯结晶性很高，具有优异的导电性和良好的热稳定性。

在电弧放电的过程中，使用的缓冲气体不同所得的石墨烯的质量也会有所不同。以氢气作为缓冲气体时，电弧放电过程中产生的无定形碳会被刻蚀除去，使最终获得的石墨烯的质量有所提高。Wu等人报道了一种氢气气氛下的电弧放电法[43]，他们首先对用Hummers法制得的石墨氧化物（graphene oxide，GO）进行长时间的烘干处理，然后再将其置于氢气氛围下进行电弧放电。此后，他们将获得的石墨烯在NMP中均匀分散，再通过离心分离除去厚层石墨，便可从上清液中获得少层的石墨烯，最终得到的石墨烯的TEM图像如图2.6所示。此后，Li等人用氨气和氦气作为缓冲气体，以纯石墨作为电极，成功制得了大小为几百纳米的少层氮掺杂石墨烯[44]。为了增大电弧放电过程中所得石墨烯的面积，Wu等人将二氧化碳和氦气作为缓冲气体，利用电离二氧化碳得到额外的碳源，使得所得少层石墨烯的面积达到了微米级[45]。综上所述，在电弧放电法中，通过改变缓冲气体可以实现对所得石墨烯的质量、掺杂性以及大小进行调节。

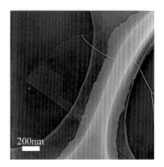

图2.6　电弧放电法制备得到的石墨烯的TEM图像[43]

通常，在电弧放电法中不需要催化剂便可获得石墨烯。而Huang等人创新性地引入ZnO或ZnS作为催化剂，使得所得石墨烯的产量显著提高，获得了约3g的高质量石墨烯[46]。同时，他们还发现，当使用铜粉作为催化剂时可以进一步提高所得石墨烯的质量，并能够减少所得石墨片的层数。

作为一种可量产的方法，电弧放电法可以得到高质量的石墨烯。同时，通过改变缓冲气体的类型以及在电弧放电的过程中引入催化剂，还可以对产物的质量以及产量进行调节。然而，这种方法仍然很难获得大面积、单层的石墨烯；此外，有关电弧放电法获得石墨烯的机理仍然有待进一步探究。

## 2.4 氧化还原法

目前在制备石墨烯的众多方法中，氧化还原法被视为一种用于获得大量石墨烯的方法。这种方法先对石墨进行氧化处理，再将所得的GO进行还原获得石墨烯。

### 2.4.1 石墨氧化物的制备

由于石墨是非极性的，在水溶液中不易分散，很难实现层与层之间的分离，所以在水溶液中很难将石墨分散成石墨烯。而GO却不同，它具有丰富的极性官能团，在外力（如超声波）作用下在水或碱溶液中易于分散，可形成稳定的GO胶体或悬浮液，同时由于其层与层之间静电荷的排斥作用，使其易于被剥离成薄片[47,48]，而氧化石墨片经过还原可得到石墨烯。因此用氧化还原法制备石墨烯的关键之一就在于制备石墨氧化物。下面首先简单介绍一下GO的结构模型，然后重点讲述制备GO的多种不同方法。

由于GO是非晶态，不能用衍射的方法对其结构进行检测，所以研究人员根据自己对实验结果的理解提出了很多GO的结构模型[47~52]，假设的结构模型中均含有很多功能氧化官能团。He等人详细研究了GO和其衍生物的固态$^{13}$C核磁共振光谱，提出了一种新的GO结构模型，即Lerf-Klinowski模型[47]，如图2.7所示，GO是具有碳碳共价键的石墨层间化合物，层间距因制备方法而异，其中碳碳共价键以$sp^2$杂化为主，表面由—O—和—OH基团修饰，边缘主要由—C=O和—COOH基团修饰。

制备GO的方法很多，主要包括Brodie法[53]、Staudenmaier法[54]、Hummers法[55]、改良的Hummers法[56~58]、$K_2FeO_4$氧化法[59]和电化学氧化法[60,61]，下面将分别予以介绍。

1859年Brodie等人用浓$HNO_3$和$KClO_4$作为氧化剂，将石墨粉氧化成GO[53]。

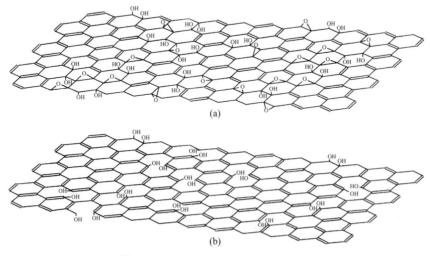

图2.7　GO的结构模型[47]

（a）GO；（b）100℃下在真空中热处理24h后的GO

在这个过程中，先用浓$HNO_3$处理石墨粉，使得硝酸离子进入石墨层间，使石墨的层间距变大；再用$KClO_4$对其进行氧化；之后用大量的水除去溶液中的杂质离子，并使溶液呈中性；最后对溶液进行超声处理，干燥后即可得到石墨氧化物，整个过程需保持搅拌状态。Staudenmaier等人对Brodie法进行了一些改进[54]。他们用浓硝酸和浓硫酸的混合溶液对石墨进行处理，然后将氯酸盐以多个等份加入（取代Brodie法中将氯酸盐一次性加入），这样显著提高了石墨氧化的程度，但反应过程可能会发生爆炸，非常危险。为了解决这一问题，1958年，Hummers和Offeman在反应过程中改用$KMnO_4$和浓$H_2SO_4$，不仅使整个反应更加安全，而且使得石墨的氧化更为彻底[55]。这种方法是将天然的石墨粉末和无水硝酸钠一起加入置于冰水浴环境中的浓硫酸中，并在剧烈搅拌条件下，缓慢加入氧化剂$KMnO_4$，保持混合物的温度低于20℃；移除冰水浴使温度升至35℃并保持30min，然后加水并升温至98℃，在98℃下保持15min后，用体积分数为3%的双氧水处理多余的$KMnO_4$和生成的$MnO_2$，继而加入大量的水除去溶液中的其他杂质离子，获得GO。改进的Hummers法也是基于上述过程进行的[56~58]。传统方法制备GO的流程及产物结构如图2.8所示。

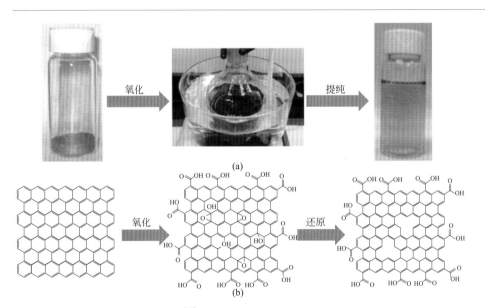

**图2.8 GO的合成及产物结构模型**[62]

（a）将石墨粉末用强氧化剂（如高锰酸钾+浓硫酸）氧化，然后除去杂质并将其分散于纯水中，就可获得单层的GO；（b）石墨烯（左）、GO（中）、氧化还原石墨烯（右）的结构模型

上述三种方法皆是用强酸处理石墨，形成石墨层间化合物，再加入强氧化剂对其进行氧化。这种方法制备的GO的层间距极为不均，反应批次间差异较大；研究表明，用Brodie法和Staudenmaier法获得的GO的碳层结构受到了较为严重的破坏，而且对环境具有一定的污染。而Hummers法是利用无毒和无危害的原料试剂对石墨进行氧化处理的，并且制备出的产物石墨结构保持较为良好。

虽然Hummers法相较于Brodie法和Staudenmaier法是一种较好的制备GO的方法，但其制备过程耗时太长，而且氧化官能团不容易控制，为此Shen等人发展了一种更快速、温和的氧化还原法获得了石墨烯[63]。他们用过氧化苯甲酰作为氧化剂，利用廉价、快速的技术氧化石墨粉末获得GO，这种方法不仅可以控制GO的氧化官能团，而且过氧化苯甲酰还会进入GO层间使之更易于被剥离，化学还原时也更为彻底，从而获得质量较好的氧化还原石墨烯。用传统的方法氧化石墨得到GO时会产生对环境有害的重金属溶液和有毒气体，并且有爆炸的危险，反应耗时长，氧化剂价格昂贵，这一系列因素都限制了氧化还原法的发展。为了解决这些问题，2014年Gao等人提出了一种新的制备GO的方法[59]。此方法被认为是继Hummers法制备氧化石墨后又一重大突破，取代了沿用半个多世纪的氯系、锰系氧化剂，过程快、成本低、无污染，是目前最理想的GO的制备方法。这种制备方法是将浓硫酸、$K_2FeO_4$和石墨薄片一起放入反应器中，室温下搅拌1h，待黑绿色的悬浮液变成灰色黏稠的液体，然后经多次离心分离和水洗之后即可获

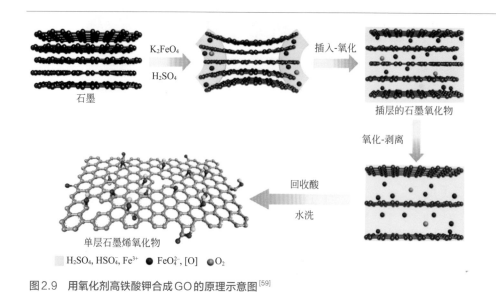

图2.9 用氧化剂高铁酸钾合成GO的原理示意图[59]

得 GO。加热 GO 的水溶液会形成液晶，这使得制备肉眼可见的宏观石墨烯纤维、膜、气凝胶成为可能。氧化原理如图 2.9 所示，合成过程主要包括两个阶段：插入-氧化和氧化-剥离。原位生成的 $FeO_4^{2-}$ 和氧原子作为氧化剂，反应形成的 $O_2$ 可以作为温和且持续的剥离气体。在插入-氧化阶段，浓硫酸和氧化剂会进入石墨烯层之间形成插层 GO，在插入的过程中，氧化剂会破坏石墨烯的 π-π 共轭结构，形成带负电荷的官能团，从而增大了层间距；在氧化-剥离阶段，氧化剂进一步氧化插层 GO，形成更多的官能团，进一步增大了层间距，回收酸并用水洗后可获得 100% 的插层 GO。应用强氧化剂 $K_2FeO_4$ 不仅可以避免产生重金属离子、有毒气体，硫酸也可以循环使用。这种绿色、安全、廉价且快速的制备 GO 的方法为石墨烯的大规模商业化应用开辟了一条新道路。

除了上述介绍的几种制备 GO 的方法外，Antisari 等人和 Sun 等人还分别用球磨法[64]和爆炸法[65]制备了 GO，但这两种方法不能彻底地剥离氧化石墨片层结构获得单片层的 GO，得到的 GO 大部分为多层结构而且有很多皱褶。

## 2.4.2
### 石墨氧化物的还原

采用合适的还原方法对 GO 进行还原处理，除去其表面的含氧官能团，便可得到石墨烯。本节将详细介绍采用化学还原法、电化学还原法、溶剂热还原法、热膨胀还原法以及氢气还原法等将 GO 还原从而获得还原氧化石墨烯（reduced graphene oxide，RGO）的过程。

#### 2.4.2.1
化学还原

化学还原 GO 是最常用的还原方法。此方法是利用化学试剂的还原性除去 GO 的含氧官能团从而获得石墨烯。目前常用的还原试剂有水合肼[66~69]、$NaBH_4$[63,70]、HI[71]和 NaOH[72,73]，在此分别对这些试剂进行介绍。

（1）水合肼试剂  2007 年 Stankovich 等人对水合肼还原 GO 所得到的 RGO 进行了一系列的表征，并测试了它的电学性质，结果表明用这种方法获得的石墨烯的性质可与剥离法获得的石墨烯相媲美[66]。2006 年 Stankovich 等人将 GO 在 100℃ 的油浴下加入水合肼试剂进行还原[69]。反应进行一段时间后，溶液中发生自发的团聚，得到了具有较高电导率的RGO。他们还发现RGO可以在聚4-苯乙烯磺酸钠辅助下均匀且稳定地分散在水溶液中。虽然用水合肼还原获得的石墨烯缺陷较多、杂化基团也较多、结晶性不好，且水合肼有轻微毒性，但是它易溶于水，且在还原反应中不会大量放热，因而这种方法成为还原石墨烯的主要方法。为了防止RGO在水溶液中发生团聚，一般需要使用一些聚合物稳定剂或者表面活性剂，导致制备成本增高。Li等人利用溶液中离子的静电稳定作用获得了在水溶液中稳定存在的RGO[67]。他们首先用改进的Hummers法制备GO；然后用超声、离心获得均一的片层，由于静电斥力的作用，可以获得稳定的GO胶体；最后利用水合肼将GO还原为石墨烯，溶液中残存的用于氧化石墨的金属离子及酸可以中和RGO所带的电荷，从而获得稳定存在的RGO。在此过程中，氨被用于控制对反应非常重要的溶液的pH值。然而用水合肼还原得到的石墨片大都不是单层，且面积较小，为了解决这些问题，Tung等人提出了一种通用的、可大规模制备单层石墨烯的方法，如图2.10所示[68]。他们将GO投入到纯肼溶液中，纯肼溶液不仅可以去除氧化官能团，且可对RGO进行分散，他们利用这种方法获得了20μm×40μm的单层石墨烯。通过实验，他们证实了用化学还原法得到的石墨烯带负电，周围被$N_2H_4^+$环绕，从而令RGO片能在水溶液中稳定存在。

（2）$NaBH_4$试剂　用$NaBH_4$还原GO获得稳定的RGO分散液的方法与前述方法稍有不同，此方法包括三个步骤[70]：①用$NaBH_4$于80℃与GO反应1h；②用

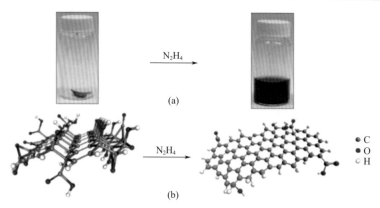

**图2.10　用纯肼溶液还原GO后所形成的悬浮液**[68]

（a）玻璃瓶中的15mg GO和加入还原剂肼后形成的溶液的照片；（b）GO的三维分子结构模型和肼将GO的—OH、—COOH还原后石墨烯恢复为平面结构

磺胺酸的重氮盐在冰水浴中将RGO磺化，反应2h得到磺化的石墨烯；③用肼将残余的GO的含氧官能团除去，反应于100℃下进行24h。虽然这种方法很简便，但磺化基的存在会使石墨烯的原子结构偏离本征石墨烯，在一定程度上限制了磺化石墨烯的应用。2009年Shen等人发展了一种快速、温和地制备GO和氧化还原石墨烯的方法[63]。他们用过氧化苯甲酰获得了GO，并用$NaBH_4$试剂将GO还原获得了石墨烯。具体做法是在100mL含100mg GO的水溶液中加入200mg的$NaBH_4$，将混合溶液搅拌30min，然后于125℃下加热3h即可得到高质量的RGO。实验中当将GO投入$NaBH_4$溶液中进行还原时，马上就会观察到大量氢气。这与将GO膜投入水合肼溶液中还原时稍有不同，因为将其投入水合肼溶液中时，不会立刻产生气体，但大约10s之后GO膜上也会覆盖有大量的气泡，这使得用水合肼和$NaBH_4$试剂还原GO时很难得到大面积的石墨烯。

（3）HI试剂　HI是最近几年才被用于还原GO的试剂，它是利用卤素原子取代GO中的氧，之后再将卤素还原。Cheng等人发现这种方法获得的石墨烯具有良好的导电性且能保持原有的形状[71]。具体实验步骤如下：首先将GO水溶液加热到77℃，并保持10min～5h，在这个过程中溶液和空气的界面处会形成一层平滑的膜，将这层膜转移到聚四氟乙烯基底上，干燥后即可形成无支撑的GO膜，再将其转移到聚对苯二甲酸乙二酯（PET）基底上制成预还原的透明导电薄膜；然后将其置于氢卤酸溶液中（如HI溶液、HBr溶液），密封后放到恒温油浴中，还原制得RGO。用氢卤酸还原GO时，会使其沉入溶液底部，避免了泡沫的产生，有望获得稍大面积的RGO。用氢卤酸还原GO的可能机理为：①环氧基发生开环反应；②卤素原子取代羟基，取代羟基的卤素原子从碳晶格上脱落，从而转化成RGO。用这种方法获得的石墨烯的电导率为298S·$cm^{-1}$，C、O比超过12，电学性质良好。HI具有强还原性且所得产物杂化基团较少；然而HI会与水剧烈反应，限制了这种还原方法的应用。

（4）NaOH试剂　用化学法还原GO时最常用的还原剂就是肼，虽然肼低毒，但肼的引入使得反应比较危险；而且如果不用聚合物稳定剂，RGO易发生团聚。为了解决这些问题，Zhang等人提出了一种绿色环保并且可大规模制备石墨烯的方法[72]。他们发现将GO置于中等温度（50～90℃）的强碱条件下，GO迅速脱氧，从而得到稳定的RGO水溶液。他们将150mL剥离的GO溶液（0.5～1mL·$mg^{-1}$）和1～2mL NaOH或者KOH溶液（8mol·$L^{-1}$）倒入一个带套管的容器中，套管中有热水循环，并对该夹套装置进行超声处理（25W，40kHz）。在适宜的温度（如80℃）下，经过几分钟的反应，即可看到溶液颜色由黄色变为黑色，这种黑色溶液被证实是GO的分散液。此方法是目前最为简单的还原GO的方法。Rourke等人研究了NaOH溶液浓度及加热温度对GO脱氧速率的影响[73]，他们发现在高浓度的NaOH溶液中，GO的脱氧速率较快。

#### 2.4.2.2
#### 电化学还原

目前已有多种化学还原剂可用于还原GO获得石墨烯，但最常用的还是肼，然而肼却是一种有毒、腐蚀性的试剂；就连普遍认为最"绿色"的NaOH或者KOH试剂也对环境有毒、有害；而且用化学还原法很难获得纯净的石墨烯，O、C比很难小于6.25%[69,74]。因此，寻求一种更为方便、有效、绿色环保的制备低氧含量石墨烯的方法依然是一个挑战。为了解决这些问题，Zhou等人率先提出用简单、高效、廉价且环境友好的电化学方法来获得石墨烯，制备出的石墨烯O、C比小于6.25%，而且性质优异[75]。图2.11为电化学还原法制备石墨烯的示意图，即利用电化学方法将基底上的GO涂层还原为RGO。

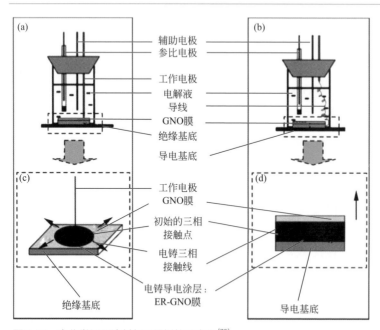

**图2.11　电化学还原法制备石墨烯的示意图[75]**

(a) 绝缘基底；(b) 导电基底；(c)，(d) GO的电化学还原过程（黑色箭头指示膜的形成方向。三相：导体/绝缘体/电解液；初始的三相：工作电极/GO/电解液；电铸后的三相：电化学还原的RGO/GO/电解液）

结合耦合喷雾涂布技术，采用电化学还原法可在导体和绝缘基底上获得大面积、图案化且厚度可调的RGO，如图2.12（a）所示。具体实验过程如下：首先采用改进的Hummers法制得GO溶液，然后利用喷雾涂布方法将GO溶液喷涂到目标基底上，并在红外灯下烘干，再进行电化学还原。以绝缘基底石英为例，将涂有GO膜的石英放到磷酸盐缓冲液（1mol·L$^{-1}$，pH=4.12）中，玻璃电极的尖端与石英上约7μm厚的GO膜接触，初始施加−0.6V的电压，当电压增加到−0.87V时，电流突然增加，表明GO发生了电化学还原反应。2012年Zhang等人利用Pt包覆的原子力扫描探针对绝缘的GO基底进行局部还原获得了电学性质优异的石墨烯纳米带[76]，如图2.12（b）所示。这不仅是一种电化学还原GO获得石墨烯的方法，也为直接制备电子器件开辟了一条新的道路。所获得的石墨烯纳米带的宽度分布在20～80nm，电导率大于10$^4$S·m$^{-1}$；而且这种方法反应条件温和（115℃、常压），可对任意基底上的GO进行电化学还原。

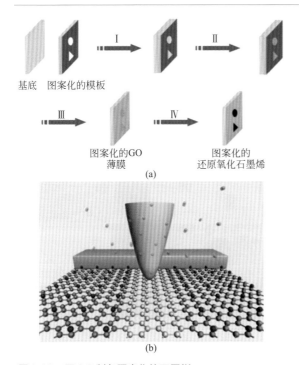

**图2.12 用GO制备图案化的石墨烯**

（a）四步法制备图案化石墨烯的原理示意图[75]（Ⅰ将有图案的模板与目标基底贴合到一起，Ⅱ将GO溶液喷涂到模板上，Ⅲ去掉模板即可得到图案化GO，Ⅳ经电化学还原后即可得到图案化石墨烯）；（b）实验装置示意图[76]（单层氧化石墨烯一侧放于绝缘基底上，另一侧与金电极相接触）

#### 2.4.2.3
#### 溶剂热还原

溶剂热还原是在溶液中,于较低的温度下利用高压进行还原的一种方法。2009年Zhou等人利用水热还原的方法获得了石墨烯,且所制得的石墨烯具有可调的光学性质[77]。他们首先利用改进的Hummers法获得了GO,将25mL浓度为0.5mg·mL$^{-1}$的GO水溶液转移到高压灭菌器内,在180℃下反应6h,然后冷却至室温,便可在高压灭菌器底部看到黑色沉淀物。经过一系列表征,他们证明了这种沉淀物便是石墨烯。之所以形成黑色沉淀,应该是由于在水热条件下,石墨烯在超临界水中的溶解度很小。与化学还原法所得的石墨烯相比,用溶剂热还原的方法制备石墨烯具有以下优势:① 设备简单;② 可大量制备;③ 还原剂简单,杂质较少;④ 超临界水可以修复石墨烯的芳香结构;⑤ 通过改变反应温度和压力可以控制GO的还原程度,从而调控所得RGO的光学等物理性质。Xu等人利用一步热液过程获得了自组装石墨烯水凝胶(self-assembly of graphene hydrogels,SGH)[78]:将2mg·mL$^{-1}$的均匀GO水分散液在聚四氟乙烯的高压灭菌器中180℃密封加热12h,即可获得自组装的石墨烯水凝胶。获得的三维石墨烯水凝胶如图2.13所示。

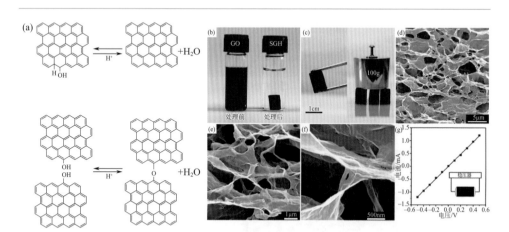

**图2.13 溶剂热还原的原理及热液还原后所获得的自组装石墨烯水凝胶**

(a)GO经过分子内和分子间脱水形成石墨烯[77];(b)2mg·mL$^{-1}$ GO的均匀水分散液和经180℃反应12h后的照片;(c)自组装石墨烯水凝胶耐压测试;(d)~(f)SGH的不同倍数下的扫描电子显微镜图片;(g)室温下SGH的I-V曲线(插图为两探针法测量SGH的电导率)[78]

### 2.4.2.4
### 热膨胀还原

GO的热膨胀也可用于制备官能化的石墨烯片,此方法是利用高温将GO中的氧原子和氢原子还原为水和二氧化碳。Schniepp等人先采用Staudenmaier法制备出GO,其悬浮液经喷雾干燥后备用[79]。反应时取200mg的GO放于石英管内,两端封好后,先通氩气10min后,再将石英管插入已在1050℃下保温了30s的管式炉中,这样就可获得官能化的石墨烯,结果表明他们获得了含少量含氧官能团的单层石墨烯。2007年,McAllister等人详细分析了热膨胀还原法制备石墨烯的机理[80]。当GO的环氧基和羟基位点的分解速率大于生成气体的扩散速率时,就会产生屈服压力,当这个压力大于石墨烯层间的范德华力时,就能实现石墨烯的制备。当然实现这个过程的一个前提条件是温度必须高于临界温度550℃(在550℃时石墨氧化物的环氧基和羟基位点的分解速率与生成气体的扩散速率相等)。后续将其置于适当溶剂中进行超声处理后便可使其分散,对获得的产物进行AFM表征,结果显示80%为单层的石墨烯片,这项工作为低温还原获得高质量石墨烯膜提供了可能。与传统方法相比,这种方法的特别之处在于氧化石墨的制备与剥离同时进行,缩短了近2/3时间,且避免了硫酸、氯化物等有害物质的使用。

### 2.4.2.5
### 氢气还原

用氢气还原剂制备RGO时,只需在管式炉里通入还原气体氢气即可,但这种方法通常产量较低[81]。采用氢气还原GO时,含氧官能团去除得更加彻底,而且得到的石墨烯结晶性好、缺陷少、无序性低,得到产物的层数通常比用水合肼还原得到的层数少。拉曼结果表明,用氢气还原获得的石墨烯比用水合肼还原的石墨烯的$I_D/I_G$比值要小很多,这也更加说明采用氢气还原所得到的石墨烯缺陷更小。另外,从安全角度来说,水合肼对人体具有一定的毒性,且会污染环境,而氢气则是一种绿色能源,和氧气反应生成的水也不会对环境造成污染。因此,从还原效果看,氢气比水合肼更适合作为还原剂,但用氢气还原需要消耗更多的能量。此外,紫外光也可用于还原GO,这是利用紫外光的高能量对GO进行还原[82];也可以利用激光对GO进行还原,用这种方法还可以实现微图案的制备[83]。

本节主要介绍了制备GO的5种方法,详细讨论了还原GO的5种方法,其中重点介绍了应用较多的化学还原法。由于RGO的晶格上存在大量缺陷,所以用氧化还原的方法获得的石墨烯的性能较本征石墨烯明显降低,但晶格内的缺陷位点却为石墨烯的化学官能化提供了活性位点;并且将氧化还原的石墨烯加入到聚合物中可以制备出轻质超强材料,这些都为RGO的进一步发展提供了新的方向。

## 2.5 化学气相沉积法

化学气相沉积(chemical vapor deposition,CVD)法是用于合成纳米材料(如纳米线、碳纳米管等)的一种常用方法,同时它也被广泛应用于半导体工业中[84,85]。早在二十世纪六七十年代,研究者们就发现,在高温处理某些金属的同时通入烃类气体,便会在金属表面沉积一层超薄的石墨层[86,87]。然而,在金属基底上生长的石墨烯或少层石墨无法直接用于电子器件中,为了实现其在半导体领域的应用,必须将金属上获得的石墨烯转移至绝缘基底上。在聚甲基丙烯酸甲酯(polymethyl methacrylate,PMMA)辅助转移法成功应用于石墨烯的转移之后,CVD法制备石墨烯得到了广泛的关注[88~91]。目前,采用CVD法已经可以在铜箔上制得大面积均匀的单层石墨烯薄膜,并且通过CVD法制得的石墨烯已经在某些领域(如触摸屏)成功实现了应用[92],而且随着转移方法的改进,已经可以实现平方米级石墨烯的转移[93],并且CVD法制得的石墨烯的质量已经可以与剥离的石墨烯相媲美。

### 2.5.1 金属表面化学气相沉积

在金属表面CVD生长石墨烯已经得到了广泛研究,但由于影响CVD过程的因素较多(如催化基底的类型、碳源种类、气体流速、生长温度、体系压力以及生长时间等[94]),如果想实现石墨烯的可控制备,需要对反应过程及机理进行深入了解。作为一种复杂的多相催化体系[图2.14(a)],在金属表面CVD生长石墨烯的过程通常可以被简化为4个基元步骤[图2.14(b)中的路线Ⅰ][94]:①碳源气体吸附在金属催化剂表面进而被催化分解;②分解得到的碳原子在金属表面

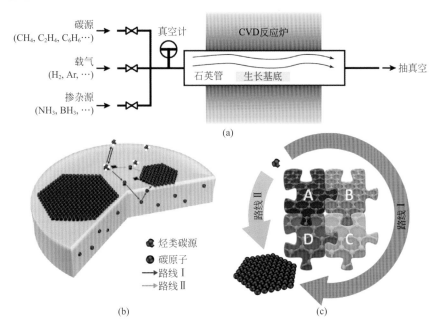

图2.14 （a）用于生长石墨烯的CVD系统；（b）CVD生长石墨烯过程中的基元步骤（路线Ⅰ为渗碳析碳的生长机制，路线Ⅱ为表面扩散的生长机制）；（c）渗碳析碳的生长机制（路线Ⅰ）包括4个基元步骤，而表面扩散的生长机制（路线Ⅱ）包括2个基元步骤[94]

扩散同时部分溶解到金属内部；③溶解在金属内的碳原子在表面析出；④析出的碳原子在金属表面成核形成石墨烯。在溶碳量极低的金属（如Cu）表面生长石墨烯时，不存在碳原子的溶解与析出的过程，此时生长石墨烯的过程便可被简化为2个基元步骤［图2.14（b）中的路线Ⅱ］[94]：①碳源的吸附与分解；②碳原子在金属表面的扩散进而形成石墨烯。对于通常的金属催化剂而言，这两个生长石墨烯的过程往往是共存的［图2.14（c）］，而二者所占比例会随着金属基底性质的不同而不同。因而，金属基底的选择对于CVD生长石墨烯的过程至关重要。通过选择合适的催化基底，并调节其他关键因素（如碳源种类、气体流速、生长温度、体系压力等），实现对特定基元步骤速率的调控，便可实现石墨烯的可控制备。

## 2.5.1.1
### 金属基底的选择

在金属表面CVD生长石墨烯时，首先需要选择合适的金属催化基底。对于石墨烯的生长而言，第一个基元步骤便是碳源在金属表面吸附并分解为单个碳原子或原子簇，因而所选的金属基底需要对碳源的分解具有一定的催化作用，以便碳源能够在特定的生长温度下发生分解进而通过后续的基元步骤生长出石墨烯。金属基底对碳源的催化分解能力将直接影响到碳源的分解温度以及分解产生的碳原子的供给量，进而会对石墨烯的生长条件（生长温度、碳源流量等）产生影响。与此同时，金属基底还对碳原子的石墨化具有催化作用，从而进一步降低了石墨烯生长所需的温度，进而使得石墨烯的生长能够在常用的CVD系统（生长温度为1000℃左右）中得以实现。

当金属的催化活性能够满足石墨烯生长的基本要求时，不同金属之间最重要的差别便是它们的溶碳性差异，因为溶碳量将决定生长过程是以渗碳析碳机制为主还是以表面扩散生长机制为主（图2.15）。d轨道电子未满的过渡金属（如Ni、Co、Ru等）通常对碳原子具有较强的亲和性，它们或具有一定的溶碳性，或能够与碳原子形成特定的碳化物，石墨烯在这类金属表面生长主要遵循渗碳析碳机制；而d轨道填满的金属（如Cu、Ag、Zn等）则对碳原子的亲和性较弱，因而它们的溶碳性较差，此时石墨烯的生长主要遵循表面扩散机制[94]。对于这两类溶碳性不同的金属基底而言，通过控制碳源量的供给以及碳原子在金属表面的扩散速率，可实现石墨烯在金属表面的均匀可控生长[96]。

除了金属对碳源分解的催化活性以及金属的溶碳性以外，金属与石墨烯的晶格适配度、金属的熔点以及化学稳定性也会对石墨烯的生长具有较大的影响。

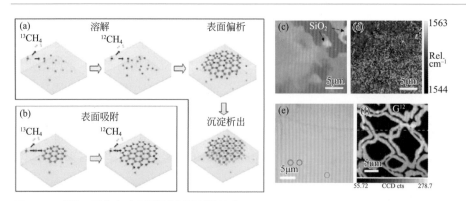

图2.15 利用C同位素对石墨烯生长机制的研究

(a),(b) 溶碳金属与不溶碳金属的渗碳析碳生长机制和表面扩散生长机制下$^{13}$C的分布会有所不同；(c),(d) Ni上生长的石墨烯转移到SiO$_2$基底后的光学显微图及拉曼面扫描图；(e),(f) Cu上生长的石墨烯转移到SiO$_2$基底后的OM及拉曼面扫描图[95]

## 2.5.1.2
### 金属基底的前处理

无论是遵循渗碳析碳生长机制的溶碳金属,还是遵循表面扩散生长机制的不溶碳金属,它们的表面形貌都会对石墨烯生长的均匀性产生较大影响。受金属的制备工艺所限,商业化的金属基底表面往往具有较多的缺陷以及压痕,此外,在运输储存过程中金属表面的杂质还会增多,而石墨烯往往倾向于在这些缺陷、压痕以及杂质处成核,使得生长出的石墨烯畴区较小、晶界较多、层数不均一。因此,在生长石墨烯之前,需要对金属基底进行预处理,降低金属表面的缺陷、压痕以及杂质的密度,进而提高生长的石墨烯的质量以及均匀性。电化学抛光[97]以及高温退火[98,99]是常用的金属基底预处理方法。

对于电化学抛光而言,需要将待处理的金属基底接在电解池中的阳极上。当通入电流后,金属表面会失去电子、发生氧化,金属表面凸出的部分优先发生氧化进而溶解到溶液中,在牺牲基底表面凸出部分的金属后,金属基底的表面粗糙度便有所降低。此外,在电化学抛光的过程中,金属表面的杂质(有机物以及其他金属原子等)也会失去电子发生氧化进而溶解到溶液中。因此,在电化学抛光后,金属表面不但更加平滑,而且杂质含量更少,从而使得生长的石墨烯更加均匀、质量更高。

对于高温退火而言,需要将待处理的金属基底在还原气氛下进行长时间退火。首先,金属表面的杂质(有机物以及金属氧化物)会在高温、还原气氛下发生分解或还原;其次,高温退火还会使得金属表面部分原子蒸发(即使温度并未达到金属的熔点)并重新沉积到金属表面,使得表面更加平滑。因此,在长时间高温退火处理后,金属表面的杂质会大大降低,同时表面的起伏度也更小,从而有利于石墨烯的生长。

## 2.5.1.3
### Ni、Cu基底催化生长石墨烯

对于CVD法在金属表面生长石墨烯而言,Ni和Cu是两种使用最广泛的催化基底。石墨烯CVD生长的早期研究正是在这两种金属基底上进行的,Ni和Cu也分别对应于石墨烯生长中溶碳金属与不溶碳金属,因而在这两种金属表面上生长石墨烯的研究具有代表性意义。下面将分别对CVD法在Ni[90]、Cu[91]基底表面生长石墨烯进行介绍。

在Ni基底表面生长石墨烯时(见图2.16),首先需要将Ni在Ar/$H_2$以及

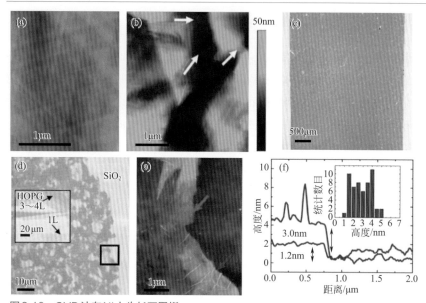

**图2.16　CVD法在Ni上生长石墨烯**

（a）退火后的Ni基底表面的AFM形貌图；（b）Ni表面CVD生长石墨烯后的AFM形貌图；（c）转移到$SiO_2$/Si上的石墨烯的OM图；（d）转移到$SiO_2$/Si上的石墨烯薄膜边缘的OM图（插图为剥离的石墨烯的OM图）；（e）图（d）中方框区域的AFM表征；（f）图（e）中红色和蓝色箭头处所指石墨烯边缘的AFM高度图[90]

900～1000℃的条件下退火，降低Ni表面的晶界、提高Ni的晶畴尺寸；之后再将气氛改变为$H_2$/$CH_4$，在这个过程中，$CH_4$会发生分解生成碳原子进而溶解到Ni中；最后需要将样品在Ar的保护下冷却至室温。在高温下，Ni对碳原子具有较高的溶解性；然而随着温度的降低，Ni的溶碳性会逐渐降低。因而在降至室温的过程中，溶解在Ni中的碳原子将在Ni的表面析出从而形成石墨烯。由于Ni（111）具有与石墨烯类似的六方晶格结构，并且它与石墨烯的晶格常数也相近，这使得Ni表面与石墨烯之间具有良好的适配度，利于石墨烯在Ni表面的生长。

由于石墨烯在Ni表面的生长主要是碳原子的析出过程，因而降温速率会直接影响所得石墨烯的层数以及质量。对于Ni而言，中等的降温速率对碳原子的析出最为有利，此时会长出少层的石墨烯。除了降温速率以外，Ni的表面结构也会对石墨烯的生长产生重大影响。多晶Ni的表面存在大量的晶界，而溶解的碳原子恰恰容易在Ni表面的晶界处析出，因此在这些晶界处非常容易过量成核从而生长出多层石墨，这使得Ni基底表面生长的石墨烯通常是不均匀的。研究表明，高温氢气气氛下退火可以减少Ni基底表面的晶界，同时还可以除去Ni中的部分杂质，利于石墨烯的生长。此外，生长时间与碳源流量会影响Ni中的溶碳量，进而影响石墨烯的层数。

由于Ni基底生长石墨烯遵循渗碳析碳机制,所以产物中通常含有较多的厚层区域。即使用单晶的Ni(111)作为生长基底,所得产物仍然有8%左右的多层区域。与Ni不同的是,Cu具有极低的溶碳性,即使在碳源量过大或生长时间过长时,Cu中的溶碳量仍然很少。因此在Cu基底上生长石墨烯可从本质上避免碳析出导致的大量多层区域。在高温下,Cu会催化碳源分解为碳原子,分解得到的碳原子在Cu表面扩散从而形成石墨烯。在这种情况下,一层石墨烯在Cu表面形成之后,Cu便会被石墨烯完全覆盖,而被石墨烯覆盖的Cu催化碳源分解的能力将大大降低,从而限制了多层石墨烯的生长。因此,石墨烯在Cu表面的生长是一个表面自限制过程,这使得Cu表面生长的石墨烯几乎都为单层。通过拉曼光谱对$^{13}$C进行检测,研究者们也证实了Cu基底生长石墨烯的表面扩散生长机制。

最早用CVD法在多晶Cu上生长高质量单层石墨烯是由Ruoff等人报道的[91],此后Cu上CVD生长石墨烯被认为是一种能够低成本、可控制备高质量石墨烯的有效方法。首先他们将25μm厚的Cu箔在1000℃的$H_2$气氛中退火;之后在保持高温的情况下在$H_2/CH_4$的气氛中生长石墨烯;石墨烯生长结束后将体系降至室温。他们在Cu箔上生长石墨烯的结果如图2.17所示:图2.17(a)为生长有石墨

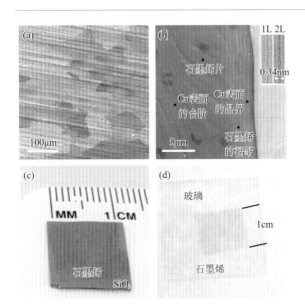

图2.17 (a)生长有石墨烯的Cu箔的SEM图;(b)Cu箔上生长的石墨烯的高分辨SEM图;(c),(d)转移到$SiO_2$/Si和玻璃表面上的石墨烯[91]

烯的Cu基底表面的SEM图，通过对比度的差异可以分辨出Cu表面的不同畴区；图2.17（b）为进一步放大的图像，从中可以看出Cu箔表面的晶界、台阶以及石墨烯的多层区域，此外还有石墨烯的褶皱。褶皱的产生源于石墨烯与Cu的热膨胀差异，从图2.17（b）中可以看出褶皱是跨Cu晶界的，这表明了石墨烯在Cu表面的生长可以跨过Cu晶界进行。Cu箔上生长的石墨烯可以转移到硅片或玻璃上用于后续的表征。对1cm×1cm大小的石墨烯的光学照片进行分析，结果表明石墨烯的单层区域所占比例超过了95%，而双层区域占3%～4%，多层区域所占比例小于1%。此外，由于石墨烯在Cu基底上是表面扩散生长，因此Cu箔的厚度以及降温速率对石墨烯的生长影响较小，影响生长过程的主要因素是$H_2/CH_4$比例以及生长温度和时间。

## 2.5.1.4
### 石墨烯的成核与生长

研究表明，Cu基底上生长的石墨烯薄膜通常是由许多小晶畴拼接而成的[100]。也就是说，石墨烯在Cu表面的生长首先需要经历一个成核的过程，然后再在成核点的基础上继续长大成石墨烯单晶或连续膜。石墨烯的成核过程与甲烷的流量大小密切相关[101]。当甲烷流量较大时，石墨烯的成核速率较快，但是石墨烯晶畴的形状会变得不规则，这是由生长速率过快造成的。当甲烷流量较小时，石墨烯的成核过程则需要较长时间，而由于生长速率较慢，碳原子能扩散到能量更低的位置进而生长石墨烯，这使得小甲烷流量下石墨烯晶畴的形状更加规则，此时生长出的石墨烯晶畴往往呈规则的六边形。由于石墨烯的成核过程需要有足够的碳原子或原子簇聚集，因而分解得到的碳原子需要在Cu表面达到一定的浓度以及扩散速率，成核过程才能得以进行。在石墨烯的成核过程之后，成核点会继续长大，石墨烯的生长速率则决定了最终所得的石墨烯晶畴形状的规整性。

图2.18表明了Cu表面的碳原子浓度与生长时间的关系[101]。从图中可以看出，随着生长时间的延长，$CH_4$会逐渐在Cu表面分解从而形成碳原子或原子簇，这使得Cu表面的碳原子浓度逐渐增大，当碳原子浓度达到临界值（石墨烯成核的临界碳原子浓度）时，成核便可以发生，此时的时间便记为成核时间。$CH_4$流量较小时，碳原子浓度达到成核的临界浓度则需要较长的时间，此时的成核时间较长，与此同时石墨烯的生长速率也较慢，但此时生长出的石墨烯晶畴的形状则更加规则。然而，当$CH_4$流量极小时，成核时间则显著增加，生长过程也需要较长的时间，这显然不具有现实意义。因此，通常用CVD在Cu表面生长石墨烯时，需要选择一个合适的甲烷流量，以保证石墨烯的成核以及所得石墨烯晶畴的规整性。

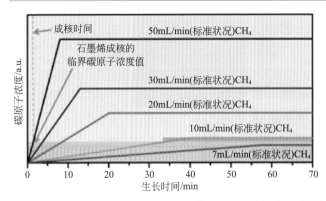

图2.18 不同甲烷流量下，Cu箔表面的碳原子浓度与生长时间的关系（图中灰色、绿色、黄色以及蓝色区域分别表示石墨烯的生长、成核、无法成核以及规则形状的生长的区域）[101]

### 2.5.1.5
### $H_2$在化学气相沉积过程中的作用

上节提到了甲烷浓度对石墨烯成核以及生长的影响，对于CVD法在金属表面生长石墨烯而言，除了甲烷之外，另外一种极其重要的气体便是$H_2$。

在退火的过程中，$H_2$可以增大金属表面的晶畴尺寸，同时它还可以还原基底表面的金属氧化物，此外，$H_2$的存在还可除去金属表面的部分杂质，这有利于降低石墨烯的成核密度、提高石墨烯质量。在石墨烯生长的过程中，$H_2$起到了双重作用：一方面，$H_2$的存在有利于增强石墨烯边缘的碳原子与金属基底之间的键合作用，从而有利于石墨烯的生长；另一方面，$H_2$的存在会对已经形成的石墨烯产生刻蚀作用，这抑制了石墨烯的生长。

氢气会对石墨烯产生各向异性的刻蚀效果，刻蚀出的形状往往呈六重对称形[102]。图2.19中（a）～（e）为不同的$Ar/H_2$流量比例下，石墨烯表面刻蚀出的一系列图案的SEM图。当$Ar/H_2$流量比为800mL·min$^{-1}$（标准状况）/100mL·min$^{-1}$（标准状况）时，刻蚀出的图案为正六边形［图2.19（a）］；随着$Ar/H_2$流量比的逐渐增大，刻蚀出的六边形的边缘逐渐向中间凹陷［图2.19（b）］，并且凹陷的程度也会随着$Ar/H_2$流量比的增大而增大［图2.19（c）］；当$Ar/H_2$流量比进一步增大到800mL·min$^{-1}$（标准状况）/20mL·min$^{-1}$（标准状况）时，会刻蚀出类似雪花状的分形结构［图2.19（d）］。这表明$Ar/H_2$流量比对石墨烯的刻蚀具有重大的影响。

对$H_2$刻蚀的进一步研究表明，当$H_2$流量合适时，可以直接将石墨烯刻蚀为

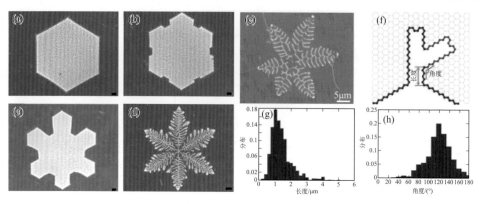

图2.19 （a）~（e）不同的Ar/$H_2$流量比例下，石墨烯表面刻蚀出的图案的SEM图（其中所有的刻蚀结构均具有六重对称结构，图中标尺为5μm），（f）~（h）雪花状的刻蚀示意[图（f）]及对图（e）的统计分析[图（g）、（h）][102,103]

六边形阵列[103]。通过对$H_2$刻蚀出的分形图案[图2.19（e）]进行分析，Geng等人发现，分形结构中的直线片段长度约为1μm[图2.19（g）]、刻蚀的转角约为120°[图2.19（h）]。他们提出，当刻蚀的直线长度以及转角极其均匀时，便能刻蚀得到均匀的六边形石墨烯阵列。通过计算，他们得出刻蚀的沟道产生偏转时需要克服4.66eV的活化能（1140℃），而这个数值比从石墨烯中移除单个碳原子所需要的能量（0.518~1.853eV）更大，因而刻蚀出的沟道通常为直线，这有利于刻蚀出更加规则的石墨烯阵列。通过优化$H_2$刻蚀的条件，他们最终得到了均匀的尺寸为100nm左右的石墨烯阵列。

#### 2.5.1.6
#### 其他金属及合金表面生长石墨烯

与催化活性较高的Ni、Cu相比，ⅣB~ⅥB族的过渡金属（Ti、V、Zr、Nb、Mo、Hf、Ta、W等）往往具有较弱的催化活性，因此采用CVD法通常无法在这类金属表面生长出石墨烯。然而这类金属在与碳形成过渡金属碳化物（transition-metal carbides，TMCs）以后，它们对石墨烯生长的催化活性将显著提高[104]。此外，TMCs的表面自限制生长行为非常明显，一旦在TMCs表面生长出一层石墨烯后，TMCs的催化活性便大大降低，这抑制了多层的生长。北京大学刘忠范课题组在这类ⅣB~ⅥB族的过渡金属表面生长出了均匀的单层石墨烯（图2.20），其中在Mo和W上生长的石墨烯的迁移率分别为115~630$cm^2 \cdot V^{-1} \cdot s^{-1}$以及

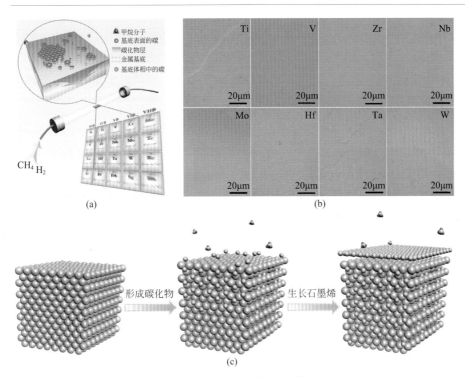

图2.20 (a) ⅣB～ⅥB族的过渡金属生长石墨烯的示意图;(b) 在Ti、V、Zr、Nb、Mo、Hf、Ta、W上生长的石墨烯转移到285nm SiO$_2$/Si上后的OM图;(c) ⅣB～ⅥB族的过渡金属生长石墨烯的过程示意图:通过渗碳作用形成金属碳化物进而在金属碳化物表面成核生长石墨烯[104]

45～130 cm$^2$·V$^{-1}$·s$^{-1}$。

由于碳在Cu中的溶解度极低,石墨烯在Cu表面的生长遵循表面自限制的机理,这使得Cu上生长出的石墨烯以单层为主。如果在生长石墨烯的Cu基底中掺入溶碳性较好的Ni,形成Cu-Ni合金并用于生长石墨烯,便可打破Cu的自限制行为,生长出层数可控的石墨烯[105]。通过在SiO$_2$/Si表面镀上Ni和Cu,形成Cu(370nm)/Ni(20～130nm)/SiO$_2$/Si的多层结构并用于石墨烯的生长,结果表明这种Cu-Ni合金可以较好地实现对石墨烯层数的控制。研究表明,随着Ni薄膜厚度的增加,制得的石墨烯的层数越来越厚。通过改变Cu-Ni合金中Ni所占的百分比,可以实现单层区域占95%及双层区域占89%的石墨烯薄膜。与此同时,相比纯Ni基底而言,Cu-Ni合金表面生长的石墨烯更加均匀。通过利用Cu、Ni这两种溶碳性完全不同的金属的调和作用,实现了对石墨烯层数的精确控制。在Cu/Ni/SiO$_2$/Si的多层结构中,Ni起到了固碳析碳即层数控制的作用。图2.21(a)展示了Cu-Ni合金表面生长少层石墨烯的机理。在真空高温（900℃）退火的过程中，镍原子会扩散到Cu内部从而形成Cu-Ni合金，而在扩散的过程中，镍原子会携带碳原子进入Cu体相。由于Cu对C的溶解度极低，这些碳原子会进一步扩散到Cu表面析出从而生成石墨烯。因此，通过控制Ni的含量，便可轻松实现对石墨烯层数的精确控制。

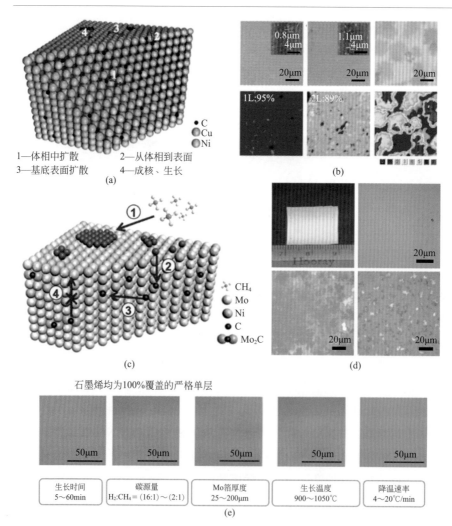

图2.21 （a）Cu-Ni合金表面生长石墨烯的过程示意图；（b）不同Ni含量的Cu-Ni合金表面生长的石墨烯转移到300nm SiO$_2$/Si上之后的OM图[105]；（c）Ni-Mo合金生长均匀单层石墨烯的原理图；（d）Ni-Mo合金以及Ni表面生长的石墨烯的OM图；（e）不同生长参数下Ni-Mo合金生长的石墨烯的OM图[106]

虽然Cu-Ni合金基底可以实现对石墨烯层数的精确控制，但却很难实现严格均匀单层石墨烯的生长。利用Mo的固碳效应，北京大学刘忠范课题组成功地在Ni-Mo合金表面生长出了覆盖面积为100%的严格单层石墨烯[106]。首先，他们将200nm的Ni沉积于25μm或200μm的Mo箔上；然后在900℃下退火形成Ni-Mo合金进而用于石墨烯的生长。图2.21（d）表明，Ni-Mo合金上生长的石墨烯相比于纯Ni表面生长的更加均匀，从图中可以看出多晶Ni/SiO$_2$/Si基底上生长的石墨烯极其不均匀。石墨烯在Ni/Mo基底上的生长严格遵循表面自限制机理，这是由于Ni-Mo合金中溶解的C会与Mo形成Mo$_2$C从而被固定在基底内部（Mo$_2$C无法在Ni-Mo合金中扩散或分解），因而溶解在体相的碳原子不会在Ni-Mo合金表面析出。值得一提的是，这种方法对实验条件的变化具有极大的容错性：在生长温度、碳源流量、Mo箔厚度、生长温度、降温速率发生显著改变时，均能生长出均匀单层的石墨烯。

### 2.5.1.7
### 液态金属催化生长石墨烯

（1）液态铜表面生长石墨烯　传统的化学气相沉积法生长石墨烯使用的催化剂均为固体。由于内在的固体表面能（例如铜）的不均匀，得到的石墨烯片成核不均匀，层数难以控制，极大地影响了石墨烯的应用。为了解决这一基本问题，中国科学院化学研究所的刘云圻等创造性地引入液态铜的概念［图2.22（a）］[107]。液态铜表面完全消除了固态铜表面上晶界的影响，产生了各向同性的表面，使得液态铜表面上生长的单晶石墨烯片具有正六边形几何结构、均匀的成核分布，单层的石墨烯占绝对优势［图2.22（b）］。由于液态铜表面有一定的流动性，大小相似的石墨烯片可以在液态表面上排列成近乎完美的有序结构［图2.22（c），（d）］。进一步生长可得到高质量的大面积单层石墨烯连续薄膜［图2.22（e）］。由于石墨烯的生长速率比在固体铜表面上高，可以容易地制备大片（100μm以上）单晶石墨烯［图2.22（f），（g）］。

研究结果表明，将反应温度升至铜的熔点1083℃以上，固态铜箔会变成熔融状态即液态铜。在不同基底上的液态铜由于浸润性不同会显示出不同的状态，在石英基底上，铜熔融后会变成球状［图2.22（h）右上］，而以金属钨和钼作为基底，液态铜可以均匀铺展成平面［图2.22（h）右下］。图2.22（i）所示为球状液态铜表面生长的石墨烯片。实验结果清楚地表明：在液态铜上，利用化学气相沉积方法能够制备高质量、规则排布的六角石墨烯片和石墨烯的连续薄膜[107]。该

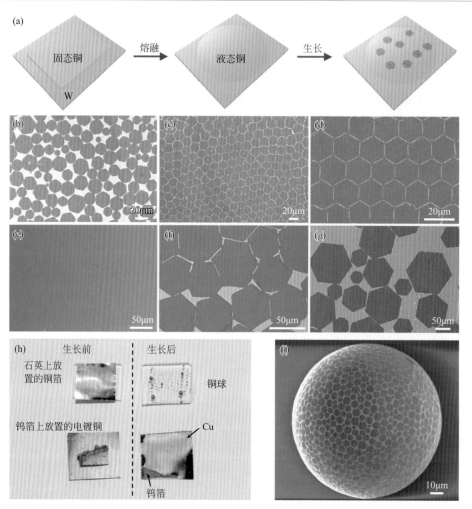

图2.22　液态铜上制备高质量石墨烯

（a）液态铜表面生长石墨烯的过程示意图；(b)~(g)生长过程中的石墨烯；(h)液态铜在石英和金属钨表面上由于浸润性不同分别形成球状和薄膜；(i)球状液态铜表面生长的石墨烯片[107]

论文在"PNAS"以封面标题"Growing uniform graphene films"的形式发表，并配发了碳材料领域国际著名专家Mauricio Terrones教授的专题评论"Controlling the shapes and assemblages of graphene"。"Nanotech Insights"季刊把此工作列为石墨烯的CVD法制备中一个"显著和创新性的成果"。

（2）液态金属表面石墨烯的生长机理以及组装行为　武汉大学付磊课题组发现液态金属具有较高的溶碳性，结合液态特殊的各向同性性质，他们认为液态金属表面石墨烯的生长机理以及生长行为（石墨烯晶畴的成核与生长机理，石墨烯的拼接及组装行为）均与固态金属表面有很大差异。为此，他们对液态金属表面石墨烯的生长机理以及组装行为进行了持续以及深入的研究。

他们首次研究了高质量均匀单层石墨烯在液态金属Ga表面的生长[108]。通过消耗极少量的Ga，即可获得大面积高质量的均匀石墨烯薄膜[图2.23（a）]。图2.23（b）展示了该方法制得的大面积高质量均匀石墨烯薄膜。由于Ga表面具有较低的蒸气压，这使得Ga的液态表面极其均匀平滑，有利于降低石墨烯的成核密度从而生长出高质量的石墨烯。液态Ga表面石墨烯的成核密度可低至$1/1000\mu m^{-2}$，为常用固态金属的十分之一。由于液态Ga具有较高的表面能，Ga表面会吸附大量的碳原子或原子簇从而降低表面能，而这些吸附的碳原子或原子簇会在Ga表面成核进而生长成石墨烯。一旦Ga表面覆盖了石墨烯之后，表面吸附的碳原子或原子簇便会被固定在Ga表面，限制了下一层石墨的形成。此外，在Ga表面生长的石墨烯质量很高，单晶迁移率可达$7400 cm^2 \cdot V^{-1} \cdot s^{-1}$。

除了Ga以外，该课题组还系统地研究了其他液态金属（液态Cu、液态In）表面石墨烯的生长行为，并在多种液态金属表面均获得了严格单层的石墨烯薄膜[图2.24（a）][109]。他们的研究表明，在碳源量、生长时间、生长温度以及降温速率发生改变时，在这些液态金属表面均可获得100%覆盖的均匀单层石墨烯。

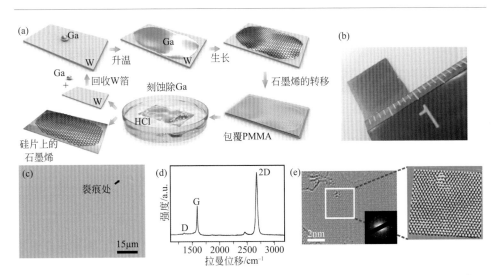

图2.23 （a）液态金属Ga表面生长石墨烯的过程示意图；（b）~（e）Ga表面生长石墨烯的OM[图（b），（c）]、拉曼[图（d）]以及TEM[图（e）]表征[108]

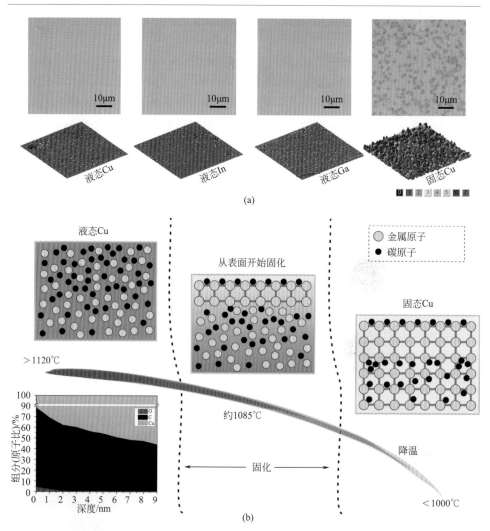

图2.24 （a）液态Cu、液态In、液态Ga以及固态Cu表面生长的石墨烯的OM结果对比以及相应的层数分析；（b）液态Cu表面生长均匀的单层石墨烯的原理：降温过程中表面的Cu率先固化从而将溶解的碳原子封在了Cu体相[109]

这表明了液态金属生长石墨烯对生长参数变化具有很强的容错性。通过对生长石墨烯后的液态Cu以及固态Cu基底进行XPS深度分析，他们发现二者具有完全不同的溶碳性。相比几乎不溶碳的固态Cu，液态Cu内部溶有大量的碳原子，这是由于Cu熔化以后使得铜原子之间产生空隙从而能够溶入碳原子。而在降温的过程中，液态金属表面会首先发生凝固，表面的金属原子会重新变为不溶碳的固态金属，封住了金属内部碳原子，使其无法向金属表面析出［图2.24（b）］。这使得石墨烯的生长严格遵循表面自限制机理，同时也使得生长条件对石墨烯的生长产生的影响较小。

武汉大学付磊课题组首次观察到圆形石墨烯单晶在液态金属表面的生长［图2.25（a），（b）］，这种圆形石墨烯单晶在具有固定晶型的固态基底上是无法获得的，它的产生得益于液态金属表面的各向同性（图2.25）[110]。随后他们对这种圆形石墨烯单晶的生长以及拼接行为进行了深入研究。通过对两个拼接的圆形石墨烯单晶［图2.25（d），（e）］的扫描隧道显微镜表征以及电学表征，他们发现拼接后的两个单晶具有相同的晶体取向以及电学性质［图2.25（f），（g）］。这种石墨

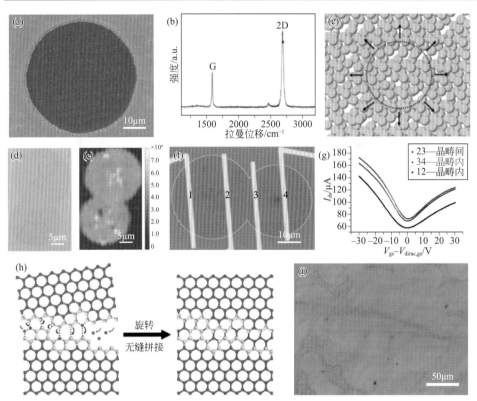

图2.25 （a），（b）液态Cu表面生长的圆形石墨烯的SEM［图（a）］以及拉曼［图（b）］表征；（c）液态金属表面石墨烯的各向同性生长示意图；（d），（e）两个拼接的圆形石墨烯单晶的OM图［图（d）］以及拉曼2D峰强面扫描图［图（e）］；（f），（g）两个拼接的圆形石墨烯单晶的电学表征；（h）液态金属表面石墨烯拼接的示意图；（i）由圆形石墨烯单晶无缝拼接而成的大面积石墨烯膜的OM图[110]

烯单晶无缝拼接的实现是由于液态基底表面的高流动性，这使得其上生长的相邻的石墨烯单晶能够自行对准取向从而拼接成大面积的石墨烯薄膜［图2.25（h）］，这预示液态金属表面生长的石墨烯薄膜有望媲美石墨烯单晶的均匀性与高质量［图2.25（i）］。

此外，该课题组还对液态金属表面石墨烯的组装行为进行了深入的研究[111]。利用液态金属的高流动性，他们首次实现了石墨烯单晶在液态基底表面的超有序自组装，这也是人们第一次得到超有序结构的二维材料。如图2.26（a）～（d）所示，他们在高温下将铜箔熔融，在$H_2$气氛下使铜箔上事先旋涂的PMMA热解炭化从而成为核点，随后引入$CH_4$使石墨烯生长，通过$CH_4$与$H_2$流量调节石墨烯单晶的尺寸并使其晶体结构更完整、形状更接近六边形。在这个过程中，生长的石墨烯单晶会在气流和静电力的共同驱动下组装成阵列，形成石墨烯的超有序结构。他们将这种组装机理解释为一种流变行为：液态金属和载气分别提供了流动性和驱动力，使石墨烯单晶可以自由调整其位置和取向，如同"浮萍寄清水，随风东西流"；此外，由于石墨烯单晶具有各向异性的静电场，因此当微片相互靠近时，倾向于以能量最低的方式排列，于是产生了取向性，最终形成了有序的阵列［图2.26（e）］。此项研究充分展示了液态金属表面自组装方法的特色，既简便又高效。整个石墨烯超有序结构表现出非常优异的周期性，每个石墨烯结构单元尺寸和彼此间间距均一。值得强调的是，超有序结构中的石墨烯单晶的取向也高度

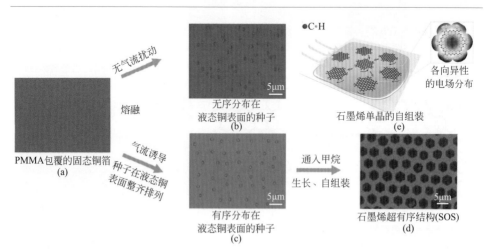

图2.26 （a）～（d）石墨烯单晶在液态Cu表面有序自组装的过程；（e）石墨烯单晶在液态铜表面自组装的原因是石墨烯单晶的各向异性的电荷分布[111]

一致，这得益于石墨烯生长过程中产生的各向异性的静电力。更有趣的是，通过改变扰动气流的大小，石墨烯超有序结构的周期性可以被精确调控，通过固态碳源的设计，可以有效调节石墨烯单元的化学性质，从而满足未来不同的应用需求。

　　液态金属表面石墨烯的均匀生长、无缝拼接以及有序组装，极大地拓展了石墨烯的相关基础研究以及实际应用。可以预期，液态金属将为石墨烯在未来集成器件中的工业化应用带来极大的突破。

　　虽然目前CVD法在金属上生长石墨烯方面已经取得了众多进展，然而由于CVD生长石墨烯的过程需要在高温下进行，且需要除去承载石墨烯生长的金属基底，这些因素均限制了这种方法更广泛的应用。因此，低温生长及金属基底的重复利用也是CVD法生长石墨烯的重要研究方向，仍有待进一步研究。此外，CVD法生长石墨烯还有许多其他问题需要被攻克。首先，需真正实现石墨烯晶畴大小及层数的可控，这对于石墨烯的后续应用十分重要。如果可以实现双层、三层甚至多层石墨烯的可控生长，必将产生巨大的应用前景。其次，除了优化生长过程，转移过程也需要进行优化减少对石墨烯的损伤。一旦真正解决了转移问题，CVD法将会成为廉价制备高质量石墨烯的最重要的方法。关于石墨烯转移的具体方法及各种优化尝试将于本章2.7节进行详细的介绍。

## 2.5.2
### 绝缘基底表面化学气相沉积

　　在金属催化剂表面生长的石墨烯往往需要面临后续的转移过程，而在转移过程中，石墨烯表面将产生大量的杂质、褶皱以及破损等。如果可以在绝缘基底表面直接生长石墨烯，则能避免这一不利情况。由于无需转移，在绝缘基底上生长石墨烯还能简化石墨烯器件的加工制备过程。然而，在绝缘基底上生长的石墨烯往往晶畴较小且质量不高。为此，中国科学院化学研究所刘云圻课题组发展了一种利用氧辅助催化直接在$SiO_2$或石英基底上制备高质量石墨烯的方法[112]。首先他们将$SiO_2$或石英基底放入石英管中，在通入空气载气的情况下加热至800℃退火1h，然后抽去空气再将温度升高到1100℃调节Ar、$H_2$和$CH_4$流量进行石墨烯的生长。通过调节生长参数，他们在$SiO_2$/Si的表面生长出了几百纳米的石墨烯单晶。研究表明，$SiO_2$或石英表面吸附氧以后，可以更好地吸附碳源从而有利于石墨烯的生长。

此后，他们对绝缘基底表面石墨烯的成核与生长进行了进一步研究，结果发现石墨烯成核过程所需的碳源浓度比生长过程中所需要的碳源浓度要高[113]。而在绝缘基底上石墨烯的生长速率极慢，在较长的生长期间容易重复成核，导致石墨烯晶畴尺寸较小。由此他们提出在石墨烯成核过程中提供较高的碳源浓度，而在生长过程中减低碳源浓度，试图避免石墨烯在生长过程中重复成核，增大石墨烯的晶畴尺寸。通过优化生长参数，他们在 $Si_3N_4$ 表面生长出了微米级的石墨烯单晶。此后，通过近平衡的 CVD 生长方法，他们又在 $SiO_2/Si$ 基底上生长出了 $11\mu m$ 的石墨烯单晶 [图 2.27（i）]，迁移率高达 $5000 cm^2 \cdot V^{-1} \cdot s^{-1}$ [114]，这极大地拓展了绝缘基底上生长的石墨烯的应用前景。

与 $SiO_2$ 或石英基底相比，$h$-BN（六方氮化硼）基底具有更加平整的表面；与此同时，研究表明 $h$-BN 作基底可以显著降低石墨烯表面载流子的散射作用，利于

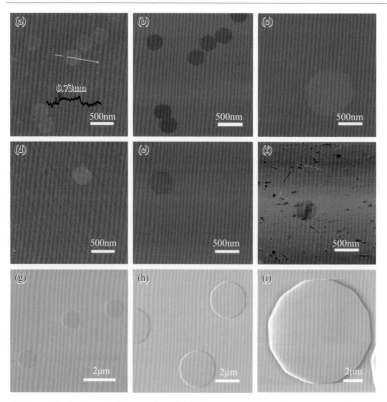

图 2.27 （a）生长在 $Si_3N_4/SiO_2/Si$ 基底上的石墨烯单晶的 AFM 高度图；(b)～(f) 生长在 $Si_3N_4/SiO_2/Si$、$SiO_2/Si$、石英、蓝宝石、ST-cut 石英上的石墨烯单晶的 AFM 相图；(g)～(i) $SiO_2/Si$ 基底上生长不同时间的石墨烯单晶[114]

发挥石墨烯本征的优异性质。因此，在 h-BN 上直接生长石墨烯也受到了人们的广泛研究。由于绝缘基底表面的催化活性通常较差，石墨烯在绝缘基底表面的生长速度通常约为 $1nm \cdot min^{-1}$，生长出的石墨烯晶畴约为 $1\mu m$。上海微系统所的唐述杰等人在用CVD法在 h-BN 表面生长石墨烯的过程中，引入了具有高催化活性的气态催化剂硅烷，从而实现了 h-BN 表面 $20\mu m$ 石墨烯单晶的快速生长[115]。在以乙炔为碳源的情况下，通过Si原子在石墨烯边缘的吸附，可以降低石墨烯生长的能垒，利于加快石墨烯的生长速率、增大石墨烯的晶畴尺寸。

除了基底对石墨烯中载流子的散射作用以外，绝缘基底的介电常数也对石墨烯器件的性能具有较大的影响。使用高介电常数的绝缘基底作为石墨烯的衬底可以有效降低栅极漏电，进而可以降低栅极厚度、缩小器件尺寸。北京大学刘忠范课题组研究了在高介电常数的 $SrTiO_3$ 基底表面直接生长石墨烯[116]（图2.28）。与

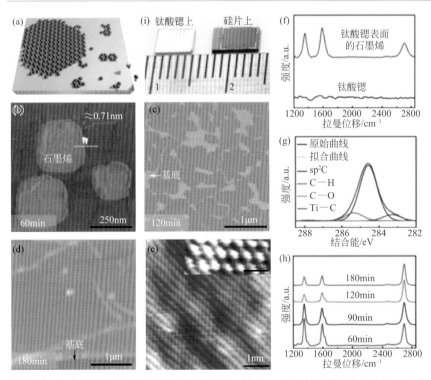

图2.28 （a）钛酸锶表面生长石墨烯的示意图；(b)～(d) 钛酸锶基底上生长了不同时间的石墨烯的AFM形貌图；(e) 生长的石墨烯薄膜的STM表征；(f)，(g) 生长的石墨烯的拉曼与XPS表征；(h) 生长时间对石墨烯拉曼峰的影响；(i) 生长在钛酸锶表面以及转移到300nm $SiO_2$/Si表面的石墨烯[116]

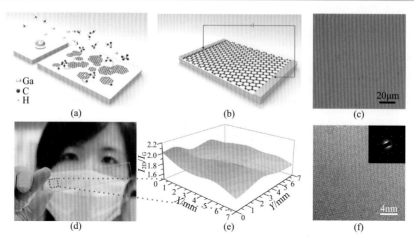

图2.29 （a）Ga蒸气辅助催化在石英上生长石墨烯的示意图；（b）直接在石英上生长的石墨烯除雾器示意图；（c）转移到300nm SiO$_2$/Si上的石墨烯的OM表征；（d），（e）生长在石英表面的石墨烯的照片及拉曼面扫描；（f）石英上生长的石墨烯的TEM表征[117]

SiO$_2$（介电常数约为4）相比，SrTiO$_3$具有极高的介电常数（约300），显著提高了石墨烯器件的性能。与以SiO$_2$为栅极石墨烯器件相比，直接生长在SrTiO$_3$表面的石墨烯具有近似的载流子迁移率以及较低的操作电压，这有利于降低器件能耗、提高石墨烯器件的性能。

除了前面介绍的硅烷辅助催化在绝缘基底表面生长石墨烯以外，液态金属Ga也可用于提高催化活性，从而加快绝缘基底表面石墨烯的生长速率并提高石墨烯的生长质量。武汉大学付磊课题组利用Ga蒸气的辅助作用，在石英基底表面生长出了大面积连续的石墨烯薄膜[117]。他们将Ga球放在用于生长石墨烯的石英基底的上游，通过Ga蒸气的远程辅助催化碳源分解从而提高碳原子的供给（图2.29）。最终制得的表面长有石墨烯的石英基底在透明快速除雾器中也有良好的应用前景。

## 2.6 其他方法

除了上述方法以外，还有许多其他制备石墨烯的方法，例如下面所要介绍的偏析生长法[118,119]、自下而上合成法[120]、切开碳纳米管法[121~124]以及TEM电子束石墨化的方法[125]。其中偏析法主要用于石墨烯薄膜的制备，而自下而上合成法与切开碳纳米管法则主要用于石墨烯纳米带的制备，TEM电子束石墨化的方法仅用于制备纳米级的石墨烯结构。本节将对这四种制备石墨烯的方法进行介绍。

## 2.6.1 偏析生长石墨烯

碳在金属表面的偏析现象很早就被人们所注意到，从工业上的钢铁冶炼、单晶提纯到多相催化中催化剂的失活，碳的偏析都发挥着不可忽视的作用。而碳在金属表面石墨形态的吸附，以现在的观点来看，实际上就是石墨烯在金属表面的生长。

北京大学刘忠范课题组率先利用含有痕量碳的金属Ni获得了大面积的石墨烯薄膜[118]。他们采用电子束沉积的方法在SiO$_2$/Si衬底蒸镀Ni薄膜作为石墨烯的生长基底，然后将其置于真空退火炉中，升温至1100℃，恒温0～100min，然后缓慢降至室温，其间维持腔体内压强在（0.4～4）×10$^3$ Pa范围内。图2.30（a）为

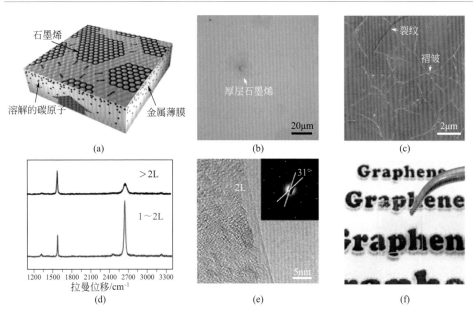

图2.30 （a）金属基底上偏析生长石墨烯的过程示意图；(b)～(d)偏析生长的石墨烯转移到300nm SiO$_2$/Si上之后的OM照片、AFM形貌图以及拉曼表征；（e）偏析生长的双层石墨烯的TEM表征；（f）转移到石英基底上的石墨烯的照片[118]

石墨烯在金属基底上的偏析生长过程示意图，主要包括以下基元步骤：① 碳原子在金属内部的扩散；② 碳原子从金属内部至表面的偏析；③ 碳原子在基底表面的迁移；④ 石墨烯的成核与生长。从转移后得到的光学照片［图2.30（b）］来看，在优化的实验条件下，1～3层石墨烯的比例可达90%以上。偏析生长法仅要求在退火温度下体系维持一定的真空度即可，易于实现大面积石墨烯的规模制备。在退火过程中，碳原子在Ni内部可发生间隙扩散，其中一部分能量较高的碳原子可以越过较大能垒，继而到达金属表面，并在缺陷或台阶处成核。相比于碳原子在金属内部扩散而言，在表面迁移要更加容易，而初始石墨烯成核点的进一步生长在能量上是有利的，因此会迅速铺展并最终接合成为一片。这个过程中高温和低压均有利于碳原子的扩散，使得石墨烯的生长在几分钟内即可完成。从热力学角度看，碳在表面富集形成石墨烯有利于表面能的降低，减小了化学势，达到能量上的稳态；而随温度降低碳在Ni中的溶解度也相应下降，进一步促进了碳的析出。这些因素共同决定了Ni表面石墨烯的偏析生长。

北京大学刘忠范课题组利用高温退火下碳和氮的共偏析现象，发展了掺杂度可控的氮掺杂石墨烯的生长方法，并通过基底的图案化实现了对石墨烯的选区掺杂[119]。如图2.31（a）所示，生长氮掺杂石墨烯的基底为三明治结构。为将氮元素引入体系，他们采用蒸镀的硼作为固定氮源的基底。由于硼对氮具有良好的亲和性，因此在蒸镀硼的过程中，气相中微量的氮会被硼所携带并嵌入体相之中，从而成为生长掺杂石墨烯的固态氮源。他们采用镍作为偏析生长氮掺杂石墨烯的催化剂，这是由于：一方面，镍的催化活性较高，且所溶解的碳足以用于石墨烯的生长；另一方面，理论计算表明，硼和镍具有较强的相互作用，在高温退火的时候硼会留在镍的体相内而难以析出。与此相反，氮在被硼携带而进入体相之后，却会由于氮在镍中的低溶解度而倾向于从镍中析出，并与碳原子共偏析至金属表面，从而形成氮掺杂石墨烯。

他们对获得的氮掺杂石墨烯进行了XPS表征，在氮掺杂石墨烯中没有发现硼元素的存在，而氮元素则以吡啶氮、吡咯氮等形式存在［图2.31（b）］。利用这种共偏析方法生长的氮掺杂石墨烯上除有零星的小面积厚层区域外，在大范围内具有相对均匀的厚度。进一步表征发现均匀区域为少层的氮掺杂石墨烯，面积可达90%以上。以氮掺杂石墨烯为沟道构筑背栅场效应晶体管，在真空中测量表现出n型半导体的输运特性［图2.31（e）］，证明成功地对石墨烯进行了氮掺杂。根据典型的半导体电阻随温度下降而增大的关系，估算出所获得的氮掺杂石墨烯的有效带隙为0.16eV。由于他们采用的是固态氮源，利于对石墨烯中氮的掺杂浓度进

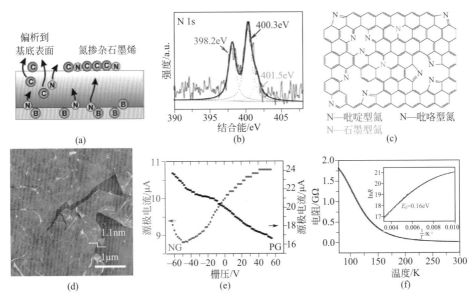

图2.31 （a）偏析生长氮掺杂石墨烯的示意图；（b）XPS表征证明石墨烯中氮原子的掺入；（c）氮掺杂石墨烯的结构图；（d）转移到300nm SiO$_2$/Si上的氮掺杂石墨烯的AFM形貌图；（e）氮掺杂石墨烯的转移特性曲线；（f）氮掺杂石墨烯的电阻与温度的关系曲线[119]

行调节。通过改变蒸镀的硼膜和镍膜的厚度比，可以调控蒸镀过程中引入的氮和碳的相对含量，从而获得N/C原子比例在0.3%～2.9%之间的氮掺杂石墨烯，掺杂浓度的不同反映在拉曼光谱中特征峰强度、峰型和位置的变化上。选区掺杂对于构建器件、石墨烯p-n结以及构筑石墨烯微纳结构等方面均具有重要意义，通过将氮源选择性地植入基底，可以定位生长出本征和氮掺杂的石墨烯。

## 2.6.2
### 自下而上合成石墨烯

除了上述的制备方法外，以芳香小分子为原料自下而上合成石墨烯也是一种重要的方法。这种自下而上形成的石墨烯往往为宽度约1nm的石墨烯纳米带（图2.32）[120]。芳香小分子可以通过两步过程最终形成石墨烯纳米带。以10,10'-二溴-9,9'-二蒽为前驱体时，在200℃下脱溴便可在Au（111）表面形成直线形的中间产物，进而在400℃脱氢环化便可得到直线形的具有扶手椅边缘的石墨烯纳米

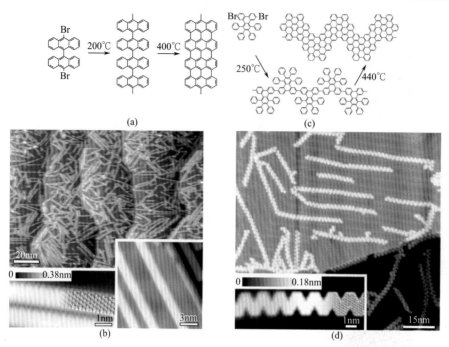

图2.32 （a），（b）以10,10'-二溴-9,9'-二蒽为前驱体合成N=7的直线形石墨烯纳米带的过程图及结果的STM表征；（c），（d）以6,11-二溴-1,2,3,4-四苯基三亚苯为前驱体合成V形的石墨烯纳米带的过程图及结果的STM表征[120]

带。而当以6,11-二溴-1,2,3,4-四苯基三亚苯为前驱体时，可得到V形的石墨烯纳米带。因此，通过改变前驱体的类型，进而脱卤并脱氢环化，便能可控地得到多种结构的石墨烯纳米带。

## 2.6.3
### 切开碳纳米管制备石墨烯

通过化学方法切开碳纳米管从而获得石墨烯也是一种常用的方法。这种方法通常是用氧化剂将碳纳米管从中间逐渐切开，从而形成边缘为氧终止的石墨烯纳米带[121,122]。此外，将碳纳米管在500℃下氧化，进而在有机溶剂中超声，也可将纳米管切开从而获得石墨烯纳米带（图2.33）[123]。值得一提的是，这种方法获得的石墨烯纳米带的宽度以及手性结构与原始碳纳米管的直径以及手性密切相关。

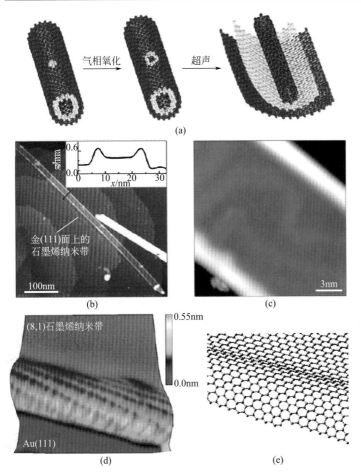

图2.33 （a）通过气相氧化以及溶液超声两步法切开碳纳米管制备石墨烯纳米带的示意图[123]；（b）在Au（111）表面制得的石墨烯纳米带的STM表征；（c）石墨烯纳米带的高分辨STM图像；（d），（e）一条（8,1）石墨烯纳米带的原子分辨STM图以及相应的结构模拟图片[124]

由于通常使用的碳纳米管的直径以及手性都不均一，这种方法所得的石墨烯纳米带往往具有一定的宽度分布以及手性的取向分布。

## 2.6.4
### TEM电子束石墨化

Börrnert等人发现，用80kV的电压照射石墨烯或h-BN表面的无定形碳，便

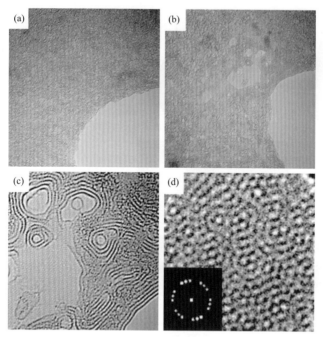

图2.34 TEM表征无定形碳转化为石墨烯

（a）石墨烯表面上的无定形碳；（b）经过80kV的电子束照射12min后的无定形碳；（c）无定形碳转化成了石墨烯；（d）莫尔条纹及SAED表明所得石墨烯为多层[125]

可将其转为石墨烯（图2.34）[125]。他们的研究表明，石墨烯或$h$-BN基底的结构对无定形碳向石墨烯的转变来说至关重要。而TEM铜网上的无定形碳由于并无石墨烯或$h$-BN承载，所以无法观察到其转化为石墨烯的现象。然而，电子在促使无定形碳转化为石墨烯的同时，还会对原有石墨烯的结构造成破坏。通过这种方法，可以在石墨烯表面定点地制备纳米级的石墨烯结构，或在石墨烯表面定点产生破损从而实现对其结构的可控调整。

## 2.7 石墨烯的转移

由胶带剥离法得到的石墨烯薄片具有优异的电学、光学、热学、力学、化学性质[126～128]，但由于剥离的石墨烯尺寸往往较小（通常为微米级），该方法并不适合于实际应用。而CVD法可获得大尺寸高质量的石墨烯，可用作透明电极在触摸屏和发光二极管以及柔性电子元件中应用[127,128]。为了满足石墨烯的基础研究以及应用需求，需将在金属上CVD法合成的石墨烯转移至绝缘基底（例如$SiO_2/Si$和蓝宝石等绝缘氧化物基底、聚合物基底）上。值得一提的是，CVD法在很多金属基底上都能获得大面积石墨烯，这使得石墨烯的各种转移技术都有了很大的进展。然而，任何转移方法都无法完全避免转移过程中引入的缺陷和污染，这使得进一步研究和优化现有的转移方法以及探索新的转移方法成为石墨烯相关研究中最具活力的领域之一。基于此，本节对石墨烯的转移方法进行了概述。

## 2.7.1
### 将机械剥离的石墨烯转移至任意基底上

对于机械剥离法而言，通常需要将石墨烯剥离至$Si/SiO_2$基底上从而有利于观察所得到的石墨烯，然而，这同时也限制了石墨烯相关器件的制备。因此，为了实现剥离石墨烯的更广泛应用，需要将剥离至$SiO_2/Si$基底上的石墨烯转移至其他基底上。2008年，借鉴早期报道的用于转移碳纳米管的方法[88]，Reina等人发展了一种将石墨烯从$SiO_2/Si$基底转移至任意其他基底上的方法[89]，这使得研究石墨烯在不同基底上的性质以及在其他基底上制备石墨烯器件成为了可能。他们首先通过微机械剥离HOPG在$SiO_2/Si$基底上获得了剥离的石墨烯，之后他们将剥离于$SiO_2/Si$基底上的石墨烯转移到了其他基底上。图2.35为他们的转移过程示意图，该方法的转移步骤如下：首先是在沉积有石墨烯的$SiO_2/Si$基底上旋涂一层PMMA（如6000r·$min^{-1}$旋涂6s或2000r·$min^{-1}$旋涂60s），之后在179℃下加热10min使聚合物发生固化。值得注意的是，不同研究中报道的旋涂和固化聚合物的参数往往会有所不同。由于在转移的过程中需要将石墨烯与基底分离，而石墨烯并不能自支撑，因而这种聚合物在转移石墨烯的过程中是不可或缺的。由于碳碳键的结合力相对较强，石墨烯会优先黏附到固化后的聚合物表面。待聚合物发生固化后，将整个样品浸泡于1mol·$L^{-1}$的NaOH溶液中，只需要一部分的$SiO_2$层被刻蚀掉便可释放出PMMA/石墨烯（PMMA/Gr）膜。由于石墨烯的疏水性以及水表面张力，释放出的PMMA/Gr膜会漂浮于水面上，而经刻蚀后的$SiO_2/Si$基底会沉入溶液底部，借此将PMMA/Gr与$SiO_2/Si$基底分开。由于少量刻蚀液会残留在

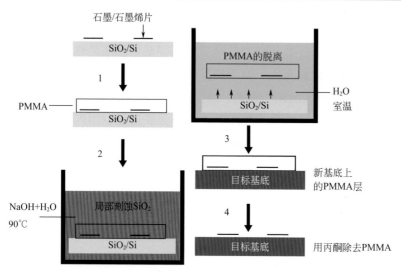

图2.35　转移过程示意图 [把微机械剥离HOPG所得的石墨烯从$SiO_2$/Si（氧化层为300nm）上转移至目标基底上][89]

PMMA/Gr膜上，因而需将分离得到的PMMA/Gr膜在去离子水（deionized water，DI water）中漂洗数次从而除去这些杂质。在把PMMA/Gr膜转移至目标基底上时，需注意将有石墨烯的一面贴在目标基底上。随后，再用丙酮溶解石墨烯表面的PMMA，即可完成石墨烯的转移。由于该方法可以实现石墨烯从初始$SiO_2$/Si基底至其他目标基底的原位转移（即石墨烯片在转移后与转移前的位置基本保持不变），因而通过对比转移前后的光学照片，便可很容易地辨别石墨烯所在的位置从而进行后续的研究。

Zettl等人报道了一种将剥离得到的石墨烯从$SiO_2$/Si基底上转移至电镜载网（碳包覆的多孔TEM载网）上的方法[129]，他们分别采用了三种不同的方法来转移得到自支撑的石墨烯。在第一种方法中，他们首先用光学显微镜确定了单层石墨烯在$SiO_2$/Si基底上的位置，然后将TEM载网覆有碳膜的一面朝下放置在石墨烯上，在TEM载网上滴一滴异丙醇（isopropanol，IPA）并让其自然挥发。随着IPA的挥发，液体的表面张力会使TEM载网上的碳膜与石墨烯紧密接触。当IPA完全挥发后，在紧挨着TEM载网的位置再滴一滴IPA。随着液滴漫延并浸润TEM载网，IPA会渗入TEM载网上的碳膜以及$SiO_2$/Si基底的表面。之后，为了提高石墨烯与碳膜之间的黏附力，再将样品在200℃下加热5min。待冷却至室温后，再将整个基底以及TEM载网浸入30%的氢氧化钾溶液中。此时氢氧化钾会逐渐地刻蚀二氧化硅,最终使得附有石墨烯的TEM载网与SiO$_2$/Si基底分离。然后用镊子将附有石墨烯的TEM载网在水和IPA中进行漂洗,再将其置于空气中晾干,便可在TEM载网的多孔碳膜表面得到自支撑的单层或少层的石墨烯。在第二种方法中,他们避免了酸、碱刻蚀液的使用:首先在Si/SiO$_2$表面旋涂一层10～30nm厚的PMMA层,然后将石墨烯剥离至PMMA表面,接着按第一种方法中的步骤依次进行,随后用热丙酮或者甲基吡咯烷酮去除基底上的聚合物,从而使附有石墨烯的TEM载网与SiO$_2$/Si基底分离,在TEM载网完全干之前再次将其浸入IPA中,最后将其置于空气中晾干,便可得到自支撑的单层或少层的石墨烯。第三种方法,也是最简便的一种方法,是直接将TEM载网放在石墨烯上,然后滴加一滴IPA使石墨烯黏附在TEM载网的碳膜上,待IPA完全蒸发后,再次在TEM载网旁滴加一滴IPA,使附有石墨烯的TEM载网与SiO$_2$/Si基底分离开并悬浮在IPA表面。在上述的三种方法中,虽然第三种方法最简单,可是这种方法获得的石墨烯的面积覆盖率只有25%。相对于前两种方法而言,尽管这种方法的产率并不高,但它是最有效的一种转移无酸、碱或PMMA残留的石墨烯的方法。

## 2.7.2
### 剥离 SiC 表面外延生长的石墨烯

SiC表面外延生长法可以制备大面积的石墨烯,同时此方法获得的石墨烯质量也较高[130,131]。然而,由于SiC基底具有很强的抗腐蚀性,因而常用的湿式(刻蚀)转移法并不适用于转移SiC表面外延生长的石墨烯,因此需要用干式转移法(如剥离法)对SiC上外延生长的石墨烯进行转移。最初,Lee等人使用了透明胶带将SiC上外延生长的石墨烯转移至其他基底上[132]。然而,与机械剥离法一样,这种方法也很难获得大面积单层的石墨烯。通常情况下,这种方法转移的石墨烯片的尺寸仅为1μm$^2$,根本原因是胶带与石墨烯之间的作用力比石墨烯与SiC基底之间的作用力更弱。为了解决这个问题,Unarunotai等人对上述方法进行了如下改进[133]:首先在外延生长的石墨烯/SiC基底上用电子束蒸镀沉积一层100nm的Au,然后旋涂(3000r·min$^{-1}$旋涂30s)一层厚度约为1.4μm的聚酰亚胺(polyimide,PI)聚合物,并在110℃下加热2min使其固化,作为外加的支撑层,以便随后的机械剥离。将石墨烯剥离后,将其转移至其他基底上,然后分别用氧等离子体刻蚀和湿式化学刻蚀来除去PI和Au支撑层。后来,Unarunotai等人又对此方法作了改进,实现了石墨烯的逐层剥离,转移示意图如图2.36所示[134]。首先在外延生长的石墨烯/SiC基底上用电子束蒸镀一层Pd,然后再旋涂一层PI聚合物,接着剥离一层石墨烯至目标基底上,然后除去Pd,便可在目标基底上获得一层石墨烯;重复以上步骤便可以一层一层地将石墨烯转移至同一基底上。虽然该法可以将外延生长的大面积的石墨烯转移至其他基底上,但需要注意的是,支撑层的沉积以及后续的移除过程容易引入缺陷,因此这种转移方法无法得到高质量的石墨烯膜[135]。此后,Caldwell等人报道了另一种改良的干式转移法[135]。他们使用热释放胶带(thermal release tape,TRT)替代了普通的透明胶带,并通过施加额外外力提高了胶带和石墨烯间的作用力。此外,通过对目标基底(即SiO$_2$/Si基底)进行预处理,他们还进一步增强了基底对转移石墨烯的黏附。

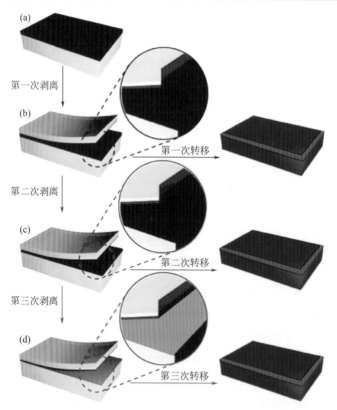

图2.36 将SiC上外延生长的多层石墨烯逐层转移至其他基底上的过程示意图[134]

(a)生长于6H-SiC的Si面的多层石墨烯;(b)沉积在SiC上分别作为黏结层和支撑层的Pd和PI,用于剥离并温和地转移石墨烯至目标基底上;(c)同一SiC基底上再次沉积Pd和PI,用于剥离和转移下一层石墨烯;(d)第三次重复同样的转移过程

这种转移方法的具体步骤如下：首先将一片TRT压在外延生长的石墨烯上，并用不锈钢板覆盖在TRT表面，之后将其放于真空腔室内，抽真空至约$5\times10^{-4}$ Torr（1Torr=133.322Pa）后，在钢板上施加$3\sim6N\cdot mm^{-2}$的压力5min，从而将TRT均匀地压在石墨烯/SiC上。实验结果表明，随着压力从$3N\cdot mm^{-2}$增加至$5N\cdot mm^{-2}$，转移所得的石墨烯的质量也会提高，但当压力进一步提高至$6N\cdot mm^{-2}$时，却只能得到小片的石墨烯片，因此，当施加的压力大小合适时才能得到最好的转移效果。接着将TRT/Gr一起从SiC基底上剥离，便可实现石墨烯与SiC基底的分离，从而将石墨烯从SiC基底转移至目标基底上（如$SiO_2$/Si基底）。为了在转移后移除TRT，需要将样品加热至TRT的释放温度以上，此时TRT的黏合力会变弱，利于它的除去。值得注意的是，利用TRT会在转移后的石墨烯表面残留一些污染物，因而需要在转移后用有机溶剂对所得石墨烯进行清洗，然后置于250℃下退火除去有机溶剂。

虽然干式转移法是目前转移SiC上外延生长石墨烯的唯一可行的方法，但上述方法并不能将SiC上生长的石墨烯完整地转移到目标基底上，因而需要进一步探索新的方法从而更好地将SiC上外延生长的石墨烯转移至目标基底上。

## 2.7.3
### 将金属上以CVD法生长的石墨烯转移至任意基底上

CVD法能够制备大尺寸、高质量、层数可控的石墨烯，因此成为制备石墨烯的主流方法。为了实现石墨烯的实际应用，需要将其从生长基底表面转移至绝缘基底上。目前已有众多的研究者试图将金属基底上CVD生长的石墨烯大面积、无损地转移至其他基底上。接下来，我们将介绍聚合物辅助转移法、直接干式转移和湿式转移法、大规模卷对卷转移法以及滑移转移法，其中重点论述各类转移方法的基本原理以及如何实现大面积石墨烯的转移。

聚合物辅助转移法是目前主流的转移方法，其基本流程如图2.37所示。其中PMMA是使用最广泛的聚合物，早期人们曾用它转移单壁碳纳米管阵列。2009年，Ruoff等人用PMMA对生长在Cu箔上的石墨烯进行了转移[91]。方法为：在平整的石墨烯/Cu箔表面旋涂一层PMMA膜，之后加热固化；然后将层状PMMA/Gr/Cu箔置于刻蚀液中，对Cu箔进行刻蚀，最终获得漂浮于溶液表面的PMMA/Gr。当Cu被完全刻蚀后，将PMMA/Gr从刻蚀液中移出，再用去离子水清洗，然

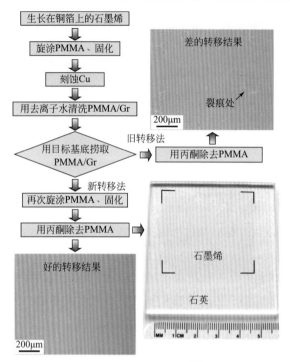

图2.37　转移石墨烯膜的过程示意图[136]

[右上角和左下角的OM图分别对应的是用旧转移法和新转移法将石墨烯转移至SiO$_2$/Si（285nm厚的氧化层）基底上。右下角是转移至石英基底上的面积为4.5cm×4.5cm的石墨烯的照片]

后用目标基底捞取PMMA/Gr膜，烘干后用丙酮除去PMMA，便可完成转移。其中，Cu的刻蚀时间取决于刻蚀剂的浓度以及Cu箔的面积和厚度；根据报道，面积为1cm$^2$、厚度为25μm的Cu箔在0.05g·mL$^{-1}$的Fe(NO$_3$)$_3$溶液中需要刻蚀一夜[91]。除了Fe(NO$_3$)$_3$溶液以外，FeCl$_3$溶液（0.03g·mL$^{-1}$）也被用于刻蚀Cu基底[137]。此外，在其他金属基底（如Ni）上以CVD法生长的石墨烯也可用类似的湿式刻蚀法实现转移。此方法简单易行，成功率高；而其中存在的主要问题是转移后石墨烯易出现裂纹、褶皱以及PMMA残胶无法完全去除，同时还会在石墨烯表面残留少量金属颗粒。

关于PMMA对转移的影响，Li等人发现固化后的PMMA膜是硬质涂层，这使得PMMA/Gr很难和目标基底完全贴合，进而使得除胶之后的石墨烯无法自发弛豫，从而使得石墨烯在与基底未完全贴合的区域会产生破损和裂纹[136]。如图2.37所示，他们将PMMA/Gr置于基底上，并再次旋涂PMMA溶液，从而使之前的PMMA固化膜部分溶解,进而"释放"下层的石墨烯,增加石墨烯与基底贴合度[136]。此外,Suk等人在用目标基底捞取PMMA/石墨烯之前,对目标基底进行了亲水性处理(用食人鱼溶液处理硅片或用氧等离子体处理硅片),从而提高了PMMA/石墨烯在基底表面的贴合性。然后他们又在高于PMMA玻璃化转变温度($T_g$)的150℃下烘烤(使PMMA膜层发生软化)除去水分,这使得PMMA/石墨烯具有柔性,从而提高了PMMA/Gr膜与基底的贴合性,进而减少了石墨烯表面的破损及褶皱[138]。通常情况下,在用丙酮除去PMMA层后,石墨烯的表面往往会残留少量的聚合物杂质,这些残胶会影响$SiO_2$/Si基底上石墨烯场效应晶体管的电学性质[139]:当残留的PMMA表面吸附甲酰胺时,在栅电压接近0V时,会有较强的p型掺杂,这使得室温下的载流子迁移率至少会增加50%;而当石墨烯表面残留的PMMA吸附有$H_2O$/$O_2$分子时,在栅电压接近0V时,p型掺杂则较弱,从而对迁移率的影响也较弱。旋涂的PMMA胶的浓度越大,对石墨烯电学性质的影响也越大[140]。而通常可以用IPA冲洗石墨烯以减少聚合物的残留,还有一种方法是将转移的石墨烯进行低压(通入Ar、$H_2$或$N_2$/$H_2$混合气)退火(温度200~400℃,时间约3h),这两种方法都可以有效地除去PMMA的残留[140~142]。

针对Cu箔在刻蚀过程中容易形成氧化物颗粒残留的问题,北京大学刘忠范课题组借鉴了半导体制造工艺中用于清洗Si片的RCA标准清洗法[143]。他们将刻蚀Cu基底后的PMMA/石墨烯浸入到$H_2O$:$H_2O_2$:HCl = 20:1:1的溶液中去除离子和重金属原子,再将其放入$H_2O$:$H_2O_2$:$NH_4OH$ = 5:1:1的溶液中去除难溶的有机污染物。此外,该课题组还创新性地引入电化学刻蚀法来避免氧化物残留的问题[144]:将PMMA/Gr/Cu箔放入硫酸电解液中作为工作电极,以Pt作为对电极,使Cu箔表面发生$Cu-2e^- = Cu^{2+}$的氧化反应,这使得Cu箔的刻蚀效率大大提高。此外,这种方法还能除去石墨烯表面的金属杂质。

受到此类电化学刻蚀反应的启发,中国科学院金属研究所的成会明课题组发展了一种电化学鼓泡法用于Pt上生长的石墨烯的转移,如图2.38所示[145]。由于Pt具有化学惰性,不能通过湿式刻蚀将其除去,因而需要用电化学鼓泡法转移其上生长的石墨烯。首先在石墨烯/Pt表面旋涂一层PMMA,将其烘干后浸入NaOH溶液中,用作电解池中的阴极。根据电解的原理,水会在阴极表面发生还原反应析出$H_2$,反应式如下:$2H_2O(l)+2e^- \longrightarrow H_2(g)+2OH^-$。在这个电解的过程中,石墨烯与Pt之间会产生大量的氢气泡,从而使得PMMA/Gr在几十秒内便可从Pt表面分离,这比常规的刻蚀金属的过程要快很多。之后,再用去离子水漂洗PMMA/Gr,然后将其转移至目标基底,晾干后用热丙酮除去PMMA,并用高纯

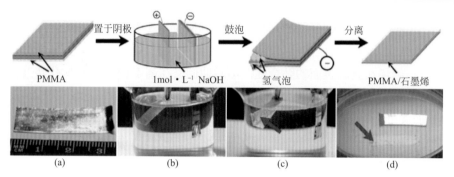

图2.38 将Pt上生长的石墨烯用鼓泡转移法转移至目标基底的示意图[145]

（a）在Pt上生长的石墨烯上旋涂一层PMMA；（b）PMMA/Gr/Pt作为阴极，另外一个Pt箔作为阳极；（c）施加一个稳定的电流，在阴极端会产生$H_2$，氢气泡使PMMA/Gr与Pt分离；（d）经过几十秒的鼓泡得到完全与Pt分离的PMMA/Gr膜［图（c）和（d）中的PMMA/Gr膜用红色箭头指出］

氮气吹干，即可成功得到转移后的石墨烯。值得注意的是，整个Pt基底在这个转移过程中不会发生任何化学反应，因此这种电化学鼓泡分离法能够实现Pt基底的重复利用，从而降低石墨烯生长以及转移的成本。

由于PMMA转移法中存在诸多问题（如丙酮对有机基底的破坏，转移的面积略小），研究者们还尝试采用其他各种聚合物进行石墨烯转移，如TRT[146,147]、聚二甲基硅氧烷（polydimethylsiloxane，PDMS）[92,148]、聚碳酸酯（polycarbonate，PC）[137,149]，试图避免丙酮的使用或者提高转移得到的石墨烯的尺寸。

上述的聚合物辅助转移法将不可避免地在转移后的石墨烯表面带来污染，而且转移工序复杂。为此，人们尝试直接在目标基底和金属之间完成转移。该类方法的核心是利用胶黏剂、层压贴合、静电力吸附等方式，使目标基底和石墨烯之间产生足够强的相互吸引力，从而使得石墨烯脱离金属表面。环氧基树脂是最重要的一类胶黏剂，它的使用有效减少了石墨烯表面的褶皱和破损。然而，这种方法转移之后，胶黏剂会残留在石墨烯和基底之间，对石墨烯有掺杂作用并增大石墨烯薄膜的表面粗糙度。Kim等人将紫外环氧树脂胶涂覆在目标基底表面后，用紫外灯在高温下进行固化，该胶在固化时会收缩，由此产生的应力可以降低石墨烯的方块电阻[150]。Han等人发展了一种无聚合物的MET（mechano-electro-thermal）转移法，实现了向多种基底（如PET、PDMS、玻璃等）的转移[151]。此方法的关键在于，通过施加机械压力、热、静电使石墨烯与目标基底之间充分接触，从而使石墨烯与目标基底的黏附能大于石墨烯与Cu基底之间的黏附能，进而实现石墨烯与Cu基底的分离并黏附在目标基底上，整个转移过程如图2.39所示。首先将目

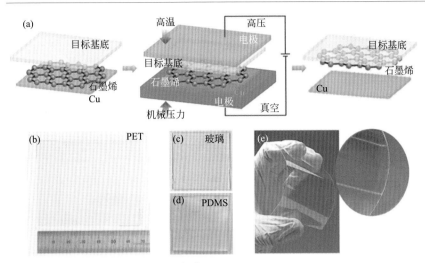

图2.39 (a) MET转移方法原理图[150] (在10mTorr真空下,对样品施加机械压力、高温、电压,然后机械剥离目标基底上的石墨烯,使其与Cu箔分离);(b)~(d) 转移至PET、玻璃、PDMS上的面积为7cm×7cm的石墨烯的照片;(e) 柔性透明PET膜上的石墨烯

标基底置于石墨烯/Cu箔上,然后在适当加热温度及低真空下,于整个区域内施加机械压力,然后再施加静电力,维持这种状态几十分钟,待温度降至90℃后,将样品从设备中取出,随后将目标基底轻微弯曲,并用镊子小心地将Cu箔剥开,便可将石墨烯与Cu箔分离。对于PET、玻璃、PDMS这类基底而言,只有当温度高于360℃且施加的电压大于600V时,才能将石墨烯完全从Cu箔上剥离;此外,MET过程还需在低真空条件下进行。较苛刻的转移条件使得这种方法难以应用于大规模生产中。

此后,Chen等人发展了一种不需要任何有机物支撑层或黏结剂的转移方法[152]。他们利用静电力作用从Cu箔表面转移出极其干净的石墨烯,这种方法简称CLT (clean-lifting transfer),其转移过程如图2.40所示。首先他们将静电发生器放置在离目标基底2.54cm (1 in) 的地方,使静电发生器在目标基底间发生放电作用,使目标基底表面带上均匀的负电荷;之后将石墨烯/Cu箔放在目标基底上,目标基底表面的静电会对石墨烯产生作用力,此时再施加一定压力使石墨烯/Cu与目标基底接触更充分,然后将石墨烯/Cu/目标基底放置于硝酸铁溶液 (0.4g·mL$^{-1}$) 中刻蚀Cu,便可使石墨烯与目标基底完全接触;最后再用去离子水漂洗石墨烯/目标基底除去金属离子及刻蚀液,然后再用高纯氮将样品吹干即可。图2.40 (c)、(d) 是采用CLT法将石墨烯转移到硅片和PET膜上的照片,结

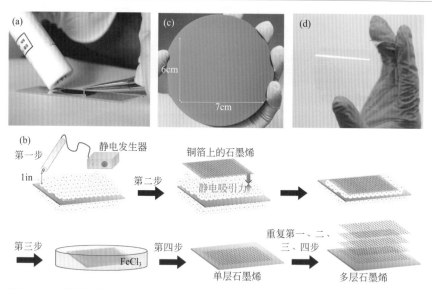

图2.40 （a）使用静电发生器在基底上进行静电放电的照片[152]；(b) CLT转移示意图，将Cu箔上生长的石墨烯转移至目标基底；(c)，(d) 转移至$SiO_2$/Si和PET基底上的大面积石墨烯

果表明CLT方法能够转移得到大面积无残胶的石墨烯膜。然而，由于刻蚀过程中溶液向下的表面张力会使石墨烯膜受力不均匀，这导致转移所得的石墨烯有很多褶皱。除了这种CLT方法，其他的干式转移法还包括机械剥离法[153]、叠氮交联剂分子法[154]、层压转移法[155]等。

2014年，Loh等人报道了一种"面对面"直接转移法（图2.41）[156]。这种方法受自然界中青蛙能在荷叶上稳固立足（当青蛙跳至荷叶表面时，其足底会与荷叶之间产生大量气泡，这些气泡会使得足底与荷叶之间产生强烈的吸引力）的启发而产生。这种"面对面"转移法采用了标准化的操作流程，这使得它不会受到操作技巧的影响，同时这种方法对基底的形状以及大小并无要求，而且能够在$SiO_2$/Si上获得连续的石墨烯薄膜。其具体流程为：首先将$SiO_2$/Si片用$N_2$等离子体预处理，从而使得局域形成SiON，再溅射Cu膜，生长石墨烯，此时SiON在高温下分解，在石墨烯层下形成大量气孔。在刻蚀Cu膜时，气孔在石墨烯和$SiO_2$基底之间形成的毛细管桥能使Cu刻蚀液渗入，同时使石墨烯和$SiO_2$产生黏附力而不至于脱落。这种方法实现了生长与转移于同一基底上进行，能够实现半导体生产线上批量生产。

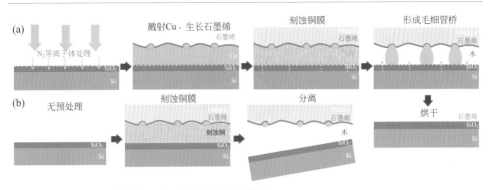

**图2.41　采用毛细管桥的"面对面"转移法示意图**[156]

（a）等离子处理产生"气泡"、CVD生长、Cu膜刻蚀、形成毛细管桥以及去除水和PMMA的示意图；（b）没有等离子处理而进行刻蚀后石墨烯膜分离的结果示意图

上述转移石墨烯的方法多用于科学研究中，因而对转移面积、成本控制以及转移效率要求不高。然而对于石墨烯的实际量产而言，则需要兼顾转移得到的薄膜质量、转移效率以及工艺成本。研究表明，石墨烯可以在柔性的金属箔上生长，同时也可转移至柔性基底（如PET、PI）上，因此半导体领域成熟的卷对卷（roll to roll）真空沉积、层压、热压等工艺，有望用于实现石墨烯薄膜的规模化生产。基于此，Bae等人发展了一种大面积卷对卷连续转移石墨烯的方法（图2.42）[93]。具体过程如下：首先将在直径约8in的反应腔里的Cu箔上生长的石墨烯与TRT黏附，然后刻蚀Cu箔，将TRT/石墨烯置于目标基底PET上，并放在两个辊筒之间，温和加热至120℃，将TRT移除，即可在PET上获得大面积连续的石墨烯薄膜。同时，与PMMA辅助转移法类似，这种方法也可以实现多层石墨烯的逐渐堆叠。这种基于卷对卷转移的石墨烯的电子器件的霍尔迁移率高达$7350cm^2 \cdot V^{-1} \cdot s^{-1}$。然而，在卷对卷过程中，如果速度过快或者需要转移的目标基底为刚性时，剪切应力便会对石墨烯造成损害[157]；此外，这种方法使用的TRT会在石墨烯表面有所残留。

特别值得一提的是，武汉大学化学与分子科学学院的付磊课题组设计了一种基于液态金属表面生长的石墨烯的超快滑移转移法（图2.43）[158]。这种方法受到了自然界里蜗牛在爬行过程中会留下黏液[图2.43（a）]的启发。他们首先通过CVD过程在液态金属表面获得了大面积、缺陷少、层数均匀的石墨烯，这种表面长有石墨烯的液态金属便被看作是一种特殊的"石墨烯液态蜗牛"，当这只"石墨烯液态金属蜗牛"在目标基底上爬行时，即能将石墨烯滑移到基底上［图2.43（a）］。

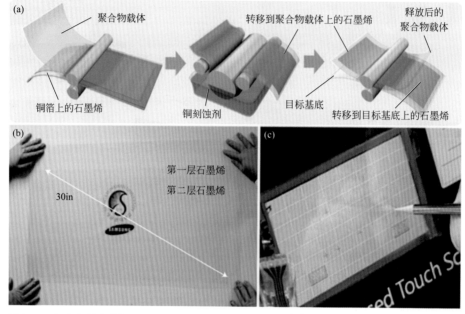

图2.42 （a）铜箔上生长的石墨烯薄膜的卷对卷生产示意图[93]［该过程包括聚合物载体的黏附、铜刻蚀（漂洗）和干转印在目标基底上］；（b）转移至35in的PET膜上的透明的大面积石墨烯膜；（c）石墨烯触摸屏

液态金属由于其独特的物态，其中原子具有良好的可易位性，这是液态金属上石墨烯能够采用滑移方法实现转移的前提。在整个转移过程中，仅需施加一个水平滑移力，即可在数秒内将石墨烯从液态金属表面滑移转移到目标基底上［图2.43（b），（c）］。与此同时，由于整个过程中没有引入任何辅助载体，所以此法获得的石墨烯表面非常干净、无杂质（如常规转移方法难以避免的残胶）残留［图2.43（c）］。更有趣的是，这只"石墨烯液态金属蜗牛"是可以拓展的。通过改变液态金属的组分［如改为Ga-In-Sn（62%-25%-13%）时］，这只蜗牛的熔点可以降低至5℃，使得在低温下仍能实现快速转移。如若改变蜗牛爬行的"陆地"，如$SiO_2/Si$、石英、塑料，则可将石墨烯转移至各种不同的基底上，且转移后的石墨烯仍具有较小的缺陷以及良好的导电性［图2.43（e）］。总而言之，滑移转移法具有超快速（几秒）、可控性高（均匀的层数、大面积和精确定位）和高保真（无褶皱、无裂纹、无污染）的特色，这将极大地推进石墨烯的基础研究和其未来的工业化应用。

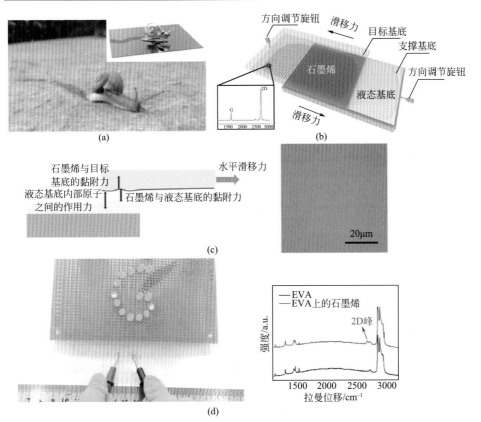

图2.43 （a）利用"石墨烯液态蜗牛"转移石墨烯的示意图；（b）滑移转移法的原理图以及转移后石墨烯的拉曼结果；（c）通过滑移转移法在Si/SiO$_2$上可得到大面积均匀的石墨烯；（d）转移到乙烯-醋酸乙烯共聚物（ethylene-vinyl acetate copolymer，EVA）表面的石墨烯的导电性测试及其拉曼光谱结果[158]

## 2.7.4
### 任意基底上生长的石墨烯的通用转移法

对于SiO$_2$上生长的石墨烯，可以采用传统的聚合物辅助法转移；而对于具有化学惰性的蓝宝石基底，便无法利用这种方法转移。为此，研究者们发展了一种特殊的湿式化学转移法，用于转移在蓝宝石上生长的石墨烯[159]，具体转移过程如图2.44所示。首先他们在石墨烯/蓝宝石上旋涂PMMA并将其固化，然后将

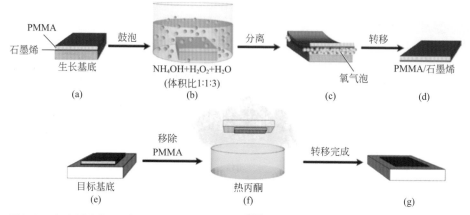

**图2.44** 任意衬底上石墨烯的通用转移过程示意图[159]

（a）在石墨烯/生长基底上旋涂一层PMMA；（b）将样品放入混合溶液热浴中，由于$H_2O_2$分解释放$O_2$而产生气泡；（c）氧气泡进入石墨烯/基底界面；（d）PMMA/石墨烯膜与蓝宝石逐渐分离；（e）完全分离后的PMMA/石墨烯膜转移至目标基底；（f）用热丙酮蒸气除去PMMA；（g）石墨烯成功转移至目标基底

PMMA/石墨烯/蓝宝石放入$NH_4OH$：$H_2O_2$：$H_2O$=1：1：3的溶液中，再将溶液置于热台上加热到80℃。此时溶液会分解产生$O_2$，从而产生大量的气泡。这些气泡会将PMMA/石墨烯膜与蓝宝石分离开。待溶液中的$H_2O_2$完全分解以后，便可将PMMA/石墨烯/蓝宝石浸入去离子水中，从而利用水的表面张力将PMMA/石墨烯膜从蓝宝石基底上分离下来。这种鼓泡分离的机理与Cheng等人报道的电化学分离机理类似，但这种方法的操作更为简便，而且不需要发生电化学反应。此外，通过这种方法，他们还可以在无须刻蚀生长基底的情况下转移Cu、Mo/Ni、$SiO_2$等基底上生长的石墨烯。

## 2.7.5
### 小结

石墨烯在电子信息、能源等领域拥有广阔的应用前景，不同的应用对石墨烯的质量、产量和制备成本也有不同的要求，因而需要发展各种制备和转移石墨烯的方法。在本节的讨论中，某些转移方法可能更适合基础研究、研发，而某些转移方法则更适合规模化的工业生产。对于实际应用而言，需要进一步发展大面积转移石墨烯的技术。目前，合成大面积石墨烯薄膜的方法层出不穷，这也对后续的转移过程提出更高要求：需要转移出与生长面积大小类似的石墨烯薄膜；需要减少甚至避免对石墨烯和目标基底的破坏，从而保证大面积薄膜完整、无污染；转移方法需要适用于不同温度下多种有机以及无机目标基底；需要降低对昂贵设备、复杂工艺、熟练技巧的依赖，从而在简单设备上实现标准化操作；需要在石墨烯转移之后重复利用原生长基底，降低石墨烯的生长以及转移成本。

## 参考文献

[1] Novoselov K S, Geim A K, Morozov S, et al. Electric field effect in atomically thin carbon films[J]. Science, 2004, 306: 666-669.

[2] Frindt R F. Single crystals of $MoS_2$ several molecular layers thick[J]. J Appl Phys, 1966, 37: 1928-1929.

[3] Ohashi Y, Koizumi T, Yoshikawa T, et al. Size effect inthe in-plane electrical resistivity of very thin graphite crystals[J]. Tanso, 1997, 235-238.

[4] Novoselov K S, Jiang D, Schedin F, et al. Two-dimensional atomic crystals[J]. P Natl Acad Sci USA, 2005, 102: 10451-10453.

[5] Dimiev A, Kosynkin D V, Sinitskii A, et al. Layer-by-layer removal of graphene for device patterning[J]. Science, 2011, 331: 1168-1172.

[6] Lu X, Yu M, Huang H, et al. Tailoring graphite with the goal of achieving single sheets[J]. Nanotechnology, 1999, 10: 269.

[7] Jayasena B, Subbiah S. A novel mechanical cleavage method for synthesizing few-layer graphenes[J]. Nanoscale Res Lett, 2011, 6: 95.

[8] Zhao W, Fang M, Wu F, et al. Preparation of graphene by exfoliation of graphite using wet ball milling[J]. J Mater Chem, 2010, 20: 5817-5819.

[9] Blake P, Brimicombe P D, Nair R R, et al. Graphene-based liquid crystal device[J]. Nano Lett, 2008, 8: 1704-1708.

[10] Hernandez Y, Nicolosi V, Lotya M, et al. High-yield production of graphene by liquid-phase exfoliation of graphite[J]. Nat Nanotechnol, 2008, 3: 563-568.

[11] Warner J H, Rümmeli M H, Gemming T, et al. Direct imaging of rotational stacking faults in few layer graphene[J]. Nano Lett, 2008, 9: 102-106.

[12] Bourlinos A B, Georgakilas V, Zboril R, et al. Liquid-phase exfoliation of graphite towards solubilized graphenes[J]. Small, 2009, 5: 1841-1845.

[13] Li X, Wang X, Zhang L, et al. Chemically derived, ultrasmooth graphene nanoribbon semiconductors[J]. Science, 2008, 319: 1229-1232.

[14] Li X, Zhang G, Bai X, et al. Highly conducting graphene sheets and langmuir-blodgett films[J]. Nat Nanotechnol, 2008, 3: 538-542.

[15] Arnold M S, Green A A, Hulvat J F, et al. Sorting carbon nanotubes by electronic structure using density differentiation[J]. Nat Nanotechnol, 2006, 1: 60-65.

[16] Lotya M, Hernandez Y, King P J, et al. Liquid phase production of graphene by exfoliation of graphite in surfactant/water solutions[J]. J Am Chem Soc, 2009, 131: 3611-3620.

[17] Lotya M, King P J, Khan U, et al. High-concentration, surfactant-stabilized graphene dispersions[J]. ACS Nano, 2010, 4: 3155-3162.

[18] Green A A, Hersam M C. Solution phase production of graphene with controlled thickness via density differentiation[J]. Nano Lett, 2009, 9: 4031-4036.

[19] Liang Y T, Hersam M C. Highly concentrated graphene solutions via polymer enhanced solvent exfoliation and iterative solvent exchange[J]. J Am Chem Soc, 2010, 132: 17661-17663.

[20] Das S, Wajid A S, Shelburne J L, et al. Localized in situ polymerization on graphene surfaces for stabilized graphene dispersions[J]. ACS Appl Mater Inter, 2011, 3: 1844-1851.

[21] Yan L Y, Li W, Fan X F, et al. Enrichment of (8, 4) single-walled carbon nanotubes through coextraction with heparin[J]. Small, 2010, 6: 110-118.

[22] Badami D. Graphitization of α-silicon carbide[J]. Nature, 1962, 193: 569-570.

[23] Van Bommel A, Crombeen J, Van Tooren A. Leed and auger electron observations of the SiC(0001) surface[J]. Surf Sci, 1975, 48: 463-472.

[24] Forbeaux I, Themlin J-M, Charrier A, et al. Solid-state graphitization mechanisms of silicon carbide 6H–SiC polar faces[J]. Appl Surf Sci, 2000, 162: 406-412.

[25] Berger C, Song Z, Li T, et al. Ultrathin epitaxial graphite: 2D electron gas properties and a route toward graphene-based nanoelectronics[J]. J Phys Chem B, 2004, 108: 19912-19916.

[26] Hass J, Feng R, Li T, et al. Highly ordered graphene for two dimensional electronics[J]. Appl Phys Lett, 2006, 89: 143106.

[27] Borovikov V, Zangwill A. Step-edge instability during epitaxial growth of graphene from SiC (0001)[J]. Phys Rev B, 2009, 80: 121406.

[28] Tromp R, Hannon J. Thermodynamics and kinetics of graphene growth on SiC (0001)[J]. Phys Rev Lett, 2009, 102: 106104.

[29] Virojanadara C, Syväjarvi M, Yakimova R, et al. Homogeneous large-area graphene layer growth on 6H-SiC(0001)[J]. Phys, Rev, B, 2008, 78: 245403.

[30] Emtsev K V, Bostwick A, Horn K, et al. Towards wafer-size graphene layers by atmospheric pressure graphitization of silicon carbide[J]. Nat Mater, 2009, 8: 203-207.

[31] Dimitrakopoulos C, Lin Y-M, Grill A, et al. Wafer-scale epitaxial graphene growth on the Si-face of hexagonal SiC(0001)for high frequency transistors[J]. J Vac Sci Technol B, 2010, 28: 985-992.

[32] De Heer W A, Berger C, Ruan M, et al. Large area and structured epitaxial graphene produced by confinement controlled sublimation of silicon carbide[J]. P Natl Acad Sci USA, 2011, 108: 16900-16905.

[33] Hannon J, Tromp R. Pit formation during graphene synthesis on SiC(0001): in situ electron microscopy[J]. Phys Rev B, 2008, 77: 241404.

[34] Srivastava N, Feenstra R M, Fisher P. Formation of epitaxial graphene on SiC(0001)using vacuum or argon environments[J]. J Vac Sci Technol B, 2010, 28: C5C1-C5C7.

[35] Rutter G, Crain J, Guisinger N, et al. Scattering and interference in epitaxial graphene[J]. Science, 2007, 317: 219-222.

[36] Berger C, Song Z, Li X, et al. Electronic confinement and coherence in patterned epitaxial graphene[J]. Science, 2006, 312: 1191-1196.

[37] Miller D L, Kubista K D, Rutter G M, et al. Observing the quantization of zero mass carriers in graphene[J]. Science, 2009, 324: 924-927.

[38] Geim A K. Graphene: Status and prospects[J]. Science, 2009, 324: 1530-1534.

[39] Orlita M, Faugeras C, Plochocka P, et al. Approaching the dirac point in high-mobility multilayer epitaxial graphene[J]. Phys Rev Lett, 2008, 101: 267601.

[40] Hass J, Varchon F, Millan-Otoya J-E, et al. Why multilayer graphene on 4H-SiC ($000\bar{1}$) behaves like a single sheet of graphene[J]. Phys Rev Lett, 2008, 100: 125504.

[41] Robinson J A, Wetherington M, Tedesco J L, et al. Correlating raman spectral signatures with carrier mobility in epitaxial graphene: a guide to achieving high mobility on the wafer scale[J]. Nano Lett, 2009, 9: 2873-2876.

[42] Camara N, Jouault B, Caboni A, et al. Growth of monolayer graphene on 8 off-axis 4H-SiC ($000\bar{1}$) substrates with application to quantum transport

devices[J]. Appl Phys Lett, 2010, 97: 093107.
[43] Wu Z-S, Ren W, Gao L, et al. Synthesis of graphene sheets with high electrical conductivity and good thermal stability by hydrogen arc discharge exfoliation[J]. ACS Nano, 2009, 3: 411-417.
[44] Li N, Wang Z, Zhao K, et al. Large scale synthesis of N-doped multi-layered graphene sheets by simple arc-discharge method[J]. Carbon, 2010, 48: 255-259.
[45] Wu Y, Wang B, Ma Y, et al. Efficient and large-scale synthesis of few-layered graphene using an arc-discharge method and conductivity studies of the resulting films[J]. Nano Res, 2010, 3: 661-669.
[46] Huang L, Wu B, Chen J, et al. Gram-scale synthesis of graphene sheets by a catalytic arc-discharge method[J]. Small, 2013, 9: 1330-1335.
[47] He H, Klinowski J, Forster M, et al. A new structural model for graphite oxide[J]. Chem Phys Lett, 1998, 287: 53-56.
[48] Buchsteiner A, Lerf A, Pieper J. Water dynamics in graphite oxide investigated with neutron scattering[J]. J Phys Chem B, 2006, 110: 22328-22338.
[49] Szabó T, Berkesi O, Forgó P, et al. Evolution of surface functional groups in a series of progressively oxidized graphite oxides[J]. Chem Mater, 2006, 18: 2740-2749.
[50] He H, Riedl T, Lerf A, et al. Solid-state nmr studies of the structure of graphite oxide[J]. J Phys Chem, 1996, 100: 19954-19958.
[51] Lerf A, He H, Riedl T, et al. 13 C and 1 H masnmr studies of graphite oxide and its chemically modified derivatives[J]. Solid State Ionics, 1997, 101: 857-862.
[52] Lerf A, He H, Forster M, et al. Structure of graphite oxide revisited[J]. J Phys Chem B, 1998, 102: 4477-4482.
[53] Brodie B. Sur le poids atomique du graphite[J]. Ann Chim Phys, 1860, 59: 466-472.
[54] Staudenmaier L. Verfahren zur darstellung der graphitsäure[J]. Berichte der deutschen chemischen Gesellschaft, 1899, 32: 1394-1399.
[55] Hummers Jr W S, Offeman R E. Preparation of graphitic oxide[J]. J Am Chem Soc, 1958, 80: 1339-1339.
[56] Kovtyukhova N I, Ollivier P J, Martin B R, et al. Layer-by-layer assembly of ultrathin composite films from micron-sized graphite oxide sheets and polycations[J]. Chem Mater, 1999, 11: 771-778.
[57] Hirata M, Gotou T, Horiuchi S, et al. Thin-film particles of graphite oxide[J]. Carbon, 2004, 42: 2929-2937.
[58] Marcano D C, Kosynkin D V, Berlin J M, et al. Improved synthesis of graphene oxide[J]. ACS Nano, 2010, 4: 4806-4814.
[59] Peng L, Xu Z, Liu Z, et al. An iron-based green approach to 1-H production of single-layer graphene oxide[J]. Nat Commun, 2015, 6: 5716.
[60] Peckett J W, Trens P, Gougeon R D, et al. Electrochemically oxidised graphite. : characterisation and some ion exchange properties[J]. Carbon, 2000, 38: 345-353.
[61] Peckett J. Electrochemically prepared colloidal, oxidised graphite[J]. J Mater Chem, 1997, 7: 301-305.
[62] Krishnan D, Kim F, Luo J, et al. Energetic graphene oxide: challenges and opportunities[J]. Nano Today, 2012, 7: 137-152.
[63] Shen J, Hu Y, Shi M, et al. Fast and facile preparation of graphene oxide and reduced graphene oxide nanoplatelets[J]. Chem, Mater, 2009, 21: 3514-3520.
[64] Antisari M, Montone A, Jovic N, et al. Low energy pure shear milling: a method for the preparation of graphite nano-sheets[J]. Scripta Mater, 2006, 55: 1047-1050.
[65] Sun G, Li X, Qu Y, et al. Preparation and characterization of graphite nanosheets from detonation technique[J]. Mater Lett, 2008, 62: 703-706.
[66] Stankovich S, Dikin D A, Piner R D, et al. Synthesis of graphene-based nanosheets via chemical reduction of exfoliated graphite oxide[J]. Carbon, 2007, 45: 1558-1565.
[67] Li D, Mueller M B, Gilje S, et al. Processable

aqueous dispersions of graphene nanosheets[J]. Nat Nanotechnol, 2008, 3: 101-105.

[68] Tung V C, Allen M J, Yang Y, et al. High-throughput solution processing of large-scale graphene[J]. Nat Nanotechnol, 2009, 4: 25-29.

[69] Stankovich S, Piner R D, Chen X, et al. Stable aqueous dispersions of graphitic nanoplatelets via the reduction of exfoliated graphite oxide in the presence of poly(sodium 4-styrenesulfonate)[J]. J Mater Chem, 2006, 16: 155-158.

[70] Si Y, Samulski E T. Synthesis of water soluble graphene[J]. Nano Lett, 2008, 8: 1679-1682.

[71] Pei S, Zhao J, Du J, et al. Direct reduction of graphene oxide films into highly conductive and flexible graphene films by hydrohalic acids[J]. Carbon, 2010, 48: 4466-4474.

[72] Fan X, Peng W, Li Y, et al. Deoxygenation of exfoliated graphite oxide under alkaline conditions: a green route to graphene preparation[J]. Adv Mater, 2008, 20: 4490-4493.

[73] Rourke J P, Pandey P A, Moore J J, et al. The real graphene oxide revealed: stripping the oxidative debris from the graphene-like sheets[J]. Angew Chem Int Edit, 2011, 50: 3173-3177.

[74] Boukhvalov D W, Katsnelson M I. Modeling of graphite oxide[J]. J Am Chem Soc, 2008, 130: 10697-10701.

[75] Zhou M, Wang Y, Zhai Y, et al. Controlled synthesis of large-area and patterned electrochemically reduced graphene oxide films[J]. Chem-Eur J, 2009, 15: 6116-6120.

[76] Zhang K, Fu Q, Pan N, et al. Direct writing of electronic devices on graphene oxide by catalytic scanning probe lithography[J]. Nat Commun, 2012, 3: 1194.

[77] Zhou Y, Bao Q, Tang L A L, et al. Hydrothermal dehydration for the "green" reduction of exfoliated graphene oxide to graphene and demonstration of tunable optical limiting properties[J]. Chem Mater, 2009, 21: 2950-2956.

[78] Xu Y, Sheng K, Li C, et al. Self-assembled graphene hydrogel via a one-step hydrothermal process[J]. ACS Nano, 2010, 4: 4324-4330.

[79] Schniepp H C, Li J L, McAllister M J, et al. Functionalized single graphene sheets derived from splitting graphite oxide[J]. J Phys Chem B, 2006, 110: 8535-8539.

[80] McAllister M J, Li J-L, Adamson D H, et al. Single sheet functionalized graphene by oxidation and thermal expansion of graphite[J]. Chem Mater, 2007, 19: 4396-4404.

[81] Wang X, Zhi L, Müllen K. Transparent, conductive graphene electrodes for dye-sensitized solar cells[J]. Nano Lett, 2008, 8: 323-327.

[82] Williams G, Seger B, Kamat P V. $TiO_2$-graphene nanocomposites, UV-assisted photocatalytic reduction of graphene oxide[J]. ACS Nano, 2008, 2: 1487-1491.

[83] Chen H-Y, Han D, Tian Y, et al. Mask-free and programmable patterning of graphene by ultrafast laser direct writing[J]. Chem Phys, 2014, 430: 13-17.

[84] Mattevi C, Kim H, Chhowalla M. A review of chemical vapour deposition of graphene on copper[J]. J Mater Chem, 2011, 21: 3324-3334.

[85] Wei D, Liu Y, Cao L, et al. A new method to synthesize complicated multibranched carbon nanotubes with controlled architecture and composition[J]. Nano Lett, 2006, 6: 186-192.

[86] Robertson S. Graphite formation from low temperature pyrolysis of methane over some transition metal surfaces[J]. Nature, 1969, 221: 1044-1046.

[87] Shelton J, Patil H, Blakely J. Equilibrium segregation of carbon to a nickel(111)surface: a surface phase transition[J]. Surf Sci, 1974, 43: 493-520.

[88] Jiao L, Fan B, Xian X, et al. Creation of nanostructures with poly(methyl methacrylate)-mediated nanotransfer printing[J]. J Am Chem Soc, 2008, 130: 12612-12613.

[89] Reina A, Son H, Jiao L, et al. Transferring and identification of single-and few-layer graphene on arbitrary substrates[J]. J Phys Chem C, 2008, 112: 17741-17744.

[90] Reina A, Jia X, Ho J, et al. Large area, few-layer graphene films on arbitrary substrates by chemical vapor deposition[J]. Nano Lett, 2008, 9: 30-35.

[91] Li X, Cai W, An J, et al. Large-area synthesis of high-quality and uniform graphene films on copper foils[J]. Science, 2009, 324: 1312-1314.

[92] Kim K S, Zhao Y, Jang H, et al. Large-scale pattern growth of graphene films for stretchable transparent electrodes[J]. Nature, 2009, 457: 706-710.

[93] Bae S, Kim H, Lee Y, et al. Roll-to-roll production of 30-inch graphene films for transparent electrodes[J]. Nat Nanotechnol, 2010, 5: 574-578.

[94] Yan K, Fu L, Peng H, et al. Designed cvd growth of graphene via process engineering[J]. Acc Chem Res, 2013, 46: 2263-2274.

[95] Li X, Cai W, Colombo L, et al. Evolution of graphene growth on Ni and Cu by carbon isotope labeling[J]. Nano Lett, 2009, 9: 4268-4272.

[96] Edwards R S, Coleman K S. Graphene film growth on polycrystalline metals[J]. Acc Chem Res, 2012, 46: 23-30.

[97] Luo Z, Lu Y, Singer D W, et al. Effect of substrate roughness and feedstock concentration on growth of wafer-scale graphene at atmospheric pressure[J]. Chem Mater, 2011, 23: 1441-1447.

[98] Gan L, Luo Z. Turning off hydrogen to realize seeded growth of subcentimeter single-crystal graphene grains on copper[J]. ACS Nano, 2013, 7: 9480-9488.

[99] Jung D H, Kang C, Kim M, et al. Effects of hydrogen partial pressure in the annealing process on graphene growth[J]. J Phys Chem C, 2014, 118: 3574-3580.

[100] Yu Q, Jauregui L A, Wu W, et al. Control and characterization of individual grains and grain boundaries in graphene grown by chemical vapour deposition[J]. Nat Mater, 2011, 10: 443-449.

[101] Wu B, Geng D, Guo Y, et al. Equiangular hexagon-shape-controlled synthesis of graphene on copper surface[J]. Adv Mater, 2011, 23: 3522-3525.

[102] Geng D, Wu B, Guo Y, et al. Fractal etching of graphene[J]. J Am Chem Soc, 2013, 135: 6431-6434.

[103] Geng D, Wang H, Wan Y, et al. Direct top-down fabrication of large-area graphene arrays by an in situ etching method[J]. Adv Mater, 2015, 27: 4195-4199.

[104] Zou Z, Fu L, Song X, et al. Carbide-forming groups IVB-VIB metals: a new territory in the periodic table for CVD growth of graphene[J]. Nano Lett, 2014, 14: 3832-3839.

[105] Liu X, Fu L, Liu N, et al. Segregation growth of graphene on Cu-Ni alloy for precise layer control[J]. J Phys Chem C, 2011, 115: 11976-11982.

[106] Dai B, Fu L, Zou Z, et al. Rational design of a binary metal alloy for chemical vapour deposition growth of uniform single-layer graphene[J]. Nat Commun, 2011, 2: 522.

[107] Geng D, Wu B, Guo Y, et al. Uniform hexagonal graphene flakes and films grown on liquid copper surface[J]. Proc Natl Acad Sci USA, 2012, 109: 7992-7996.

[108] Wang J, Zeng M, Tan L, et al. High-mobility graphene on liquid p-block elements by ultra-low-loss CVD growth[J]. Sci Rep, 2013, 3: 2670.

[109] Zeng M, Tan L, Wang J, et al. Liquid metal: an innovative solution to uniform graphene films[J]. Chem Mater, 2014, 26: 3637-3643.

[110] Zeng M, Tan L, Wang L, et al. Isotropic growth of graphene toward smoothing stitching[J]. ACS Nano, 2016, 10: 7189-7196.

[111] Zeng M, Wang L, Liu J, et al. Self-assembly of graphene single crystals with uniform size and orientation: the first 2D super-ordered structure[J]. J Am Chem Soc, 2016, 138: 7812-7815.

[112] Chen J, Wen Y, Guo Y, et al. Oxygen-aided synthesis of polycrystalline graphene on silicon dioxide substrates[J]. J Am Chem Soc, 2011,

133: 17548-17551.
[113] Chen J, Guo Y, Wen Y, et al. Two-stage metal-catalyst-free growth of high-quality polycrystalline graphene films on silicon nitride substrates[J]. Adv Mater, 2013, 25: 992-997.
[114] Chen J, Guo Y, Jiang L, et al. Near-equilibrium chemical vapor deposition of high-quality single-crystal graphene directly on various dielectric substrates[J]. Adv Mater, 2014, 26: 1348-1353.
[115] Tang S, Wang H, Wang H S, et al. Silane-catalysed fast growth of large single-crystalline graphene on hexagonal boron nitride[J]. Nat Commun, 2015, 6: 6499.
[116] Sun J, Gao T, Song X, et al. Direct growth of high-quality graphene on high-$\kappa$ dielectric $SrTiO_3$ substrates[J]. J Am Chem Soc, 2014, 136: 6574-6577.
[117] Tan L, Zeng M, Wu Q, et al. Direct growth of ultrafast transparent single-layer graphene defoggers[J]. Small, 2015, 11: 1840-1846.
[118] Liu N, Fu L, Dai B, et al. Universal segregation growth approach to wafer-size graphene from non-noble metals[J]. Nano Lett., 2010, 11: 297-303.
[119] Zhang C, Fu L, Liu N, et al. Synthesis of nitrogen-doped graphene using embedded carbon and nitrogen sources[J]. Adv Mater, 2011, 23: 1020-1024.
[120] Cai J, Ruffieux P, Jaafar R, et al. Atomically precise bottom-up fabrication of graphene nanoribbons[J]. Nature, 2010, 466: 470-473.
[121] Jiao L, Zhang L, Wang X, et al. Narrow graphene nanoribbons from carbon nanotubes[J]. Nature, 2009, 458: 877-880.
[122] Kosynkin D V, Higginbotham A L, Sinitskii A, et al. Longitudinal unzipping of carbon nanotubes to form graphene nanoribbons[J]. Nature, 2009, 458: 872-876.
[123] Jiao L, Wang X, Diankov G, et al. Facile synthesis of high-quality graphene nanoribbons[J]. Nat Nanotechnol, 2010, 5: 321-325.

[124] Tao C, Jiao L, Yazyev O V, et al. Spatially resolving edge states of chiral graphene nanoribbons[J]. Nat Phys, 2011, 7: 616-620.
[125] Börrnert F, Avdoshenko S M, Bachmatiuk A, et al. Amorphous carbon under 80 kV electron irradiation: A means to make or break graphene[J]. Adv Mater, 2012, 24: 5630-5635.
[126] Novoselov K S, Fal'ko V I, Colombo L, et al. A roadmap for graphene[J]. Nature, 2012, 490: 192-200.
[127] Yang H, Heo J, Park S, et al. Graphene barristor, a triode device with a gate-controlled schottky barrier[J]. Science, 2012, 336: 1140-1143.
[128] Liu M, Yin X, Ulin-Avila E, et al. A graphene-based broadband optical modulator[J]. Nature, 2011, 474: 64-67.
[129] Meyer J C, Girit C O, Crommie M F, et al. Hydrocarbon lithography on graphene membranes[J]. Appl Phys Lett, 2008, 92: 123110.
[130] Tedesco J L, VanMil B L, Myers-Ward R L, et al. Hall effect mobility of epitaxial graphene grown on silicon carbide[J]. Appl Phys Lett, 2009, 95: 122102.
[131] Juang Z-Y, Wu C-Y, Lo C-W, et al. Synthesis of graphene on silicon carbide substrates at low temperature[J]. Carbon, 2009, 47: 2026-2031.
[132] Lee D S, Riedl C, Krauss B, et al. Raman spectra of epitaxial graphene on SiC and of epitaxial graphene transferred to $SiO_2$[J]. Nano Lett, 2008, 8: 4320-4325.
[133] Unarunotai S, Murata Y, Chialvo C E, et al. Transfer of graphene layers grown on SiC wafers to other substrates and their integration into field effect transistors[J]. Appl Phys Lett, 2009, 95: 202101.
[134] Unarunotai S, Koepke J C, Tsai C-L, et al. Layer-by-layer transfer of multiple, large area sheets of graphene grown in multilayer stacks on a single SiC wafer[J]. ACS Nano, 2010, 4: 5591-5598.
[135] Caldwell J D, Anderson T J, Culbertson J C, et al. Technique for the dry transfer of epitaxial graphene onto arbitrary substrates[J]. ACS

Nano, 2010, 4: 1108-1114.

[136] Li X, Zhu Y, Cai W, et al. Transfer of large-area graphene films for high-performance transparent conductive electrodes[J]. Nano Lett, 2009, 9: 4359-4363.

[137] Lin Y-C, Jin C, Lee J-C, et al. Clean transfer of graphene for isolation and suspension[J]. ACS Nano, 2011, 5: 2362-2368.

[138] Suk J W, Kitt A, Magnuson C W, et al. Transfer of CVD-grown monolayer graphene onto arbitrary substrates[J]. ACS Nano, 2011, 5: 6916-6924.

[139] Hallam T, Berner N C, Yim C, et al. Strain, bubbles, dirt, and folds: a study of graphene polymer-assisted transfer[J]. Adv Mater Inter, 2014, 1: 1400115.

[140] Suk J W, Lee W H Lee J, et al. Enhancement of the electrical properties of graphene grown by chemical vapor deposition via controlling the effects of polymer residue[J]. Nano Lett, 2013, 13: 1462-1467.

[141] Lin Y C, Lu C C, Yeh C H, et al. Graphene annealing: how clean can it be[J]? Nano Lett, 2012, 12: 414-419.

[142] Her M, Beams R, Novotny L. Graphene transfer with reduced residue[J]. Phys Lett A, 2013, 377: 1455-1458.

[143] Liang X, Sperling B A, Calizo I, et al. Toward clean and crackless transfer of graphene[J]. ACS Nano, 2011, 5: 9144-9153.

[144] Wang Y, Zheng Y, Xu X, et al. Electrochemical delamination of CVD-grown graphene film: toward the recyclable use of copper catalyst[J]. ACS Nano, 2011, 5: 9927-9933.

[145] Gao L, Ren W, Xu H, et al. Repeated growth and bubbling transfer of graphene with millimetre-size single-crystal grains using platinum[J]. Nat, Commun, 2012, 3: 699.

[146] Kang J, Hwang S, Kim J H, et al. Efficient transfer of large-area graphene films onto rigid substrates by hot pressing[J]. ACS Nano, 2012, 6: 5360-5365.

[147] Lee Y, Bae S, Jang H, et al. Wafer-scale synthesis and transfer of graphene films[J]. Nano Lett, 2010, 10: 490-493.

[148] Kang S J, Kim B, Kim K S, et al. Inking elastomeric stamps with micro-patterned, single layer graphene to create high-performance ofets[J]. Adv Mater, 2011, 23: 3531-3535.

[149] Park H J, Meyer J, Roth S, et al. Growth and properties of few-layer graphene prepared by chemical vapor deposition[J]. Carbon, 2010, 48: 1088-1094.

[150] Kim M, An H, Lee W-J, et al. Low damage-transfer of graphene using epoxy bonding[J]. Electron Mater Lett, 2013, 9: 517-521.

[151] Jung W, Kim D, Lee M, et al. Ultraconformal contact transfer of monolayer graphene on metal to various substrates[J]. Adv Mater, 2014, 26: 6394-6400.

[152] Wang D Y, Huang I S, Ho P H, et al. Clean-lifting transfer of large-area residual-free graphene films[J]. Adv Mater, 2013, 25: 4521-4526.

[153] Yoon T, Shin W C, Kim T Y, et al. Direct measurement of adhesion energy of monolayer graphene as-grown on copper and its application to renewable transfer process[J]. Nano Lett, 2012, 12: 1448-1452.

[154] Lock E H, Baraket M, Laskoski M, et al. High-quality uniform dry transfer of graphene to polymers[J]. Nano Lett, 2012, 12: 102-107.

[155] Martins L G, Song Y, Zeng T, et al. Direct transfer of graphene onto flexible substrates[J]. P Natl Acad Sci USA, 2013, 110: 17762-17767.

[156] Gao L, Ni G X, Liu Y, et al. Face-to-face transfer of wafer-scale graphene films[J]. Nature, 2014, 505: 190-194.

[157] Kang J, Shin D, Bae S, et al. Graphene transfer: key for applications[J]. Nanoscale, 2012, 4: 5527-5537.

[158] Lu W, Zeng M, Li X, et al. Controllable sliding transfer of wafer-size graphene[J]. Adv Sci 2016, 1600006.

[159] Gorantla S, Bachmatiuk A, Hwang J, et al. A universal transfer route for graphene[J]. Nanoscale, 2014, 6: 889-896.

# NANOMATERIALS
石墨烯:从基础到应用

# Chapter 3

# 第 3 章
# 石墨烯化学

王西鸾，石高全

北京林业大学材料科学与技术学院，清华大学化学系

3.1　引言

3.2　石墨烯功能化

3.3　石墨烯掺杂

3.4　石墨烯光化学

3.5　石墨烯催化化学

3.6　石墨烯超分子化学

3.7　总结与展望

## 3.1 引言

石墨烯是单原子层厚的二维石墨晶体，具有优异的电学、光学、化学、热学和力学性质[1,2]，被广泛应用于电子器件[3,4]、能源器件[5,6]、传感器[7,8]、驱动器[9,10]和复合材料[11,12]等领域。在实际应用中通常需要对石墨烯进行化学修饰[13,14]，其主要原因是：① 结构完整的石墨烯难以溶解和熔化[15]，常规的材料加工技术不能用于加工石墨烯；② 只有在固态基底上的石墨烯才能保持物理结构的稳定性[16,17]，单独分散的石墨烯极易形成褶皱或堆叠[18]；③ 石墨烯具有零带隙的结构特点[19]，打开石墨烯的能带间隙是其在电子和光电领域应用的前提[2]；④ 结构完整的石墨烯催化性能较差[20]，与其他小分子或聚合物之间的相互作用较弱，限制了其在催化、传感和复合材料中的应用[21]。为解决以上问题，近年来多种方法被用来调节石墨烯的表面和电子结构。

化学功能化是改善石墨烯结构和性质的有效手段[14,22]。在石墨烯表面选择性地修饰官能团后，石墨烯可以均匀地分散在水或有机介质中[23,24]。另一方面，石墨烯表面的功能化修饰会使一些碳原子从 $sp^2$ 杂化结构转变为 $sp^3$ 杂化结构，从而有可能打开石墨烯的能带间隙[24,25]。此外，化学功能化还能够调节石墨烯材料的光学、化学和力学性能[15,26]。

杂原子掺杂可以有效调节石墨烯的电子结构[27]。这种方法可以在石墨烯的费米能级附近打开能带间隙，使石墨烯从"金属"材料转变为"半导体"材料[28]。通过修饰供电子或吸电子基团，石墨烯能够转化为p型或n型材料。这些材料具有独特的电学、磁学和光学性质，在超级电容器、催化、电池和场发射等领域具有广阔的应用前景[29~31]。

石墨烯平面的化学反应活性较低，大部分反应发生在石墨烯的边缘或缺陷位点[32~34]。这主要是由于石墨烯平面包含巨大的 π-π 共轭体系而缺少空置的化学键[15]。在石墨烯平面发生的化学反应通常具有较高的能量势垒，需要高反应活性的物质才能引发。例如，光化学过程可以产生高活性的自由基，能够在石墨烯平面发生化学反应[35]。

化学吸附是另一种调节石墨烯表面结构和性质的可行方法[21]。具有石墨化结构的碳原子易于通过化学吸附结合反应物[36]。在温和的反应条件下，功能化修饰的化学转化石墨烯表现出较高的吸附活性[37～39]；结构完整的石墨烯则可以通过离域的π电子体系与反应物结合形成吸附产物[40,41]。化学吸附法被广泛用于制备石墨烯新型催化剂。

在分子层次上，化学转化石墨烯（CMG），包括氧化石墨烯（GO）、还原氧化石墨烯（RGO）及其衍生物，可看作是一种具有二维结构的共轭高分子，通过超分子化学手段CMG能组装成具有可控组成和微观结构的宏观材料[42]。GO具有边缘亲水性和平面疏水性的两亲性特点[43]，化学功能化的RGO也能够表现出特定的超分子自组装行为[44]。CMG分子之间可形成氢键、疏水、π-π堆叠或静电相互作用，为其超分子自组装行为提供了依据。

本章主要讨论石墨烯的功能化、化学掺杂、光化学、催化化学和超分子化学等，从而描绘出石墨烯化学的轮廓，并对该领域存在的主要挑战及未来发展方向提出了展望。

## 3.2 石墨烯功能化

本节主要讨论石墨烯功能化的反应机理，以及石墨烯功能化之后结构和性质的变化。图3.1是通过共价或非共价方式功能化修饰石墨烯的示意图[45]。石墨烯的边缘带有悬空的化学键，比石墨烯平面具有更高的反应活性。这些悬空的化学键可用于接枝各种化学基团［图3.1（a）］，这些化学基团可以增加石墨烯的溶解性和可加工性，或者为进一步化学修饰提供反应位点；石墨烯平面的共价功能化会导致π-π共轭体系的变形［图3.1（b）］；非共价功能化则能保持石墨烯的原子和电子结构［图3.1（c）］；石墨烯表面的不对称功能化还可以赋予石墨烯特定的超分子自组装行为［图3.1（d）和（e）］。

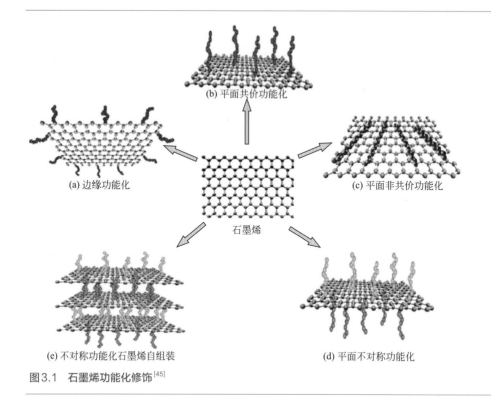

图3.1 石墨烯功能化修饰[45]

## 3.2.1
## 石墨烯平面的共价功能化

石墨烯平面由不饱和的$sp^2$杂化碳原子组成。本质上说，有可能通过加成反应使碳原子从$sp^2$杂化转变为$sp^3$杂化。在此过程中，石墨烯平面的芳香碳原子转变为键长更长的四面体构型。这种功能化方法会导致石墨烯片几何结构的扭曲（图3.2），因此具有很高的能量势垒[24]。共价功能化通常需要高能量的反应物，如氢原子、氟原子、强酸和自由基。

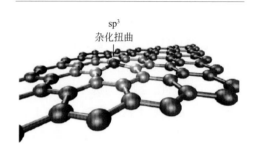

图3.2 石墨烯表面共价功能化引起的$sp^3$杂化几何结构扭曲[24]

### 3.2.1.1
### 氢化反应

氢化反应是石墨烯平面上共价加成反应中研究最深入的一类化学反应[46~48]。利用氢原子束（氢分子在热灯丝上裂解产生）或氢等离子体处理石墨烯平面可以得到氢化石墨烯产物[49,50]。氢化反应使碳原子从$sp^2$杂化转变为$sp^3$杂化，导致氢化石墨烯中的碳碳键伸长。氢原子与石墨烯的上下表面均能发生化学反应，如果只有其中一个表面被氢化，石墨烯片会因外应力不平衡而卷曲成管状[51]。完全氢化的石墨烯被称为石墨烷，石墨烷中的每个碳原子均共价连接一个氢原子[52]。因此，石墨烷的片层是扭曲的。图3.3显示了五种石墨烷同分异构体的示意图[53]，其中椅式（chair）、马镫式（stirrup）和船式（boat）构型是可以稳定存在的。理论计算研究表明椅式构型是最稳定的。在椅式构型中，氢原子交替地出现在石墨烷的上下表面（图3.3）。马镫式构型，也称为锯齿式或搓衣板式，比船式构型稳定。马镫式构型由交替的锯齿链段组成，相邻两条锯齿链中氢原子的指向不同。

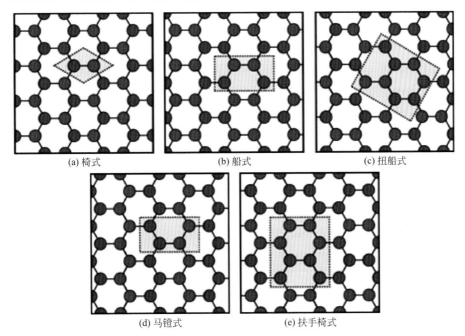

(a) 椅式　　　　(b) 船式　　　　(c) 扭船式

(d) 马镫式　　　(e) 扶手椅式

**图3.3　石墨烷的同分异构体示意图**[53]

（蓝色和红色分别表示石墨烯片层上表面和下表面结合的氢原子）

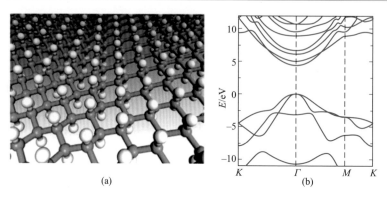

图3.4 （a）石墨烷的晶体结构（椅式构型）；（b）石墨烷的能带结构[54]

理论研究表明，氢原子的加入会彻底改变石墨烯的电子结构和性质（图3.4）[54]。完全氢化的石墨烯会有很宽的能带间隙，通过典型的GW近似法计算完全氢化石墨烯的能带间隙为5.4eV[55]，如果石墨烯的氢化程度降低则会减小能带间隙。氢化石墨烯的光学性质与石墨烯不同：石墨烷从紫外区域才开始有吸收，其在可见光区几乎是完全透明的[56]。部分氢化的石墨烯还能够表现出一定的磁学性质。此外，$sp^2$到$sp^3$杂化状态的转变会使自旋-轨道作用增加两个数量级，能够与金刚石相媲美[57]。由于氢化过程中芳香性碳-碳键变成了碳-碳σ单键，因此氢化反应还会增加石墨烯片的机械弹性，完美的石墨烷片在30%的应变下仍表现出弹性，其平面的韧性要高于石墨烯片[58]。

### 3.2.1.2
#### 氟化反应

石墨烯的氟化反应与氢化反应类似，一个氟原子与碳原子通过单键相连。但是与石墨烷中的碳氢键相比，碳氟键具有相反的偶极矩和更高的键合强度[56]。碳氟键的键能比碳氢键低，因而氟化石墨烯比石墨烷更容易制备。当石墨烯只有一个表面暴露在氟化氛围中时，反应后氟原子的最大覆盖量为25%［图3.5（a）和（b）][59,60]。对于两面都参与氟化的石墨烯，最稳定的结构是与石墨烷椅式构型类似的交替构型［图3.5（c）和（d）][60]。石墨烯的氟化方法主要有两种：一种是用合适的氟化试剂（如$XeF_2$）处理石墨烯[59,61]；另一种是通过化学或机械法剥离氟化石墨晶体[62]。

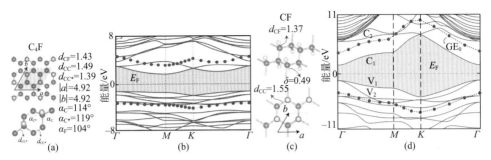

图3.5 （a），（b）单面氟化石墨烯$C_4F$的原子结构和能带结构；（c），（d）全氟化石墨烯CF的原子结构和能带结构[60]

理论计算结果表明，氟化石墨烯是绝缘体，其最小能带间隙为3.1eV[56]，如果考虑电子间的相互作用，能带间隙会增加至7.4eV[60,63]。与石墨烷类似，氟化石墨烯也具有独特的光学性质。与石墨烯相比，部分氟化的石墨烯具有更高的透明度。氟化石墨烯在大部分可见光范围内是透明的，只有在蓝光区域才开始有部分吸收[56]。

### 3.2.1.3
### 氧化反应

氧化反应是石墨烯最重要的化学反应之一。由于一个氧原子可以形成两个共价键，因此石墨烯的氧化反应比其氟化反应和氢化反应更为复杂。石墨烯的氧化方式主要有三种：第一种是直接用浓硫酸、浓硝酸或高锰酸钾等强氧化剂氧化单层石墨烯[61,64]；第二种是先用Hummers法[65]、Brodie法[66]、Staudenmaier法[67]或电化学法[68]插层氧化石墨晶体，然后将其剥离；第三种是沿长度方向切开单壁碳纳米管[69,70]。

氧化石墨烯（GO），即石墨烯的氧化产物，是石墨烯最重要的衍生物之一。GO中碳元素的质量分数大约为45%。GO是一种多分散的材料，虽然人们提出了几种GO的结构模型，但是其精确的结构很难严格定义。目前最广为接受的结构模型是由Lerf和Klinowski提出的（图3.6）[71,72]。在这个模型中，GO平面上主要是羟基和环氧官能团，而羧基主要分布在GO的边缘。GO的固体核磁共振谱支持该结构模型（图3.7）[73]。理论计算表明，GO平面上环氧基覆盖量达到饱和时，其能带间隙大于3eV[74]。当双层石墨烯的一层被修饰上环氧基之后，该双层石墨

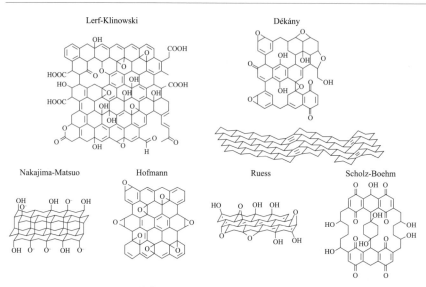

图3.6 GO的理论结构模型[72]

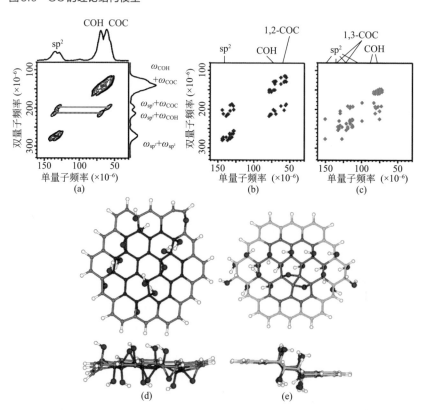

图3.7 （a）GO的固体核磁共振谱；（b），（c）依据模型（d）和模型（e）的DQ/SQ相关谱[73]

烯仍能保持其半金属的电子结构[75]。由于含氧基团的存在，GO可以容易地分散于水中。通过这些含氧基团上的反应，GO还可以被进一步功能化[76]。

### 3.2.1.4
### 自由基加成反应

活性自由基可以克服结构完整的石墨烯反应活性低的问题。目前应用最广泛的自由基加成试剂是芳基重氮盐。由于π电子的存在，石墨烯的平面是富电子的。当芳基自由基攻击石墨烯平面上的碳原子时，电子可以从石墨烯转移到自由基上[77,78]。重氮功能化使石墨烯的带隙被打开。例如，Haddon等人报道了外延生长法制备的石墨烯与对硝基苯四氟硼酸重氮盐的反应，得到的功能化石墨烯的能带间隙为0.36eV（图3.8）[79]。芳香基团共价接枝到石墨烯平面之后，使原来$sp^2$杂化的碳原子转变为$sp^3$杂化的碳原子，自由基加成还会改变离域碳晶格的共轭长度。除结构完整的石墨烯外，重氮功能化还成功地在室温下实现了对CMG的修饰（图3.9）[80]。修饰后的石墨烯在极性非质子溶剂中的溶解性增加。另外，重氮化石墨烯中的硝基可被还原为氨基，从而可以通过氨基与环氧基、羧基或酰氯的反应进一步修饰石墨烯。

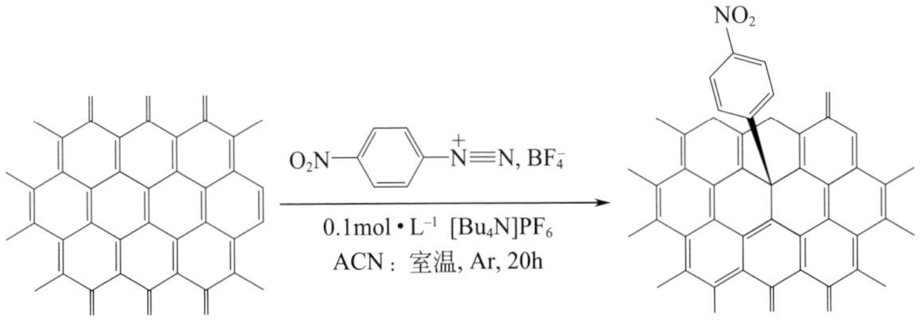

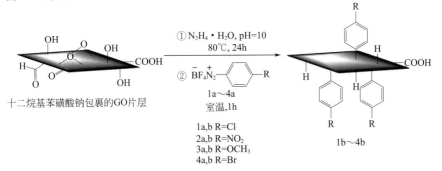

图3.8 外延生长石墨烯的重氮功能化反应[79]

图3.9 一种CMG重氮功能化反应[80]

### 3.2.1.5
### 环加成反应

与大部分有机反应不同，环加成反应不会产生阴离子或阳离子反应中间体。环加成反应中电子循环移动，旧化学键断裂和新化学键生成同时发生。根据加成环中原子的个数，石墨烯的环加成反应可分为四种：[2+1]环加成形成碳三元环，[2+2]环加成形成碳四元环，[3+2]环加成形成碳五元环，[4+2]环加成形成碳六元环[77]。

[2+1]环加成反应是最早用于修饰石墨烯$sp^2$碳骨架的反应类型。卡宾和氮宾是这类反应最常用的中间体。比如，高反应活性的二氯卡宾易加成到石墨烯骨架（图3.10）[81]。其中，单线态卡宾（亲电试剂）同时与2个$sp^2$杂化碳反应；卡宾的空p轨道（LUMO）与C=C的π轨道（HOMO）相互作用，同时，卡宾的电子对（HOMO）与C=C的π*反键轨道（LUMO）相互作用[82]。因此，二氯卡宾的加成扰动了石墨烯的π共轭体系，将石墨烯的电子学状态从金属态改变为半导体态。而且极性氯原子的引入增强了石墨烯在有机溶剂中的分散性。环丙烷加成物可以调节石墨烯的能隙。与卡宾类似，氮宾中间体可以在石墨烯上生成环乙亚胺加成物（图3.11）[83]。

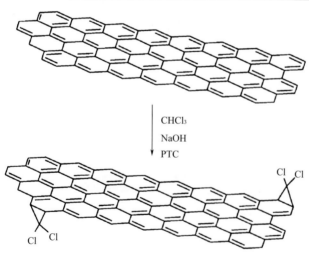

图3.10　一种石墨烯[2+1]环加成反应（中间体为卡宾）[81]

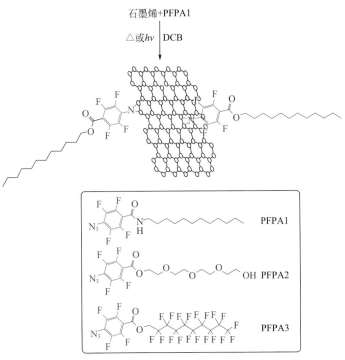

图3.11　一种石墨烯[2+1]环加成反应（中间体为氮宾）[83]

在使用芳炔和苯炔为反应物时，4电子环加成反应可以在石墨烯的$sp^2$碳骨架上发生，该反应通过消除-加成机理进行。以氟化苯炔为例，亲电的苯炔进攻石墨烯面上的C=C键，促使[2+2]环加成（图3.12）[84]。[3+2]环加成则可以通过1,3偶极和石墨烯上的$sp^2$碳原子6电子环加成而得到，如图3.13所示[85]。

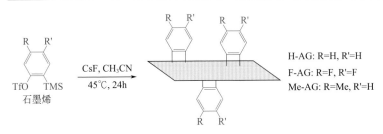

图3.12　一种石墨烯[2+2]环加成反应[84]

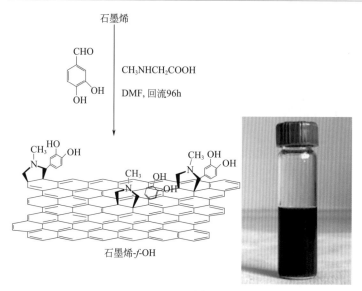

图3.13 一种石墨烯[3+2]环加成反应[85]

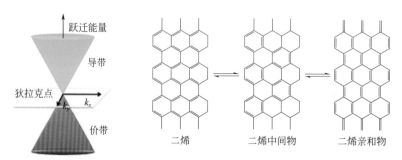

图3.14 石墨烯Diels-Alder环加成反应[86]

除此之外，六元环可以通过著名的Diels-Alder环加成反应获得。这种[4+2]环加成反应涉及共轭二烯和亲二烯体。共轭二烯的HOMO和亲二烯体的LUMO相互重叠，结果是生成六元环（图3.14）[86]。碳原子上的不饱和悬键会促进这种Diels-Alder环加成反应[87]。

### 3.2.1.6
### 不对称功能化

石墨烯是通过强共价键连接碳原子组成的，一般认为小尺寸的原子和分子都不能透过其表面，这一性质决定石墨烯可以被单面修饰。例如，Zhang等人报道

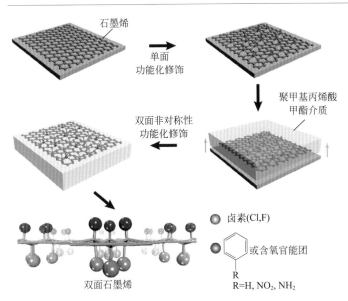

图3.15 Janus石墨烯的制备及其结构示意图[88]

了两面修饰不同官能团的Janus石墨烯（X—G—Y，图3.15）[88]。在这一不对称修饰石墨烯的制备方法中，以200～300nm厚的聚甲基丙烯酸甲酯（PMMA）柔性膜作为功能化的转移媒介，通过光氯化、氟化、苯基化、重氮化和氧化反应在两面修饰不同的X和Y基团，最终得到不同官能团修饰的Janus石墨烯。这些官能团能够调控被修饰面的化学活性和润湿性，进而有效调控石墨烯片层的有序组装。此外，这种不对称修饰打破了石墨烯原本的对称性，使其带隙不再为零，其带隙宽度与修饰官能团的结合能差异呈线性相关。

## 3.2.2
## 石墨烯边缘的共价功能化

石墨烯边缘的碳原子是四面体构型，这使得它们在不引起额外形变的前提下，相对于平面上的碳原子更加自由[89～91]。因此，石墨烯边缘的碳原子与石墨烯平面的碳原子相比具有更高的反应活性。如图3.16所示，石墨烯边缘的碳原子具有两种构型：扶手椅型（armchair）和锯齿型（zigzag），有时这两种构型会结合出现[22]。每一个锯齿型边缘的碳原子都有一个未配对的单电子，使得它极易与其他

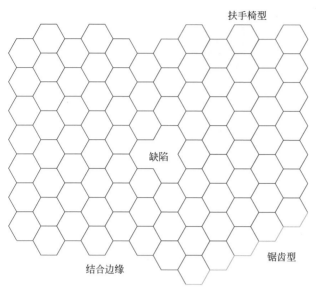

图3.16 石墨烯的扶手椅型和锯齿型边缘结构示意图[22]

物质成键结合。与之不同的是，由于裸露的边缘碳原子之间有三重共价键相连，扶手椅型边缘的碳原子更加稳定。此外，石墨烯边缘存在的缺陷使化学转化石墨烯更容易发生化学反应，进而被功能化。典型的可功能化的缺陷位点包括边缘位置的悬键、空缺以及已修饰羰基、环氧、羧基的部分[13]。石墨烯边缘的功能化可提高其溶解及组装性质[92,93]，但其主要的$sp^2$杂化骨架结构并未受到影响，因此石墨烯的带隙并不会因边缘功能化修饰而发生明显变化[94]。

### 3.2.2.1
### 本征石墨烯的边缘功能化

在通常条件下，未封端的石墨烯边缘会很快地与吸附的分子反应。在现代有机化学的命名规则中，自由的扶手椅型反应位点是 o-苯炔（或卡宾）类型，而自由的锯齿型反应位点是卡宾型（图3.17）[94,95]。锯齿型反应位点和普通卡宾类似，可发生环加成和插入反应等[89,95]。石墨烯纳米带的扶手椅型边缘位点可以发生周环和插入反应[96]。最近，Diels-Alder反应被用于石墨烯边缘的修饰，而且这一类反应逐渐被认为是一种有效调控石墨烯电子学性质的手段[97]。此类反应的机理在前面的章节"3.2.1石墨烯平面的共价功能化"中已有所讨论。

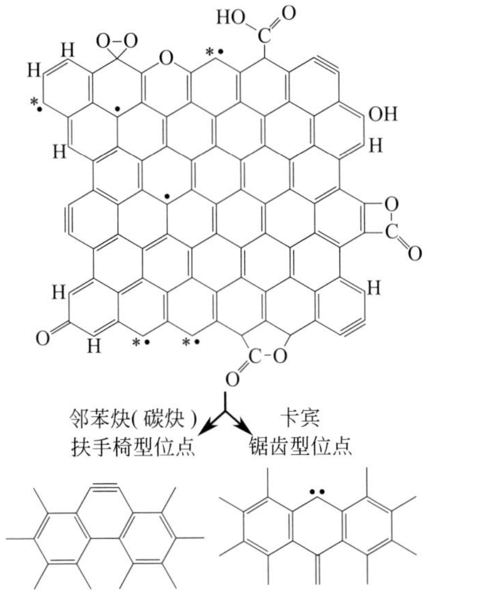

**图 3.17　典型的本征石墨烯边缘位点的功能化**[95]

#### 3.2.2.2
#### 化学转化石墨烯的边缘功能化

CMG的边缘位点可在制备过程中修饰羰基、羧基、羟基等官能团。这些官能团有利于CMG的进一步功能化，并且可增强CMG在水或有机溶剂中的分散性。最常用的边缘功能化石墨烯的前驱体是GO，它的边缘位置有丰富的羧基官能团。通常，GO边缘的羧基在修饰前需要进行活化处理，主要按图3.18所示的两种方法进行：①二氯亚砜活化预处理；②与醇和胺发生偶联反应进行活化[32]。这两种方法不仅局限于对GO边缘上的羧基进行修饰，也适用于对小分子、低聚物、高分子、$C_{60}$等功能化[98,99]。

羧基和氨基的酰胺化反应是一种有效的修饰CMG边缘的方法。氨基封端的高分子、生色团、生物分子以及配体都被用此方法成功地修饰到CMG边缘[100~102]。与之类似的，羟基和羧基的酯化反应也是一种广泛应用的CMG修饰方法[103,104]。一个典型的反应是羟基封端的聚(3-己基噻吩)（P3HT）修饰GO片层的边缘（图3.19）[99]。这种边缘修饰P3HT的GO可溶于常见的有机溶剂，因而更容易表征和加工制备。例如，以P3HT修饰的GO和$C_{60}$为原料，利用离域电子从GO到P3HT的扩散，能够制备具有高能量转化效率的光电器件。

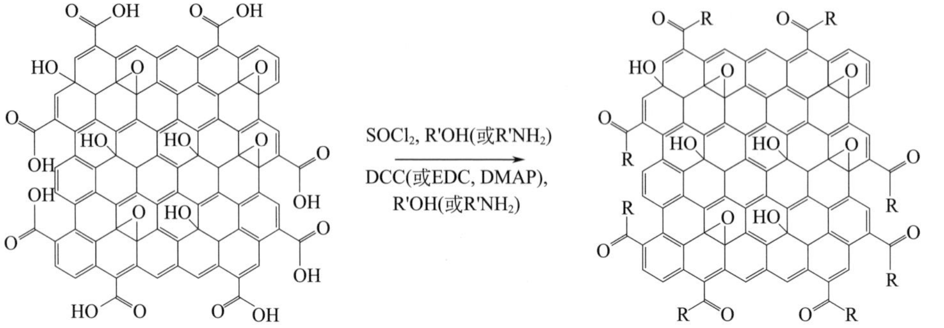

图3.18 化学转化石墨烯的边缘功能化[32]

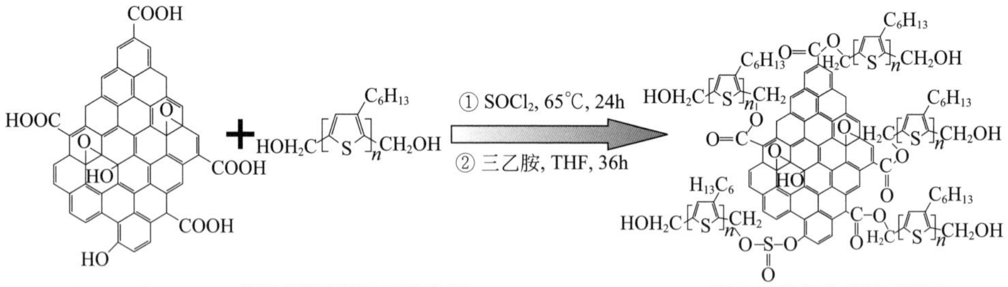

图3.19 边缘修饰P3HT的GO功能化[99]

氧化石墨烯　　羟甲基修饰聚(3-己基噻吩)　　聚(3-己基噻吩)接枝石墨烯

## 3.2.3
## 非共价功能化石墨烯

非共价功能化是通过 π-π 相互作用、疏水相互作用、氢键以及静电相互作用等分子间作用力将一些物质组装到石墨烯上的过程[105~107]。这一类功能化反应属于物理变化过程，可将诸如高分子、表面活性剂和共轭分子等修饰到石墨烯上[108~110]。与共价功能化不同，非共价功能化保持了石墨烯的基本结构和性质。

### 3.2.3.1
### 共轭化合物功能化

本征石墨烯和RGO都易于在溶液中形成不规则的聚集体，它们大都含有大

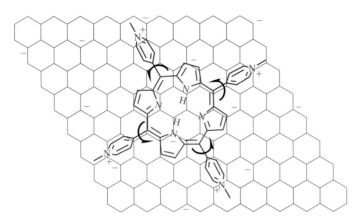

图3.20 一种共轭化合物功能化的石墨烯产物[116]

面积的共轭结构和较强的疏水性。在石墨烯上修饰共轭化合物有助于在溶液中分散石墨烯片层[105,111~114]。共轭化合物通常具有稠环芳烃结构和特定的官能团。其中,共轭稠环芳烃结构可以通过π-π相互作用与石墨烯的$sp^2$区域相结合,而特定的官能团则可提供石墨烯分散所需的稳定性和其他性质。典型的共轭化合物包括萘、蒽、芘、卟啉及其衍生物[115]。例如,5,10,15,20-四(1-甲基-4-吡啶)卟啉(TMPyP)分子可以通过π-π相互作用和静电相互作用修饰到单层RGO上(图3.20)[116]。TMPyP和RGO片层之间较强的非共价作用使得TMPyP分子被平整化;与此同时,修饰TMPyP的RGO片能够稳定分散于水溶液中,可用于快速、选择性地检测$Cd^{2+}$。

### 3.2.3.2
### 高分子功能化

石墨烯在经过高分子非共价修饰后也可以稳定分散在特定的溶剂中。如图3.21所示,氨基封端的聚苯乙烯与含羧基的RGO可以产生静电相互作用,这一非共价作用使得聚苯乙烯链段稳定修饰在RGO片上,并将RGO片从水相转移到有机相[109]。在石墨烯上非共价修饰生物大分子也引起了研究者广泛的兴趣。石墨烯巨大的比表面积、诸多优异的性质和生物相容性可以进一步扩展生物大分子的应用领域。例如,RGO片可以修饰两亲性的聚乙烯醇衍生物,使其在生物体系中稳定分散[102,117]。其他典型的可被固定在石墨烯片上的生物大分子还包括胰凝乳蛋白酶、蛋白质和胰蛋白酶等[118~121]。

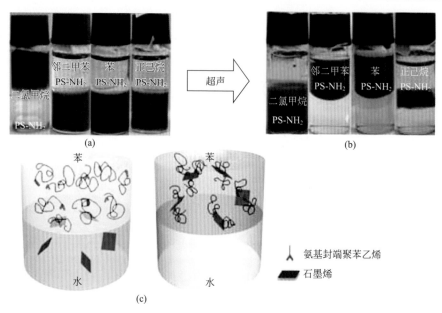

图3.21 经过聚苯乙烯功能化的还原石墨烯从水相到有机相转移[109]

## 3.3 石墨烯掺杂

化学掺杂是最有效的通过电荷注入来调控石墨烯电子结构的手段之一[27,30,31,122,123]。本征石墨烯可认为是一种零带隙的半金属材料，其能带结构见图1.4（c），费米能级位于狄拉克点［图1.4（c）和图3.22（a）][124]。研究人员常通过化学掺杂调整石墨烯的带隙，使狄拉克点相对费米能级产生移动[125,126]。若狄拉克点在费米能级之上，石墨烯为p型掺杂半导体，反之则为n型掺杂半导体［图3.22（b）][124]。原理上讲，化学掺杂可被分为两类：表面转移掺杂和取代掺杂[27,127]。表面转移掺杂是通过石墨烯和掺杂剂之间的电荷转移实现的，这种方式大都不会破坏石墨烯的化学键。而取代掺杂是通过杂原子取代石墨烯中的碳原子而实现带隙调整的，会影响其基本的化学结构。

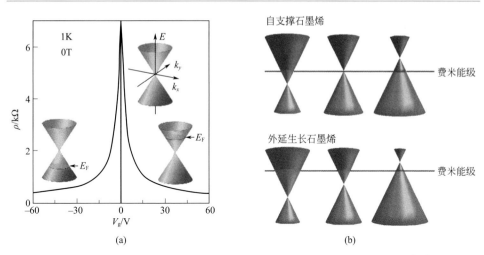

图3.22 （a）石墨烯的双极电场效应；（b）掺杂状态下狄拉克点相对费米能级的变化[124]

## 3.3.1
### 表面转移掺杂

在表面转移掺杂中，带有吸电子或给电子基团的分子吸附在石墨烯表面，形成n型或p型掺杂的石墨烯。诸如气体分子、有机分子和金属原子都可以吸附在石墨烯表面[128~131]。p型掺杂的石墨烯在空气、氧气或水中就可以实现。例如，Yavari等人报道了石墨烯表面吸附的水可以将其带隙打开[132]。此外，强电子受体，如$NO_2$、$Br_2$和$I_2$，也可以作为p型掺杂剂[133]。另一方面，乙醇、$NH_3$和CO是典型的n型掺杂剂[134]。

有机分子的吸附也能够有效地调控石墨烯的带隙。比如，Ago等人利用哌啶分子吸附对石墨烯进行了掺杂[135]，通过调控哌啶的分子吸附量，石墨烯的掺杂性质可以从p型转换为n型（图3.23）。石墨烯的表面还可以吸附多种金属原子。由于石墨烯表面和金属原子之间功函数不同，石墨烯的掺杂类型可以被金属原子有效调控。例如，石墨烯可以被Al、Ag和Cu等金属进行n型掺杂，被Au和Pt等金属进行p型掺杂[125]。

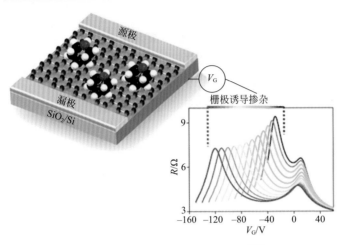

图3.23　一种表面转移掺杂石墨烯的可调能带结构[135]

## 3.3.2
### 取代掺杂

将杂原子引入石墨烯并调节其电子结构在多个研究领域有着广泛应用。具有更多或者更少空穴的原子掺杂到石墨烯中会产生n型或者p型的石墨烯。目前主要通过两种方法实现杂原子掺杂过程，分别是原位掺杂技术和后处理技术。其中，原位掺杂技术包括化学气相沉积法[136,137]、溶剂热处理法[138]以及电弧放电法[139]。这些技术可以对石墨烯进行均匀掺杂。后处理的方法主要包括在杂原子的氛围中进行热退火或者等离子体溅射，这种方法只能使材料表面被掺杂，内部的石墨烯掺杂程度较低[140]。杂原子掺杂改变了石墨烯的电荷分布，从而可以利用掺杂的石墨烯制备场效应晶体管[28]，如图3.24所示[141]。另外杂原子掺杂还可以在石墨烯表面引入具有化学活性的缺陷位点，应用于催化和传感领域[142,143]。

#### 3.3.2.1
##### 氮掺杂石墨烯

如图3.25所示，石墨烯掺杂的氮原子主要有三种构型，吡啶氮、吡咯氮以及二级氮（石墨氮）[140,144~146]。具体来说，吡啶氮指的是氮原子与两个碳原子相连，

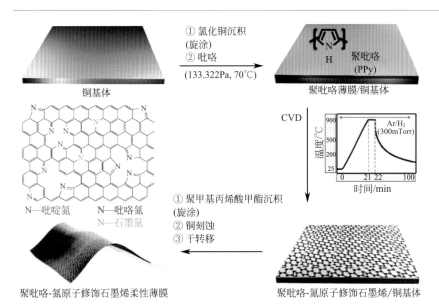

图3.24 杂原子掺杂石墨烯制备柔性场效应晶体管[141]

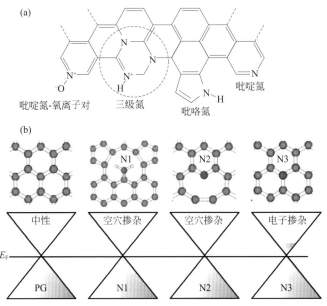

图3.25 （a）氮掺杂石墨烯的氮原子构型；（b）氮掺杂引起石墨烯能带结构的变化[145,146]

吡啶氮氧化物指的是吡啶氮上有氧原子与之成键；吡咯氮指的是氮原子与两个碳原子相连，并形成一个五元环，类似于吡咯的分子结构；三级氮指的是三个氮原子取代石墨烯六元环中的三个碳原子。在氮掺杂的三种构型中，吡啶氮和三级氮是$sp^2$杂化方式，吡咯氮是$sp^3$杂化方式。吡啶氮和三级氮对石墨烯的化学结构影响较小，吡咯氮破坏了石墨烯的共轭结构，对其化学结构影响较大。理论计算研究了氨气与石墨烯的化学反应过程，结果表明掺杂氮的构型与石墨烯的缺陷结构密切相关：三级氮发生在单空位缺陷处，吡啶氮和吡咯氮发生在双空位缺陷处，吡咯氮发生在椅式构型边缘，四元环中的氮发生在锯齿构型边缘[147]。因此，氮掺杂的构型可以通过缺陷结构进行调控[148]。

氮原子的电负性大于碳原子的电负性。因此，氮原子能够极化碳原子（图3.26），在一定程度上改变了石墨烯的电学、磁学以及光学性质[149]。氮原子的掺杂打开了石墨烯在狄拉克点的能带间隙，从而使石墨烯由导体变成半导体[150]，其半导体性质取决于氮掺杂的类型。例如三级氮的五个价电子中，有两个与碳原子成键，一个占据$\pi$轨道，一个占据$\pi^*$轨道，因此，三级氮掺杂属于n型掺杂[151]。对比而言，吡啶氮和吡咯氮掺杂则属于p型掺杂[146]。

氮掺杂能够有效调节石墨烯的功函数，进而在场效应晶体管及二极管中得以应用。Schiros计算了石墨烯及氮掺杂石墨烯的功函数：石墨烯（3.98eV）、三级氮掺杂石墨烯（3.98eV）、吡啶氮掺杂石墨烯（4.83eV）以及氢化吡啶氮掺杂石墨烯（4.29eV），其功函数由氮的电子给体或受体性质所决定[146]。

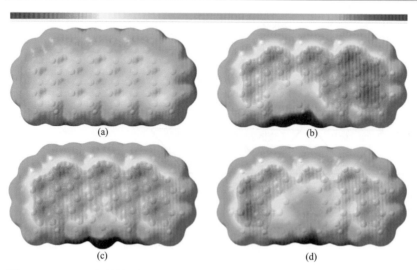

图3.26　不同石墨烯的静电势分布
（a）石墨烯；（b）吡啶氮掺杂石墨烯；（c）吡咯氮掺杂石墨烯；（d）三级氮掺杂石墨烯[149]

石墨烯在室温下具有磁滞现象，而经过杂原子掺杂的石墨烯会表现出一定的磁矩[152]。三级氮并不具有成键电子，不能产生磁矩。吡啶氮的未配对电子富集在石墨烯边缘的氮原子上，几乎不发生自旋极化作用。只有吡咯氮能够产生很强的磁矩[153]。

氮掺杂也会改变石墨烯的化学性质。如图3.27所示，Chiou研究了氮掺杂对石墨烯光致发光性质的影响[154]。在可见光的激发下，氮原子1s轨道的电子被激发到$\pi^*$轨道上。随后电子从$\pi^*$轨道跃迁至$\pi$轨道，并以光致发光的形式释放出能量。因此氮掺杂会增强石墨烯的光致发光现象。

不同氮源和掺杂方法得到不同构型的氮掺杂石墨烯（图3.28）[150]。其中，高质量、大面积的氮掺杂石墨烯可以通过化学气相沉积的方法制备：通过在金属铜或者镍上分解沉积碳源（例如甲烷）和氮源（例如氨气）混合气体就可以获得氮掺杂石墨烯[155]。也可以液体或者固体的有机前驱体（例如吡啶、哌啶）为来源进行制备[156,157]。高氮含量掺杂可以在氮源存在下通过水热处理或者热退火氧化石墨烯实现[158,159]。

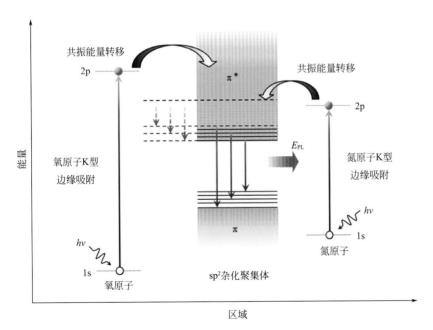

图3.27　氮掺杂石墨烯光致发光机理[154]

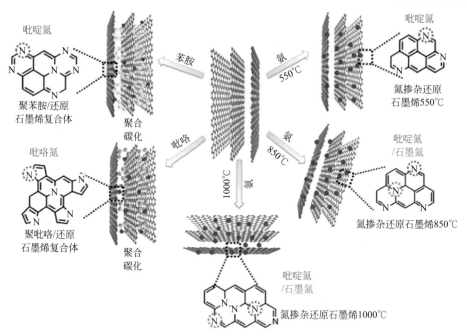

图3.28 不同氮源和掺杂方法能够获得不同构型的氮掺杂石墨烯[150]

#### 3.3.2.2
#### 硼掺杂石墨烯

硼原子（$2s^2 2p^1$）是在元素周期表中与碳原子（$2s^2 2p^2$）相邻的原子，并且比碳原子少一个价电子，因此硼掺杂的石墨烯属于p型掺杂[150]，并且平面内掺杂比平面外掺杂稳定（图3.29）[122]。硼原子与碳原子以$sp^2$杂化方式连接，不会影响石墨烯的平面结构[122]。如果在空穴处掺杂了硼原子，那么平面结构就会发生扭曲。理论计算表明，这种类型的硼掺杂会形成四面体构型的$BC_4$，所有空置的碳原子都会达到饱和[160]。因此这种构型不仅会扭曲石墨烯的平面结构，同时还会导致石墨烯的费米能级向狄拉克点移动。理论计算表明，如果50个碳原子掺杂一个硼原子，其能级间隙可以达到0.14eV[122]。

硼掺杂的石墨烯通常以乙醇和硼粉末作为碳源和硼源，通过化学气相沉积法制备[137]。当石墨烯含有0.5%的硼原子时，会形成p型半导体产物，含有3.5%的硼原子的石墨烯可以通过热退火氧化石墨烯进行制备[161]。与未经过掺杂的石墨烯相比，硼掺杂的石墨烯具有更优异的电催化性质，并且其能带间隙也能够实现可控调节。当硼含量从0提高到13.85%时，硼掺杂石墨烯的能带间隙从0提高到

图3.29 （a）硼原子取代掺杂（键长单位Å）；（b）硼原子在空穴部分掺杂[122,160]

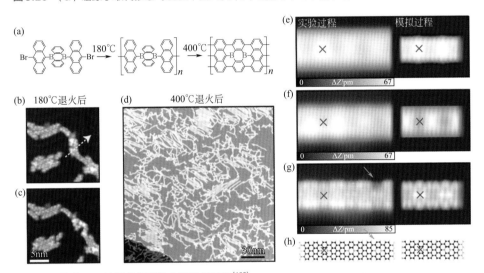

图3.30 掺杂量可控调节的硼掺杂石墨烯制备[163]

(a)表面化学反应示意图；(b)180℃退火后分子聚合的STM表征图；(c)针尖诱导操作后的STM表征图；(d)400℃退火后合成的B-GNR，(e)～(g)超高分辨STM表征图；(h)B-GNR的化学结构示意图，其中，黑色和粉红色的球表示碳原子和硼原子

0.52eV[162]。Meyer等人制备了分别具有7、14、21个碳原子宽度的硼掺杂石墨烯纳米带，所掺杂的硼原子可以被固定在石墨烯纳米带中间，并且通过调节硼掺杂含量可以对纳米带的能带间隙进行调节（图3.30）[163]。

## 3.4 石墨烯光化学

化学掺杂是可以调节石墨烯表面结构和电子结构的有效而广泛使用的方法。然而，石墨烯的惰性本质却大大限制了其发展，近期，光化学反应的开发为解决

图 3.31 石墨烯光化学反应过程示意图[166]

这个问题提供了有效途径[164~167]。大量不同的光源，如太阳光、紫外线、激光等广泛用于光化学反应以减少惰性石墨烯的能量壁垒（图 3.31）[166]。在这一过程中产生大量高活性的化学物质，其中最主要的是自由基类活性物质，光引发的自由基易于越过石墨烯加成反应的高能壁垒。此外，化学转化的石墨烯的官能团还能够为光化学反应（例如光还原、光刻等）过程提供大量的反应位点。

## 3.4.1
### 基于自由基的光化学反应

受到氯气与苯加成反应形成六氯苯的启发，Liu等人研究了光化学法制备氯化石墨烯，所获得的产物 $C_6Cl_6$ 是一种常见杀虫剂的主要成分[168]。该产物中 C—Cl 键含量约为 8%，由于石墨烯中 $sp^2$ 杂化的碳碳双键转化为 $sp^3$ 杂化的碳氯单键，因此其电阻提高了 4 个数量级，同时生成了能带间隙。更重要的是通过局部光氯化反应可以制备具有特定图案的石墨烯材料（图 3.32），为实现全石墨烯电路提供了可行思路。理论计算分析结果表明，光化学过程中氯化石墨烯的结构和能量变化如图 3.33 所示[169]。在最初的反应阶段，光辐射作用下产生的氯原子会吸附在石墨烯的表面形成氯-石墨烯电荷转移配合物，实现 p 型掺杂，但其中的碳轨道仍然保留着 $sp^2$ 杂化结构。在进一步的氯化作用下会有两种吸附方式：一种是氯与碳之间先形成 $sp^3$ 形式的共价键，进而转变成为另一种更加稳定的构型——相邻的碳原子与氯原子排列成六元环；另一种是通过非共价键连接方式，使邻近氯原子

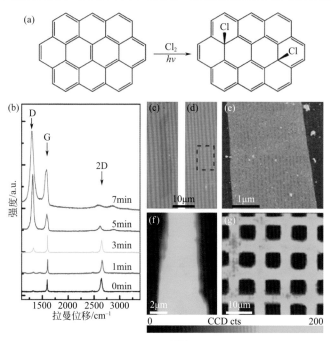

图3.32 光化学法制备氯化石墨烯[168]

（a）光化学氯化处理方法的过程示意图；（b）单层石墨烯与氯原子反应后的拉曼光谱表征；（c），（d）在光化学反应氯化之前和之后的单层石墨烯片的光学图像；（e）氯化石墨烯样品的AFM图像；（f）在图（d）中虚线区域内的石墨烯片光化学氯化反应后的D键成像图片；（g）在图案光氯化处理后的CVD生长的石墨烯薄膜D键成像图片

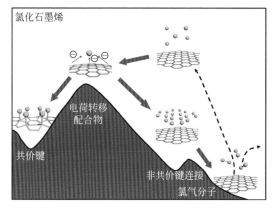

图3.33 氯化石墨烯的结构与能量变化[169]

之间键接形成氯气分子而从石墨烯表面脱吸附。

氟化石墨烯已经在共价功能化部分讨论过。这类功能化的石墨烯通常是由含氟的等离子体或者二氟化氙反应物在比较苛刻的情况下制备的[170,171]。辐照被含氟

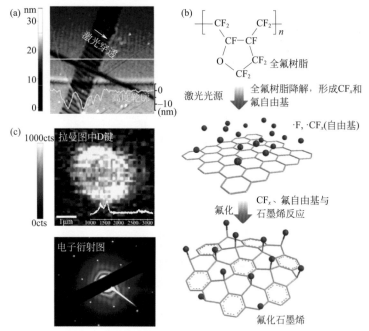

**图 3.34　一类光化学反应制备的氟化石墨烯**[172]

（a）在选择性区域激光辐照后石墨烯层的 AFM 图像和高度；（b）利用全氟树脂和激光辐照方式的氟化机制；（c）氟化石墨薄膜的拉曼光谱图片和典型区域电子衍射图

高分子包覆的石墨烯也可以得到氟化石墨烯（图 3.34）[172]。采用高强度的光激发可以切断含氟聚合物的链段并实现部分脱氟，进而产生碳氟化物和氟自由基的中间产物。这些氟自由基可以和 $sp^2$ 杂化结构的石墨烯反应形成 $sp^3$ 杂化结构的碳氟键。光氟化作用会打开石墨烯的能带间隙，并保持其主要的碳骨架结构。大多数的光化学反应过程环境友好并不涉及有毒中间物质的释放。

除卤素反应进行光化学功能化外，烷基化类的光化学反应也可以在石墨烯表面发生，通过氩离子激光束照射苯甲基过氧化物得到的苯基自由基就可以与石墨烯表面发生反应[173]。反应得到的功能化石墨烯电导率会降低约 50%，石墨烯表面由于 $sp^3$ 缺陷和含氟物质的引入，其空穴掺杂量大幅度增加。

## 3.4.2
### 光还原反应

光还原的温和反应条件可用于制备不同还原程度的 RGO[174,175]，如图 3.35 所

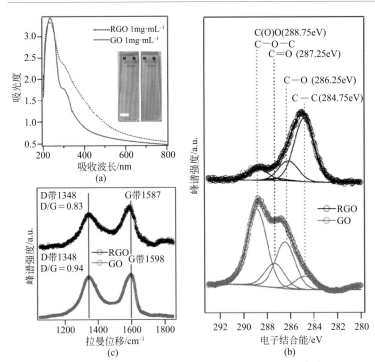

图3.35 紫外光还原石墨烯与初始阶段的氧化石墨烯表征图片[176]

(a)紫外吸收光谱;(b)XPS;(c)拉曼光谱

示[176]。即使在室温条件下,通过GO的颜色变化也能够观察到微弱的光还原过程。经过300W的氙灯辐照,光还原过程可被缩短至80min。在光还原的过程中,GO中$sp^2$共轭结构的电子被部分激发($\pi-\pi^*$),形成电子-空穴对。被激发的电子结合石墨烯表面的羟基官能团形成水分子,同时$sp^2$区域被部分重建[177]。此外,GO表面的环氧基团也可通过500W高压汞灯被还原,光辐射产生的电子-空穴对被环氧基团抓附,环氧基团中的氧原子被空穴氧化成氧自由基,氧自由基结合成氧气分子释放。石墨烯晶格中氧化碳原子被还原形成$sp^2$共轭结构[174]。实验结果表明,经过光还原的RGO电导率可以增大$10^2 \sim 10^7$倍。

除了紫外光和可见光还原以外,激光辐照由于其可靠性以及可图案化的特点也被广泛用于还原GO[178~180]。最近Kaner等人报道了光雕技术用于光化学还原GO。他们通过788nm红外光刻蚀普通的DVD光盘制备了RGO,如图3.36所示[179]。其光还原的机理主要依据光化学反应和光热效应。值得注意的是,红外光波长比紫外光和可见光波长更长,因此光热效应起主要的还原作用。光雕还原技术可以在短时间内在柔性基底上得到RGO薄膜,该技术有望实现快速制备石墨烯基电子器件。

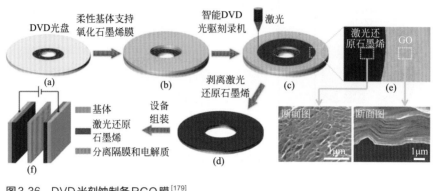

图3.36　DVD光刻蚀制备RGO膜[179]

Kaner等人通过光雕技术进一步图案化处理RGO膜，为电子器件图案化处理和发展新型传感和催化技术提供了简单易行的思路[181]。

# 3.5
# 石墨烯催化化学

石墨烯表面很容易吸附化学物质。然而，$sp^2$杂化结构的石墨烯是化学惰性的，通常只表现出很微弱的催化活性。化学修饰石墨烯、掺杂石墨烯和功能化石墨烯大都存在着结构缺陷（例如空穴、结构形变、锯齿边缘等），杂原子和功能化官能团可赋予石墨烯丰富的催化活性位点（图3.37）[38]。同时，高比表面积的石墨烯材料还可作为导电基底负载催化剂[182~184]。本章我们重点关注石墨烯的化学性质，因此只讨论石墨烯本身的催化化学。

## 3.5.1
### 氧化石墨烯催化

GO的含氧官能团、边缘和空穴缺陷赋予石墨烯一定的催化活性。Bielawski等人报道了GO可作为醇类、烯类氧化以及炔烃水合作用的催化剂[185]。这些催化反应可以在温和条件下进行并获得较高的产率。更重要的是，GO催化剂经过过

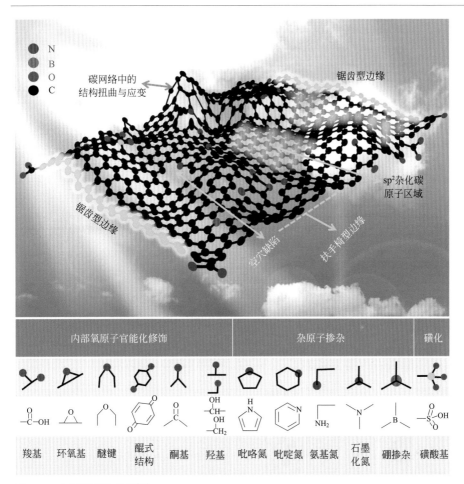

图3.37 石墨烯催化化学[38]

滤处理可循环使用。理论计算表明，这些催化反应是通过有机分子的氢原子向氧化石墨烯表面的环氧基团转移实现的，反应过程引发环氧官能团开环和GO脱水，得到部分还原的GO。所获得的部分还原的GO可通过有利于催化剂循环的分子氧再生[186]。另外，GO表面环氧基团的催化活性同样也被实验证实，而且与环氧基团相邻的羟基可以显著提高化合物C—H键的化学反应活性（图3.38）[187]。

除了能带理论，电子转移理论也用来解释氧化石墨类似过氧化氢酶的反应活性（图3.39）[188]。与过氧化氢酶相比，GO更有利于催化双氧水的水解。这可能和GO的电子结构有关。电子从GO的价带转移到双氧水的最低未占有能级轨道，因此双氧水在GO的催化下被还原。

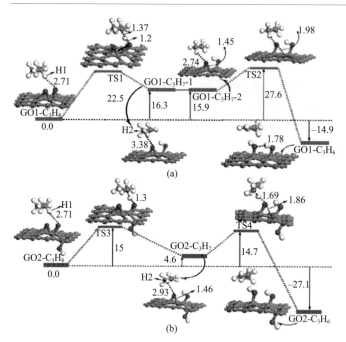

图3.38 GO表面羟基对催化反应活性的影响[187]

图中能量单位kcal·mol$^{-1}$,1cal = 4.1840J

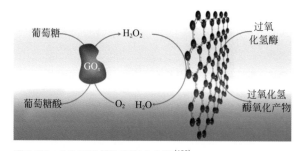

图3.39 GO用于催化双氧水水解[188]

## 3.5.2
### 还原氧化石墨烯催化

相比于GO,RGO有着更强的化学稳定性和热稳定性。这些特性使得RGO具有更优异的催化性能,特别是在比较苛刻的反应条件下[20,189]。尽管大量的含氧官能团已经脱除,RGO的共轭结构、缺陷和功能化的边缘依然表现

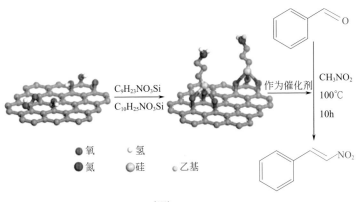

图 3.40　RGO 催化还原硝基苯[190]

出一定的催化活性。共轭的 $sp^2$ 杂化网络对氧化剂有较强的催化活性，同时也可以吸附多种芳香性物质。例如，RGO 可用来在低温下催化苯形成苯酚或者催化还原硝基苯（图 3.40）[190]。RGO 边缘提供了催化活性，而表面的共轭结构能够进行电子转移。基于导电性以及羧基的催化位点，RGO 还可用于电化学聚合[191]、硝基甲苯还原[192]、乙烯氢化[41]等反应。

## 3.5.3
### 杂化石墨烯催化

杂原子掺杂（氮、硼、磷、碘、硫掺杂）已经被证明是调节石墨烯电子结构的有效方法，并使石墨烯具有优异的催化活性[155,193~195]。氮掺杂石墨烯能够催化氧气还原。在氮掺杂的三种构型中，吡啶氮的催化效果最为显著，这是由于其离域的 p 电子有利于氧气分子的吸附。最近的研究表明，在吡啶氮周围的碳原子有着最高的自旋密度，这些碳原子带负电，为吡啶氮掺杂的石墨烯提供催化氧气还原的活性[196]。此外，碳晶格中的三级氮掺杂构型能够促进电子从碳的导带到氧的反键轨道跃迁，增强氮掺杂石墨烯的催化氧气还原的活性[197]。

和单原子掺杂的石墨烯相比，共掺杂的石墨烯通常展示更强的催化活性[199]。例如，氮、硫双掺杂的石墨烯作为氧气还原催化剂的性能可与商业铂碳催化剂相比，远高于单独的氮或硫掺杂的石墨烯催化剂（图 3.41）[198]。从实验和理论模拟两方面都证明了双原子掺杂是催化剂高活性的主要原因。理论计算表明，氮和硫

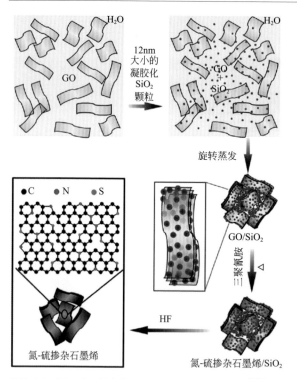

图3.41 氮、硫双掺杂的石墨烯用于催化氧气还原[198]

共掺杂石墨烯的最大自旋密度（0.42）远大于单独氮掺杂石墨烯（0.03）和单独硫掺杂石墨烯（0.16）。在催化化学中，自旋密度直接与电荷密度以及活性位点分布相关，进而决定催化剂的活性大小。此外，氮和硫共掺杂引入了不对称的自旋和电荷分布，使共掺杂中的碳化学活性远大于单掺杂石墨烯。

## 3.5.4
### 功能化石墨烯催化

石墨烯功能化为发展新型石墨烯催化剂提供了更多的可能。石墨烯的碳共轭网络作为连接活性官能团的基质，提供了用于电子传输过程的高导电通道。例如，磺化石墨烯作为固体催化剂可用于酸催化液体反应[200]、酯交换反应[39]和酯化反应[201]。氢化石墨烯也被报道可用作氧化有机染料的催化剂（图3.42）[202]。氢化石墨烯上的缺陷和$sp^3$杂化的碳原子加快了双氧水分解成羟基自由基来反应染料。

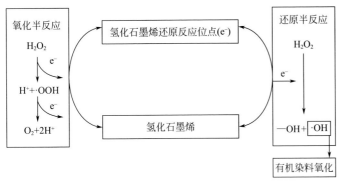

**图3.42** 氢化石墨烯用作氧化有机染料催化剂[202]

# 3.6
# 石墨烯超分子化学

在上述讨论中我们主要聚焦于原子水平的石墨烯化学。然而，分子水平的组装行为对于设计和制造石墨烯材料是必要的。化学转化石墨烯（CMG）可认为是高摩尔质量的二维共轭大分子。其中，氧化石墨烯（GO）片表现出典型的两亲性——边缘亲水性和平面疏水性，还原氧化石墨烯（RGO）表现出典型的疏水性，但通过共价或非共价手段改性后的RGO具有类似GO的超分子组装行为[42]。以下介绍的典型超分子组装行为是CMG从纳米片转化为组装体的重要条件（图3.43）[203]。

## 3.6.1
### 液晶行为

液晶行为是在液体状态下分子有序排列的超分子组装行为。在胶体液晶的理论框架中，具有高度不对称的二维拓扑纳米片在临界浓度时能够形成液晶。本征石墨烯片层在大于$1.8\text{mg}\cdot\text{cm}^{-3}$的浓度下可以在氯磺酸中形成液晶，石墨烯片通过$\pi$-$\pi$相互作用堆叠在一起（图3.44）[204]。在氯磺酸中质子化的石墨烯片带正电，

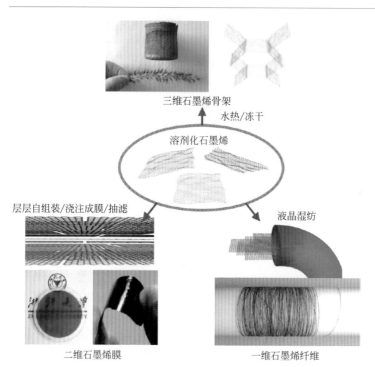

图3.43 石墨烯的超分子组装行为[203]

图3.44 本征石墨烯的液晶行为[204]

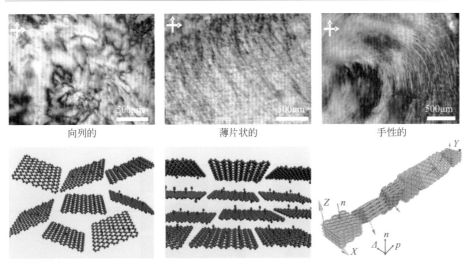

图3.45 典型的氧化石墨烯液晶相[203]

片层之间的排斥力有所增加，有利于减少片层的堆叠。因此，质子化的石墨烯在高浓度时能够形成各向同性的刚性相液体；在界面区域的刚性相则形成指纹型的结构，称为液晶相。

GO在分散体系的浓度高于临界浓度时可形成液晶，其驱动力主要来源于GO的熵和排除体积的熵之间的竞争。典型的GO的液晶行为如图3.45所示：当浓度大于$3mg\cdot cm^{-3}$时，GO在水分散体系中能够形成部分有序结构；当浓度介于$5\sim 8mg\cdot cm^{-3}$时形成向列型中间相；当浓度大于$10mg\cdot cm^{-3}$时形成高度有序层状中间相[203,205,206]；继续增加GO的浓度到体积分数为0.38%（质量密度$13.2mg\cdot cm^{-3}$）时形成新的手性液晶相[205]，所形成的中间相展现出规则的指纹状纹理；当GO浓度（体积分数）从0.38%增加到2.12%时，层间距从112.2nm降低到32.7nm，手性的中间相表现出准长程有序层状排列，这种手性液晶行为主要基于GO片间的电子排斥作用，并且相连片层边界可形成扭曲状态。

GO片的尺寸及分布都是形成液晶行为的关键因素。大尺寸的GO片具有更大的比表面积和更低的形成液晶相的临界浓度。更窄的尺寸分布使相转变的浓度范围更窄和片层排列更规整[207]。这有利于制备低浓度、低黏度的石墨烯液晶，以及湿法制备大规模的石墨烯材料。例如，通过湿纺GO液晶能够制备高质量的石墨烯纤维（图3.46）[206]。

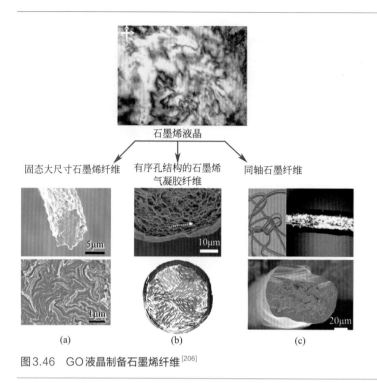

图3.46 GO液晶制备石墨烯纤维[206]

## 3.6.2
## 自组装

与本征石墨烯不同，CMG能分散于不同的溶液中，因此CMG片可在不同的相界面之间发生自组装，包括液-气、液-液和液-固界面的自浓缩过程[44,208,209]。发生在二维界面的自组装可形成石墨烯膜，发生在三维界面的自组装可形成石墨烯三维多孔结构。

### 3.6.2.1
### 单分子膜自组装

Langmuir-Blodgett（LB）技术是一类在空气-水界面组装单分子层的膜制备技术。典型的两亲性分子首先分散在有机溶剂中，然后将有机分散液分布于水的表面[43]。随着溶液的蒸发，溶质分子被局限在水表面形成单分子层。利用可移动的

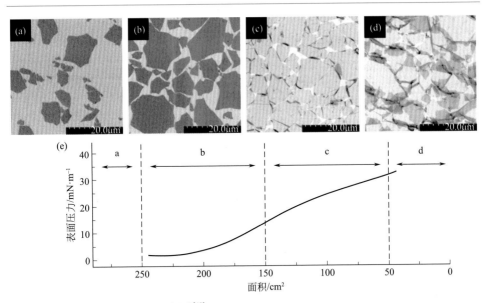

图3.47 LB组装单分子氧化石墨烯膜[43]

挡板可以限制单分子层的面积,进而有效改变分子间的距离。分子膜可以转移到固体基底上,形成大面积的单分子层覆盖。GO片属于两亲性分子,可以在水表面形成稳定的单分子层。随着施加压力的增加,GO片之间产生褶皱。在持续的压力作用下,GO片可以形成边对边相互作用,进一步压缩可导致面对面的相互作用,迫使GO片层间滑动,最终形成局部堆叠结构。多分子层的GO膜则可以通过在基底上重复转移GO单分子层的方法来制备(图3.47)。

### 3.6.2.2
### 流动诱导成膜自组装

流动诱导成膜自组装广泛用于从液体中分离悬浮物质。在真空过滤GO水溶液的过程中,GO片层在滤膜-悬浮液表面自组装成层状结构,干燥后即可形成一张自支撑膜(图3.48)[211]。GO片表面与流动方向垂直,真空条件迫使GO片紧密堆积在一起,分子间作用力驱使片层形成近乎平行的结构。干燥后的部分水分子从GO片层间抽离,这种方法制备的GO膜像纸张一样,机械强度高,坚硬而柔韧。如果进一步还原GO纸则可以得到导电的RGO纸[212~215]。另外,通过调节CMG分散液的体积和浓度还可以有效控制CMG纸的厚度。

以CMG片为模板,经过三维自组装制备的水凝胶、有机凝胶、气凝胶已经得

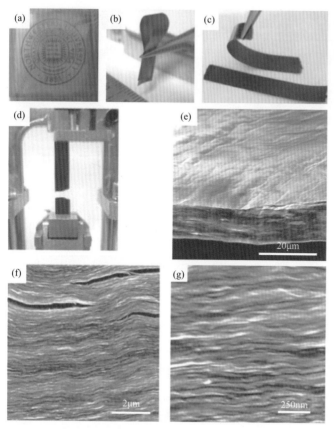

**图3.48 GO真空抽滤成膜自组装**[211]

(a)~(c)真空抽滤自组装GO膜的图片;(d)GO膜的机械拉伸断面;(e)~(g)GO膜的机械拉伸断面SEM图及其放大图

到广泛的研究[42,210,215]。CMG片自组装的驱动力包括氢键作用、静电作用以及疏水作用[209,216,217]。以CMG为基本三维骨架的复合材料也得以应用于很多领域,本章重点关注石墨烯本身三维自组装所涉及的超分子化学行为,包括GO、RGO以及功能化修饰的CMG。

## 3.6.3
### 三维自组装

氧化石墨烯和还原氧化石墨烯具有单原子厚度二维共轭结构和残留的含氧基

团，从结构上可以看成是二维共轭大分子，具有丰富的化学反应活性，可以通过系列化学修饰方法或化学反应过程调节其片层间的相互作用，实现三维自组装。

### 3.6.3.1
#### 化学转化石墨烯水凝胶

基于CMG制备的水凝胶材料具有重要的研究价值，在环境、能源、催化、传感等多个领域有着广泛应用。特别是以GO或者RGO为前驱体制备CMG水凝胶简单易行并且适用于大规模生产（图3.49）[217]。GO水凝胶可以简单的通过在溶液中增强GO片层间的结合力或减弱其排斥力来制备。例如，通过溶液混合就可以制备GO/PVA超分子凝胶，其中PVA链扮演了物理交联剂的角色，通过与GO片层间的氢键作用得到三维超分子网络[210]。GO/PVA凝胶表现出pH诱导的溶胶凝胶转化现象。pH值增大导致GO片层的羧基进一步电离；因而，GO片层间的排斥力增强。导致GO片层间结合力不足，发生溶胶凝胶转化。基于此工作，后续研究人员使用类似的步骤制备了一系列的GO水凝胶[218~222]，这些GO水凝胶大都是通过酸化或加入有机小分子、高分子或离子作为交联剂制备的（图3.50）。

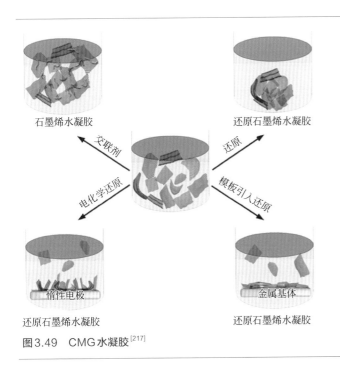

图3.49　CMG水凝胶[217]

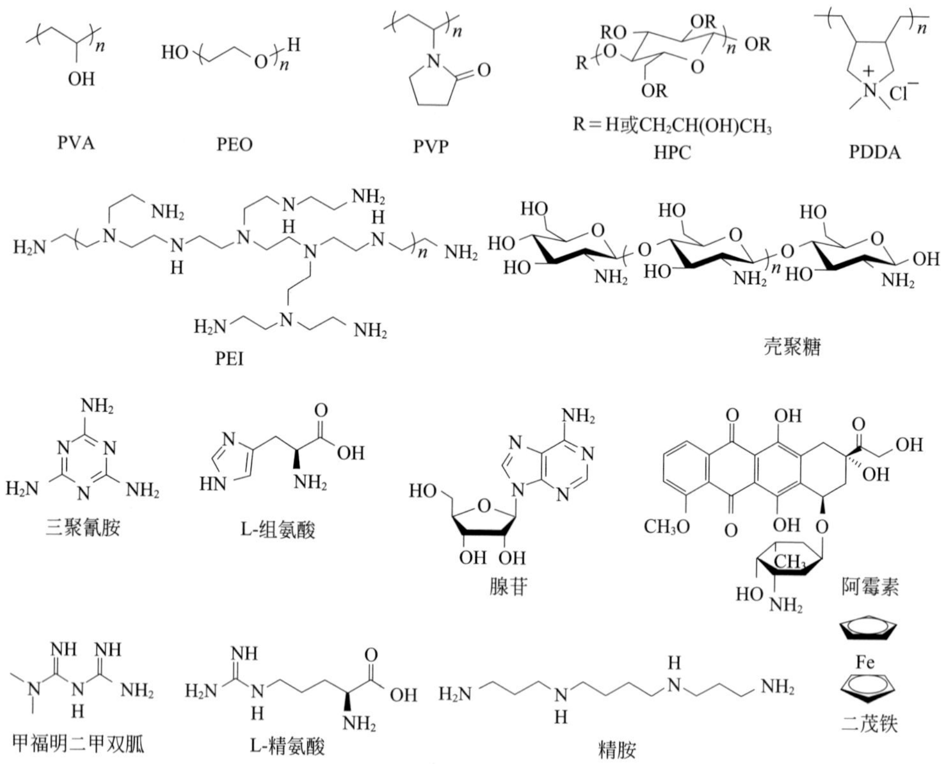

图3.50 典型的制备GO水凝胶的交联剂[217]

RGO水凝胶具有独特的结构、优异的性能及其潜在的应用价值，吸引了大量科研工作者的研究兴趣[216,223]。其三维网络由RGO片层堆叠而成，相较于GO水凝胶，在机械强度、导电性、热稳定性以及电化学稳定性方面具备更加突出的优势。RGO水凝胶可以利用GO分散液通过如下几种不同的还原方法来制备。

（1）水热还原法　首次报道的RGO水凝胶是基于水热GO分散液的方法制备的[215,219,221]。这种方法不需要后处理残留的还原试剂，简便、快捷并且不含非碳杂质。目前最常用的水热法是在180℃水热处理GO分散液（≥1.0mg·mL$^{-1}$）的条件下制备[215]。在水热处理之前，GO水溶液浓度足够高时，其片层在水中形成疏松的动态三维网络。经过水热处理的含氧亲水基团移除，GO片层转化成共轭结构为主导的疏水RGO片层。伴随RGO片层间相互吸引力的增强，形成了稳定的三维多孔网络（见第2章图2.13）。该RGO水凝胶力学性能良好，热稳定性优异并兼具导电性能。

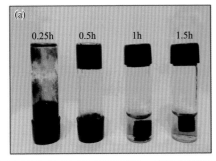
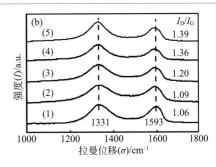
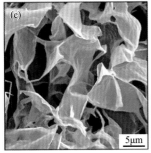
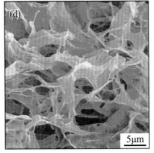
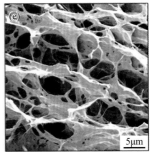

图3.51　一种化学还原法制备RGO水凝胶[226]

(a)不同反应时间RGO的形态;(b)未反应以及随着反应时间增加[(1)~(5)]的拉曼表征图;(c)~(e) RGO水凝胶的SEM表征图

（2）化学还原法　化学还原提供了一种有效的方法来调节CMG的亲疏水平衡，该方法有利于规模化生产制备，同时在还原剂方面提供了广泛的选择空间[224,225]。利用抗坏血酸钠还原GO片层并诱导RGO片层自组装可形成三维互穿多孔结构的水凝胶（图3.51）[226]。该方法制备的RGO水凝胶的结构与性能强烈依赖于GO分散液的起始浓度、反应温度和反应时间。同一时期，一系列还原剂（金属离子、亚硫酸钠、酚酸、巯基乙酸、水合肼、多巴胺等）逐渐被开发用于RGO水凝胶的制备[216,227~233]。

（3）电化学还原法　电化学沉积广泛用于导电聚合物薄膜的制备[234]。最近，电化学沉积也被应用于制备具有三维互穿孔结构的RGO水凝胶[235~237]。这种方法制备的水凝胶生长在电极表面，因而可以直接用于电化学器件的电极材料。典型的恒电位还原可以在电极表面直接沉积制备RGO水凝胶[235]。这种条件下，电极表面的GO片层的含氧官能团被移除而还原。相应的RGO片层变得越来越疏水而沉积在电极表面。由于RGO具有较大的二维尺寸，因而沉积的过程中RGO片层彼此相互支撑搭建了三维多孔结构。网络内部孔径尺寸从几微米到几十微米不等，

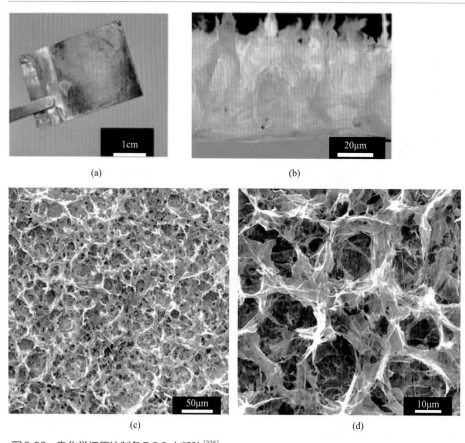

图3.52 电化学还原法制备RGO水凝胶[235]

并且RGO片层几乎垂直排列于电极的表面（图3.52）。

（4）真空抽滤取向法 以上描述的CMG水凝胶通常为均质的各向同性的材料。为了拓宽其应用范围，具有独特内部结构的CMG水凝胶是我们非常期望的。受生物组织的启发，Li和其合作者开拓了一种简单的真空抽滤法制备具有高导电性、各向异性、刺激响应性的RGO水凝胶[238,239]。区别于溶液相的动态无规排列，RGO片层在水凝胶膜界面处以层层取向堆叠的方式排列（图3.53）。在取向的RGO水凝胶内部，水分子作为"阻隔物"抑制RGO片层的堆叠，高度水合的RGO膜（含有质量分数92%的水分）能够从滤膜上剥离并自支撑，同时表现了水凝胶的特征。以此水凝胶膜作为电极材料组装的超级电容器展现了极好的速率性能，表明了凝胶薄膜内部的空隙足以确保电解液离子的快速扩散。

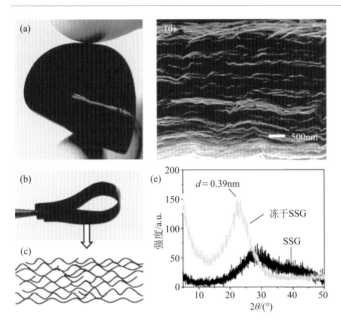

图3.53 真空抽滤取向法制备RGO水凝胶膜[239]
(a) RGO水凝胶附着电极；(b)~(d) RGO水凝胶的宏观及微观形貌；(e) XRD表征图

### 3.6.3.2
### 化学转化石墨烯有机凝胶

除水体系的三维自组装以外，石墨烯凝胶有机体系的组装可以通过溶剂热还原的方法实现[240,241]。与RGO水凝胶类似，石墨烯有机凝胶的形成也是通过CMG片层之间的范德华作用力产生部分堆叠。水热处理分散于碳酸丙烯酯体系的氧化石墨烯片，能够制备具有良好电导率的有机气凝胶[240]，其电导率与通过化学RGO得到的水凝胶电导率类似。Lev以及他的合作者们发现GO可以在各种有机溶剂中发生凝胶化（图3.54）[242]。在四乙基胺存在下，GO可以在1-丁醇、四氢呋喃、乙腈、乙醇、乙二醇等溶剂中发生凝胶化。

### 3.6.3.3
### 化学转化石墨烯气凝胶

CMG气凝胶是一类新型的碳基体相材料，它通常具有三维微纳结构，并在化学及材料领域吸引了大量研究者的兴趣[216,225,243]。CMG气凝胶及其复合物一般是通过水凝胶前驱体经过超临界干燥或者冻干的方法制备而获得[243]。例如，近期高度可压缩的RGO气凝胶可通过功能化-冻干-微波处理方法得到[244]。这个方法中，兼具碱性与还原性的乙二胺被首次引入到GO水溶液中，协同引发了GO的功能化和还原作用，所形成的RGO片层进一步搭建成三维网络结构。经过冻干后得到的

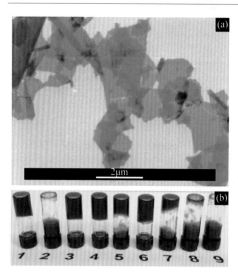

图3.54　多种有机体系中CMG有机凝胶[242]

（a）CMG片层的SEM图；（b）在不同溶剂体系中的凝胶化状态，1～9分别是1-戊醇，二甲基甲酰胺，1-丁醇，四氢呋喃，二甲基亚砜，乙腈，水，乙醇，二甘醇

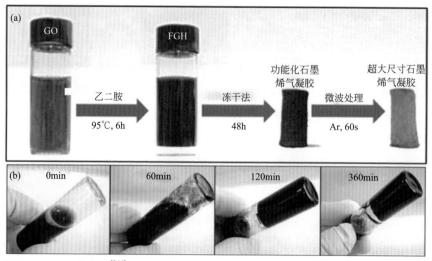

图3.55　CMG气凝胶[244]

气凝胶在惰性气氛中经过微波辐射1min,去除官能团后形成可压缩回弹的CMG气凝胶(图3.55)。

定向冰冻法是众所周知的多孔材料的形貌加工技术[245]。这种方法也可用来制备CMG气凝胶(图3.56)[246]。GO经过定向冰冻形成气凝胶后,可以进一步通过水溶性高分子的交联作用增强气凝胶。此外,可控的热处理还可以使GO还原成为RGO,其导电性可以得到部分恢复。

GO化学结构的调控能够为制备特定形貌或者超弹性的CMG气凝胶提供有效途径。例如,Li课题组发现GO中的含氧官能团对制备出的CMG气凝胶的形貌和弹性有着显著的影响[247]。以Hummers方法制备出的GO直接冻干得到的气凝胶具有很差的力学强度和压缩回弹性(图3.57)。经过精细地调节其含氧官能团含量和冷冻条件,制备得到具有六边形结构和像软木塞般的CMG气凝胶。部分还原的GO片层之间的π-π作用有利于CMG网络结构的形成,同时在解冻过程中三维结构不至于被破坏。

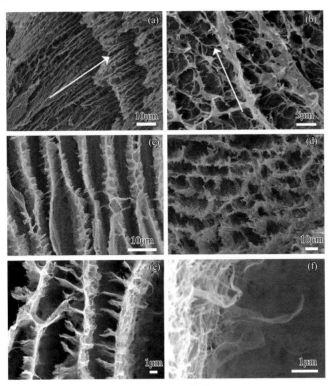

图3.56 定向冰冻法制备CMG气凝胶[246]

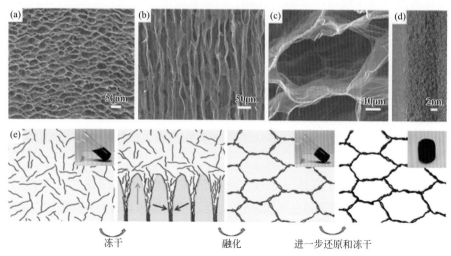

**图3.57 超弹性CMG气凝胶[247]**

(a)~(d)对应图(e)中不同状态时的SEM图

# 3.7
# 总结与展望

　　石墨烯及其衍生物可与多种物质发生化学反应。与碳纳米管、活性炭、炭黑等碳材料不同，石墨烯具有单原子层厚度、巨大的比表面积以及优越的物理化学性质。因此石墨烯表现出很多独特的化学行为，特别是石墨烯的不对称修饰以及超分子组装行为。本章着重介绍了石墨烯自身的化学行为，包括功能化、掺杂、光化学、催化化学和超分子化学。前四类主要基于石墨烯的原子和电子结构，最后一部分集中于石墨烯衍生物的分子结构。尽管石墨烯化学在材料化学领域展示了其无与伦比的优势，但我们也对石墨烯化学尚存在的挑战进行了总结。

　　由于石墨烯化学的研究时间尚短，许多化学反应无法被精确控制，其反应机理难以透彻揭示。例如，由缺陷诱导的化学反应可以同时发生在石墨烯片层平面或边缘处，如何控制石墨烯片层的反应区域有待解决。

　　石墨烯能带间隙的精确调控是另一个严峻挑战。尽管研究人员已报道打开石墨烯能带的方法，但能带的精确调控仍然不能令人满意。目前可以通过sp²共轭碳骨架的原子重排来改变石墨烯电子结构，从而调节石墨烯的能带。但是，化学方法如功能化、掺杂以及光化学反应几乎无法在原子级别控制石墨烯片层的能带结构。

理论研究了石墨烯片层的电子结构，但由于完美的石墨烯样品难以制备，因此目前所得到的理论结果尚不能被实验证实。石墨烯的质量还需要通过精确控制组成、缺陷、层数和片层尺寸来进一步强化。

化学转化石墨烯片层是独特的二维分子组装基元，能够经过分子自组装形成纤维、膜以及三维骨架结构。但是，宏观材料的微结构和性能主要依赖于化学转化石墨烯的尺寸、形状、官能团以及自组装的条件。因此，化学转化石墨烯的超分子化学还需要更加全面、深入和系统地研究。

深入理解石墨烯化学对于石墨烯材料的设计、制备和应用的发展具有重要的研究意义。随着石墨烯制备和表征方法的技术突破，我们坚信石墨烯化学将被广泛研究，为当代材料化学的发展提供新知识和新思路。

## 参考文献

[1] Novoselov K S, Fal V I, Colombo L, et al. A roadmap for graphene[J]. Nature, 2012, 490(7419): 192-200.

[2] Allen M J, Tung V C, Kaner R B. Honeycomb carbon: a review of graphene[J]. Chemical Reviews, 2009, 110(1): 132-145.

[3] Rana K, Singh J, Ahn J H. A graphene-based transparent electrode for use in flexible optoelectronic devices[J]. Journal of Materials Chemistry C, 2014, 2(15): 2646-2656.

[4] Wei D, Wu B, Guo Y, et al. Controllable chemical vapor deposition growth of few layer graphene for electronic devices[J]. Accounts of Chemical Research, 2012, 46(1): 106-115.

[5] Zhou G, Li F, Cheng H M. Progress in flexible lithium batteries and future prospects[J]. Energy & Environmental Science, 2014, 7(4): 1307-1338.

[6] Wang X, Shi G. Flexible graphene devices related to energy conversion and storage[J]. Energy & Environmental Science, 2015, 8(3): 790-823.

[7] Tian H, Shu Y, Cui Y L, et al. Scalable fabrication of high-performance and flexible graphene strain sensors[J]. Nanoscale, 2014, 6(2): 699-705.

[8] Wu S, He Q, Tan C, et al. Graphene-based electrochemical sensors[J]. Small, 2013, 9(8): 1160-1172.

[9] Kong L, Chen W. Carbon nanotube and graphene-based bioinspired electrochemical actuators[J]. Advanced Materials, 2014, 26(7): 1025-1043.

[10] Kim J, Jeon J H, Kim H J, et al. Durable and water-floatable ionic polymer actuator with hydrophobic and asymmetrically laser-scribed reduced graphene oxide paper electrodes[J]. ACS Nano, 2014, 8(3): 2986-2997.

[11] Sun H, You X, Deng J, et al. Novel graphene/carbon nanotube composite fibers for efficient

wire-shaped miniature energy devices[J]. Advanced Materials, 2014, 26(18): 2868-2873.

[12] Wu Q, Xu Y, Yao Z, et al. Supercapacitors based on flexible graphene/polyaniline nanofiber composite films[J]. ACS Nano, 2010, 4(4): 1963-1970.

[13] Eigler S, Hirsch A. Chemistry with graphene and graphene oxide: challenges for synthetic chemists[J]. Angewandte Chemie International Edition, 2014, 53(30): 7720-7738.

[14] Xu Y, Bai H, Lu G, et al. Flexible graphene films via the filtration of water-soluble noncovalent functionalized graphene sheets[J]. Journal of the American Chemical Society, 2008, 130(18): 5856-5857.

[15] Yan L, Zheng Y B, Zhao F, et al. Chemistry and physics of a single atomic layer: strategies and challenges for functionalization of graphene and graphene-based materials[J]. Chemical Society Reviews, 2012, 41(1): 97-114.

[16] Meyer J C, Geim A K, Katsnelson M I, et al. The structure of suspended graphene sheets[J]. Nature, 2007, 446(7131): 60-63.

[17] Ishigami M, Chen J H, Cullen W G, et al. Atomic structure of graphene on $SiO_2$[J]. Nano Letters, 2007, 7(6): 1643-1648.

[18] Fasolino A, Los J H, Katsnelson M I. Intrinsic ripples in graphene[J]. Nature Materials, 2007, 6(11): 858-861.

[19] Geim A K, Novoselov K S. The rise of graphene[J]. Nature Materials, 2007, 6(3): 183-191.

[20] Huang C, Li C, Shi G. Graphene based catalysts[J]. Energy & Environmental Science, 2012, 5(10): 8848-8868.

[21] Kong L, Enders A, Rahman T S, et al. Molecular adsorption on graphene[J]. Journal of Physics: Condensed Matter, 2014, 26(44): 443001.

[22] Quintana M, Vazquez E, Prato M. Organic functionalization of graphene in dispersions[J]. Accounts of Chemical Research, 2012, 46(1): 138-148.

[23] Park J, Yan M. Covalent functionalization of graphene with reactive intermediates[J]. Accounts of Chemical Research, 2012, 46(1): 181-189.

[24] Johns J E, Hersam M C. Atomic covalent functionalization of graphene[J]. Accounts of Chemical Research, 2012, 46(1): 77-86.

[25] Gao X, Wei Z, Meunier V, et al. Opening a large band gap for graphene by covalent addition[J]. Chemical Physics Letters, 2013, 555: 1-6.

[26] Bekyarova E, Sarkar S, Wang F, et al. Effect of covalent chemistry on the electronic structure and properties of carbon nanotubes and graphene[J]. Accounts of Chemical Research, 2012, 46(1): 65-76.

[27] Zhang W, Wu L, Li Z, et al. Doped graphene: synthesis, properties and bioanalysis[J]. RSC Advances, 2015, 5(61): 49521-49533.

[28] Bangert U, Zan R. Electronic functionalisation of graphene via external doping and dosing[J]. International Materials Reviews, 2015, 60(3): 133-149.

[29] Wen Y, Huang C, Wang L, et al. Heteroatom-doped graphene for electrochemical energy storage[J]. Chinese Science Bulletin, 2014, 59(18): 2102-2121.

[30] Yao B, Li C, Ma J, et al. Porphyrin-based graphene oxide frameworks with ultra-large d-spacings for the electrocatalyzation of oxygen reduction reaction[J]. Physical Chemistry Chemical Physics, 2015, 17(29): 19538-19545.

[31] Rao C N R, Gopalakrishnan K, Govindaraj A. Synthesis, properties and applications of graphene doped with boron, nitrogen and other elements[J]. Nano Today, 2014, 9(3): 324-343.

[32] Dreyer D R, Todd A D, Bielawski C W. Harnessing the chemistry of graphene oxide[J]. Chemical Society Reviews, 2014, 43(15): 5288-5301.

[33] Zhang X, Xin J, Ding F. The edges of graphene[J]. Nanoscale, 2013, 5(7): 2556-2569.

[34] Fujii S, Enoki T. Nanographene and graphene edges: electronic structure and nanofabrication[J]. Accounts of Chemical

Research, 2012, 46(10): 2202-2210.

[35] Minella M, Demontis M, Sarro M, et al. Photochemical stability and reactivity of graphene oxide[J]. Journal of Materials Science, 2015, 50(6): 2399-2409.

[36] Sarkar S, Niyogi S, Bekyarova E, et al. Organometallic chemistry of extended periodic π-electron systems: hexahapto-chromium complexes of graphene and single-walled carbon nanotubes[J]. Chemical Science, 2011, 2(7): 1326-1333.

[37] Dreyer D R, Jia H P, Bielawski C W. Graphene oxide: a convenient carbocatalyst for facilitating oxidation and hydration reactions[J]. Angewandte Chemie, 2010, 122(38): 6965-6968.

[38] Hu H, Xin J H, Hu H, et al. Metal-free graphene-based catalyst-Insight into the catalytic activity: a short review[J]. Applied Catalysis A: General, 2015, 492: 1-9.

[39] Wang L, Wang D, Zhang S, et al. Synthesis and characterization of sulfonated graphene as a highly active solid acid catalyst for the ester-exchange reaction[J]. Catalysis Science & Technology, 2013, 3(5): 1194-1197.

[40] Frank B, Blume R, Rinaldi A, et al. Oxygen insertion catalysis by $sp^2$ carbon[J]. Angewandte Chemie International Edition, 2011, 50(43): 10226-10230.

[41] Perhun T, Bychko I, Trypolsky A, et al. Catalytic properties of graphene material in the hydrogenation of ethylene[J]. Theoretical & Experimental Chemistry, 2013, 48(6): 367-370.

[42] Xu Y, Shi G. Assembly of chemically modified graphene: methods and applications[J]. Journal of Materials Chemistry, 2011, 21(10): 3311-3323.

[43] Cote L J, Kim F, Huang J. Langmuir-Blodgett assembly of graphite oxide single layers[J]. Journal of the American Chemical Society, 2008, 131(3): 1043-1049.

[44] MacLeod J M, Rosei F. Molecular self-assembly on graphene[J]. Small, 2014, 10(6): 1038-1049.

[45] Dai L. Functionalization of graphene for efficient energy conversion and storage[J]. Accounts of Chemical Research, 2012, 46(1): 31-42.

[46] Zhou Y, Wang Z, Yang P, et al. Hydrogenated graphene nanoflakes: semiconductor to half-metal transition and remarkable large magnetism[J]. The Journal of Physical Chemistry C, 2012, 116(9): 5531-5537.

[47] Pumera M, Wong C H A. Graphane and hydrogenated graphene[J]. Chemical Society Reviews, 2013, 42(14): 5987-5995.

[48] Reatto L, Galli D E, Nava M, et al. Novel behavior of monolayer quantum gases on graphene, graphane and fluorographene[J]. Journal of Physics: Condensed Matter, 2013, 25(44): 443001.

[49] Guisinger N P, Rutter G M, Crain J N, et al. Exposure of epitaxial graphene on SiC (0001) to atomic hydrogen[J]. Nano Letters, 2009, 9(4): 1462-1466.

[50] Luo Z, Yu T, Kim K, et al. Thickness-dependent reversible hydrogenation of graphene layers[J]. ACS Nano, 2009, 3(7): 1781-1788.

[51] Yu D, Liu F. Synthesis of carbon nanotubes by rolling up patterned graphene nanoribbons using selective atomic adsorption[J]. Nano Letters, 2007, 7(10): 3046-3050.

[52] Elias D C, Nair R R, Mohiuddin T M G, et al. Control of graphene's properties by reversible hydrogenation: evidence for graphane[J]. Science, 2009, 323(5914): 610-613.

[53] Sahin H, Leenaerts O, Singh S K, et al. Graphane[J]. Wiley Interdisciplinary Reviews: Computational Molecular Science, 2015, 5(3): 255-272.

[54] Sofo J O, Chaudhari A S, Barber G D. Graphane: a two-dimensional hydrocarbon[J]. Physical Review B, 2007, 75(15): 153401.

[55] Lebegue S, Klintenberg M, Eriksson O, et al. Accurate electronic band gap of pure and functionalized graphane from GW calculations[J]. Physical Review B, 2009, 79(24): 245117.

[56] Samarakoon D K, Chen Z, Nicolas C, et

al. Structural and electronic properties of fluorographene[J]. Small, 2011, 7(7): 965-969.

[57] Neto A H C, Guinea F. Impurity-induced spin-orbit coupling in graphene[J]. Physical review Letters, 2009, 103(2): 026804.

[58] Topsakal M, Cahangirov S, Ciraci S. The response of mechanical and electronic properties of graphane to the elastic strain[J]. Applied Physics Letters, 2010, 96(9): 091912.

[59] Robinson J T, Burgess J S, Junkermeier C E, et al. Properties of fluorinated graphene films[J]. Nano Letters, 2010, 10(8): 3001-3005.

[60] Sahin H, Topsakal M, Ciraci S. Structures of fluorinated graphene and their signatures[J]. Physical Review B, 2011, 83(11): 115432.

[61] Nair R R, Ren W, Jalil R, et al. Fluorographene: a two-dimensional counterpart of teflon[J]. Small, 2010, 6(24): 2877-2884.

[62] Zbořil R, Karlický F, Bourlinos A B, et al. Graphene fluoride: a stable stoichiometric graphene derivative and its chemical conversion to graphene[J]. Small, 2010, 6(24): 2885-2891.

[63] Leenaerts O, Peelaers H, Hernández-Nieves A D, et al. First-principles investigation of graphene fluoride and graphane[J]. Physical Review B, 2010, 82(19): 195436.

[64] Subrahmanyam K S, Vivekchand S R C, Govindaraj A, et al. A study of graphenes prepared by different methods: characterization, properties and solubilization[J]. Journal of Materials Chemistry, 2008, 18(13): 1517-1523.

[65] Hummers Jr W S, Offeman R E. Preparation of graphitic oxide[J]. Journal of the American Chemical Society, 1958, 80(6): 1339-1339.

[66] Brodie B C. Sur le poids atomique du graphite[J]. Ann Chim Phys, 1860, 59(466): 466–472.

[67] Staudenmaier L. Verfahren zur darstellung der graphitsäure[J]. Berichte der Deutschen Chemischen Gesellschaft, 1898, 31(2): 1481-1487.

[68] Peckett J W. Electrochemically prepared colloidal, oxidised graphite[J]. Journal of Materials Chemistry, 1997, 7(2): 301-305.

[69] Jiao L, Zhang L, Wang X, et al. Narrow graphene nanoribbons from carbon nanotubes[J]. Nature, 2009, 458(7240): 877-880.

[70] Kosynkin D V, Higginbotham A L, Sinitskii A, et al. Longitudinal unzipping of carbon nanotubes to form graphene nanoribbons[J]. Nature, 2009, 458(7240): 872-876.

[71] Lerf A, He H, Forster M, et al. Structure of graphite oxide revisited[J]. The Journal of Physical Chemistry B, 1998, 102(23): 4477-4482.

[72] Szabó T, Berkesi O, Forgó P, et al. Evolution of surface functional groups in a series of progressively oxidized graphite oxides[J]. Chemistry of Materials, 2006, 18(11): 2740-2749.

[73] Casabianca L B, Shaibat M A, Cai W W, et al. NMR-based structural modeling of graphite oxide using multidimensional $^{13}$C solid-state NMR and ab initio chemical shift calculations[J]. Journal of the American Chemical Society, 2010, 132(16): 5672-5676.

[74] Boukhvalov D W, Katsnelson M I. Modeling of graphite oxide[J]. Journal of the American Chemical Society, 2008, 130(32): 10697-10701.

[75] Nourbakhsh A, Cantoro M, Klekachev A V, et al. Single layer vs bilayer graphene: a comparative study of the effects of oxygen plasma treatment on their electronic and optical properties[J]. The Journal of Physical Chemistry C, 2011, 115(33): 16619-16624.

[76] Dreyer D R, Park S, Bielawski C W, et al. The chemistry of graphene oxide[J]. Chemical Society Reviews, 2010, 39(1): 228-240.

[77] Chua C K, Pumera M. Covalent chemistry on graphene[J]. Chemical Society Reviews, 2013, 42(8): 3222-3233.

[78] Smith M B, March J. March's advanced organic chemistry: reactions, mechanisms, and structure[M]. New Jersey: John Wiley & Sons, 2007.

[79] Bekyarova E, Itkis M E, Ramesh P, et al. Chemical modification of epitaxial graphene:

spontaneous grafting of aryl groups[J]. Journal of the American Chemical Society, 2009, 131(4): 1336-1337.

[80] Lomeda J R, Doyle C D, Kosynkin D V, et al. Diazonium functionalization of surfactant-wrapped chemically converted graphene sheets[J]. Journal of the American Chemical Society, 2008, 130(48): 16201-16206.

[81] Chua C K, Ambrosi A, Pumera M. Introducing dichlorocarbene in graphene[J]. Chemical Communications, 2012, 48(43): 5376-5378.

[82] Bettinger H F. Addition of Carbenes to the sidewalls of single-walled carbon nanotubes[J]. Chemistry—A European Journal, 2006, 12(16): 4372-4379.

[83] Liu L H, Lerner M M, Yan M. Derivitization of pristine graphene with well-defined chemical functionalities[J]. Nano Letters, 2010, 10(9): 3754-3756.

[84] Zhong X, Jin J, Li S, et al. Aryne cycloaddition: highly efficient chemical modification of graphene[J]. Chemical Communications, 2010, 46(39): 7340-7342.

[85] Georgakilas V, Bourlinos A B, Zboril R, et al. Organic functionalisation of graphenes[J]. Chemical Communications, 2010, 46(10): 1766-1768.

[86] Sarkar S, Bekyarova E, Haddon R C. Chemistry at the Dirac point: Diels-Alder reactivity of graphene[J]. Accounts of Chemical Research, 2012, 45(4): 673-682.

[87] Altenburg S J, Lattelais M, Wang B, et al. Reaction of phthalocyanines with graphene on Ir (111)[J]. Journal of the American Chemical Society, 2015, 137(29): 9452-9458.

[88] Zhang L, Yu J, Yang M, et al. Janus graphene from asymmetric two-dimensional chemistry[J]. Nature Communications, 2013, 4: 1443.

[89] Jiang D, Sumpter B G, Dai S. Unique chemical reactivity of a graphene nanoribbon's zigzag edge[J]. The Journal of Chemical Physics, 2007, 126(13): 134701.

[90] Lu Y H, Wu R Q, Shen L, et al. Effects of edge passivation by hydrogen on electronic structure of armchair graphene nanoribbon and band gap engineering[J]. Applied Physics Letters, 2009, 94(12): 122111.

[91] Enoki T, Takai K. The edge state of nanographene and the magnetism of the edge-state spins[J]. Solid State Communications, 2009, 149(27): 1144-1150.

[92] Castillo A E R, VanáTendeloo G. Selective organic functionalization of graphene bulk or graphene edges[J]. Chemical Communications, 2011, 47(33): 9330-9332.

[93] Boukhvalov D W, Katsnelson M I. Chemical functionalization of graphene with defects[J]. Nano Letters, 2008, 8(12): 4373-4379.

[94] Jia X, Campos Delgado J, Terrones M, et al. Graphene edges: a review of their fabrication and characterization[J]. Nanoscale, 2011, 3(1): 86-95.

[95] Radovic L R, Bockrath B. On the chemical nature of graphene edges: origin of stability and potential for magnetism in carbon materials[J]. Journal of the American Chemical Society, 2005, 127(16): 5917-5927.

[96] Sheka E F, Chernozatonskii L A. Chemical reactivity and magnetism of graphene[J]. International Journal of Quantum Chemistry, 2010, 110(10): 1938-1946.

[97] Sarkar S, Bekyarova E, Niyogi S, et al. Diels-Alder chemistry of graphite and graphene: graphene as diene and dienophile[J]. Journal of the American Chemical Society, 2011, 133(10): 3324-3327.

[98] Bao H, Pan Y, Ping Y, et al. Chitosan-functionalized graphene oxide as a nanocarrier for drug and gene delivery[J]. Small, 2011, 7(11): 1569-1578.

[99] Yu D, Yang Y, Durstock M, et al. Soluble P3HT-grafted graphene for efficient bilayer-heterojunction photovoltaic devices[J]. ACS Nano, 2010, 4(10): 5633-5640.

[100] Xu Y, Bai H, Lu G, et al. Flexible graphene films via the filtration of water-soluble

noncovalent functionalized graphene sheets[J]. Journal of the American Chemical Society, 2008, 130(18): 5856-5857.

[101] Mallakpour S, Abdolmaleki A, Borandeh S. Covalently functionalized graphene sheets with biocompatible natural amino acids[J]. Applied Surface Science, 2014, 307: 533-542.

[102] Liu Z, Robinson J T, Sun X, et al. PEGylated nanographene oxide for delivery of water-insoluble cancer drugs[J]. Journal of the American Chemical Society, 2008, 130(33): 10876-10877.

[103] Kumar N A, Choi H J, Shin Y R, et al. Polyaniline-grafted reduced graphene oxide for efficient electrochemical supercapacitors[J]. ACS Nano, 2012, 6(2): 1715-1723.

[104] Devi R, Prabhavathi G, Yamuna R, et al. Synthesis, characterization and photoluminescence properties of graphene oxide functionalized with azo molecules[J]. Journal of Chemical Sciences, 2014, 126(1): 75-83.

[105] An X, Simmons T, Shah R, et al. Stable aqueous dispersions of noncovalently functionalized graphene from graphite and their multifunctional high-performance applications[J]. Nano Letters, 2010, 10(11): 4295-4301.

[106] Liu S, Tian J, Wang L, et al. Stable aqueous dispersion of graphene nanosheets: noncovalent functionalization by a polymeric reducing agent and their subsequent decoration with Ag nanoparticles for enzymeless hydrogen peroxide detection[J]. Macromolecules, 2010, 43(23): 10078-10083.

[107] Tu W, Lei J, Zhang S, et al. Characterization, direct electrochemistry, and amperometric biosensing of graphene by noncovalent functionalization with picket-fence porphyrin[J]. Chemistry—A European Journal, 2010, 16(35): 10771-10777.

[108] Liu J, Tang J, Gooding J J. Strategies for chemical modification of graphene and applications of chemically modified graphene[J]. Journal of Materials Chemistry, 2012, 22(25): 12435-12452.

[109] Choi E Y, Han T H, Hong J, et al. Noncovalent functionalization of graphene with end-functional polymers[J]. Journal of Materials Chemistry, 2010, 20(10): 1907-1912.

[110] Mann J A, Dichtel W R. Noncovalent functionalization of graphene by molecular and polymeric adsorbates[J]. The Journal of Physical Chemistry Letters, 2013, 4(16): 2649-2657.

[111] Liang Y, Wu D, Feng X, et al. Dispersion of graphene sheets in organic solvent supported by ionic interactions[J]. Advanced materials, 2009, 21(17): 1679-1683.

[112] Geng J, Jung H T. Porphyrin functionalized graphene sheets in aqueous suspensions: from the preparation of graphene sheets to highly conductive graphene films[J]. The Journal of Physical Chemistry C, 2010, 114(18): 8227-8234.

[113] Lotya M, King P J, Khan U, et al. High-concentration, surfactant-stabilized graphene dispersions[J]. ACS Nano, 2010, 4(6): 3155-3162.

[114] Huang H, Chen S, Gao X, et al. Structural and electronic properties of PTCDA thin films on epitaxial graphene[J]. ACS Nano, 2009, 3(11): 3431-3436.

[115] Hirsch A, Englert J M, Hauke F. Wet chemical functionalization of graphene[J]. Accounts of Chemical Research, 2012, 46(1): 87-96.

[116] Xu Y, Zhao L, Bai H, et al. Chemically converted graphene induced molecular flattening of 5, 10, 15, 20-tetrakis (1-methyl-4-pyridinio) porphyrin and its application for optical detection of cadmium (II) ions[J]. Journal of the American Chemical Society, 2009, 131(37): 13490-13497.

[117] Yang K, Zhang S, Zhang G, et al. Graphene in mice: ultrahigh in vivo tumor uptake and efficient photothermal therapy[J]. Nano Letters,

[118] Wang E, Desai M S, Lee S W. Light-controlled graphene-elastin composite hydrogel actuators[J]. Nano Letters, 2013, 13(6): 2826-2830.

[119] Baptista Pires L, Pérez López B, Mayorga Martinez C C, et al. Electrocatalytic tuning of biosensing response through electrostatic or hydrophobic enzyme-graphene oxide interactions[J]. Biosensors and Bioelectronics, 2014, 61: 655-662.

[120] Jiang B, Yang K, Zhao Q, et al. Hydrophilic immobilized trypsin reactor with magnetic graphene oxide as support for high efficient proteome digestion[J]. Journal of Chromatography A, 2012, 1254: 8-13.

[121] Jiang B, Yang K, Zhang L, et al. Dendrimer-grafted graphene oxide nanosheets as novel support for trypsin immobilization to achieve fast on-plate digestion of proteins[J]. Talanta, 2014, 122: 278-284.

[122] Rani P, Jindal V K. Designing band gap of graphene by B and N dopant atoms[J]. RSC Advances, 2013, 3(3): 802-812.

[123] Wei P, Liu N, Lee H R, et al. Tuning the dirac point in CVD-grown graphene through solution processed n-type doping with 2-(2-methoxyphenyl)-1,3-dimethyl-2,3-dihydro-1 H-benzoimidazole Nano Lett, 2013, 13: 1890–1897.

[124] Liu H, Liu Y, Zhu D. Chemical doping of graphene[J]. Journal of Materials Chemistry, 2011, 21(10): 3335-3345.

[125] Coletti C, Riedl C, Lee D S, et al. Charge neutrality and band-gap tuning of epitaxial graphene on SiC by molecular doping[J]. Physical Review B, 2010, 81(23): 235401.

[126] Giovannetti G, Khomyakov P A, Brocks G, et al. Doping graphene with metal contacts[J]. Physical Review Letters, 2008, 101(2): 026803.

[127] Wei D, Liu Y. Controllable synthesis of graphene and its applications[J]. Advanced Materials, 2010, 22(30): 3225-3241.

[128] Chen W, Chen S, Qi D C, et al. Surface transfer p-type doping of epitaxial graphene[J]. Journal of the American Chemical Society, 2007, 129(34): 10418-10422.

[129] Riedl C, Coletti C, Starke U. Structural and electronic properties of epitaxial graphene on SiC (0001): a review of growth, characterization, transfer doping and hydrogen intercalation[J]. Journal of Physics D: Applied Physics, 2010, 43(37): 374009.

[130] Chen Z, Santoso I, Wang R, et al. Surface transfer hole doping of epitaxial graphene using $MoO_3$ thin film[J]. Applied Physics Letters, 2010, 96(21):1530.

[131] Leenaerts O, Partoens B, Peeters F M. Adsorption of $H_2O$, $NH_3$, CO, $NO_2$ and NO on graphene: a first-principles study[J]. Physical Review B, 2008, 77(12): 125416.

[132] Yavari F, Kritzinger C, Gaire C, et al. Tunable bandgap in graphene by the controlled adsorption of water molecules[J]. Small, 2010, 6(22): 2535-2538.

[133] Jung N, Kim N, Jockusch S, et al. Charge transfer chemical doping of few layer graphenes: charge distribution and band gap formation[J]. Nano Letters, 2009, 9(12): 4133-4137.

[134] Schedin F, Geim A K, Morozov S V, et al. Detection of individual gas molecules adsorbed on graphene[J]. Nature Materials, 2007, 6(9): 652-655.

[135] Solís Fernández P, Okada S, Sato T, et al. Gate-tunable dirac point of molecular doped graphene[J]. ACS Nano, 2016, 10(2): 2930-2939.

[136] Xue Y, Wu B, Jiang L, et al. Low temperature growth of highly nitrogen-doped single crystal graphene arrays by chemical vapor deposition[J]. Journal of the American Chemical Society, 2012, 134(27): 11060-11063.

[137] Li X, Fan L, Li Z, et al. Boron doping of graphene for graphene-silicon p-n junction solar cells[J]. Advanced Energy Materials, 2012,

2(4): 425-429.

[138] Han J, Zhang L L, Lee S, et al. Generation of B-doped graphene nanoplatelets using a solution process and their supercapacitor applications[J]. ACS Nano, 2012, 7(1): 19-26.

[139] Panchakarla L S, Subrahmanyam K S, Saha S K, et al. Synthesis, structure, and properties of boron- and nitrogen-doped graphene[J]. Advanced Materials, 2009, 21(46):4726-4730.

[140] Wang H, Maiyalagan T, Wang X. Review on recent progress in nitrogen-doped graphene: synthesis, characterization, and its potential applications[J]. ACS Catalysis, 2012, 2(5): 781-794.

[141] Kwon O S, Park S J, Hong J Y, et al. Flexible FET-type VEGF aptasensor based on nitrogen-doped graphene converted from conducting polymer[J]. ACS Nano, 2012, 6(2): 1486-1493.

[142] Sheng Z H, Shao L, Chen J J, et al. Catalyst-free synthesis of nitrogen-doped graphene via thermal annealing graphite oxide with melamine and its excellent electrocatalysis[J]. ACS Nano, 2011, 5(6): 4350-4358.

[143] Wang Y, Shao Y, Matson D W, et al. Nitrogen-doped graphene and its application in electrochemical biosensing[J]. ACS Nano, 2010, 4(4): 1790-1798.

[144] Biddinger E J, Von Deak D, Ozkan U S. Nitrogen-containing carbon nanostructures as oxygen-reduction catalysts[J]. Topics in Catalysis, 2009, 52(11): 1566-1574.

[145] Usachov D, Vilkov O, Gruneis A, et al. Nitrogen-doped graphene: efficient growth, structure, and electronic properties[J]. Nano Letters, 2011, 11(12): 5401-5407.

[146] Schiros T, Nordlund D, Palova L, Prezzi D, Zhao L Y, Kim K S, Wurstbauer U, Schiros C T, Nordlund D, Pálová L, et al. Connecting dopant bond type with electronic structure in N-doped graphene[J]. Nano Letters, 2012, 12(8): 4025-4031.

[147] Wang B, Tsetseris L, Pantelides S T. Introduction of nitrogen with controllable configuration into graphene via vacancies and edges[J]. Journal of Materials Chemistry A, 2013, 1(47): 14927-14934.

[148] Guo B, Liu Q, Chen E, et al. Controllable N-doping of graphene[J]. Nano Letters, 2010, 10(12): 4975-4980.

[149] Wu P, Du P, Zhang H, et al. Microscopic effects of the bonding configuration of nitrogen-doped graphene on its reactivity toward hydrogen peroxide reduction reaction[J]. Physical Chemistry Chemical Physics, 2013, 15(18): 6920-6928.

[150] Wang X, Sun G, Routh P, et al. Heteroatom-doped graphene materials: syntheses, properties and applications[J]. Chemical Society Reviews, 2014, 43(20): 7067-7098.

[151] Jalili S, Vaziri R. Study of the electronic properties of Li-intercalated nitrogen doped graphite[J]. Molecular Physics, 2011, 109(5): 687-694.

[152] Liu Y, Feng Q, Tang N, et al. Increased magnetization of reduced graphene oxide by nitrogen-doping[J]. Carbon, 2013, 60: 549-551.

[153] Li Y, Zhou Z, Shen P, et al. Spin gapless semiconductor-metal-half-metal properties in nitrogen-doped zigzag graphene nanoribbons[J]. ACS Nano, 2009, 3(7): 1952-1958.

[154] Chiou J W, Ray S C, Peng S I, et al. Nitrogen-functionalized graphene nanoflakes (GNFs: N): tunable photoluminescence and electronic structures[J]. The Journal of Physical Chemistry C, 2012, 116(30): 16251-16258.

[155] Wei D, Liu Y, Wang Y, et al. Synthesis of N-doped graphene by chemical vapor deposition and its electrical properties[J]. Nano Letters, 2009, 9(5): 1752-1758.

[156] Jin Z, Yao J, Kittrell C, et al. Large-scale growth and characterizations of nitrogen-doped monolayer graphene sheets[J]. ACS Nano, 2011, 5(5): 4112-4117.

[157] Ortiz Medina J, García Betancourt M L, Jia X, et al. Nitrogen-doped graphitic nanoribbons: synthesis, characterization, and transport[J].

Advanced Functional Materials, 2013, 23(30): 3755-3762.

[158] Li X, Wang H, Robinson J T, et al. Simultaneous nitrogen doping and reduction of graphene oxide[J]. Journal of the American Chemical Society, 2009, 131(43): 15939-15944.

[159] Wu Z S, Yang S, Sun Y, et al. 3D nitrogen-doped graphene aerogel-supported $Fe_3O_4$ nanoparticles as efficient electrocatalysts for the oxygen reduction reaction[J]. Journal of the American Chemical Society, 2012, 134(22): 9082-9085.

[160] Faccio R, Fernández Werner L, Pardo H, et al. Electronic and structural distortions in graphene induced by carbon vacancies and boron doping[J]. The Journal of Physical Chemistry C, 2010, 114(44): 18961-18971.

[161] Sheng Z H, Gao H L, Bao W J, et al. Synthesis of boron doped graphene for oxygen reduction reaction in fuel cells[J]. Journal of Materials Chemistry, 2012, 22(2): 390-395.

[162] Tang Y B, Yin L C, Yang Y, et al. Tunable band gaps and p-type transport properties of boron-doped graphenes by controllable ion doping using reactive microwave plasma[J]. ACS Nano, 2012, 6(3): 1970-1978.

[163] Kawai S, Saito S, Osumi S, et al. Atomically controlled substitutional boron-doping of graphene nanoribbons[J]. Nature Communications, 2015, 6: 8098.

[164] Stroyuk O L, Andryushina N S, Kuchmy S Y, et al. Photochemical processes involving graphene oxide[J]. Theoretical and Experimental Chemistry, 2015, 51(1): 1-29.

[165] Zhou L, Zhang L, Liao L, et al. Photochemical Modification of Graphene[J]. Acta Chimica Sinica, 2014, 72(3):289-300.

[166] Zhang L, Zhou L, Yang M, et al. Photo-induced free radical modification of graphene[J]. Small, 2013, 9(8): 1134-1143.

[167] Zhao S, Surwade S P, Li Z, et al. Photochemical oxidation of CVD-grown single layer graphene[J]. Nanotechnology, 2012, 23(35): 355703.

[168] Li B, Zhou L, Wu D, et al. Photochemical chlorination of graphene[J]. ACS Nano, 2011, 5(7): 5957-5961.

[169] Yang M, Zhou L, Wang J, et al. Evolutionary chlorination of graphene: from charge-transfer complex to covalent bonding and nonbonding[J]. The Journal of Physical Chemistry C, 2011, 116(1): 844-850.

[170] Wang M, Li C M. Investigation of doping effects on magnetic properties of the hydrogenated and fluorinated graphene structures by extra charge mimic[J]. Physical Chemistry Chemical Physics, 2013, 15(11): 3786-3792.

[171] Bon S B, Valentini L, Verdejo R, et al. Plasma fluorination of chemically derived graphene sheets and subsequent modification with butylamine[J]. Chemistry of Materials, 2009, 21(14): 3433-3438.

[172] Lee W H, Suk J W, Chou H, et al. Selective-area fluorination of graphene with fluoropolymer and laser irradiation[J]. Nano Letters, 2012, 12(5): 2374-2378.

[173] Liu H, Ryu S, Chen Z, et al. Photochemical reactivity of graphene[J]. Journal of the American Chemical Society, 2009, 131(47): 17099-17101.

[174] Matsumoto Y, Koinuma M, Kim S Y, et al. Simple photoreduction of graphene oxide nanosheet under mild conditions[J]. ACS Applied Materials & Interfaces, 2010, 2(12): 3461-3466.

[175] Matsumoto Y, Morita M, Kim S Y, et al. Photoreduction of graphene oxide nanosheet by UV-light illumination under $H_2$[J]. Chemistry Letters, 2010, 39(7): 750-752.

[176] Gengler R Y N, Badali D S, Zhang D, et al. Revealing the ultrafast process behind the photoreduction of graphene oxide[J]. Nature Communications, 2013, 4.

[177] Li X H, Chen J S, Wang X, et al. A green chemistry of graphene: Photochemical reduction

towards monolayer graphene sheets and the role of water adlayers[J]. ChemSusChem, 2012, 5(4): 642-646.

[178] Huang L, Liu Y, Ji L C, et al. Pulsed laser assisted reduction of graphene oxide[J]. Carbon, 2011, 49(7): 2431-2436.

[179] El-Kady M F, Strong V, Dubin S, et al. Laser scribing of high-performance and flexible graphene-based electrochemical capacitors[J]. Science, 2012, 335(6074): 1326-1330.

[180] Petridis C, Lin Y H, Savva K, et al. Post-fabrication, in situ laser reduction of graphene oxide devices[J]. Applied Physics Letters, 2013, 102(9): 093115.

[181] Strong V, Dubin S, El-Kady M F, et al. Patterning and electronic tuning of laser scribed graphene for flexible all-carbon devices[J]. ACS Nano, 2012, 6(2): 1395-1403.

[182] Fan X, Zhang G, Zhang F. Multiple roles of graphene in heterogeneous catalysis[J]. Chemical Society Reviews, 2015, 44(10): 3023-3035.

[183] Xia B Y, Yan Y, Wang X, et al. Recent progress on graphene-based hybrid electrocatalysts[J]. Materials Horizons, 2014, 1(4): 379-399.

[184] Wang X, Li C, Shi G. A high-performance platinum electrocatalyst loaded on a graphene hydrogel for high-rate methanol oxidation[J]. Physical Chemistry Chemical Physics, 2014, 16(21): 10142-10148.

[185] Dreyer D R, Jia H P, Bielawski C W. Graphene oxide: a convenient carbocatalyst for facilitating oxidation and hydration reactions[J]. Angewandte Chemie, 2010, 122(38): 6965-6968.

[186] Boukhvalov D W, Dreyer D R, Bielawski C W, et al. A computational investigation of the catalytic properties of graphene oxide: Exploring mechanisms by using DFT methods[J]. ChemCatChem, 2012, 4(11): 1844-1849.

[187] Tang S, Cao Z. Site-dependent catalytic activity of graphene oxides towards oxidative dehydrogenation of propane[J]. Physical Chemistry Chemical Physics, 2012, 14(48): 16558-16565.

[188] Song Y, Qu K, Zhao C, et al. Graphene oxide: intrinsic peroxidase catalytic activity and its application to glucose detection[J]. Advanced Materials, 2010, 22(19): 2206-2210.

[189] Gao Y, Ma D, Wang C, et al. Reduced graphene oxide as a catalyst for hydrogenation of nitrobenzene at room temperature[J]. Chemical Communications, 2011, 47(8): 2432-2434.

[190] Zhang W, Wang S, Ji J, et al. Primary and tertiary amines bifunctional graphene oxide for cooperative catalysis[J]. Nanoscale, 2013, 5(13): 6030-6033.

[191] Tan L, Wang B, Feng H. Comparative studies of graphene oxide and reduced graphene oxide as carbocatalysts for polymerization of 3-aminophenylboronic acid[J]. RSC Advances, 2013, 3(8): 2561-2565.

[192] Oh S Y, Son J G, Hur S H, et al. Black carbon–mediated reduction of 2, 4-dinitrotoluene by dithiothreitol[J]. Journal of Environmental Quality, 2013, 42(3): 815-821.

[193] Feng L, Chen Y, Chen L. Easy-to-operate and low-temperature synthesis of gram-scale nitrogen-doped graphene and its application as cathode catalyst in microbial fuel cells[J]. ACS Nano, 2011, 5(12): 9611-9618.

[194] Kim H, Lee K, Woo S I, et al. On the mechanism of enhanced oxygen reduction reaction in nitrogen-doped graphene nanoribbons[J]. Physical Chemistry Chemical Physics, 2011, 13(39): 17505-17510.

[195] Lai L, Potts J R, Zhan D, et al. Exploration of the active center structure of nitrogen-doped graphene-based catalysts for oxygen reduction reaction[J]. Energy & Environmental Science, 2012, 5(7): 7936-7942.

[196] Zhang L, Xia Z. Mechanisms of oxygen reduction reaction on nitrogen-doped graphene for fuel cells[J]. The Journal of Physical Chemistry C, 2011, 115(22): 11170-11176.

[197] Yang S, Feng X, Wang X, et al. Graphene-based carbon nitride nanosheets as efficient metal-free electrocatalysts for oxygen reduction reactions[J]. Angewandte Chemie International Edition, 2011, 50(23): 5339-5343.

[198] Liang J, Jiao Y, Jaroniec M, et al. Sulfur and nitrogen dual-doped mesoporous graphene electrocatalyst for oxygen reduction with synergistically enhanced performance[J]. Angewandte Chemie International Edition, 2012, 51(46): 11496-11500.

[199] Wu Z S, Winter A, Chen L, et al. Three-dimensional nitrogen and boron Co-doped graphene for high-performance all-solid-state supercapacitors[J]. Advanced Materials, 2012, 24(37): 5130-5135.

[200] Liu F, Sun J, Zhu L, et al. Sulfated graphene as an efficient solid catalyst for acid-catalyzed liquid reactions[J]. Journal of Materials Chemistry, 2012, 22(12): 5495-5502.

[201] Sun X, Wang W, Wu T, et al. Grafting of graphene oxide with poly (sodium 4-styrenesulfonate) by atom transfer radical polymerization[J]. Materials Chemistry and Physics, 2013, 138(2): 434-439.

[202] Zhao Y, Chen W, Yuan C, et al. Hydrogenated graphene as metal-free catalyst for Fenton-like reaction[J]. Chinese Journal of Chemical Physics, 2012, 25(3): 335-338.

[203] Xu Z, Gao C. Graphene in macroscopic order: liquid crystals and wet-spun fibers[J]. Accounts of Chemical Research, 2014, 47(4): 1267-1276.

[204] Behabtu N, Lomeda J R, Green M J, et al. Spontaneous high-concentration dispersions and liquid crystals of graphene[J]. Nature Nanotechnology, 2010, 5(6): 406-411.

[205] Xu Z, Gao C. Aqueous liquid crystals of graphene oxide[J]. ACS Nano, 2011, 5(4): 2908-2915.

[206] Xu Z, Gao C. Graphene chiral liquid crystals and macroscopic assembled fibres[J]. Nature Communications, 2011, 2: 571.

[207] Xu Z, Sun H, Zhao X, et al. Ultrastrong fibers assembled from giant graphene oxide sheets[J]. Advanced Materials, 2013, 25(2): 188-193.

[208] Zhou H, Cheng C, Qin H, et al. Self-assembled 3D biocompatible and bioactive layer at the macro-interface via graphene-based supermolecules[J]. Polymer Chemistry, 2014, 5(11): 3563-3575.

[209] Shao J J, Lv W, Yang Q H. Self-assembly of graphene oxide at interfaces[J]. Advanced Materials, 2014, 26(32): 5586-5612.

[210] Bai H, Li C, Wang X, et al. A pH-sensitive graphene oxide composite hydrogel[J]. Chemical Communications, 2010, 46(14): 2376-2378.

[211] Dikin D A, Stankovich S, Zimney E J, et al. Preparation and characterization of graphene oxide paper[J]. Nature, 2007, 448(7152): 457-460.

[212] Park S, Mohanty N, Suk J W, et al. Biocompatible, robust free-standing paper composed of a TWEEN/graphene composite[J]. Advanced Materials, 2010, 22(15): 1736-1740.

[213] Chen H, Müller M B, Gilmore K J, et al. Mechanically strong, electrically conductive, and biocompatible graphene paper[J]. Advanced Materials, 2008, 20(18): 3557-3561.

[214] Vallés C, Núñez J D, Benito A M, et al. Flexible conductive graphene paper obtained by direct and gentle annealing of graphene oxide paper[J]. Carbon, 2012, 50(3): 835-844.

[215] Xu Y, Sheng K, Li C, et al. Self-assembled graphene hydrogel via a one-step hydrothermal process[J]. ACS Nano, 2010, 4(7): 4324-4330.

[216] Yin S, Niu Z, Chen X. Assembly of graphene sheets into 3D macroscopic structures[J]. Small, 2012, 8(16): 2458-2463.

[217] Li C, Shi G. Functional gels based on chemically modified graphenes[J]. Advanced Materials, 2014, 26(24): 3992-4012.

[218] Bai H, Sheng K, Zhang P, et al. Graphene oxide/conducting polymer composite hydrogels[J]. Journal of Materials Chemistry, 2011, 21(46): 18653-18658.

[219] Tang Z, Shen S, Zhuang J, et al. Noble-metal-promoted three-dimensional macroassembly of single-layered graphene oxide[J]. Angewandte Chemie, 2010, 122(27): 4707-4711.

[220] Huang C, Bai H, Li C, et al. A graphene oxide/hemoglobin composite hydrogel for enzymatic catalysis in organic solvents[J]. Chemical Communications, 2011, 47(17): 4962-4964.

[221] Jiang X, Ma Y, Li J, et al. Self-assembly of reduced graphene oxide into three-dimensional architecture by divalent ion linkage[J]. The Journal of Physical Chemistry C, 2010, 114(51): 22462-22465.

[222] Sun S, Wu P. A one-step strategy for thermal-and pH-responsive graphene oxide interpenetrating polymer hydrogel networks[J]. Journal of Materials Chemistry, 2011, 21(12): 4095-4097.

[223] Jiang L, Fan Z. Design of advanced porous graphene materials: from graphene nanomesh to 3D architectures[J]. Nanoscale, 2014, 6(4): 1922-1945.

[224] Chen J, Sheng K, Luo P, et al. Graphene hydrogels deposited in nickel foams for high-rate electrochemical capacitors[J]. Advanced Materials, 2012, 24(33): 4569-4573.

[225] Li C, Shi G. Three-dimensional graphene architectures[J]. Nanoscale, 2012, 4(18): 5549-5563.

[226] Sheng K, Xu Y, Chun L I, et al. High-performance self-assembled graphene hydrogels prepared by chemical reduction of graphene oxide[J]. New Carbon Materials, 2011, 26(1): 9-15.

[227] Sui Z, Zhang X, Lei Y, et al. Easy and green synthesis of reduced graphite oxide-based hydrogels[J]. Carbon, 2011, 49(13): 4314-4321.

[228] Zhang X, Sui Z, Xu B, et al. Mechanically strong and highly conductive graphene aerogel and its use as electrodes for electrochemical power sources[J]. Journal of Materials Chemistry, 2011, 21(18): 6494-6497.

[229] Wu Q, Sun Y, Bai H, et al. High-performance supercapacitor electrodes based on graphene hydrogels modified with 2-aminoanthraquinone moieties[J]. Physical Chemistry Chemical Physics, 2011, 13(23): 11193-11198.

[230] Chen W, Li S, Chen C, et al. Self-assembly and embedding of nanoparticles by in situ reduced graphene for preparation of a 3D graphene/nanoparticle aerogel[J]. Advanced Materials, 2011, 23(47): 5679-5683.

[231] Pham H D, Pham V H, Cuong T V, et al. Synthesis of the chemically converted graphene xerogel with superior electrical conductivity[J]. Chemical Communications, 2011, 47(34): 9672-9674.

[232] Chen M, Zhang C, Li X, et al. A one-step method for reduction and self-assembling of graphene oxide into reduced graphene oxide aerogels[J]. Journal of Materials Chemistry A, 2013, 1(8): 2869-2877.

[233] Tien H N, Hien N T M, Oh E S, et al. Synthesis of a highly conductive and large surface area graphene oxide hydrogel and its use in a supercapacitor[J]. Journal of Materials Chemistry A, 2013, 1(2): 208-211.

[234] Li C, Bai H, Shi G. Conducting polymer nanomaterials: electrosynthesis and applications[J]. Chemical Society Reviews, 2009, 38(8): 2397-2409.

[235] Sheng K, Sun Y, Li C, et al. Ultrahigh-rate supercapacitors based on eletrochemically reduced graphene oxide for ac line-filtering[J]. Scientific Reports, 2012, 2: 247.

[236] Chen K, Chen L, Chen Y, et al. Three-dimensional porous graphene-based composite materials: electrochemical synthesis and application[J]. Journal of Materials Chemistry, 2012, 22(39): 20968-20976.

[237] Li Y, Sheng K, Yuan W, et al. A high-performance flexible fibre-shaped electrochemical capacitor based on electrochemically reduced graphene oxide[J]. Chemical Communications, 2013, 49(3): 291-293.

[238] Yang X, Qiu L, Cheng C, et al. Ordered gelation of chemically converted graphene for next-generation electroconductive hydrogel films[J]. Angewandte Chemie International Edition, 2011, 50(32): 7325-7328.

[239] Yang X, Zhu J, Qiu L, et al. Bioinspired effective prevention of restacking in multilayered graphene films: towards the next generation of high-performance supercapacitors[J]. Advanced Materials, 2011, 23(25): 2833-2838.

[240] Sun Y, Wu Q, Shi G. Supercapacitors based on self-assembled graphene organogel[J]. Physical Chemistry Chemical Physics, 2011, 13(38): 17249-17254.

[241] Zhou Q, Gao J, Li C, et al. Composite organogels of graphene and activated carbon for electrochemical capacitors[J]. Journal of Materials Chemistry A, 2013, 1(32): 9196-9201.

[242] Gun J, Kulkarni S A, Xiu W, et al. Graphene oxide organogel electrolyte for quasi solid dye sensitized solar cells[J]. Electrochemistry Communications, 2012, 19: 108-110.

[243] Nardecchia S, Carriazo D, Ferrer M L, et al. Three dimensional macroporous architectures and aerogels built of carbon nanotubes and/or graphene: synthesis and applications[J]. Chemical Society Reviews, 2013, 42(2): 794-830.

[244] Hu H, Zhao Z, Wan W, et al. Ultralight and highly compressible graphene aerogels[J]. Advanced Materials, 2013, 25(15): 2219-2223.

[245] Li W L, Lu K, Walz J Y. Freeze casting of porous materials: review of critical factors in microstructure evolution[J]. International Materials Reviews, 2012, 57(1): 37-60.

[246] Vickery J L, Patil A J, Mann S. Fabrication of graphene-polymer nanocomposites with higher-order three-dimensional architectures[J]. Advanced Materials, 2009, 21(21): 2180-2184.

[247] Qiu L, Liu J Z, Chang S L Y, et al. Biomimetic superelastic graphene-based cellular monoliths[J]. Nature Communications, 2012, 3: 1241.

# NANOMATERIALS
石墨烯：从基础到应用

# Chapter 4

# 第4章
# 石墨烯的电学性质

魏大程,蔡智
复旦大学高分子科学系

4.1 石墨烯的基本电学性质

4.2 对石墨烯电学性能的调控

4.3 石墨烯在电学方面的应用

2004年英国的Geim等人[1]利用胶带剥离高定向石墨，从中获得了稳定存在的二维石墨烯晶体，它的结构是由碳原子组成的平面蜂窝状结构，具有良好的导电性。原子在石墨烯中的排列方式与石墨中相同，碳原子以$sp^2$的杂化方式形成蜂窝状结构，每个碳原子与周围三个原子以共价键结合。C—C键长为142pm，键角为120°，剩余的p轨道电子与其他碳原子的剩余p电子形成大的共轭体系。因此，石墨烯也可以视为一个巨大的稠环芳烃。作为碳的同素异形体，石墨烯与富勒烯及碳纳米管的成键方式有重要的不同，其表现在石墨烯中C—C键为120°，键无张力，而富勒烯与碳纳米管中键角都小于120°，表现出一定的张力。石墨烯这种独特的结构又使其具有怎样特殊的电学性能呢？

## 4.1 石墨烯的基本电学性质

与六方氮化硼（h-BN）等其他大多数二维材料不同，石墨烯是带隙为零的半金属材料，单层厚度为0.335nm，这种特殊的性质取决于它特殊的能带结构。必须声明，完美无瑕的石墨烯是不存在的，实验中制备的石墨烯大都具有缺陷和存在其他的原子，如果改善制备方法与工艺，尽可能减少缺陷，将使其性质接近于理想石墨烯，而这里讨论的电学性质与能带结构针对于理想的石墨烯。

理想单层石墨烯的能带结构是锥形的，导带与价带对称地分布在费米能级（Fermi level）上下，导带与价带仅有一个接触点，这个点被称为狄拉克点（Dirac point）[图1.4（c）][2]。石墨烯与其他金属或半导体不同的是电子的运动在石墨烯中不遵循薛定谔方程，而是遵循狄拉克方程。导致这种不同的原因是：①石墨烯中的C—C键都有成键轨道与反键轨道，这两种轨道以石墨烯平面为对称面完全对称；② 每个π轨道之间相互作用形成巨大的共轭体系，电子或空穴在巨大的共轭体系中以非常高的速率（$v_F$约为$10^6 \mathrm{m \cdot s^{-1}}$）移动，电子行为类似于二维电子气，可视为质量为零的狄拉克费米子。

正是由于它特殊的能带结构，石墨烯中的载流子具有卓越的传输性能。载流子具有相当高的移动速度，故石墨烯表现出极高的电子迁移率。有实验表明，石墨烯在室温下电荷迁移率大于$15000 \mathrm{cm^2 \cdot V^{-1} \cdot s^{-1}}$，且它的迁移率基本不受温度影响，最高可达200000cm$^2$·V$^{-1}$·s$^{-1}$，是目前硅材料的100～1000倍。

石墨烯的电阻率约为10$^{-6}$Ω·cm，比目前已知的室温下电阻率最低的银（1.59×10$^{-6}$Ω·cm）还小，是目前室温下电阻率最低的物质。石墨烯中电子被限制在单原子层面上运动，室温下微米尺度内（约为300～500nm）的传输是弹道式的，不发生电子散射。单层石墨烯带隙为零，呈现半金属性质，通过施加栅电压可以使石墨烯的载流子在电子与空穴之间进行转换。

除此之外，石墨烯在室温下还表现出量子霍尔效应（quantum Hall effect）和自旋传输性质（spin transport）。在二维半导体中，电子被限制在一个平面内运动，在垂直层面的方向施加一个磁场，在层面中与电流相垂直的方向上出现电势差$V_H$，$V_H$称为霍尔电压，$R_H=V_H/I$为霍尔电阻。在经典的霍尔效应中，$R_H$随磁场磁感应强度$B$的增加而增加，两者是线性关系。1980年，冯·克利青在低温下测量二维材料的霍尔电阻时，发现$R_H$与$B$的关系在总的直线趋势中会出现一系列平台，平台处的$R_H=h/ie^2$，$i$在这里为正整数，$h$是普朗克常数，$e$为电子电量，这个现象称为整数量子霍尔效应。后来人们测量石墨烯的霍尔电阻时，发现$i$是一个分数，所以一般讲石墨烯具有分数量子霍尔效应。

目前，大部分电子元器件都是利用电子传输电荷的特性作为器件工作的基础。电子除轨道运动外，还有自旋运动。1980年，人们在固体器件中发现与电子自旋有关的电子输运现象，自旋电子学由此而发展起来。

利用自旋电子学制备的自旋晶体管，具有比金属氧化物晶体管（MOSFET）更优越的性能，但能应用于该领域的材料比较少，该类材料需具有较高的电子极化率和较长的电子松弛时间。石墨烯具有较弱的自旋-轨道耦合作用，即碳原子的自旋与轨道角动量的相互作用很小，这使得石墨烯的自旋传输特性可超过微米，电子自旋传输过程相对容易控制，所以石墨烯被认为是制造自旋电子器件的理想材料。

目前，石墨烯自旋电子器件的研究取得了一定的进展。2007年，Ohishi等人[3]通过非局域的四引线法，成功实现了室温下向石墨烯的自旋注入。2010年，加州大学河滨分校的Kawakami研究组[4]实现了石墨烯隧道自旋注入，该项研究是研发自旋计算机非常重要的一步。该研究组在石墨烯和铁磁电极之间引入一个几纳米厚的绝缘层"隧道结"，使得向石墨烯的隧道自旋注入效率大大提升，解决了铁磁电极向石墨烯电子自旋注入效率低和自旋寿命短的问题。

2011年，Andre Geim研究小组[5]发现石墨烯通电流时会产生磁化现象，石墨烯能有效传导电子自旋，产生的"自旋流"比其他材料要大，并且易于控制。他们认为石墨烯存在类似自旋霍尔效应的现象。自旋霍尔效应指非磁性导电材料通电时，会在垂直电流的方向上产生自旋流，即材料被磁化，磁化强度可通过改变电流强度来控制。该小组在石墨烯载流子密度为零的"狄拉克点"附近，加磁场和电流，发现石墨烯中沿着垂直电流的方向产生自旋流，自旋流能传递数微米的距离。该研究提供的机制有助于推动基于石墨烯的自旋电子器件的制备。

## 4.2 对石墨烯电学性能的调控

自石墨烯被发现以来，科学家们发现石墨烯具有较高电子迁移率的同时，单层石墨烯由于其导带与价带之间是接触的，使得石墨烯制成的器件的沟道不能够转换为闭合状态，即石墨烯应用在晶体管方面无法达到较大的开关比，而开关比是场效应晶体管非常重要的一个参数，显然它不利于石墨烯在逻辑电路领域的应用。由此人们进行了深入研究，发现石墨烯的带隙是能够调控的，在一定的手段下石墨烯可由带隙为零的半金属转变为半导体。因此如何"打开"石墨烯的带隙成了调控其电学性能的关键，方法大概可以分为三类。

### 4.2.1 通过物理的方法

#### 4.2.1.1 通过对双层石墨烯施加电场

与单层石墨烯相比，双层石墨烯能带结构有所不同。值得注意的是，以AB堆积方式形成反演对称的双层石墨烯仍然是零带隙的半导体，但是破坏这种反演对称性会诱导出一个带隙。有研究小组对外延生长的双层石墨烯表面一层进行化学掺杂时，观察到双层石墨烯出现了带隙[6]。

不加电场的情况下，双层石墨烯载流子激发与单层石墨烯类似，在低能量情

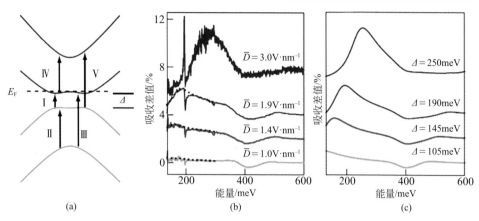

图4.1 （a）双层石墨烯施加电场之后带隙打开；（b）实验结果；（c）理论预测

况下两者中的载流子都可看成无质量的狄拉克费米子。两者的不同在于：单层石墨烯中电荷的能量正比于动量，而双层石墨烯中电荷的能量正比于动量的平方。因此理论预测若在垂直双层石墨烯的方向加一个足够强的电场，石墨烯可能会出现连续的大小可调的带隙[7,8]，而此预测也已被实验所证实。

Zhang等人[9]在给双层石墨烯施加一个垂直于原子平面的强电场时，发现其带隙打开的宽度大小与施加电场的强弱有关，实验表明在强场（$10^7$ V·cm$^{-1}$）作用下，带隙宽度$\Delta$可达到200～250meV，结果如图4.1所示。该研究小组将单层和双层石墨烯制成双栅结构的电子器件，上下分别为顶栅电极和背栅电极，它能够同时垂直于电场，独立调制石墨烯中的载流子密度。施加电压之后比较发现双层石墨烯能完成从零带隙到半导体的转变，而单层石墨烯的能带结构则无变化，这是由于单层石墨烯的载流子能谱是能量正比于动量，这与传统材料的电子能谱不同。

#### 4.2.1.2
#### 施加应力

人们在对碳纳米管的研究中发现，对碳纳米等施加应力能极大地改变其电子结构[10,11]。Minot等人[12]在研究中表明，应力能打开具有金属性质的碳纳米管的能带，每1%的拉伸应变打开的带隙宽度约为100meV。石墨烯作为单原子层厚度的纳米材料具有与碳纳米管十分相似的性质，于是人们合理地推测，单轴应变是否能改变石墨烯的电学性质。随后，理论计算研究了拉伸应变对石墨烯电子结构的影响，在不考虑电子相互作用的前提下，利用紧束缚模型来计算对石墨烯施加一个单轴拉伸应变之后的带隙，发现石墨烯的能带出现了"缝隙"，表明单轴应变极有可能打开单层石墨烯的能隙[13]。但该报道也指出存在的问题，即如果使石墨烯打开足够大的带隙，需要的应变要超过20%，这个问题在实际中是很难解决的。

Ni等人[14]将石墨烯转移到透明、柔性衬底PET上，通过单轴拉伸衬底给石墨烯施加一个约0.8%的拉伸应变，研究其拉伸后的拉曼光谱（Raman spectrum），发现石墨烯的特征峰2D峰和G峰分别红移27.8cm$^{-1}$和14.2cm$^{-1}$，表明对石墨烯成功地施加了单轴应变。第一性原理计算表明石墨烯发生1%的单轴应变时，它将会打开约300meV的能隙，这种方法比其他调控石墨烯能隙的方法更加有效和可控。

如图4.2（a）所示，$a_1$、$a_2$、$a_3$、$a_4$、$a_5$、$a_6$分别为不同应变程度石墨烯的拉曼谱图，分别为不施加应变、施加0.18%、0.35%、0.61%、0.78%应变和施加之后恢复原状。不施加时的位置在2710cm$^{-1}$，当应变为0.78%时，2D峰位置在2650cm$^{-1}$，峰位置发生了红移，这是由于碳碳键被拉长了。由图4.2（b）可以看出不论是单层还是三层石墨烯，2D峰波数随着应变的增大是逐渐减小的。

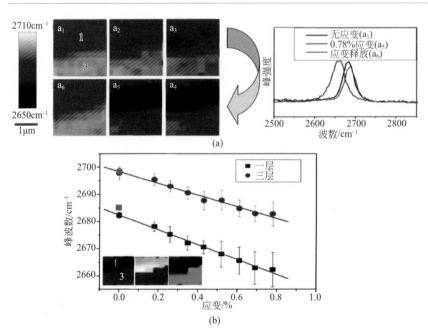

图4.2 （a）不同应变石墨烯的拉曼2D峰；（b）单层和三层石墨烯应变与2D峰波数关系

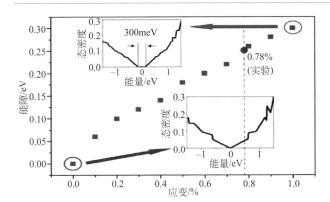

图4.3 石墨烯应变与能隙大小趋势

随后他们又通过第一性原理计算了不同应变下的能隙大小，结果如图4.3所示。图中显示的是石墨烯应变与能隙之间的关系，总的趋势是应变增大，能隙随着增大，右下方的小图表明不施加应变时石墨烯的能隙为零，左上方的图显示1%应变所对应的能隙大小为300meV，它是将所得的结果进行拟合得到的，所得实验结果也表明施加单轴应力确实能打开石墨烯的带隙。

## 4.2.2
### 通过化学的方法

既然石墨烯是一个零带隙的半金属，那为什么依然有极大潜力应用于电子器件？原因在于石墨烯的能带结构及载流子极性具有可调控性，同时石墨烯还具有高载流子迁移率。除了物理方法之外，利用化学方法制备石墨烯纳米带、化学掺杂、构建拓扑缺陷等也能有效地调控石墨烯的电学性能。

#### 4.2.2.1
##### 制备石墨烯纳米带

当石墨烯的宽度限制到100nm以下时，石墨烯可称为石墨烯纳米带（GNR），它是一维的碳材料。沿轴向将碳纳米管"切开"，就形成了石墨烯纳米带，根据边缘形状的不同可将之分为扶手椅型（AGNR）和锯齿型（ZGNR）石墨烯纳米带（图4.4）[15]，上下为锯齿型边缘，左右为扶手椅型，$L$为带宽，$a_0$为

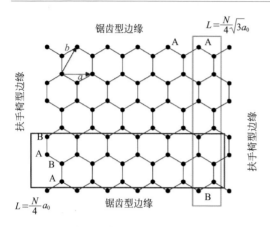

图4.4 石墨烯纳米带晶格结构及不同的边缘构型

碳碳键长度。由于纳米带宽度在纳米尺度，人们发现当带宽降到一定程度时，受量子限域效应限制，纳米带具有一定的带隙。

理论研究表明纳米带的电学性质与边缘的构型有关，其带隙灵活可调[16~18]，紧束缚模型认为锯齿型纳米带表现出金属性，它因边缘变化而具有的微弱带隙，密度泛函理论解释为是由于亚晶格势能的交错引起的[19]。但扶手椅型常表现为半导体性或零带隙，扶手椅型纳米带电学性质与其带宽密切相关，Brey等人[15]认为带宽$L=(3M+1)a_0$，且$M$为整数时，扶手椅型纳米导带、价带接触于一点，表现出金属性，否则会表现为有带隙的半导体，因此可通过获得不同宽度的纳米带对其能隙进行调控。

无论是哪种边缘构型的纳米带，其边缘上的碳原子都存在悬挂键，这种不稳定的结构易造成边缘结构重排，使得载流子迁移率下降，故往往需对边缘进行处理。Jaiswal等人[20]发现不同的边缘处理方式对纳米带的带隙具有较大影响，他们对纳米带进行氢化处理，处理时间不同，边缘分别得到$sp^2$和$sp^3$杂化方式，分析表明$sp^2$杂化方式没有打开带隙，而$sp^3$杂化使得纳米带从金属性转变为半导体性。此外，掺杂也会改变纳米带的能隙[21,22]，如对石墨烯进行B或N元素掺杂[23,24]，可使其具有p型或n型半导体性质。

由于石墨烯纳米带具有高电导率、高热导率、低噪声等特点，因此它有可能替代铜成为集成电路的连接材料。但实际中的石墨烯纳米带的形状不一定是规则的，轻微的边缘畸形也会影响纳米带的能隙，因此制备出理想的石墨烯纳米带是一个关键的问题，同时能将宽度控制在10nm以下也充满着挑战。

纳米带的制备方法主要可以分为三大类：机械剥离、等离子刻蚀和化学合成。一般来说机械剥离得到的纳米带宽度难以控制；刻蚀的方法较为实际，产量较机械剥离高；化学法主要包括化学气相沉积、有机合成等。

刻蚀方法中比较成功的制备纳米带的方法是将碳纳米管"切开"，斯坦福大学的Dai[25]研究小组利用氩等离子体刻蚀多壁碳纳米管（MWCNT），得到了宽度在10~20nm的高质量石墨烯纳米带。纳米带制备过程如图4.5所示，首先将碳纳米管溶液用超声简单分散，再沉积在硅片上，在碳纳米管表面旋涂300nm的PMMA，用KOH将PMMA与硅片剥离开，碳纳米管大部分表面嵌在PMMA中，只有一部分比较窄的表面没被PMMA包覆，再用氩等离子刻蚀碳纳米管未被包覆的部分，包覆的部分被PMMA保护起来，多壁碳纳米管表面会很快被刻蚀。生成的纳米带层数与刻蚀时间有关，时间短一些多生成双层和三层的纳米带，时间长易生成单层的纳米带。随后的拉曼与电学性能表征表明所制备的纳米带质量较高。

其他制备纳米带的方法也有报道，可采用光刻和等离子刻蚀的工艺将石墨烯片裁剪成纳米带，这类方法多采用纳米线或纳米球等模板进行制备。但所制备的纳米带的带宽和边缘光滑度受光刻工艺的分辨率所限，边缘往往比较粗糙。

Bai等人[26]利用SiO$_2$纳米线作为掩模板，成功制备出石墨烯纳米带，其流程如图4.6所示。先将石墨烯片转移到硅片上，再将有序的纳米线阵列分散到石墨烯上，接着采用氧等离子刻蚀的方法将暴露出的石墨烯刻蚀掉，从而制备出不同

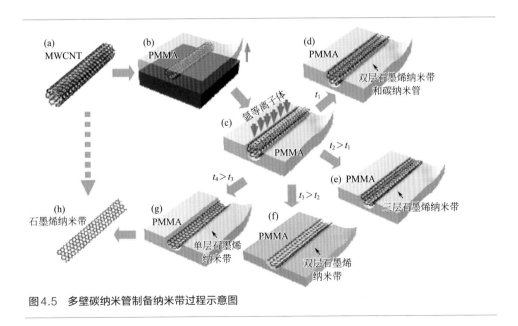

图4.5　多壁碳纳米管制备纳米带过程示意图

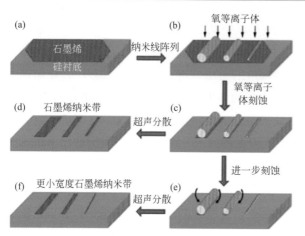

图4.6 纳米线为掩模板制备纳米带示意图

宽度的纳米带。其宽度与纳米线的直径和刻蚀时间有关，在一定时间范围内，刻蚀时间越长，所得到的纳米带的宽度越窄。

虽然刻蚀法制备的纳米带质量高、杂质少、带宽小、电学性能好，但难以实现大规模的制备，且边缘构型和尺寸也不可控，故化学法也受到了相当的关注。可以采用化学气相沉积（CVD）法生长几层至几十层厚度的纳米带，宽度一般在几十到几百纳米之间，亦可以超声分离插层石墨烯得到纳米带。Wei等人[27]利用模板通过CVD法制备了形貌可控的少层纳米带，其过程如图4.7所示。首先在硅衬底上放置ZnS纳米带作为模板，甲烷作为碳源，低压下在ZnS纳米带上催化生长石墨烯纳米带，最后将ZnS进行酸处理，使石墨烯纳米带剥离下来，纳米带的层数取决于甲烷流速和沉积时间，适当控制这两个条件可得到宽度较窄的纳米带。

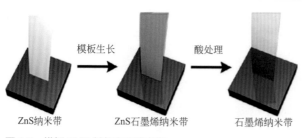

图4.7 模板CVD制备少层纳米带

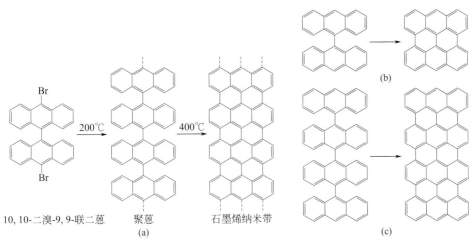

图4.8 联二蒽反应制备石墨烯纳米带

制备宽度超窄的石墨烯纳米带也可以通过有机合成的方法来实现,Cai等人[28]以二溴联二蒽(DBBA)作为前驱体,在高真空条件下,于Au(111)衬底上生长纳米带。所得到的产物是单原子层,纳米带的宽度可达10nm以下,反应如图4.8(a)所示,分为两步:单体脱溴聚合形成聚蒽;聚蒽脱氢环化形成纳米带。

Björk等人[29]则通过理论研究了上述合成方法中控制脱氢环化的协同效应以及Au(111)晶面对反应的影响。他们发现联二蒽脱氢环化有两种形式,如图4.8(b)和(c)所示,分别为单体间脱氢环化[图4.8(b)]和二聚体间脱氢环化[图4.8(c)]。单体间的脱氢环化为放热反应,氢碳比例较大,生成的纳米带与基板结合较牢;后一种方式刚好相反。他们还发现Au(111)不仅作为反应的场所,还在反应中起着催化作用。Au(111)衬底可以有效地吸附氢原子,降低脱氢反应的能垒;另外,衬底上的碳原子具有足够的结合能,难以形成C—Au—C键而影响脱溴反应。虽然通过这种方法可以制备10nm左右的石墨烯纳米带,但是该法产量低,难以实现大规模的制备。

#### 4.2.2.2
化学掺杂

前面提到的石墨烯纳米带是宽度为几纳米到几十纳米的条状石墨烯,既然石墨烯纳米带能够有效地调控石墨烯的能带结构,那为什么还要研究化学改性的方法?原因在于:石墨烯纳米带的电学性能易受边缘手性及吸附物质的影响,导致性能不稳定；此外制备石墨烯纳米带的工艺要求较高，这极大地限制了石墨烯纳米带的应用，因此化学掺杂是一种较为实际有效的手段。

但石墨烯的结构较稳定，不易被破坏，使用一般的手段难以对它进行掺杂。之前有相关理论计算表明，对石墨烯晶格中的碳进行硼原子或氮原子替代可以有效地使石墨烯成为p型或n型半导体。随后在Wei等人[30]的实验中证实了这种可能性。该研究小组利用CVD法，以甲烷和氨气为碳源和氮源，800℃下在铜表面生长出氮掺杂的多层石墨烯，拉曼光谱显示大多数为多层石墨烯，只有较少量的单层石墨烯。X射线光电子能谱（XPS）结果如图4.9（a）、（b）、（c）所示，在氮原子的掺杂量为8.9%时，产物主要是石墨氮的形式。随后的电学测试表明，氮掺杂的石墨烯表现出与氮掺杂的碳纳米管相似的n型半导体特性，这表明掺杂可以改变石墨烯的电学性质。

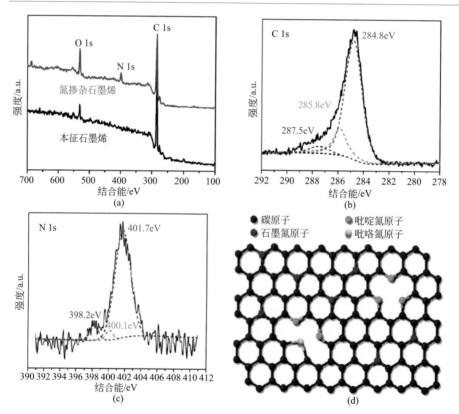

图4.9 （a）剥离石墨烯和氮掺杂石墨烯的XPS图；(b) C 1s的XPS谱图；(c) N 1s的XPS谱图；(d) 氮掺杂石墨烯的示意图

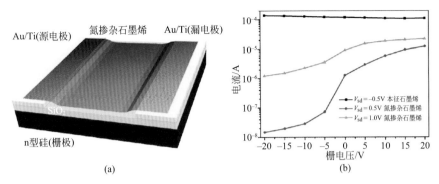

图 4.10 氮掺杂石墨烯场效应晶体管示意图及测量结果

器件结构如图 4.10（a）所示，根据转移特性曲线[图 4.10（b）]，经过计算，得到掺氮的石墨烯载流子迁移率大概在 200 ~ 450 $cm^2 \cdot V^{-1} \cdot s^{-1}$。

上述方法需要通过化学气相沉积来实现，Li 等人[31]则通过将氧化石墨烯（GO）与 $NH_3$ 反应来制备掺氮石墨烯，如图 4.11（a）所示。他们将 GO 置于 $NH_3$ 中加热，$NH_3$ 与 GO 中的含氧官能团反应，生成吡啶氮和氨基氮掺杂的石墨烯，同时 GO 被还原。在 500℃下退火氮含量可达到 5%，当退火温度升至 900℃时掺杂浓度可以稳定维持，图 4.11（b）所示的 XPS 谱图中仍然有两种成键方式的氮元素的峰，即 398.2eV 和 401.1eV。电学测试证明氮掺杂还原氧化石墨烯（RGO）的电导率比氢还原的 RGO 的高，如图 4.11（c）所示，退火处理之后的 RGO 狄拉克点往负栅压方向移动，这证明对 GO 进行了 n 型掺杂。

除了对石墨烯进行 n 型掺杂之外，还可以进行 p 型掺杂，由于硼是缺电子元素，可预料到掺杂之后，石墨烯可能具有 p 型半导体性质。在实验中 Panchakarla 等人[32]用石墨作电极，在氢气、氦气及乙硼烷的气氛中通过电弧放电法，制备出了硼掺杂石墨烯，掺杂水平可达到 1.2% ~ 3.1%，拉曼光谱表明 D 峰与 G 峰的比值（$I_D/I_G$）比掺杂之前大，且 G 峰往高频率方向移动。电学测试表明掺杂之后的石墨烯电导率更高，通过计算之后发现费米能级在狄拉克点下方 0.65eV 处，这说明对石墨烯进行了 p 型掺杂。

随后，Ci 等人[33]在作为催化剂的铜箔的表面上，以 $CH_4$ 和 $NH_3$-$BH_3$ 作前驱体，生长出含 B、C、N 三种元素的薄膜，薄膜包含随机分布的 h-BN 和石墨烯两种晶区，并且可以通过调节前驱体的浓度比值来调控 h-BN 和石墨烯的含量，从而获得了不同带隙的 BCN 薄膜，使其在电学应用方面展现出一定的潜力。

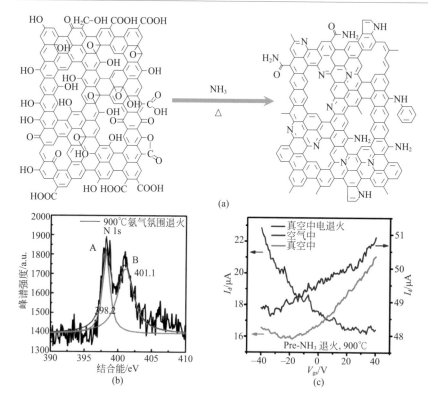

图4.11 （a）$NH_3$还原GO示意图；（b）900℃时氮掺石墨烯XPS谱图；（c）不同条件下的GO转移曲线

上面所提到的方法都是替代掺杂的方法，即用另一种元素取代石墨烯中碳原子的位置，我们还可以通过表面掺杂来调控石墨烯的电学性质。表面掺杂主要是在石墨烯表面吸附一些分子（电子给体或受体），使其与石墨烯之间发生电荷的转移，从而达到调控的目的。

Geim等人[34]研究石墨烯表面吸附不同分子时发现，吸附$NO_2$后其电阻大幅度减小，如图4.12（a）所示，且增大掺杂浓度时器件转移曲线的最低点（狄拉克点）往正栅压方向移动[图4.12（b）]，说明$NO_2$对石墨烯有p型掺杂的作用。器件加热到150℃退火时，转移曲线又恢复到初始，此时$NO_2$从石墨烯表面脱附下来。之所以存在这种掺杂效应，是由于$NO_2$的费米能级在石墨烯狄拉克点下方的0.4eV处，电子从石墨烯流入$NO_2$，空穴从$NO_2$注入石墨烯，因此$NO_2$表现为强电子受体。

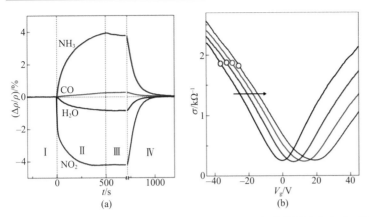

图4.12 （a）吸附不同分子时石墨烯电阻率变化图；（b）增大掺杂度时器件转移曲线变化图

石墨烯也可以被衬底如$SiO_2$[35]或SiC[36]所掺杂，掺杂水平依赖于石墨烯与衬底间相互作用的大小，因此选择合适的衬底对于构建石墨烯器件很重要。

### 4.2.2.3
构建拓扑缺陷

石墨烯由于零带隙的原因，生产实际中在室温下不能作为高效晶体管材料，此前提到过采用制备GNR的方法，但纳米带器件往往具有较低的驱动电流或跨导，更重要的是GNR要求边缘构型非常有序，而构建边缘有序的石墨烯纳米带仍然是一个有巨大挑战性的难题。因此有人从构建拓扑缺陷的角度去尝试调控石墨烯的电学性质。

Bai等人[37]设计出一种新的石墨烯纳米结构——石墨烯纳米网（graphene nanomesh，GNM），为打开石墨烯的能隙提供了一种新的思路，具体流程如图4.13所示。该研究小组将所制备的石墨烯纳米网搭组成场效应晶体管，对其场效应进行了研究，器件结构、扫描电子显微（SEM）图及转移特性曲线分别如图4.14（a）、（b）、（c）所示。对其沟道电流进行测量，发现在源漏电压及扫描栅压相同时，其"开""关"电流与纳米网颈宽（相邻孔之间边缘最短距离）相关，颈宽（neck width）越小，开关比越大，表明其半导体性也越强，当颈宽为7nm时，开关比可达到100 [图4.14（c）]，此时的"开"态电流较完整的石墨烯只降低了约1～2个数量级。他们发现在PMMA所占的体积比一定时，可以通过改变嵌段共聚物的分子量，得到不同孔径的纳米孔，从而实现其孔径与颈宽的可控制备。

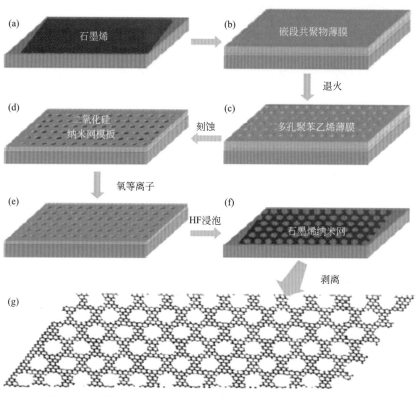

图4.13 构造GNM的流程图

(a)覆盖有石墨烯的硅片;(b)蒸镀一层$SiO_2$,再旋涂一层$p$(S-$b$-MMA)嵌段共聚物;(c)退火后在PS薄膜中形成六方结构的PMMA区域;(d)$CHF_3$刻蚀掉六方形状的PMMA及下层对应的$SiO_2$区域,形成纳米孔;(e)等离子刻蚀;(f)HF将$SiO_2$刻蚀掉;(g)剥离

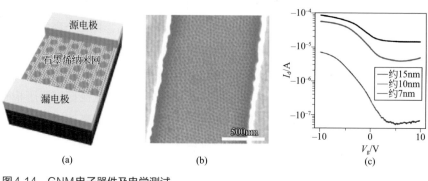

图4.14 GNM电子器件及电学测试

## 4.2.3
### 通过构建异质结的方法

普通的p-n结采用不同的掺杂工艺,通过扩散作用,将p型和n型半导体结合到一块半导体材料中,在两种半导体界面处就会形成空间电荷区,这样的结构也可以称为同质结。而异质结是在两块或两块以上的半导体材料中,两块半导体可同为n型或p型,也可是不同极性。根据异质结中半导体材料的导电类型可以分为同型异质结和反型异质结,同型异质结是由导电类型相同的材料组成,比如同是n型或p型,反型则为一个p型、一个n型,如p型Ge与n型GaAs。

由于异质结由不同的半导体材料复合在一起,较单一的半导体材料电学性能会有不同,它有以下基本特性:①两种半导体介电常数不同,界面处于热平衡时,异质结能带不连续,会出现凹口和尖峰;② 两种材料由于存在晶格匹配的问题,会出现晶格失配,在界面处会形成悬挂键,导致复杂的异质结界面态;③异质结具有较高的迁移率;④异质结有较高的注入比,可提升晶体管的频率。

前面提到打开石墨烯带隙的方法如制备双层石墨烯、纳米带,化学掺杂,施加应力等,但这些方法在不降低石墨烯电学性能的前提下,很难大幅提升场效应晶体管的开关比。

基于此,Britnell等人[38]依据量子隧穿效应设计了一种场效应晶体管,他们用厚度约1nm的h-BN或者硫化钼($MoS_2$)作为隧穿势垒,器件结构示意图如图4.15(a)所示。他们先将机械剥离的h-BN转移到硅片上,h-BN表面很平滑,可作为底部封装层,将石墨烯($Gr_B$)通过干法转移到h-BN上,再通过电子束曝光和热蒸镀镀上金属电极,随后通过相同的转移方法转移几个原子厚的BN到器件上,这一层BN作为电荷隧穿势垒,顶部的石墨烯($Gr_T$)和BN通过相同的步骤转移上去。

当不施加栅压($V_g$)时,上下两层石墨烯能带结构如图4.15(b)所示,栅极加电压时,石墨烯载流子浓度增大,能带结构如图4.15(c)所示,此时无隧穿电流;除了施加栅压外,在$Gr_B$和$Gr_T$之间施加一个偏压$V_b$时,能带结构如图4.15(d)所示,此时两种石墨烯之间电荷会越过势垒,产生隧穿电流。分析结果显示,$V_g$较大(约300V)且硅片质量较好时,可能获得较高的开关比(>$10^4$)。

隧穿电流的大小与隧穿势垒$\Delta$的大小有关,他们随后用$\Delta$较小的$MoS_2$作势垒,代替中间的h-BN,$MoS_2$层数为6层时,输出曲线如图4.16(a)所示。从图4.16(b)中可看出器件开关比接近$10^4$,此时的栅压仅为55V。

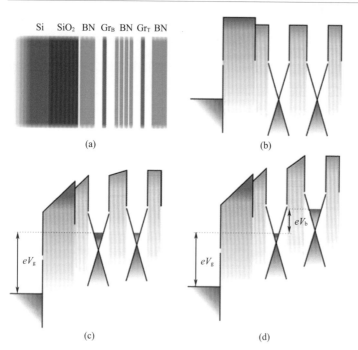

图4.15 石墨烯异质结场效应晶体管

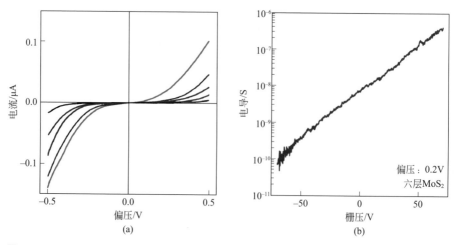

图4.16 石墨烯-硫化钼异质结器件
（a）输出曲线；（b）转移特性曲线

## 4.3 石墨烯在电学方面的应用

微电子技术是基于固体物理、器件物理和纳米电子学理论及方法，利用微纳加工技术在半导体材料上实现小型固体电子器件和集成电路的一门科学，其中半导体集成电路及相关技术是核心。目前硅作为半导体产业的基础原料，被大量应用于集成电路的基质，然而随着微电子器件的特征尺寸从微米到纳米级别的方向发展，集成度进一步扩大，传统的硅半导体的性能将达到极限，这是由于硅材料的加工极限一般认为在10nm，受物理原理的制约，小于10nm后硅半导体产品性能将不稳定，且无法达到更高的集成度。

在传统硅半导体材料面临无法胜任的窘境时，石墨烯以其独特且优异的载流子输运特性、电学性能可调控的优点，有望成为下一代集成电路的基础材料；也因其具有良好的透光性和导电性的优点，使得它在光电透明电极与太阳能电池方面同样表现出极大的应用潜力。下面分别从场效应晶体管（FET）、高频器件、逻辑电路、传感器、存储器件、透明电极、光电探测器、量子点器件等方面来介绍石墨烯潜在的电学应用。

### 4.3.1 石墨烯场效应晶体管

一个晶体管如图4.17所示，包括以下几部分：栅极（gate）、沟道（channel）、连接沟道的源漏电极（source and drain electrodes）和介电层（dielectric layer）。栅极目前主要是硅，也可以是其他的导体如Pt、Al、Au等，它的作用是调控半导体材料的载流子浓度，沟道由半导体材料组成，介电层起阻隔栅极与沟道的作用。

表征场效应晶体管性能的基本参数为阈值电压（threshold voltage）、迁移率 $\mu$ 和开关比（on/off ratio，$I_{on}/I_{off}$）。阈值电压 $V_T$ 是使沟道从不导电状态转为导通时所加的栅极电压大小，一般来说 $V_T$ 越低越好，表明器件可以在较低的电压下工

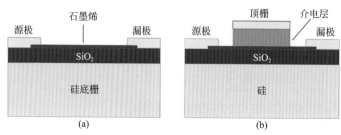

图4.17 场效应晶体管示意图
（a）底栅FET；（b）顶栅FET

作，这在实际中有利于降低能耗。影响阈值电压大小的因素有半导体与介电层，如$SiO_2$界面之间的电荷密度、电极与沟道的接触情况及是否存在内建沟道。

场效应迁移率指在单位电场作用下，电子或空穴载流子的平均移动速率，反映了载流子在半导体中的传输能力，决定了器件的开关速率。

开关比则为晶体管在"开"态与"关"态时的沟道电流之比，比值越大表明材料所具有的半导体性越显著，导带与价带之间的能隙越大。一般地，石墨烯具有较高迁移率，但其开关比较低。

#### 4.3.1.1
#### 底栅石墨烯场效应晶体管

2004年Geim和Novoselov等人[1]用胶带机械剥离高定向热解石墨（HOPG），所剥离的石墨烯［图4.18（a）］厚度在3nm左右，制备了如图4.18（e）所示的晶

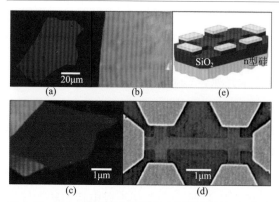

图4.18 （a）机械剥离石墨烯的光学显微镜图；(b)，(c)剥离石墨烯的AFM图；(d)器件SEM图；(e)器件结构

体管，二氧化硅层厚度在300nm左右，图4.18（b）和（c）为石墨烯的原子力显微镜图（AFM），图4.18（d）为器件的SEM图。

器件制备过程为：在有样品的硅片上涂上一层光刻胶，再利用电子束光刻技术（EBL）在光刻胶上打上图案，再将金电极蒸发到图案上，紧接着通过剥离工艺洗去多余的光刻胶完成电极的制备。图4.18（d）中间条带状的为石墨烯条带，这是用等离子将不规则的石墨烯刻蚀成一定形状的石墨烯带。通过一系列的测试，计算室温下所得的载流子迁移率 $\mu$ 约为 $10000 cm^2 \cdot V^{-1} \cdot s^{-1}$。

### 4.3.1.2
#### 顶栅石墨烯场效应晶体管

一般来说，在实际的集成电路中应用的是顶栅场效应晶体管，这是因为底栅极只能控制集成电路中数目众多的晶体管同时关或开，而无法实现对某一个晶体管独立的开关控制，从这一点看顶栅较底栅器件更有实际应用意义。但由于材料与顶栅之间需引入一层介电层，使得引入的散射源增加，故一般石墨烯顶栅极晶体管场效应迁移率要比底栅极低，通常顶栅介电层为 $Al_2O_3$、PMMA、$Si_3N_4$ 和 $HfO_2$ 等。

2007年Lemme等人[39]报道了第一个石墨烯顶栅晶体管，他们首先在有单层石墨烯的硅片上搭上金电极，再依次镀上介电层 $SiO_2$ 和顶栅极Au电极，器件如图4.19（a）所示。图4.19（b）为顶栅和底栅石墨烯场效应晶体管（GFET）的转移曲线图，发现引入顶栅后沟道电流有明显的降低，经过计算在相同的栅压时，空穴迁移率 $\mu_h$ 从 $4790 cm^2 \cdot V^{-1} \cdot s^{-1}$ 降到 $710 cm^2 \cdot V^{-1} \cdot s^{-1}$，电子迁移率 $\mu_e$ 从 $4780 cm^2 \cdot V^{-1} \cdot s^{-1}$ 降到 $530 cm^2 \cdot V^{-1} \cdot s^{-1}$。

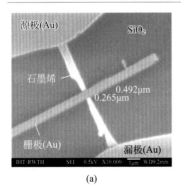
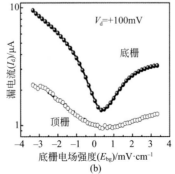

图4.19 （a）顶栅石墨烯晶体管SEM图；（b）顶/底栅GFET转移特性曲线

若要制备出迁移率较高的顶栅器件，需对介电层进行一定的处理，同年Williams等人[40]制备了用$NO_2$功能化的$Al_2O_3$作为顶栅介电层的石墨烯器件，在4.2K时，所测的载流子迁移率高达7000$cm^2 \cdot V^{-1} \cdot s^{-1}$，与Lemme等人以$SiO_2$作为顶栅介电层的器件相比有了大幅度提升。

为制备具有高迁移率的石墨烯顶栅器件，应注意两点，即在石墨烯上沉积高介电常数（dielectric constant）的绝缘材料和减小石墨烯与绝缘层界面间的电荷密度。一般，沉积介电层可用原子层沉积法（atomic layer deposition，ALD），ALD对于沉积高介电常数的氧化物是一个比较好的方法，它能精准控制介电层的厚度与均匀性。但用基于水作氧化剂的ALD方法在石墨烯表面直接沉积$Al_2O_3$/$HfO_2$几乎不可能，因为石墨烯表面是疏水的。

为此，Kim小组[41]采用电子束蒸发的方法先在石墨烯表面沉积一层1～2nm的Al，再在上面用ALD沉积一层$Al_2O_3$，制备成顶栅器件。XPS结果显示作为成核点的Al在空气里很快被完全氧化。随后的电学性能测量显示，覆盖的$Al_2O_3$层并没有使GFET的电学性能衰退，室温下载流子迁移率达到8000$cm^2 \cdot V^{-1} \cdot s^{-1}$，有效地保持了石墨烯的高迁移率。

### 4.3.1.3
#### 悬浮石墨烯场效应晶体管

由于石墨烯与衬底接触会受到带电杂质、表面极性声子等的散射作用，使得所测的石墨烯载流子迁移率较实际有很大的下降。为了消除所有与衬底有关的散射，2008年Bolotin等人[42]设计了一种悬浮的石墨烯晶体管来测本征迁移率（图4.20），即石墨烯不与硅衬底接触。他们利用这种方法测出了机械剥离单层石墨烯的超高电子迁移率，电子密度为$2 \times 10^{11} cm^{-2}$时，电子迁移率超过200000$cm^2 \cdot V^{-1} \cdot s^{-1}$，较有衬底的晶体管其迁移率提高了10倍，表明非悬浮的器件中由于杂质引起的散射是限制电荷传输性能的主要原因。

器件具体制备方法是：选择一块形状接近矩形的剥离石墨烯，这里没有用氧等离子体去裁剪出规则的形状，是为了不引入可能带来的缺陷；紧接着用电子束曝光（EBL）打出电极图案，热蒸发镀上金电极；再将器件放入1∶6的氢氟酸缓冲溶液中刻蚀90s，AFM结果显示将300nm $SiO_2$刻蚀掉150nm，器件结构如图4.20（d）所示。

总地来说，单纯的GFET具有较高的迁移率，表明电子或空穴传输性能好，但GFET的开关比较小，在1～10左右，远远达不到作为半导体材料（开关比至

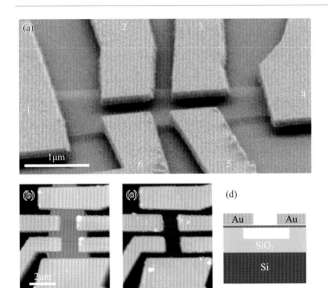

图4.20 悬浮石墨烯场效应晶体管

(a) SEM图;(b) AFM图;(c) 刻蚀之后的器件AFM图;(d) 器件结构示意图

少$10^4$)的要求,这是因为石墨烯是一个带隙为零的半金属材料。这也是石墨烯目前无法应用于逻辑电路的晶体管的一个重要原因,制备晶体管时应在保证具有较大迁移率的同时,提升它的开关比。此外,CVD生长的石墨烯由于存在缺陷、晶界、褶皱等,转移过程也会引入杂质,这些因素影响了其电荷传输的效率,使得CVD石墨烯晶体管的载流子迁移率较机械剥离的低。

## 4.3.2
### 石墨烯高频器件

石墨烯因其超高的载流子迁移率,能使晶体管运行时具有极高的频率[43~45],因此在高频晶体管器件方面也表现出巨大的潜力。IBM公司的Lin等人[44]制备了2in的晶圆状石墨烯顶栅高频晶体管,如图4.21(a)所示,顶栅长度为240nm,截止频率$f_T$高达100GHz,该频率值超过相同栅极长度的硅基金属氧化物半导体晶体管的截止频率(约40GHz),表明石墨烯在高频电子器件方面具有极高的应用潜力。

石墨烯的制备采取了与微电子兼容的工艺,即碳化硅(SiC)外延生长法,采用的热退火温度为1450℃。在沉积介电层$HfO_2$之前，先于石墨烯上旋涂一层界面聚合物，以便于介电层的沉积[46]。

图4.21（a）是一个FET阵列，栅极长度可变化，最短为240nm。图4.21（b）左边是FET的转移特性曲线，右边是跨导与栅压的关系，跨导近似于一个常数，经测定，电子载流子密度为$3×10^{12} cm^{-2}$，霍尔迁移率为$1000 \sim 1520 cm^2·V^{-1}·s^{-1}$，从图中可看出狄拉克点在栅压为负的位置$V_g < -3.5V$。图4.21（c）是在不同栅压下的FET输出特性曲线，与传统的硅基半导体晶体管有明显的区别，漏极电压加到2V时，沟道电流还未出现饱和的现象，这是由于石墨烯是零带隙的半金属材料，电阻始终呈现线性的关系。图4.21（d）是电流增益$|h_{21}|$（小信号漏极与栅极电流的比值）与频率的关系图，$|h_{21}|$通过测量散射参数$S$来获得，当$|h_{21}|$为1时，此时的频率为器件截止频率。

除了电流增益之外，FET还包括功率增益，功率增益对应的频率为最高振荡频率$f_{max}$，当栅极长度分别为550nm和240nm时，$f_{max}$分别为14GHz和10GHz，这远远小于传统硅基晶体管的$f_{max}$（约330GHz）[47]。但其100GHz的截止频率超过

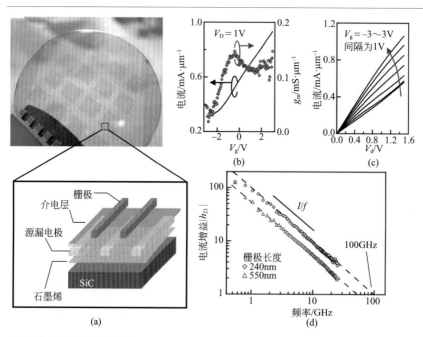

图4.21　石墨烯高频晶体管

（a）2in石墨烯顶栅FET；（b）转移特性曲线；（c）不同栅压下的输出特性曲线；（d）不同栅长时电流增益随频率变化曲线

了传统硅基FET的截止频率，而随后的一些研究工作也制备出了更高截止频率和振荡频率的晶体管，显示出石墨烯应用在高频器件方面的可能性。

在2010年"Nano Letters"的一篇报道中，Bai等人[48]采用自对准的方法（self-aligned approach）制备了沟道长度100nm以下的石墨烯晶体管，该研究小组用高掺杂的氮化镓（GaN）作为器件的栅极，沟道长度由纳米线的尺寸决定。该法制备的器件确保了石墨烯的高迁移率和源极、漏极及栅极之间的完美对齐。栅极长度为45～100nm时，器件的跨导（源漏电流对栅压的求导，即$dI_d/dV_g$）超过$2mS\cdot\mu m^{-1}$，能与相同沟道长度的高电子迁移率的晶体管相比。器件表征指明载流子转变时间为120～220fs，截止频率在700～1400GHz，表现出石墨烯在制备太赫兹器件方面的巨大潜力。

图4.22所示为器件制备的示意图，图4.22（a）中将n型GaN纳米线通过干法转移置于单层石墨烯上，再通过EBL和蒸镀沉积上Ti/Au（50nm/50nm）电极[图4.22（b）]，接着沉积10nm厚的铂（Pt）薄膜于GaN两侧[图4.22（c）]，两侧的铂被GaN隔开[图4.22（d）]，于是就形成了自对准的源漏电极，沟道的长度取决于纳米线剖面的宽度。石墨烯与GaN的界面形成了一个类似肖特基的势垒[图4.22（f）]，从而防止石墨烯与栅极之间的漏电情况，界面作为一个高介电常数（$k\approx10$）的介电层，而且介电层的厚度可通过控制GaN的掺杂水平来控制。另外，Pt源漏电极与GaN之间也可以形成肖特基势垒，以防止源漏极与栅极之间的漏电。

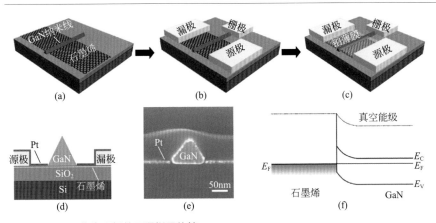

图4.22 GaN作为顶栅的石墨烯晶体管

（a）GaN纳米线置于石墨烯上；（b）沉积源极、漏极和栅极；（c）蒸镀Pt电极；（d）晶体管剖面图；（e）SEM图；（f）石墨烯与GaN纳米线能级图

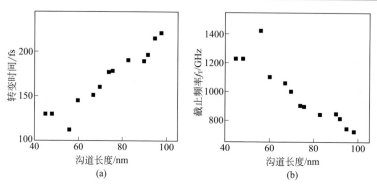

图4.23 （a）转变时间与沟道长度的关系；（b）截止频率与沟道长度的关系

通过计算器件的跨导，从而计算出载流子的转变时间，图4.23（a）为载流子转变时间与沟道长度的关系图，转变时间τ与截止频率$f_T$存在以下关系[49,50]：$f_T=1/(2\pi\tau)$，从而计算出截止频率。图4.23（b）为截止频率与沟道长度的关系，可以看出沟道长度越短截止频率越高这样一个趋势，$f_T$为700～1400GHz。沟道长度为90nm时，$f_T$约840GHz，是相同沟道长度的硅MOSFET（约200GHz）的四倍。

### 4.3.3
### 石墨烯逻辑电路

前面提到过打开石墨烯能带的方法如制备石墨烯纳米带、施加电场、化学改性等，但是这些方法（除了化学改性）目前为止打开的带隙不超过360meV，这使得石墨烯应用于逻辑器件的开关比不超过$10^3$，远远达不到逻辑器件所需的开关比（$10^6$），而化学改性的方法又大大降低了石墨烯的迁移率。因此，仅从这些方法入手还不够，还应从器件的结构入手，设计出新的结构来解决开关比低的问题，同时又不影响迁移率。

2012年三星公司的Yang等人[51]在"Science"上的一篇报道刊载了6in的石墨烯逻辑电路，他们利用单个可调势垒的石墨烯晶体管制备了该逻辑电路，包含2000个晶体管单元，这些单元同时包括n型和p型的石墨烯晶体管。通过调控栅压来控制石墨烯-硅肖特基势垒，从而实现器件电流比较大的调制，开关电流比可达$10^5$，接近逻辑电路所需要的开关比。

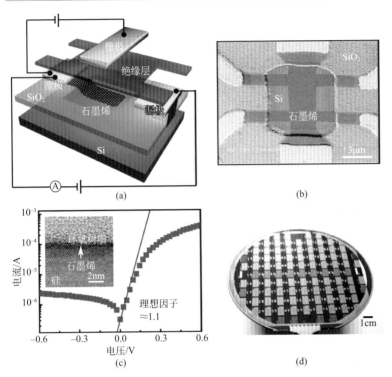

图4.24 石墨烯逻辑电路

(a) 石墨烯-硅肖特基晶体管示意图；(b) 不加顶栅的晶体管SEM图；(c) 石墨烯-硅肖特基输出曲线；(d) 直径6in逻辑电路图

他们模仿三极管的结构制备了具有三端结构的晶体管，结构如图4.24（a）所示。图4.24（b）是不加顶栅时的器件SEM图，单层石墨烯与源极相连，硅与漏极相接，石墨烯与硅界面处形成一个肖特基势垒，与n型硅接触的石墨烯形成了n型掺杂，与p型硅接触使之p型掺杂，从而出现了两种类型的石墨烯。图4.24（c）是石墨烯-硅肖特基的输出曲线，当电压为负时电流较小，电压为正时电流较大，表明该器件具有二极管的整流特性。石墨烯与硅的界面是一个平滑整齐的界面，如图4.24（c）中小图所示，这样使得缺陷及氧化硅等电荷捕获位点尽可能少。图4.24（d）是直径为6in的石墨烯逻辑电路，它通过转移CVD石墨烯到图案化的硅片上来实现晶体管的集成，其中具有2000个晶体管单元。

石墨烯费米能级可通过顶栅来控制，表现为它的功函数可调，这样就使得肖特基势垒的高度可调节，从而实现对沟道电流较大范围的调控。图4.25是石墨烯-p型硅在不同栅压下的输出曲线，栅压-5～5V，阈值电压0～1.3V，超过阈值电压后,电流显著增大,表现出整流特性,不同栅压下电流增长幅度不同,说明石墨烯-硅肖特基势垒高度 $\varphi_b$ 可被栅压调控。小图显示的石墨烯-n型硅输出曲线也表现出了类似的行为。

图4.26(a)是p型石墨烯在不同栅压下的输出曲线,图中黑色箭头方向是栅压增大的方向,当源漏偏压为负,负电压较大时电流趋于饱和状态,开关电流比仅为300。施加正向偏压时,随着栅压的增大电流没有出现饱和的现象。图4.26(b)为器件的转移特性曲线,固定偏压为0.3V,栅压 $-3 \sim 3$V,此时的开关电流比为 $10^5$,而且器件开关比与电流密度可以通过完善的半导体制备工艺来提升,表明了石墨烯应用于逻辑器件的可能性。

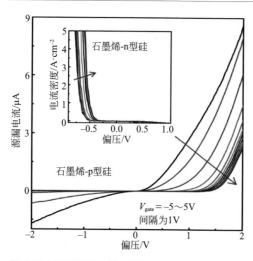

图4.25 不同栅压下的石墨烯-硅异质结输出特性曲线

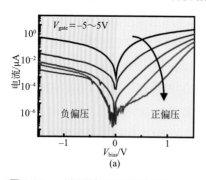
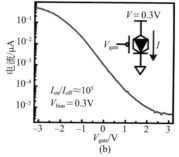

图4.26 p型石墨烯FET特性曲线
(a)不同栅压下的输出曲线;(b)转移特性曲线

## 4.3.4
## 石墨烯传感器

### 4.3.4.1
### 石墨烯气体传感器

石墨烯具有较大的比表面积,它的表面容易吸附一些分子如$NO_2$、$CO_2$、$NH_3$、卤素等,气体传感器之所以能检测目标分子在于石墨烯表面吸附气体分子后其导电性发生变化。

化敏传感器是被广泛研究的一类气体传感器,气体分子被传感层吸附后,测量传感层的电阻变化,从而用来检测目标分子。这种类型的传感器具有制备简单和可以直接测量的优点,各种电阻型气体传感器的器件结构如图4.27所示[52]。图4.27(a)[53]所示是一个四电极的气体传感器图,一个微型的加热台被引入到器件中,用于控制传感温度,他们设计的这种传感器可用来检测$NO_2$、$NH_3$和二硝基甲苯,传感性能受温度的影响较大。

场效应晶体管同样可应用于气体传感,这种类型的传感器源漏电流依赖于栅

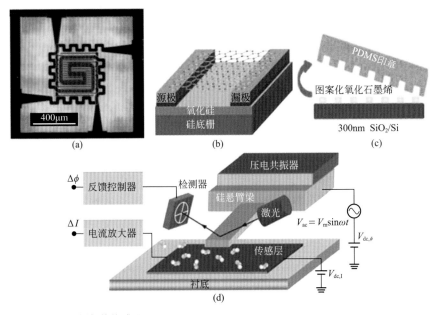

图4.27 石墨烯气体传感器

压的调控，电流同时也会因吸附了目标分子而改变，开关比对器传感性能的影响很大，通常较高的开关比能使传感灵敏度增大。图4.27（b）[54]所示是一个石墨烯场效应传感器，它可用来检测$NO_2$，在这个器件里，悬浮的还原氧化石墨烯作为连接源漏电极的沟道。当$NO_2$吸附到RGO表面时，电荷载流子的浓度增加，这个信号可以被检测。

O'Neill等人[55]采用PDMS压印的方法来图案化RGO薄膜，如图4.27（c）所示，这种方法适合于规模化制备RGO电子器件，他们所制备的检测氨的器件，在氨气浓度为千分之一时，传感器的电导率会降低10%。

还有一种晶体管传感器是基于表面功函数（surface work function）发生改变，石墨烯在空气中表现为空穴导电，其表面吸附了目标分子后，可以改变它的偶极矩和电子亲和性，从而导致石墨烯表面功函数的增加。Qazi等人[56]制备的传感器在10s以内能做出响应，如图4.27（d）所示，他们使用了硅做的微悬臂梁测试表面功函数的变化，该器件对目标分子的响应归结于吸附后传感层表面的电子性质发生改变。

目前，大多数基于石墨烯的气体传感器都是使用二维薄膜材料制备的。无论是机械剥离的还是气相法生长的石墨烯，都可转移到刚性或者柔性衬底上来制备传感器，电极制备工艺都差不多，可用电子束曝光-热蒸镀或者掩模法。除此之外，三维的石墨烯材料也曾用于制备气体传感器，如用泡沫镍生长的具有连续的三维网络结构的石墨烯泡沫[57]。石墨烯泡沫具有大的孔隙率，气体分子可以轻易地扩散到网络内部石墨烯的表面并吸附，从而产生传感信号。

## 4.3.4.2
### 石墨烯压力传感器

前面我们已提到过施加应力可以使石墨烯晶格变形，使其电学性质发生变化，该过程导致了机电耦合效应。一些理论计算也提出应力改变石墨烯的能带结构，是由于非对称的应变分布导致的，对称的应变分布则无法改变石墨烯的电学性质。施加一个平行于石墨烯层的应力，当应变增大到12.2%时，能隙可连续增大到0.486eV；而施加一个垂直层面的压力，应变达7.3%时，能隙可连续增大到0.170eV。石墨烯能隙的改变对于石墨烯压力传感器来说，表现为应变前后其电阻产生的变化，压力传感器正是基于此来工作的。

为了给石墨烯施加一个垂直方向的应力，Huang等人[58]制备了悬浮石墨烯器件，他们采用纳米压痕的方法，如图4.28（a）所示。该小组测量了较小应变程度

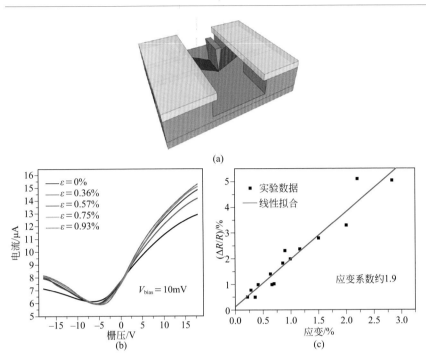

图4.28 （a）给石墨烯施加垂直方向压力的示意图；（b）在不同应变下电导随栅压的变化情况；（c）电阻与应变的关系图

下器件的转移曲线，发现其转移曲线有一定的变化［图4.28（b）］，说明其电学性质发生了变化；与此同时测量电阻变化率（$\Delta R/R$）随应变程度的变化图，拟合之后，发现应变$\varepsilon$在3%以内，电阻变化率与$\varepsilon$具有一定的线性关系，应变系数（gauge factor）约1.9［图4.28（c）］。随后的电子传输测量也显示在适度均匀的形变时，没能打开带隙，若要打开石墨烯能带则应施更大的压力。

也有一些研究小组制备了更高应变系数的压力传感器，Lee等人[59]将在Ni和Cu上生长的石墨烯转移到PDMS上，获得了相对高的应变系数。当应变为1%时，应变系数为6.1。随后Fu等人[60]也是将CVD石墨烯转移到PDMS上，器件结构如图4.29（a）所示。通过拉伸PDMS衬底，他们获得了较高的应变系数，约为151。图4.29（b）为不同单轴拉伸应变下的器件输出曲线，可以看出，应变大于2.47%时，电流减小，电阻增大；但在应变为3%以下时，电阻变化很小［图4.29（c）］，这可能与CVD石墨烯表面存在的一些褶皱被撑开有关。当形变较大时（$\varepsilon>3\%$），电阻变化十分明显，如图4.29（d）所示，此时晶格发生变形。但是CVD石墨烯

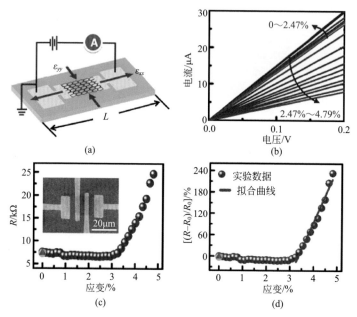

图 4.29 均匀单轴应变下石墨烯压力传感器电学测量图

存在缺陷、晶界及转移过程可能带来的破坏，因此不能完全确定是由于发生结构的变形使得传感器的电阻发生变化，对于获得较高应变系数的原因需进一步探讨。

尽管能通过以上的方法来获得较高灵敏度的压力传感器，但同时施加的应力较大，这在实际中不易达到，也会造成无法恢复的变形，这大大限制了石墨烯压力传感器的应用，且石墨烯压力传感器潜在的机制仍需探索。

## 4.3.5
### 石墨烯存储器件

随着当今微纳电子技术的发展，非易失性存储器件的需求也与日俱增。所谓非易失性存储，简单来说指断电之后仍能保存数据的存储机制，表征存储器件的参数有组装密度、功耗、运行速率、数据可靠性和造价。组装密度越大，所能容纳的电子元器件数目越多，存储能力也越强，它是存储器最重要的参数之一。随着集成度和运行速率指数增长，需要更多的能量去驱动存储单元，器件动态能耗的增大也是一个面临的问题；另一方面加工尺寸按比例缩小，虽然不影响器件动态电流,但会增大器件开启时的阈值电流,从而增大存储器的静态功耗。运行速率可用响应时间来表示,指存储器读入或获取数据所需的时间,在数字器件中处理器处理数据的速率一般在纳秒级,而闪存存储器一般在几十微秒,若存储器的运行速率能达到处理器的速率将是一个大的飞跃。非易失性存储器要求数据存储时间不少于10年,数据的可靠性显得很重要,若数据存储时间长,就需要器件开关状态的能垒相对大,这样切换电流就不可避免地增大。器件写入和擦除的循环次数要尽可能高,实际的器件循环次数要求达到$10^6$以上。高质量的材料、复杂的纳米制备过程和充足的预测试对于高性能存储器的制备有利,但在实际中应同时避免造价昂贵的制备过程。

基于以上因素,开发具有良好性能且价格适合的材料显得十分重要,目前石墨烯因其优异的电学性能而在存储器方面获得较大的研究兴趣,例如其超高的载流子迁移率可能获得高运行速率,超薄的厚度能提升集成度,其薄膜的柔性可制备柔性器件,可经溶液处理的兼容性能降低器件制造的成本。

#### 4.3.5.1
#### 场效应晶体管存储器

与传统的互补金属氧化物半导体相比,石墨烯具有更高的迁移率、热导率和良好的力学性能。Zheng等人[61]报道了用石墨烯与铁电材料复合制备的晶体管存储器,如图4.30(a)所示,用它来检测铁电材料的极化,通过施加栅压对铁电材料的偶极取向进行调控,发现在开关状态之间,电阻变化率大于300%,如图4.30(b)

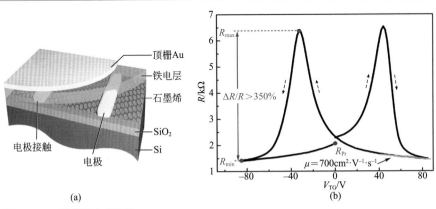

**图4.30 石墨烯铁电存储器**

(a)结构示意图;(b)电阻随顶栅压变化的曲线图

所示。值得注意的是，石墨烯与铁电衬底之间的界面具有能垒，它对电子的传输具有很大的影响，图 4.30（b）显示了电子磁滞现象，表明石墨烯/界面的充放电与铁电极化现象之间存在着竞争关系。界面效应的存在使得晶体管中的电荷密度调控范围更宽。

场效应晶体管类型的存储器其缺点比较明显，器件性能受开关比的影响较大，而石墨烯是零带隙，即便制备出石墨烯纳米带，也难以打开足够的带隙，使得开关比较小。

#### 4.3.5.2
#### 石墨烯电阻存储器

电阻式存储器也称忆阻器，顾名思义能够记忆电阻的器件，它的概念出自于华裔科学家蔡少棠。忆阻器的特点是电阻随着电流的大小而变化，当电流为零时，电阻仍然会停留在之前的值，反之施加一个反向的电流，电阻会回到原始状态。

简单说，忆阻器是一种有记忆功能的非线性电阻。通过控制电流的变化可改变其阻值，如果把高阻值定义为"1"，低阻值定义为"0"，则这种电阻就可以实现存储数据的功能。实际上就是一个有记忆功能的非线性电阻器，即电压与通过电阻的电流不成比例，电阻是一个变化的值。

忆阻器结构简单、能耗低，能够很好地存储和处理信息，不同于晶体管的三端结构，它是两电极的器件，简单的结构能提升组装密度及便于制备，通不同方向的电流就能实现电阻在2个或以上的阻态之间的可逆切换。此外，忆阻器也有利于弥补石墨烯晶体管开关比低的问题。随着丰富多样的器件结构和材料的开发，基于不同相变机制的石墨烯忆阻器已被制备出来，按材料性质发生变化的过程来讲，石墨烯忆阻器可分为物理变化型和化学变化型。

物理变化产生电阻变化一般可通过在石墨烯/金属电极界面形成势垒和石墨烯内部形成纳米缝隙来实现。在2008年，两个研究小组分别发现了石墨烯和石墨材料中存在的自修复现象[62,63]，他们在两电极的器件中发现，当通过石墨烯的电流密度超过某个临界值时，石墨烯沟道会出现细小的裂缝，如图4.31（a）所示，缝隙的宽度在几个纳米。有趣的是随后施加单极性电压应力或电压脉冲，从高阻态又能恢复到低阻态，其电流和电压随时间的变化如图4.31（b）所示，发生这种变化是由于缝隙间的电场驱使碳原子移动形成导通的"桥"。他们制备的器件获得了较高的开关比、较长的数据存储时间，写入/擦除循环次数可达$10^5$，且阻态不发生衰减。

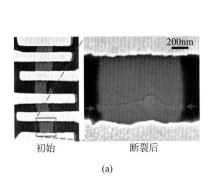
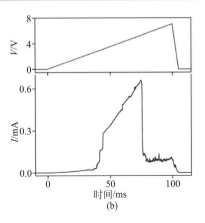

图4.31　石墨烯忆阻器

（a）石墨烯断裂前后的SEM图；（b）电压-时间变化图和电流-时间变化图

化学变化存储是另一种类型的忆阻器，它主要是发生氧化还原反应，从而产生电荷的输运。溶液法制备石墨烯及石墨烯衍生物，一定程度上能够实现大面积柔性器件的制备，另外，溶液法的工艺也有利于降低制造存储器件的成本，下面介绍一些基于溶液法石墨烯的存储器件。

氧化石墨烯是这类材料中最简单的一种，在电氧化还原过程中，碳原子的成键在$sp^2$和$sp^3$杂化之间变化，这样就导致氧化石墨烯的薄层电阻率发生较大的改变，其氧化还原前后的导电性也就发生了变化，从而可以作为电阻式存储器。He等人[64]制备的铜-氧化石墨烯-铂夹层结构的存储器件正是基于这种原理，他们所用到的GO是通过溶液法制备的，制备的器件可在高低两种阻态之间切换，但是器件的开关比并不理想。

为了进一步提升器件阻态切换之后的电导率，可降低氧化石墨烯中氧化位点和缺陷所占的比例或者对其进行官能化，Zhuang等人[65]在氧化石墨烯的氧化位点上键接共轭聚合物，图4.32（a）所示为聚合物-氧化石墨烯复合物合成示意图，发生还原过程时该复合物中的电子从聚合物传递到氧化石墨烯，聚合物中形成空穴，GO被还原，电化学氧化过程中，被还原的GO可以提供电子，向空穴传输，这样就形成了双向的电荷传输路径。如图4.32（b）所示，该器件有高阻态向低阻态切换的功能，具有较小的阈值电压（约–1V），其开关比为$10^3$，且具有较好的稳定性，重复次数可达$10^8$。

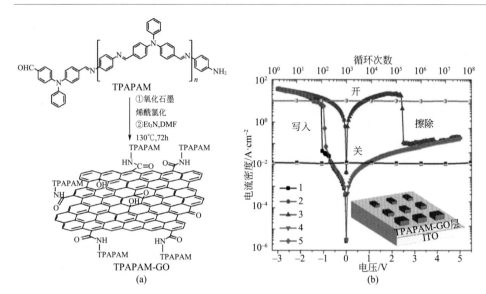

图4.32 （a）TPAPAM-GO合成示意图；（b）电流密度随电压变化的曲线图及开关电流密度随循环次数的变化图

与物理变化切换机制的存储器相比，上述这种存储器高低阻态之间的差值可通过接枝不同的聚合物去调节，且其阻态的切换响应时间也更短。

## 4.3.6
### 石墨烯电极

目前光电器件、太阳能电池等产品中所用的透明电极材料为氧化铟锡（ITO），但该材料易碎且价格昂贵，除此之外，ITO还有透明波段范围狭窄、化学稳定性差等缺点。与之相比，石墨烯薄膜则没有这些缺点，作为电极材料具有更好的强度、价格优势、更高的透光率和稳定性，单层石墨烯透过率可达95%以上。就当前来看，石墨烯走进工业界仍然存在不少困难，除了石墨烯零带隙等材料本身存在的问题之外，石墨烯大面积、大质量制备和转移技术还不成熟，这些因素制约了石墨烯的应用，故短期内石墨烯全面取代硅基半导体不现实，但在透明电极方面可行性较强。Novoselov在"Nature"上的一篇报道[47]指出，石墨烯在2015～2020年最有可能应用于触控屏、电子纸、柔性有机发光二极管（FOLED）等领域。

2010年，Bae等人[66]用CVD法在铜箔上制备了30in的单层石墨烯，他们所制备的薄膜，其面电阻为125Ω·sq$^{-1}$，透光率可达97.4%，虽然单层石墨烯的面电阻较ITO大，但石墨烯的厚度增大可减小其面电阻，他们发现经化学改性的四层石墨烯面电阻仅为30Ω·sq$^{-1}$，同时透光率可达90%，两项性能均超过ITO，他们所制备的石墨烯薄膜材料在触控屏和柔性光电器件方面显示了巨大的应用前景。

目前，LED在学术和工业上获得广泛深入的研究，它可以应用于手电筒、交通信号灯、视频显示的光源等日常用具中的照明系统，LED具有轻、薄、高能量效率等特点。在透明显示这一块应用中，OLED有望成为一种廉价的照明系统，它具有高效、发出的颜色范围广、光谱范围可调、透明性好和良好的柔性等特点。

石墨烯作为OLED中的透明导电电极，最初由Wu等人[67]于2010年报道，他们所用到的是多层石墨烯电极，所获得的工作效率接近1cd·A$^{-1}$，低于ITO电极的器件，主要是由于电荷从石墨烯电极往有机层注入时效率较低。随后有人提出改善OLED的效率可以通过改变石墨烯的功函数和面电阻实现。Han等人[68]在研究中引入导电聚合物来改性石墨烯电极，改变了电极的功函数，降低其面电阻，四层石墨烯电极的面电阻仅为40Ω·sq$^{-1}$，透光率可达90%，他们所制备的器件荧光效率可达37.2 lm·W$^{-1}$，磷光效率为107.7 lm·W$^{-1}$；而相同器件制备条件下，ITO作电极的器件其荧光效率为24.1 lm·W$^{-1}$，磷光效率为85.4 lm·W$^{-1}$，从这点来看，改性石墨烯电极要优于ITO。他们所制备的器件如图4.33（b）所示，图4.33（a）为各种类型电极的OLED器件的发光效率，可以看出改性的四层石墨烯电极（4L-G）是优于碳管和ITO的。

虽然以上所制备的器件获得了较高的发光效率，但四层石墨烯的光吸收也较为明显，每层的光吸收率约为2.3%～3%，为解决这个问题，Li等人[69]利用单层石墨烯制备了柔性OLED器件，图4.33（d）展示的是单层石墨烯电极OLED，他们所用到的柔性衬底为PET，电极沉积在PET上，器件可以弯折；图4.33（c）是单层石墨烯（SLG）电极与ITO电极器件性能的对比，发现在相同光强下，无论是发光效率还是电流效率，SLG作为电极都比ITO优越。

石墨烯透明电极应用于液晶显示也有相关的报道，英国曼彻斯特大学的Blake等人[70]将机械剥离的多层石墨烯作为透明电极，制备的液晶显示器件获得了较好的效果。石墨烯与作为配向层的聚乙烯醇接触，使石墨烯产生了n型掺杂，使得电极的面电阻仅为400Ω·sq$^{-1}$，透光率仍然可达90%以上，且它的化学稳定性高；他们在器件两端加了一个方波电压，用以改变液晶取向，测量的结果表明石墨烯中的电场分布均匀，不影响液晶的排列，展示了其应用在电子显示屏方面的巨大潜力。

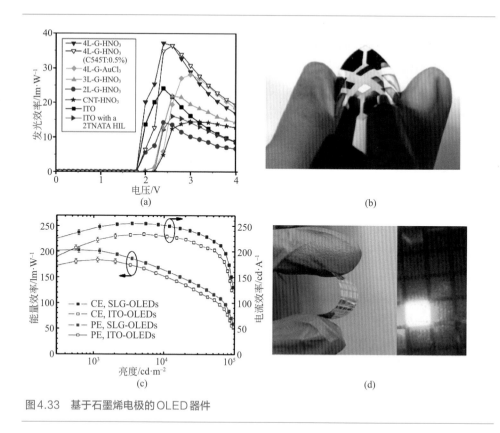

图4.33 基于石墨烯电极的OLED器件

## 4.3.7
### 光电探测器

光电探测器实现光电转换的原理很多,如光伏效应、光热电效应、辐射热效应等,其中光伏效应和光热电效应是半导体光电探测器的主要作用机理。光伏效应是入射光照入时,光被半导体层吸收,产生电子-空穴对,在外电场作用下,电子-空穴分离,从而产生光电流,检测光电流的变化就可以达到检测光信号的目的。基于石墨烯的光电探测器具有对光响应速率快的特点,但由于石墨烯的光吸收率很低,单层石墨烯光响应度仅为 $8.61 A \cdot W^{-1}$,这极大地限制了它的应用。因此,提升石墨烯的吸收率成为解决问题的途径。

人们提出采用将量子点和石墨烯耦合起来的方法,耦合有利于电荷从量子点注入到石墨烯，电荷注入较激子复合过程更快，进而提高光敏响应。之前也有很多关于量子点和无机纳米结构增强石墨烯光响应的报道，如PbS量子点修饰机械剥离石墨烯获得了超高的光响应度。与之相似，Manga等人[71]通过溶液法制备了PbSe-$TiO_2$-石墨烯杂化结构的光电探测器，他们所制备的器件具有较好的性能，能够检测的波谱范围较广，这种无机纳米结构的并入使得光吸收系数增加了一个量级，器件在紫外和红外区域产生的光电流响应度分别为0.506A·$W^{-1}$和0.13A·$W^{-1}$，整个过程电子注入是从PbSe量子点到$TiO_2$或者石墨烯层，多组分结构有效地使电荷在几层石墨烯（FLG）/PbSe和PbSe/$TiO_2$界面发生分离。

Peng等人[72]则用多壁碳纳米管与石墨烯复合，再用CdTe量子点去修饰，制备了这种杂化结构，这种杂化结构的电极增强了可逆的光电流，MCNT/石墨烯薄膜通过溶液法制备，随后用电化学吸附的方法将CdTe吸附在石墨烯薄膜表面，所制备出的电极是一个三维的多孔结构，当可逆循环次数超过50次以上时仍能增强器件光响应度。

Sun等人[73]用CVD石墨烯与PbS量子点复合制备了高度光响应的探测器，响应度可达$10^{-7}$A·$W^{-1}$，他们将器件弯折后，发现光响应度较未弯曲之前基本不变，器件具有较好的稳定性。

## 4.3.8
### 石墨烯量子点器件

量子点（quantum dot）是一种准零维的纳米材料，粗略地讲，它的三个维度的尺寸都在100nm以下，由少量原子构成，一般包含$10^3$～$10^9$个原子和数目相当的电子，故有时也称它为"人造原子"，其内部电子在各个维度方向上的运动都受到限制，呈现出分立能级和量子限域效应。在半导体量子点中，除少数自由电子以外，大部分的电子被紧紧束缚住，自由电子的数目从零到几千不等。量子点器件是一种可以存储电子的器件，将半导体中的电子束缚在三维约百纳米的空间范围内。

虽然石墨烯是在2004年被实验证实稳定存在的，但直到2008年才由Ponomarenko等人[74]制备出石墨烯单量子点器件，如图4.34（a）小图所示。他们采用机械剥离方法，将石墨烯转移到带$SiO_2$的衬底上，涂上一层光刻胶，电子束光刻打出沟槽，再通过氧等离子刻蚀掉多余的石墨烯，以形成石墨烯量子点，图4.34（a）小图中圆形的点即为量子点，左右两边与量子点接触的是金属电极，电极

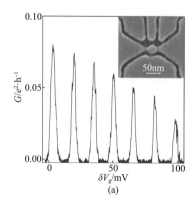
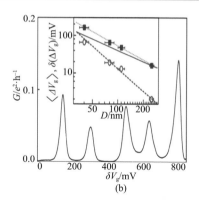

图4.34 石墨烯量子点器件电导栅压测试曲线

与量子点之间由长宽约20nm的纳米带连接（量子点接触），上方与下方为侧栅极。

器件为四端结构，通过调控栅压控制量子点中的电流，同时对电导进行测量，结果证明器件的工作特性与量子点的直径有很大关系。如图4.34（a）所示，低温下当量子点直径较大时（大于100nm），电导随栅压发生周期性的变化，出现一个个尖峰，即库仑阻塞峰（CB峰），峰之间基本上是等间距的，电导出现这种周期性的变化是由库仑阻塞效应引起的。

进一步缩小量子点的直径（100nm以下甚至更小），则发现电导不再是栅压的周期函数，峰之间间距不再相等，峰之间间距变大，说明此时量子限域效应很明显。如图4.34（b）显示的是 $T=4K$ 时，直径为40nm量子点的CB峰变化情况，插图显示直径越大峰之间的宽度（$\Delta V_g$）越大，分布也越宽。

石墨烯量子点器件的研究才刚刚起步，为了实现它最终的实际应用，仍需一步步往前迈进，其中仍然有很多亟待解决的问题。首先需要制备出可调控的、性质稳定的石墨烯量子点，研究其电子能谱结构；其次需要观测石墨烯量子点中电子的自旋和轨道填充结构、交换能和耦合能；还要能够实现石墨烯量子点的量子信息单元，以及能够容易实现石墨烯双量子点或多量子点器件，以实现多个量子比特。

## 参考文献

[1] Novoselov K S, Geim A K, Morozov S V, et al. Electric field effect in atomically thin carbon films[J]. Science, 2004, 306(5696): 666-669.

[2] Neto A H C, Guinea F, Peres N M R, et al. The electronic properties of graphene[J]. Reviews of Modern Physics, 2009, 81(1): 109.

[3] Ohishi M, Shiraishi M, Nouchi R, et al. Spin injection into a graphene thin film at room temperature [J]. Japanese Journal of Applied Physics, 2007, 46(7L): L605-607.

[4] Han W, Pi K, Kawakami R, et al. Tunneling spin injection into single layer graphene[J]. Physical Review Letters, 2010, 105(16): 167202.

[5] Abanin D A, Morozov S V, Ponomarenko L A, et al. Giant nonlocality near the Dirac point in graphene[J]. Science, 2011, 332(6027): 328-330.

[6] Zhou S Y, Gweon G H, Fedorov A V, et al. Substrate-induced bandgap opening in epitaxial graphene[J]. Nature Materials, 2007, 6(10): 770-775.

[7] McCann E. Asymmetry gap in the electronic band structure of bilayer graphene[J]. Physical Review B, 2006, 74(16): 161403.

[8] Min H, Sahu B, Banerjee S K, et al. Ab initio theory of gate induced gaps in graphene bilayers[J]. Physical Review B, 2007, 75(15): 155115.

[9] Zhang Y, Tang T T, Girit C, et al. Direct observation of a widely tunable bandgap in bilayer graphene[J]. Nature, 2009, 459(7248): 820-823.

[10] Heyd R, Charlier A, McRae E. Uniaxial-stress effects on the electronic properties of carbon nanotubes[J]. Physical Review B, 1997, 55(11): 6820-6824.

[11] Yang L, Han J. Electronic structure of deformed carbon nanotubes[J]. Physical Review Letters, 2000, 85(1): 154.

[12] Minot E D, Yaish Y, Sazonova V, et al. Tuning carbon nanotube band gaps with strain[J]. Physical Review Letters, 2003, 90(15): 156401.

[13] Pereira V M, Neto A H C, Peres N M R. Tight-binding approach to uniaxial strain in graphene[J]. Physical Review B, 2009, 80(4): 045401.

[14] Ni Z H, Yu T, Lu Y H, et al. Uniaxial strain on graphene: Raman spectroscopy study and band-gap opening[J]. ACS Nano, 2008, 2(11): 2301-2305.

[15] Brey L, Fertig H A. Electronic states of graphene nanoribbons studied with the Dirac equation[J]. Physical Review B, 2006, 73(23): 235411.

[16] Li X, Wang X, Zhang L, et al. Chemically derived, ultrasmooth graphene nanoribbon semiconductors[J]. Science, 2008, 319(5867): 1229-1232.

[17] Shemella P, Zhang Y, Mailman M, et al. Energy gaps in zero-dimensional graphene nanoribbons[J]. Applied Physics Letters, 2007, 91(4): 042101.

[18] Wassmann T, Seitsonen A P, Saitta A M, et al. Clar's theory, π-electron distribution, and geometry of graphene nanoribbons[J]. Journal of the American Chemical Society, 2010, 132(10): 3440-3451.

[19] Kinder J M, Dorando J J, Wang H, et al. Perfect reflection of chiral fermions in gated graphene nanoribbons[J]. Nano Letters, 2009, 9(5): 1980-1983.

[20] Jaiswal M, Yi Xuan Lim C H, Bao Q, et al. Controlled hydrogenation of graphene sheets and nanoribbons[J]. ACS Nano, 2011, 5(2): 888-896.

[21] Yu S S, Zheng W T, Wen Q B, et al. First principle calculations of the electronic properties of nitrogen-doped carbon nanoribbons with zigzag edges[J]. Carbon, 2008, 46(3): 537-543.

[22] Kan E, Li Z, Yang J, et al. Half-metallicity in edge-modified zigzag graphene nanoribbons[J]. Journal of the American Chemical Society, 2008, 130(13): 4224-4225.

[23] Biel B, Triozon F, Blase X, et al. Chemically induced mobility gaps in graphene nanoribbons: a route for upscaling device performances[J]. Nano Letters, 2009, 9(7): 2725-2729.

[24] Wu M, Wu X, Zeng X C. Exploration of half metallicity in edge-modified graphene nanoribbons[J]. The Journal of Physical Chemistry C, 2010, 114(9): 3937-3944.

[25] Jiao L, Zhang L, Wang X, et al. Narrow graphene nanoribbons from carbon nanotubes[J]. Nature, 2009, 458(7240): 877-880.

[26] Bai J, Duan X, Huang Y. Rational fabrication of graphene nanoribbons using a nanowire etch mask[J]. Nano Letters, 2009, 9(5): 2083-2087.

[27] Wei D, Liu Y, Zhang H, et al. Scalable synthesis of few-layer graphene ribbons with controlled morphologies by a template method and

[28] Cai J, Ruffieux P, Jaafar R, et al. Atomically precise bottom-up fabrication of graphene nanoribbons[J]. Nature, 2010, 466(7305): 470-473.

[29] Björk J, Stafström S, Hanke F. Zipping up: cooperativity drives the synthesis of graphene nanoribbons[J]. Journal of the American Chemical Society, 2011, 133(38): 14884-14887.

[30] Wei D, Liu Y, Wang Y, et al. Synthesis of N-doped graphene by chemical vapor deposition and its electrical properties[J]. Nano Letters, 2009, 9(5): 1752-1758.

[31] Li X, Wang H, Robinson J T, et al. Simultaneous nitrogen doping and reduction of graphene oxide[J]. Journal of the American Chemical Society, 2009, 131(43): 15939-15944.

[32] Panchakarla L S, Subrahmanyam K S, Saha S K, et al. Synthesis, structure, and properties of boron-and nitrogen-doped graphene[J]. Advanced Materials, 2009, 21(46): 4726.

[33] Ci L, Song L, Jin C, et al. Atomic layers of hybridized boron nitride and graphene domains[J]. Nature Materials, 2010, 9(5): 430-435.

[34] Schedin F, Geim A K, Morozov S V, et al. Detection of individual gas molecules adsorbed on graphene[J]. Nature Materials, 2007, 6(9): 652-655.

[35] Romero H E, Shen N, Joshi P, et al. N-type behavior of graphene supported on Si/$SiO_2$ substrates[J]. ACS Nano, 2008, 2(10): 2037-2044.

[36] Ohta T, Bostwick A, Seyller T, et al. Controlling the electronic structure of bilayer graphene[J]. Science, 2006, 313(5789): 951-954.

[37] Bai J, Zhong X, Jiang S, et al. Graphene nanomesh[J]. Nature Nanotechnology, 2010, 5(3): 190-194.

[38] Britnell L, Gorbachev R V, Jalil R, et al. Field-effect tunneling transistor based on vertical graphene heterostructures[J]. Science, 2012, 335(6071): 947-950.

[39] Lemme M C, Echtermeyer T J, Baus M, et al. A graphene field-effect device[J]. IEEE Electron Device Letters, 2007, 28(4): 282-284.

[40] Williams J R, DiCarlo L, Marcus C M. Quantum Hall effect in a gate-controlled pn junction of graphene[J]. Science, 2007, 317(5838): 638-641.

[41] Kim S, Nah J, Jo I, et al. Realization of a high mobility dual-gated graphene field effect transistor with $Al_2O_3$ dielectric[J]. Applied Physics Letters, 2009, 94(6): 062107-062107-3.

[42] Bolotin K I, Sikes K J, Jiang Z, et al. Ultrahigh electron mobility in suspended graphene[J]. Solid State Communications, 2008, 146(9): 351-355.

[43] Meric I, Baklitskaya N, Kim P, et al. RF performance of top-gated, zero-bandgap graphene field-effect transistors[C]//IEEE international electron devices meeting. 2008: 1-4.

[44] Lin Y M, Dimitrakopoulos C, Jenkins K A, et al. 100-GHz transistors from wafer-scale epitaxial graphene[J]. Science, 2010, 327(5966): 662-662.

[45] Moon J S, Curtis D, Hu M, et al. Epitaxial-graphene RF field-effect transistors on Si-face 6H-SiC substrates[J]. Electron Device Letters, IEEE, 2009, 30(6): 650-652.

[46] Farmer D B, Chiu H Y, Lin Y M, et al. Utilization of a buffered dielectric to achieve high field-effect carrier mobility in graphene transistors[J]. Nano Letters, 2009, 9(12): 4474-4478.

[47] Novoselov K S, Fal V I, Colombo L, et al. A roadmap for graphene[J]. Nature, 2012, 490(7419): 192-200.

[48] Liao L, Bai J, Cheng R, et al. Sub-100nm channel length graphene transistors[J]. Nano Letters, 2010, 10(10): 3952-3956.

[49] Schwierz F. Graphene transistors[J]. Nature Nanotechnology, 2010, 5(7): 487-496.

[50] Burke P J. AC performance of nanoelectronics: towards a ballistic THz nanotube transistor[J]. Solid-State Electronics, 2004, 48(10): 1981-1986.

[51] Yang H, Heo J, Park S, et al. Graphene barristor, a triode device with a gate-controlled Schottky barrier[J]. Science, 2012, 336(6085): 1140-1143.

[52] Yuan W, Shi G. Graphene-based gas sensors[J]. Journal of Materials Chemistry A, 2013, 1(35):

10078-10091.

[53] Fowler J D, Allen M J, Tung V C, et al. Practical chemical sensors from chemically derived graphene[J]. ACS nano, 2009, 3(2): 301-306.

[54] Lu G, Park S, Yu K, et al. Toward practical gas sensing with highly reduced graphene oxide: a new signal processing method to circumvent run-to-run and device-to-device variations[J]. ACS Nano, 2011, 5(2): 1154-1164.

[55] Zhang J, Hu P A, Zhang R, et al. Soft-lithographic processed soluble micropatterns of reduced graphene oxide for wafer-scale thin film transistors and gas sensors[J]. J Mater Chem, 2011, 22(2): 714-718.

[56] Qazi M, Vogt T, Koley G. Trace gas detection using nanostructured graphite layers[J]. Applied Physics Letters, 2007, 91(23): 233101-233103.

[57] Yavari F, Chen Z, Thomas A V, et al. High sensitivity gas detection using a macroscopic three-dimensional graphene foam network[J]. Scientific Reports, 2011, 1: 166.

[58] Huang M, Pascal T A, Kim H, et al. Electronic–mechanical coupling in graphene from in situ nanoindentation experiments and multiscale atomistic simulations[J]. Nano Letters, 2011, 11(3): 1241-1246.

[59] Lee Y, Bae S, Jang H, et al. Wafer-scale synthesis and transfer of graphene films[J]. Nano Letters, 2010, 10(2): 490-493.

[60] Fu X W, Liao Z M, Zhou J X, et al. Strain dependent resistance in chemical vapor deposition grown graphene[J]. Applied Physics Letters, 2011, 99(21): 213107.

[61] Zheng Y, Ni G X, Toh C T, et al. Gate-controlled nonvolatile graphene-ferroelectric memory[J]. Applied Physics Letters, 2009, 94(16): 163505.

[62] Li Y, Sinitskii A, Tour J M. Electronic two-terminal bistable graphitic memories[J]. Nature Materials, 2008, 7(12): 966-971.

[63] Standley B, Bao W, Zhang H, et al. Graphene-based atomic-scale switches[J]. Nano Letters, 2008, 8(10): 3345-3349.

[64] He C L, Zhuge F, Zhou X F, et al. Nonvolatile resistive switching in graphene oxide thin films[J]. Applied Physics Letters, 2009, 95(23): 232101.

[65] Zhuang X D, Chen Y, Liu G, et al. Conjugated-polymer-functionalized graphene oxide: synthesis and nonvolatile rewritable memory effect[J]. Advanced Materials, 2010, 22(15): 1731-1735.

[66] Bae S, Kim H, Lee Y, et al. Roll-to-roll production of 30-inch graphene films for transparent electrodes[J]. Nature Nanotechnology, 2010, 5(8): 574-578.

[67] Wu J, Agrawal M, Becerril H A, et al. Organic light-emitting diodes on solution-processed graphene transparent electrodes[J]. ACS Nano, 2009, 4(1): 43-48.

[68] Han T H, Lee Y, Choi M R, et al. Extremely efficient flexible organic light-emitting diodes with modified graphene anode[J]. Nature Photonics, 2012, 6(2): 105-110.

[69] Li N, Oida S, Tulevski G S, et al. Efficient and bright organic light-emitting diodes on single-layer graphene electrodes[J]. Nature Communications, 2013, 4: 2294.

[70] Blake P, Brimicombe P D, Nair R R, et al. Graphene-based liquid crystal device[J]. Nano Letters, 2008, 8(6): 1704-1708.

[71] Manga K K, Wang J, Lin M, et al. High-performance broadband photodetector using solution-processible PbSe-TiO$_2$-graphene hybrids[J]. Advanced Materials, 2012, 24(13): 1697-1702.

[72] Peng L, Feng Y, Lv P, et al. Transparent, conductive, and flexible multiwalled carbon nanotube/graphene hybrid electrodes with two three-dimensional microstructures[J]. The Journal of Physical Chemistry C, 2012, 116(8): 4970-4978.

[73] Sun Z, Liu Z, Li J, et al. Infrared photodetectors based on CVD-grown graphene and PbS quantum dots with ultrahigh responsivity[J]. Advanced Materials, 2012, 24(43): 5878-5883.

[74] Ponomarenko L A, Schedin F, Katsnelson M I, et al. Chaotic Dirac billiard in graphene quantum dots[J]. Science, 2008, 320(5874): 356.

# NANOMATERIALS
石墨烯：从基础到应用

# Chapter 5

# 第 5 章
# 石墨烯的光学性质及光电子应用

李绍娟，沐浩然，王玉生，李鹏飞，薛运周，鲍桥梁
苏州大学功能纳米与软物质研究院，苏州纳米科技协同创新中心

5.1　石墨烯的光学性质

5.2　石墨烯在激光器中的应用

5.3　基于石墨烯的光调制器

5.4　基于石墨烯的光偏振器

5.5　基于石墨烯的光探测器

5.6　石墨烯的表面等离子体

5.7　总结与展望

## 5.1 石墨烯的光学性质

### 5.1.1 石墨烯的线性光学性质

二维石墨烯布里渊区 $K$ 点处的能量与动量成线性关系，其载流子的有效质量为 0，这是石墨烯区别于传统材料电子结构的一个显著特点。这种能带关系赋予石墨烯独特的物理性质，如量子霍尔效应和室温下的载流子近弹道输运等。表现在光学性质方面，首先是单层石墨烯的光吸收率很高，由于狄拉克电子的线性分布，使得石墨烯可实现从可见光到太赫兹宽波段每层吸收 2.3% 的入射光。其次是由于石墨烯锥形能带结构中狄拉克电子的超快动力学和泡利阻隔的存在，赋予石墨烯优异的非线性光学性质。下面先讨论石墨烯的线性光学性质。

由于石墨烯独特的电子能带结构，本征单层石墨烯的动力学光导与入射光频率无关，可以用式（5.1）来表示

$$G_1(\omega)=G_0\equiv e^2/4\hbar \tag{5.1}$$

式中，$G_1$ 为动力学光电导；$G_0$ 是普适光电导；$\omega$ 为入射光频率；$e$ 为电子电荷；$\hbar$ 为约化普朗克常数。

本征单层石墨烯的透光率 $T$ 在宽光谱范围内只取决于其精细结构常数 $\alpha$ [$\alpha=e^2/\hbar c$（$c$ 为光速）]，可以用式（5.2）来表示：

$$T\equiv(1+2\pi G/c)^{-2}\approx 1-\pi\alpha\approx 0.977 \tag{5.2}$$

也就是说，单原子层厚度的石墨烯在宽光谱范围内具有很强的光吸收能力，吸收率为 $\pi\alpha=2.3\%$，约为相同厚度 GaAs 的 50 倍。此外，当入射光垂直于石墨烯表面入射时，石墨烯的反射率为 $R=0.25\pi^2\alpha^2 T=1.3\times 10^{-4}$，远远小于其透光率的数值。因此可以认为，多层石墨烯的光学吸收率与石墨烯的层数成正比（为 $N\pi\alpha$，$N$ 为石墨烯层数）。

在一定能量范围内，石墨烯中的电子能量与动量呈线性关系，所以电子可以看作是无质量的相对论粒子即狄拉克费米子。通过化学掺杂或电学调控的手段，可以有效地调节石墨烯的化学势，进而可以使得石墨烯的光学透过性由"介质态"向"金属态"转变。在随机相位近似条件下，石墨烯的动力学光学响应可以根据久保公式推导出来，并采用式（5.3）表示：

$$\sigma = \sigma_{intra} + \sigma'_{inter} + i\sigma'' \tag{5.3}$$

式中，$\sigma_{intra}$ 为带内光导率，可以用式（5.4）表示：

$$\sigma_{intra} = \sigma_0 \frac{4\mu}{\pi} \times \frac{1}{\hbar\tau_1 - i\hbar\omega} \tag{5.4}$$

式中，$\sigma_0 = \pi e^2/(2h)$；$\tau_1$ 为带内跃迁的弛豫速率；$\mu$ 为石墨烯的化学势，且 $\mu > 0$。

$\sigma_{inter}$ 为带间跃迁对应的光导率。$\sigma'_{inter}$ 和 $\sigma''_{inter}$ 可以分别用式（5.5）和式（5.6）表示：

$$\sigma'_{inter} = \sigma_0 \left(1 + \frac{1}{\pi}\arctan\frac{\hbar\omega - 2\mu}{\hbar\tau_2} - \frac{1}{\pi}\arctan\frac{\hbar\omega + 2\mu}{\hbar\tau_2}\right) \tag{5.5}$$

$$\sigma''_{inter} = -\sigma_0 \frac{1}{2\pi}\ln\frac{(2\mu + \hbar\omega)^2 + \hbar^2\tau_2^2}{(2\mu - \hbar\omega)^2 + \hbar^2\tau_2^2} \tag{5.6}$$

式中，$\tau_2$ 为带间跃迁的弛豫速率。

根据上述公式，石墨烯的带内光导率和带间光导率均与其化学势和入射光频率相关。从其理论表达式和光吸收实验结果中发现，带内光导率 $\sigma_{intra}$ 在太赫兹和远红外波段占主导；而在近红外和可见光区域，总光导率主要依赖于带间跃迁过程。值得注意的是，带内光导率 $\sigma_{intra}$ 与石墨烯的等离子增强效应和表面等离激元传输密切相关。

## 5.1.2
### 石墨烯的非线性光学性质

当入射光所产生的电场与石墨烯内碳原子的外层电子发生共振时，石墨烯内电子云相对于原子核的位置发生偏移，并产生极化，由此导致了石墨烯的非线性光学响应。当外加光场的强度较弱时，上述偏移量（$X$）所导致的电子极化强度（$P$）与外加电场（$E$）呈现线性依赖关系，可以用式（5.7）来表示：

$$P = \varepsilon_0 \chi^{(1)} E \quad (5.7)$$

式中，$\varepsilon_0$为真空介电常数；$\chi^{(1)}$为一阶线性极化率。

当外加光场的强度很强，且电子云相对于原子核的位置产生很大的偏移时，电子极化强度$P$与$X$、$E$呈现非线性依赖关系，可以用式（5.8）来表示：

$$P = \varepsilon_0 \chi^{(1)} E + \varepsilon_0 \chi^{(2)} E^2 + \varepsilon_0 \chi^{(3)} E^3 + \cdots + \varepsilon_0 \chi^{(n)} E^n + \cdots \quad (n=1,2,3,\cdots,n,\cdots) \quad (5.8)$$

式中，$\chi^{(2)}$和$\chi^{(3)}$分别为二阶非线性极化率和三阶非线性极化率，均与石墨烯的谐波产生、饱和吸收、四波混频等非线性光学性质相关。

对于一阶线性极化率$\chi^{(1)}$，其实数部分代表了石墨烯折射率的实数部分，而虚数部分代表了光学损耗或光学增益。通过对石墨烯施加一垂直于其表面的直流电场，可以有效调控$\chi^{(1)}$的数值，从而改变石墨烯的折射率。对于二阶非线性极化率$\chi^{(2)}$，由于石墨烯晶胞的反演对称性，通常可以认为$\chi^{(2)}$为0。然而，对于有应力、无序或功能化的石墨烯，石墨烯晶胞的对称性会被破坏，此时$\chi^{(2)}$不可忽略不计。例如，在不具备反演对称性的石墨烯衍生物中，当对其施加频率为$\omega$的光场时，将产生频率为$2\omega$的二次谐波，可以应用在激光倍频和高分辨率光学显微镜等方面；当对其同时施加频率为$\omega_1$和$\omega_2$的光场时，可以产生更多不同频率的二次谐波（如$\omega_1 \pm \omega_2$）。

石墨烯的光学非线性大多取决于其三阶非线性极化率$\chi^{(3)}$。$\chi^{(3)}$的值取决于单位体积内的极化强度与外加电场的三次幂的比值。然而，石墨烯的厚度极薄，其表面导电性呈现各向同性，因此采用传统的模型无法完全理解石墨烯的光学非线性。一种更加合理的方法是采用面电流积分总和的$n$阶导数来描述其光学非线性。

$$J_n^v = \frac{1}{4\pi^2} \int dP j_n^v N(\varepsilon) \quad (5.9)$$

式中，热系数$N(\varepsilon) = n_F(-\varepsilon) - n_F(\varepsilon) = \tanh[\varepsilon/(2k_B T)]$，而$j_n^v = \psi^\dagger \hat{V}_V \psi$，其中的$\hat{V}_V = (\partial H)/(\partial p_v)$，$V = x, y$。

根据式（5.9），一阶电流$J_1 = e^2 E/(4\hbar)$，反映了石墨烯的线性光学响应，如果将$J_1$转换为实数，正好与式（5.3）所推导的结果一致。对于具有对称结构的晶体而言，$\hat{V}(x) = V(-x)$，因此其二阶电流为0。其三阶电流可以用式（5.10）

表示：

$$J_3 = J_3(\omega) + J_3(3\omega) = \frac{\sigma_1 e^2 v_F^2 E_0^2}{\hbar^2 \omega^4}\left[N_1(\omega)e^{j\omega t} + N_3(\omega)e^{3j\omega t}\right] \quad (5.10)$$

式中，$v_F \approx c/300$，$\sigma_1 = e^2/4\hbar$，$N_1(\omega) = N(\omega)$，$N_3(\omega) = 13N(\omega/2)/48 - N(\omega)/3 + 45N\omega(3/2)/48$。根据式（5.10），$J_3$是由两个与三光子过程相关的三阶电流叠加形成的，即$J_3(\omega)$和$J_3(3\omega)$相叠加。$J_3(\omega)$和$J_3(3\omega)$均与$\omega^4$成反比，与$E_0^2$成正比，且与石墨烯的许多非线性光学性质相关，如饱和吸收、自聚焦、克尔效应、光学双稳态及孤波传播等。

## 5.2 石墨烯在激光器中的应用

相比于连续光激光器，超短脉冲激光器能够将连续输出的激光能量压缩成脉冲宽度在纳秒级以下的极窄短脉冲输出，因而具有峰值功率极高的特点，在工业生产、医疗、科学研究等多个领域中具有极其广泛的应用。此外，重复率可高达几十吉赫兹的短脉冲输出，是实现光通信的重要条件。实现超短脉冲输出，主要有调Q和锁模两种技术手段。调Q和锁模技术的实现都有主动和被动两种方式。相对而言，被动锁模和被动调Q方法，由于不需要外加电场或光场调制，只需要在激光腔内插入非线性光学器件，也就是用所谓的可饱和吸收体即可实现，因此更方便高效，易于实现。

物质之所以能够实现调Q和锁模功能，可以从激子能级跃迁的角度分析。正常情况下，物质内原子以玻尔兹曼分布方式分布在各个能级上。波长为$\lambda$的光照射时，基态原子被激发到能量差值为$hc/\lambda$的激发态上。假设一个特定波长$\lambda$的光，可以将石墨烯中的电子从基态$E_0$激发到激发态$E_1$，根据爱因斯坦辐射理论，在光波作用下，每秒钟从基态跃迁到能级$E_1$上的原子数目和基态的原子数目成正比，具体可写为$dN = N_0 c I \sigma_B$。其中，$N_0$代表基态的原子数目，$c$是光速，$I$是入射光强，$\sigma_B$是能级$E_1$的爱因斯坦感应吸收截面。与此同时，激发态$E_1$的原子又会弛豫回基态，可表示为$dN' = N_1 c I \sigma_R$。其中，$N_1$是激发态的原子数目，$\sigma_R$是能级

$E_1$的爱因斯坦感应发射截面。光照条件下，原子在基态和激发态上起起落落，必然会达到一个稳定的分布状态。也就是说，光照使原子能态重新分布。分布的结果是，激发态原子数量变多，而留在基态的原子数目减少。当光强很强时，吸收光波的原子数目显著减少，而且光波还得到从激发态$E_1$往基态跃迁时补充的能量，可以观察到，物质的吸收系数减小，最终达到饱和。这种物质的吸收系数随光波强度增加而减小的现象，称为饱和吸收现象。物质的吸收系数，从弱光吸收到饱和吸收的差值，称为光调制深度，这个参数是衡量物质非线性光学效应的重要标准。可饱和吸收体可用于实现激光器的调Q脉冲输出。众所周知，激光谐振腔内的Q值受腔内损耗的影响。将可饱和吸收体插入激光腔中时，起初，激光腔中光强较小，可饱和吸收体的吸收系数较大，谐振腔的Q值较低，不能形成激光振荡，腔内反转粒子积聚。在反转粒子数增多到一定数量时，饱和吸收现象出现，Q值突然变高，激光器出光，在短时间内释放大量光子，输出调Q脉冲。产生的这个脉冲，迅速消耗了激光上能级的反转粒子数，受激辐射减小，可饱和吸收体再次不透明，谐振腔开始下一轮反转粒子积聚。此外，当可饱和吸收体的电子弛豫时间很短时，可吸收光强较低的光脉冲，而对光强高的光脉冲，会很快地自透明，达到饱和吸收。光脉冲在谐振腔内来回传播，反复受到可饱和吸收体的冲刷。最终，脉冲峰值越来越高，脉冲越来越窄，实现输出一系列周期恒定的锁模光脉冲。

考虑到锁模和调Q的形成机制和具体运作情形，找到一个合适的可饱和吸收体器件并不容易。需要满足的条件包括：具有特定的波长工作范围、较大的调制深度、较小的非饱和损耗、合适的饱和光强、超短的电子弛豫时间以及较高的热损伤阈值[1]。目前，市场上最常用的可饱和吸收器件是半导体可饱和吸收镜（semiconductor saturable absorber mirror，SESAM）。尽管这种器件具有很好的调制深度和可饱和吸收性能，但是也存在很多难以克服的缺点：首先，SESAM的制作工艺复杂，成本高，制造设备昂贵且需要置于洁净室中；其次，受Ⅲ-Ⅴ族半导体材料性质所限，SESAM的饱和吸收光谱范围狭窄（小于100nm），且工作波长只能在800～2000nm；再次，SESAM的光损伤阈值很低，很难应用在高功率激光领域。

而石墨烯的优势在于，其一，石墨烯内电子弛豫时间极短，激发的电子会在极短的时间内（小于150fs）完成带内弛豫，并在1.5ps的时间内完成带间弛豫，重新回到低能级。因此石墨烯是一种超快的可饱和吸收体，具有产生超短脉冲的潜力。其二，石墨烯具有独特的锥形能带结构，任意波长的光（大于270nm）都可

以对应于石墨烯 $K$ 矢量空间中的一个位置,即石墨烯对任意波长的光都有吸收。结合石墨烯的其他优异性质,如光调制深度较大、热损伤阈值高、制备相对简单、很容易整合进激光谐振腔、价格低廉等,石墨烯被认为是实现锁模和调Q的极佳材料。

2009年,第一个基于石墨烯可饱和吸收体的脉冲激光器问世[2],引起了广泛的关注。目前,石墨烯可饱和吸收体的研究已经取得巨大进展。接下来,我们将分别介绍石墨烯在锁模光纤激光器、调Q光纤激光器以及固体激光器中的应用。

## 5.2.1
**基于石墨烯的锁模光纤激光器应用**

光纤激光器以其优异的光束质量、小型化和集约化的器件结构、易于散热、易于整合到光纤通信系统中等众多优点,日益成为科研和生产中的重要光源选择。因此,光纤激光器锁模技术的优化改进也越来越受到重视。

石墨烯的制备方式有很多,获得的石墨烯性能也各异。到目前为止,多种方法制成的石墨烯都被应用到光纤激光器中,比如机械剥离法[3~5]、液相分离法[6~12]、CVD法[2,13~17]、石墨烯聚合物[18,19]、氧化石墨烯[20]等被应用到光纤激光器中的研究也有报道。相对而言,使用比较多的是液相分离法和CVD法两种方法。通过液相分离法,将石墨烯和聚乙烯醇(PVA)、脱氧胆酸钠(SDC)或十二烷基苯磺酸钠(SDBS)等混合,可形成力学强度很大的透明薄膜,同时利用石墨烯的光学饱和吸收性质和有机聚合物的力学性质,可形成调制深度足够大、且力学性质稳定的石墨烯可饱和吸收体。而CVD方法制备的石墨烯,层数大致可控,面积大且均匀,转移方便,调制深度也高。

将石墨烯可饱和吸收体整合到激光腔中的途径有很多,最普遍使用的是三明治结构,即通过湿法转移[2,18]或者光驱动沉积[10,21]的方法将石墨烯转移到FC/PC光纤接头上,并夹在两个光纤接头之间,从而整合到激光腔中。这种方法制备简单,而且大大缩短了由于插入锁模器件造成的腔长增长,有助于形成高重复率的锁模脉冲。图5.1(a)和(b)分别展示了三明治结构的石墨烯锁模器件的制备方法和使用这种锁模器件的激光腔实例。但是,在这种方法中,石墨烯可饱和吸收体是垂直于光路放置的,这要求样品有很高的热损伤阈值,在处理高功率脉冲时,过高的功率会很容易将石墨烯击穿。为解决上述问题,科学家们提出了将石墨烯耦合到光纤激光腔中的不同方法,包括使用D形光纤或者锥形光纤与其瞬逝场形

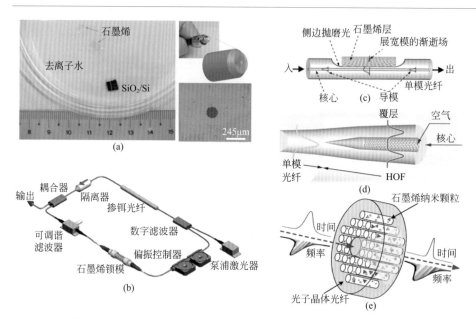

**图 5.1 石墨烯可饱和吸收体器件的构建**

(a) 石墨烯的湿法转移、转移到光纤接头上的石墨烯实物图及光学照片[2]; (b) 基于三明治结构石墨烯锁模器件的激光器环形腔[9]; (c) 侧面耦合的瞬逝场石墨烯可饱和吸收体[22]; (d) 填充了石墨烯的中空光纤可饱和吸收体[25]; (e) 光子晶体环绕石墨烯形成瞬逝波锁模的可饱和吸收体[19]

成侧面耦合的石墨烯可饱和吸收体[22~24]、填充了石墨烯的中空光纤（HOF）可饱和吸收体[25]以及光子晶体环绕石墨烯形成瞬逝波锁模的可饱和吸收体[19]，如图5.1（c）、（d）、（e）所示。

目前，大量基于石墨烯锁模的光纤激光器被研究和制造出来。随着制作工艺和性能的不断优化，锁模光纤激光器的指标也不断提高，集中体现为：工作波长延展、输出功率更大、脉冲宽度更短、宽波段可调谐、重复率更高。2010年，Sun等人[9]和Bao等人[18]分别制备了工作在1525~1559nm波段和1570~1600nm波段、可调范围超过30nm的光纤锁模激光器。图5.2（a）是Bao等人发表的在1570~1600nm波段连续可调激光器的光谱图，图5.2（b）、（c）、（d）分别是该激光器的脉冲序列图、自相关图和RF射频谱。该激光器输出典型的孤子脉冲，脉冲宽度1.67ps，信噪比大于58dB。该锁模结果可以和传统的可饱和吸收器件比拟，而30nm的宽波段可调范围超过了传统可饱和吸收器件能达到的指标（半导体可饱和吸收镜的可调范围大约10nm）。随后，Zhang等人[27]制作了可以工作在正色散、负色散和零色散状态下，可调范围为30nm的光纤孤子锁模激光器。目

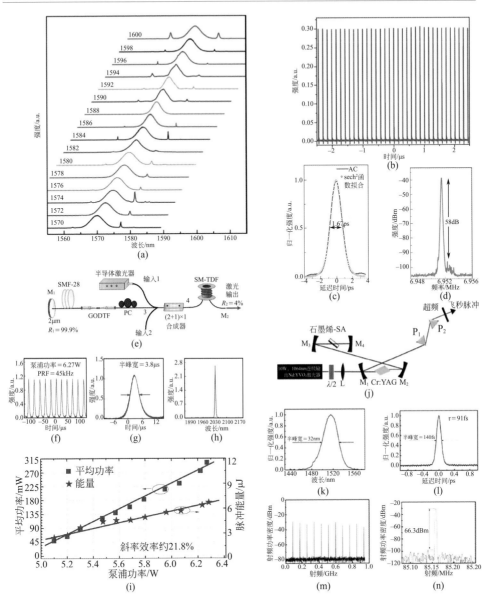

图5.2 石墨烯宽波段可调锁模激光器输出特性[18][(a)~(d)],高能量调Q激光器[40][(e)~(i)]及固体锁模激光器[55][(j)~(n)]

(a)从1570nm到1600nm宽波段可调输出光谱;(b)锁模脉冲序列;(c)单脉冲输出谱;(d)锁模脉冲射频光谱;(e)调Q激光器谐振腔结构示意图;(f)调Q脉冲序列;(g)调Q输出光谱;(h)单个调Q脉冲;(i)输出功率和平均单脉冲能量随泵浦功率变化;(j)Cr:YAG固体锁模激光器谐振腔;(k)固体锁模输出光谱;(l)固体锁模脉冲的自相关曲线;(m)1GHz宽扫描锁模脉冲的射频谱;(n)基频处锁模脉冲的射频谱
dBm与W的换算公式:$P'(\text{dBm})=30+\lg P(\text{W})$

前，1μm[26,28,29]、1.5μm[2,6]、2μm[30~33]的石墨烯锁模激光器都已经被研制出来。为了增大输出功率，人们使用光转换效率更高的掺镱光纤，并使用正色散腔，在这种色散腔中，复金兹堡-朗道机制代替了传统的非线性薛定谔机制，允许功率更高的啁啾脉冲存在，锁模脉冲输出功率大大提高。目前利用这种方法得到的锁模脉冲能量最高已经达到10.2nJ[34]。此外，通过外设回路，对锁模脉冲进行啁啾脉冲放大，也是实现高能量脉冲输出的重要方法。Sobon等人利用外加光路对石墨烯锁模飞秒激光器的输出脉冲实现啁啾脉冲放大，在不影响光束质量的情况下取得了1W的平均输出功率和20nJ的单脉冲能量[35]。为了充分发挥石墨烯超快电子弛豫的特性，得到超短脉宽的锁模脉冲，2011年，B.Cunning等人将去除了聚合物的纯石墨烯沉积在镀有250nm厚金膜的反射镜上，制成低损耗的石墨烯可饱和吸收镜（GSAM），并采用线性光纤腔设计，将石墨烯光纤锁模的最短脉宽缩小到200fs以下[36]。此外，取得高重复率的方法目前主要有两种。一是短腔法，对基频脉冲而言，缩短腔长，即缩短脉冲出光时间间隔，石墨烯可饱和吸收体可直接整合在光纤端面的特点，无疑非常适用于腔长极短的线性腔结构。二是采用谐波锁模，可数十倍地提高输出脉冲的重复率。目前，1μm[29]和1.5μm[37~39]波段的石墨烯光纤谐波锁模都被成功制成，最高重复率已达到2.22GHz，对应了第21阶谐波[38]。石墨烯锁模激光器已经发展到了一个比较成熟的阶段。

## 5.2.2
### 基于石墨烯的调Q光纤激光器应用

通过调Q技术，光脉冲的宽度可以压缩到纳秒量级，峰值功率可达到兆瓦量级。相比于锁模技术，光纤激光器调Q技术可以产生更大能量的短脉冲。要实现调Q功能，对材料的可饱和吸收性质要求同样很高。由于石墨烯具有可观的调制深度以及宽波段工作的特性，完全满足制作调Q器件的要求。与光纤锁模激光器相仿，用于光纤调Q激光器中的石墨烯整合到光纤激光腔中的方式也主要是三明治结构，通常是将石墨烯插在两个光纤接头之间。此外，也有利用锥形光纤耦合石墨烯以便获得大功率脉冲输出[40]。

目前1μm[41]、1.5μm[42~45]、2μm[40,46]乃至2.78μm[47]的石墨烯调Q光纤激光器均已被报道。同时，波长可调谐的石墨烯调Q光纤激光器也已成功制成[42,43]，其最大调谐范围达到50nm[43]。随着研究的深入，石墨烯调Q光纤激光器的性能也在不断提高。Chun Liu等人[40]采用双包层掺铥（$Tm^{3+}$）光纤，在$2\mu m$波段取得了$6.71\mu J$的单脉冲能量输出，功率达到302mW，是目前输出功率最高、单脉冲能量最大的石墨烯调Q光纤激光器。图5.2（e）是双包层掺铥调Q激光器的谐振腔结构图。利用氧化石墨烯，其典型调Q输出表征如图5.2（f）～（h）所示。该调Q脉冲中心波长2030nm，泵浦输出功率6.27W状态下重复率为45kHz、脉冲宽度为$3.8\mu s$。激光器转换效率达到21.8%，最高可输出$6.71\mu J$的单脉冲，对应输出功率高达302mW。Li Wei等人[48]采用线性腔结构，取得了重复率为236.3kHz、脉冲宽度为206ns的窄脉宽调Q脉冲。此外，在石墨烯调Q光纤激光器中人们也观测到可以同时产生多波长脉冲输出[45,49]。石墨烯在光纤调Q激光器中所表现出的优越性能，充分显示了其在制备调Q激光器上的优势。

### 5.2.3
**石墨烯在固体激光器上的应用**

与光纤激光器采用掺杂了稀土元素的光纤作为增益介质相比，固体激光器通常使用掺杂了离子或其他激活物质的透明晶体作为增益介质，这种增益介质的荧光量子效率更高，更易于产生大功率激光输出，光束质量更好。但是，由于其体积较大不易整合到光纤系统当中，且容易受到外界环境干扰，因此固体激光器更适用于环境稳定且对光束质量要求较高的场合，如军事、加工等领域。

早期Tan等人[50]和Xu等人[51]最先开展了石墨烯锁模固体激光器的研究，并分别获得了脉冲宽度为4ps和16ps的锁模脉冲。随后，Won Bae Cho等人[52]使用单层石墨烯减小了其线性光吸收损耗，获得了工作波长为$1.25\mu m$、脉冲宽度小于100fs、平均输出功率达230mW的高性能锁模脉冲。2012年，Liu等人[53]使用氧化石墨烯对Tm：$YAlO_3$激光器进行锁模，获得了工作波长为$2\mu m$、平均输出功率为260mW的脉冲激光。Baek等人[54]将石墨烯固体激光器的工作波长延伸到800nm波段，并取得了脉冲宽度小于70fs的脉冲激光。2013年，Cafiso等人[55]使用单层石墨烯对Cr：YAG激光器进行锁模，获得了工作波长为$1.5\mu m$、脉冲宽度为91fs、平均输出功率超过100mW的输出脉冲。图5.2（j）是该Cr：YAG石墨烯锁模激光器的腔体结构，图5.2（k）～（n）显示，该激光器取得了典型的锁模输出光谱，基频重复率约88.15MHz，信噪比超过65dB，脉冲宽度约91fs。2014年，Nikolai Tolstik等人使用石墨烯对工作波长为$2.4\mu m$的Cr：ZnS激光器锁模，产生了脉冲宽度仅41fs的锁模脉冲,这是目前石墨烯锁模激光器产生的最短脉冲,也是中红外波段产生的最短脉冲[56]。

与此同时,石墨烯调Q固体激光器的研究也取得了一定进展。Yu等人[57,58]使用SiC外延生长的石墨烯对Nd:YAG激光器调Q,获得了单脉冲能量为159.2nJ、脉冲宽度为161ns的脉冲输出。Li等人[59]将液相分离法得到的石墨烯溶液旋涂在玻璃基底上,形成石墨烯饱和吸收镜,获得了单脉冲能量为3.2μJ的高能脉冲输出。Xu等人[60]利用化学气相沉积法生长的石墨烯,制备出调制深度接近100%、平均输出功率高达1.6W的脉冲激光输出,这一研究成果无疑显示了石墨烯在超快光学领域的巨大潜力。

截至目前,石墨烯已被应用于Ti:蓝宝石[54]、Nd:KLu(WO$_4$)$_2$[51]、Nd:YAG[61]、Nd:GdVO$_4$[52]、Nd:GdVO$_4$[62]、Cr:YAG[63]、Cr$^{4+}$:镁橄榄石[64]、Tm:LSO[65]、Cr:ZnS[56]等固体激光器中,其输出脉冲的波长覆盖了800nm[54]、1μm[51,61]、1.25μm[52]、1.4μm[63]、1.5μm[64]、2μm[65]等波段,最大输出功率达到瓦级,输出脉宽小于100fs,这些参数显示了石墨烯应用于固体激光器领域所取得的巨大成功。

综上所述,鉴于石墨烯的优异性质和其在短短几年内在超快激光器领域取得的成就[70~73],我们有理由相信石墨烯在这个领域的巨大潜力和美好前景。但值得注意的是,石墨烯在上述激光器的应用中暴露出其本身所固有的一些缺陷。首先,尽管石墨烯的线性吸收光谱平坦连续,但这并不意味着石墨烯的饱和阈值在各个波段都是相同的。有实验表明,石墨烯在长波长区域(如中远红外)的饱和阈值要低于其在近红外和可见光区域的饱和阈值,这意味着石墨烯可能更适合在1.5μm以上的波段工作。其次,单层石墨烯的调制深度其实是很低的,如果增加石墨烯的层数,固然可以提高石墨烯的调制深度,却要付出随层数增加而线性增大非饱和光损耗的代价。未来可能有两种途径来解决这些问题:途径一是将石墨烯和金属或半导体结合,构建类似于SESAM的石墨烯-金属可饱和吸收镜,并外加栅压,主动调节石墨烯的调制深度,形成主动锁模和被动锁模相结合的方法,提高石墨烯的可饱和吸收性能。此外,伴随石墨烯的兴起而备受关注的其他二维材料,如Bi$_2$Se$_3$、Bi$_2$Te$_3$、Sb$_2$Te$_3$都已被证实具有和石墨烯类似的可饱和吸收性,并已被应用在光纤和固体激光器上[66~69],实现短脉冲输出。未来,也许可以将石墨烯和这些二维材料相结合,构建异质结,优势互补,从而得到更好的脉冲输出。

## 5.3
## 基于石墨烯的光调制器

光学信号的特征参数有强度、振幅、频率、相位、偏振及传播方向等。光学调制则是改变光的一个或多个特征参数，并通过外界各种能量形式实现编码光学信号的过程。对光学调制器件的评价有调制带宽、调制深度、插入损耗、比特能耗以及器件尺寸等性能指标。大多数情况下，光在材料中的行为可以通过材料折射率的变化来预测，所以，光学调制的过程实际上也是一个材料折射率变化的过程。光学调制的方式有很多，比如电光、热光、声光调制等。在以上诸多的方式中，由于电光调制具有速度快、带宽大等优点，是目前研究的主要热点。所谓电光调制，就是指外加电场引起材料折射率实部与虚部的变化，实部的变化（$\Delta n$）称为电致折射，虚部的变化（$\Delta \alpha$）称为电致吸收。现阶段研究的调制器的有源材料主要有硅、Ⅲ-Ⅳ族化合物以及电光材料$LiNbO_3$等，各材料所依据的电光效应亦是多种多样，包括泡克耳斯效应、克尔效应、弗朗兹-凯尔迪什效应、量子限制斯塔克效应以及等离子色散效应等。但是，随着研究的深入，传统光调制器工作带宽较窄、器件尺寸难以进一步缩小的缺点限制了其在宽带大数据传输中的应用。相比较之下，基于石墨烯的光调制器因具有宽波段可调、调制速率快、有源区尺寸小等优势而备受关注。

### 5.3.1
**基于直波导结构的石墨烯电光调制器**

2011年，Liu等人[74]尝试将单层石墨烯铺覆在硅波导表面[图5.3（a）]，成功制备了世界上第一个基于二维材料石墨烯的电光调制器。该器件拥有众多优点，比如较大的调制深度（$0.1dB \cdot \mu m^{-1}$）、超宽的光学带宽（$1.35 \sim 1.6\mu m$）、极小的器件尺寸（$25\mu m^2$）等。如此紧凑的器件尺寸和优异的性能为实现光学器件的高密度集成以及片上光通信提供了新颖可行的思路和技术方案。另外，石墨烯

超快的载流子迁移率以及与互补金属氧化物半导体(complementary metal oxide semiconductor, CMOS)工艺相兼容的特性使得此类结构的调制器备受瞩目。器件的结构主要由底层的掺杂硅、中间的绝缘层$Al_2O_3$以及顶层的石墨烯构成。这是一种类电容的结构,通过在底层掺杂硅以及顶层石墨烯两端施加电压,从而调节石墨烯材料的费米能级,改变其光吸收强度,实现光学信号"0"与"1"之间的开关调制。如图5.3(b)所示,当石墨烯的费米能级被调制到$|E_F|>h\nu/2$时,石墨烯本身不吸收波导中的传输光,此时器件为开路状态;当石墨烯的费米能级被调节到$|E_F|<h\nu/2$时,石墨烯开始吸收传输光,此时器件为关断状态。图5.3(c)、(d)分别为该器件的动态响应图谱以及光学吸收图谱,从这两个图谱中,可以得出此器件的3dB带宽为1.2GHz,而它的吸收光谱宽至250nm。

为了减少底层硅带来的限制,进一步提升器件的性能,2012年,Liu等人[75]在原有工作的基础上,改用双层石墨烯代替单层石墨烯,这样避免了引入硅材料作为栅极,克服了硅光子所造成的影响。该器件的主要结构由上下两层石墨烯组成,中间隔绝一层薄的$Al_2O_3$绝缘层,这同样也是一种类电容结构。通过在上下两端施加电压,形成调制电场,以达到调节石墨烯费米能级的目的。当费米能级

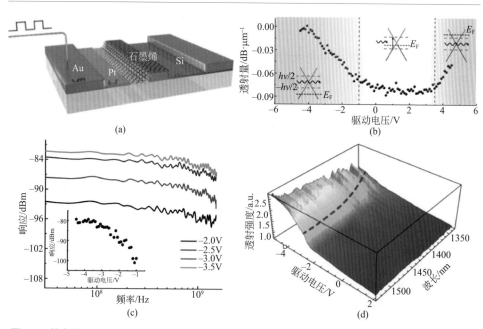

**图5.3 首个单层石墨烯电光调制器**

(a)三维结构示意图;(b)静态响应图谱;(c)动态响应图谱;(d)光学吸收图谱

位于阈值 $\pm h\nu/2$ 之间时，光信号会被吸收；当费米能级位于阈值 $\pm h\nu/2$ 之外时，光信号则不被吸收。该结构成功避免了硅材料所带来的一些问题，比如有限的载流子迁移率以及高的插入损耗等。此外，两片石墨烯叠加在一起，增强了与光的相互作用，调制深度因此得到了极大的提升。最终器件的测试数据表明，它的调制带宽与调制深度分别能达到1GHz和$0.16dB \cdot \mu m^{-1}$。

上述调制器中，石墨烯主要是通过与波导表面光的瞬逝场相互作用。这种机制所带来的问题是两者的相互作用很弱，导致调制深度较低。为进一步加强石墨烯与光的相互作用，提升器件的性能，Kim等人[76]在2011年提出了基于脊形波导结构的电光调制器模型，如图5.4（a）所示。此器件模型与现有的光调制器相比，在结构上有几点创新：首先，此模型中的顶层蒸镀了一层多晶硅，将光场最大程度限制在石墨烯附近，提升两者的相互作用强度，图5.4（b）所示的理论模拟的光场分布也证实了这一点。其次，波导两侧被填平，使得石墨烯无需弯折，减少不必要的石墨烯破损以及载流子迁移率损耗，这样不仅可以提升器件的性能，还可以提高器件的成品率。最后，与石墨烯直接接触的地方全部置换成了与其晶格匹配的六方氮化硼（hexagonal boron nitride，h-BN），在原有结构中，石墨烯直接与硅和$Al_2O_3$接触，因为各自的晶格不匹配，导致了很强的声子散射产生，极大地削弱了石墨烯的载流子迁移率。此外，h-BN材料的介电常数极低，这使得器件的电容电阻时间常数亦大幅降低，有助于提升器件的动态响应速率。2013年，Gosciniak等人[77]提出了类似的结构［图5.4（c）］，并通过COMSOL模拟了此类器件的性能，仿真结果显示，该器件的最大调制深度与调制速率分别能够达到$5.05dB \cdot \mu m^{-1}$和510GHz，相应的比特能耗以及光学带宽分别为$0.96fJ \cdot bit^{-1}$与14THz。这些仿真数据表明，基于石墨烯的电光调制器可以突破硅基电光调制器的局限性，获得更为优异的性能，它的出现为光电子集成回路的实际应用提供了切实可行的途径。

为进一步减少器件的有源面积并且提升其调制深度，Lu等人[78]提出了一种新型的基于狭缝波导结构的石墨烯电光调制器，如图5.4（d）所示。其结构与上述器件类似，但是工作原理却大不相同。当石墨烯的费米能级$E_F$=0eV时，其有效介电常数达到最大，光在石墨烯处的横向电场强度最小，此时石墨烯中的电子发生带间跃迁，其单位面积吸收的能量最小，器件为开路状态；而当$E_F$=0.52eV时，石墨烯的介电常数达到最小，光在石墨烯处的横向电场强度最大，此时石墨烯中的电子发生带内跃迁，其单位面积吸收的能量最大，器件为关断状态。同时，他们还采用有限时域差分方法（FDTD）对该器件的调制性能作了深入研究。仿真

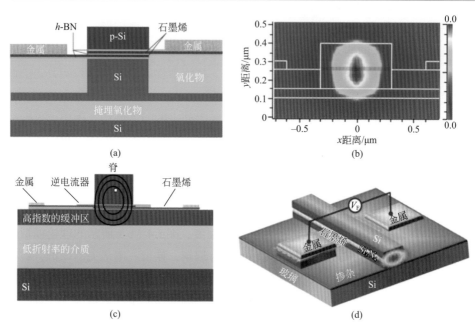

图5.4 （a），（c）掩埋型石墨烯电光调制三维结构横截面；（b）信号光（1.55μm）在脊形波导中传输时的光场分布图；（d）基于狭缝波导结构的石墨烯电光调制的三维结构示意图

结果表明，它的调制深度最大能够达到$4.40dB \cdot \mu m^{-1}$，实现3dB的调制仅需要681nm的有源长度。同时，该器件的比特能耗低至$0.12 \sim 0.13pJ \cdot bit^{-1}$，表现出了超高的热稳定性。此外，由于带内弛豫时间远远小于带间弛豫时间，而此器件的开关过程中有带内跃迁的参与，故该器件在理论上能够获得超高的调制速率。

## 5.3.2
### 基于微环及马赫－曾德尔结构的石墨烯电光调制器

上述器件结构均是采用直波导基底与石墨烯相结合，通过电场调节石墨烯的吸收系数，从而实现器件的开关调制。此类结构存在的问题之一就是，石墨烯与光场的相互作用较弱，调制深度较低。掩埋型波导以及狭缝波导结构虽然在理论上可以解决这一问题，但是囿于现行的工艺水平，这两种结构仍然难以被成功制作出来。为了突破这一局限，可以采用微环谐振器腔结构。此类结构的微环谐振峰对折射率的改变非常敏感，加之波长啁啾小，可以实现高速光调制。所谓微环谐振结构，主要由直波导与毗邻的微环谐振腔组成。近红外波段的信号光从一侧光栅耦合进入波导，并传输到微环谐振腔当中。此时，特定波长的信号光会在腔体内发生谐振效应，从而不能从波导另一侧耦合出去，即完全损耗在谐振腔里面。基于上述谐振原理的环形结构调制器，其特点也非常明显，它们往往有着超高的消光比以及极小的器件尺寸。

基于以上几点考虑，加之石墨烯卓越的光电性质，Bao等人[79]在2011年首次提出了将单层石墨烯与微环谐振腔相结合的结构模型。次年，类似的微环结构被Midrio等人[80]提出。该器件主要由微环谐振腔上面的两片石墨烯组成，石墨烯之间沉积了一层薄的$Al_2O_3$绝缘层。在上下两端的石墨烯上施加电压，调节石墨烯的光吸收强度，这样会导致微环谐振腔处的传输系数发生改变，最终实现微环中的信号光从临界耦合到非临界耦合状态的切换。此外，他们还采用COMSOL模拟了器件的性能。仿真结果表明，该器件的消光比高达44dB。除此之外，它的工作带宽、开关电压以及比特能耗分别为100GHz、1.2V和10～30fJ·$bit^{-1}$。

上述工作均处于理论模拟阶段，2014年，Qiu等人[81]首次在实验上成功制备出了基于微环结构的单层石墨烯电光调制器。由测试的结果发现，器件的调制深度可达40%。此外，该文预测该器件的动态响应能够达到惊人的80GHz。首个石墨烯微环调制器虽然在性能上有一定的缺陷，但其成功制备相较于之前的理论模拟前进了一大步。2015年，Ding等人[82]对该器件结构进行了改进，最终制备出了高性能的石墨烯电光调制器，器件结构如图5.5（a）所示。他们将微环的半径放大至数十微米左右，以提升器件的消光比和Q值。此外，这样大的半径也方便将一端电极安放在微环内侧，与外侧电极形成正对结构，提高了器件的调制效率。最终的测试结果表明，通过施加8.8V的偏压，其调制深度能够达到12.5dB。然而动态响应的效果不是很理想，究其原因，在器件的底层引入硅材料来传输载流子是主因。为避免硅较慢的迁移率所带来的限制，Phare等人[83]采用石墨烯来代替底层的硅材料，首次成功制备出了基于微环结构的双层石墨烯电光调制器，如图5.5（b）所示。除此之外，他们将下面的硅波导替换成$Si_3N_4$波导。由于$Si_3N_4$的折射率小于硅，其对光的限制相比硅而言较弱。这样导致的结果就是信号光的能量更多地向波导外扩散，使波导与石墨烯的相互作用增强。加之$Si_3N_4$是绝缘体，与掺杂后的硅相比，其对光的损耗可以忽略不计，这样减小了器件的插入损耗。更为重要的是，波导两侧被填平，石墨烯免于弯折，减少了材料破损，石墨烯的迁移率损耗大大降低。以上细节部分的诸多改进，使得器件的性能有了质

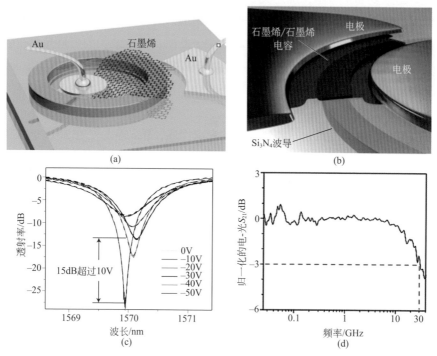

图5.5 （a）基于单层石墨烯环形谐振结构电光调制器的三维示意图；（b）基于两片叠层石墨烯环形谐振结构电光调制器的三维示意图；（c）器件的静态响应图谱；（d）器件的动态响应图谱

的提升。其测试结果如图5.5（c）、（d）所示，调制深度和3dB带宽分别能够达到15dB和30GHz。

除了上述微环结构，马赫-曾德尔干涉结构（MZI）因为其独特的干涉特性，也可以被用来与石墨烯结合，制备电光调制器。所谓MZI结构，主要由两根平行的波导组成，它们在两侧都汇合到一根波导。当信号光从一侧进入时，会分散成两束平行的光，然后又在另一侧汇合，发生干涉效应。通过在其中一根波导上施加能量，调节传输信号光的相位，可以改变两束光的干涉状态，最终实现器件的开关调制。基于以上原理，这种结构往往具有较大的光学带宽，此外，它的工艺容差和热稳定性也非常高。2012年，首个基于石墨烯等离子体的电光调制器模型被Grigorenko等人[84]提出，该器件的基底正是MZI结构，如图5.6（a）所示。2013年，Hao等人[85]提出了类似的电光调制器模型并采用COMSOL对器件性能进行了模拟，如图5.6（b）所示。图中可以看到，该结构主要由底部的MZI结构以及波导表面的多层石墨烯组成。通过调节两臂电压，改变器件中信号光的

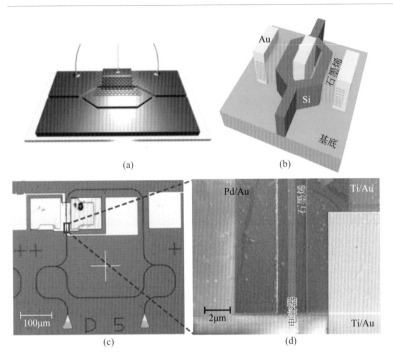

图5.6 （a），（b）基于MZI结构的石墨烯等离子体电光调制器的理论模型；（c）基于MZI结构的石墨烯电光调制器扫描电镜图片；（d）器件有源区的扫描电镜图片

干涉状态，最终实现对光信号的调制功能。最终的模拟结果表明，它的消光比和调制效率分别能达到35dB和20V·μm$^{-1}$。虽然此结构在工艺上很难被制作出来，但是仍具有指导意义。2014年，Youngblood等人[86]成功制备出了首个基于MZI结构的石墨烯电光调制器。如图5.6（c），（d）所示，他们在一侧调制臂上转移两片石墨烯，制作成类电容结构。通过调节石墨烯的有效折射率，进而影响传输光的相位，实现器件的开关调制。最终的测试结果表明，它的调制速率和调制深度分别可达2.5GHz和64%。

## 5.3.3
### 基于平面结构的石墨烯电光调制器

上文提到的电光调制器，信号光与石墨烯均是在一个平面内相互作用，这类器件的尺寸较小，响应速率较快，适用于高速调制的应用场合，但是却无法满足片外光互连领域的应用需求，基于平面结构的电光调制器却可以很好地适用于此领域。该类器件中，石墨烯与信号光发生垂直作用。2012年，Lee等人[87]首次成功制备出了基于单层石墨烯的反射式平面电光调制器，如图5.7（a）所示。其结构由顶层的石墨烯、中间的绝缘层以及底层的银镜组成。信号光垂直入射，经过银镜时再返回，这样石墨烯与信号光发生了两次作用，导致两者之间的作用增强，有助于提升器件的性能。通过在石墨烯上施加电压，调节其光吸收强度，最终实现光的调制功能。测试结果表明，该器件的调制深度以及3dB带宽分别能够达到5%左右和154MHz［图5.7（b）］。2013年，Polat等人[88]制备出了基于石墨烯超级电容器结构的电光调制器，如图5.7（c）所示。该器件主要由上下石英基底表面的两片石墨烯组成，石墨烯之间填充满了电解质。通过在两端石墨烯上施加电压，调节其光吸收强度，最终实现光学信号的调制功能。该器件采用

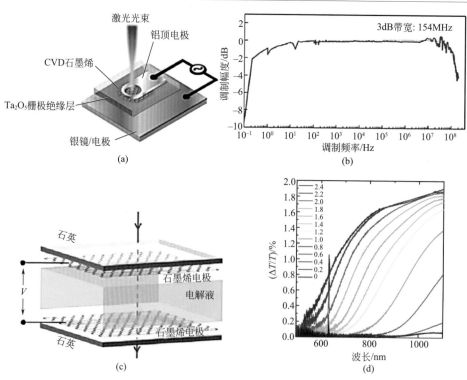

图5.7 （a）首个石墨烯平面电光调制器的三维结构示意图；（b）器件的动态响应图谱（图中蓝线为实际测得的实验数据，橘色线为拟合之后的结果）；（c）基于石墨烯超级电容器结构的电光调制器的三维结构示意图；（d）在不同偏压（单位V）下，归一化透射率随波长的变化

双层石墨烯以及反射式结构来增强石墨烯与光的相互作用强度,最终获得较高的调制深度(35%)[图5.7(d)]以及超宽的光学带宽(450nm~2μm)。这两类器件均是基于石墨烯的平面结构,其中信号光与石墨烯的作用长度仅为单个或者两个原子层厚度,这样导致的结果就是器件的调制深度相对于平面波导结构并不高。它们的性能仍需要进一步提升,最关键的突破点在于加强石墨烯与信号光的相互作用强度。

为了最大限度地增加垂直信号光与石墨烯的相互作用强度,Gan等人[89]将单层石墨烯转移到平面光子晶体表面,成功制备出了高消光比的电光调制器。器件的底部为悬空的平面光子晶体谐振腔,顶部为石墨烯场效应晶体管,其中,栅极由固态电解质组成。两者之间有一层薄薄的绝缘层$HfO_2$。通过在电极上施加电压,调节石墨烯的费米能级,进而影响腔体的Q值,最终实现对光信号的调制。与传统平面电光调制器相比,该器件的特点是引入了平面光子谐振腔,它将光信号局域在石墨烯附近,提升了光与石墨烯的相互作用强度,最终获得较大的调制深度。测试数据表明,该器件的消光比高达10dB之多,此外它的开关电压可低至1.5V。然而,由于固态电解质的引入,该器件的动态响应速率却不甚理想。Gao等人[90]对该器件做了两点优化:①采用双层石墨烯代替单层石墨烯,这样可以避免引入固态电解质,因为固态电解质的迁移率过低,会影响器件的动态性能;②将绝缘层$HfO_2$替换成h-BN,因为h-BN的晶格与石墨烯相匹配,这样可以减弱声子散射给石墨烯带来的影响。此外,该器件的基底材料为石英,与常规的氧化硅片相比,它带来的寄生电容效应更小,有助于器件性能的提升。在基底上方为双层石墨烯和光子晶体谐振腔,其中石墨烯与基底之间、两层石墨烯之间、石墨烯与顶层的光子谐振腔之间均有一层h-BN材料。这一结构的调制器有望实现高速的调制,测试数据亦证明了这一点,它的调制深度以及动态响应速率分别可达3.2dB和1.2GHz。这两类器件均是在平面基底上制备而成的,与波导类结构的石墨烯电光调制器相比,制作的工艺相对简单。此外,它们均是采用石墨烯与光子晶体谐振腔相结合,从而达到提升器件性能的目的。因此,两类器件的特点都是开关电压较小、消光比较高,这些特性使得片外光互连技术的应用成为可能。

到目前为止,基于石墨烯的电光调制器虽然已取得重大进展,然而仍面临着功耗较大、调制速率较慢、调制深度较低等诸多问题,其性能仍需进一步提升。限制电光调制器性能提升的一个主要瓶颈来自石墨烯与电极的接触电阻。这部分电阻会增加器件的调制电压,因此也增加了器件的能量损耗,此外,器件的调制速率也受电阻电容时间常数的限制,减小石墨烯与电极的接触电阻不仅可以减少器件的能量损耗，也可以提升器件的调制速率，这会是未来电光调制器研究中可以努力的一个重要方向。关于器件的调制深度，其主要取决于石墨烯与信号光的相互作用强度，增加石墨烯附近的光强或者加长石墨烯-光的作用路程是两个比较切实可行的方法。最后，石墨烯电光调制器均是基于类电容结构，这一结构的构建需要繁多的工艺步骤，然而考虑到石墨烯在COMS工艺中的易损性，所以目前的器件结构以及工艺步骤仍需要进一步优化。

## 5.4
## 基于石墨烯的光偏振器

石墨烯中的载流子是无质量的狄拉克费米子，通过调整这些载流子的浓度可以改变石墨烯等离子激元的光谱，从而引入一些全新的特征。石墨烯可以选择性地支持两种电磁波传播模式，即横磁场模式（transverse magnetic，TM）和横电场模式（transverse electric，TE），而这主要取决于它的费米能级以及入射光的能量。这为石墨烯与硅波导器件的结合提供了一个重要的理论基础。我们可以通过这种类型的混合器件将非偏振态光转化为偏振态光。这样的极化过程在相干光通信中意义重大，可以降低信号的衰减以及误码率。在制作石墨烯波导型偏振器的过程中，耦合效率以及相位匹配是必须考虑的两大问题。使用常规的棱镜或者光栅在理论上似乎可行，但在实际过程中往往会缺乏较高的耦合效率，并且很难与石墨烯结合起来。此外，由于石墨烯的厚度在原子层级别，实现高效耦合以及高局域化的传导模式是一个巨大的挑战。2011年，Bao等人[91]通过石墨烯光纤耦合器使宽谱非偏振态光源与石墨烯薄膜耦合，如图5.8（a）所示。他们将光纤一侧进行精细打磨抛光形成D形横断面，然后将化学气相沉积生长的石墨烯转移到光纤被打磨的断面上去。因为石墨烯可以认为是本征的（被基底轻微掺杂），所以该器件只能支持TE模式，而TM模式则通过泄漏模式被散射掉。这种偏振效应与金属包层光纤偏振器的工作原理有本质的不同。后者结构如图5.8（b）所示，主要依赖于表面等离子激元在金属薄膜中的传播，因而只能支持TM模式。由于石墨烯具有宽波段响应的光学特性，基于石墨烯的偏振器件可以在较宽的波长范围内（可见光到近红外波段）工作，而且在1.55μm处拥有较大的偏振消光比（约27dB），如图5.8（c）所示。

在理论上，可以通过掺杂石墨烯，使其费米能级大于激发光能量的1/2，这样就可以将TE导通偏振器转化为TM导通偏振器。实验上，可以通过采用例如像聚偏氟乙烯（polyvinylidene fluoride，PVDF）等具有很强的瞬间偶极矩的铁电聚合物，将其旋涂在石墨烯表面充当顶栅［图5.8（d）］，施加一个很小的外加电压就能够引起PVDF中较强的偶极场效应，从而对石墨烯造成重掺杂（较大幅度地移动费米能级），最终使得该器件能够在通信波段（1.55μm）支持TM表面等离子体波的传播，以实现TM偏振态的输出。另外，在此类器件中，若可控地改变外加电场的符号则会形成可切换的偏振态输出[23]。

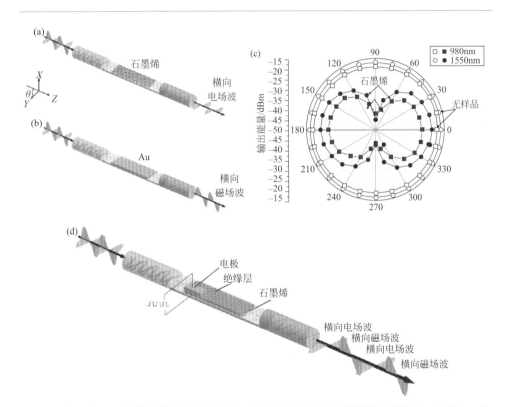

图5.8 （a）基于石墨烯宽带偏振器示意图；(b) 金属包层光纤偏振器示意图；(c) 980nm与1550nm下测试的极坐标图（绿线表示yz平面的石墨烯薄膜）；(d) 可切换的石墨烯偏振器示意图（输出光的偏振态能够通过改变外加偏压的符号来调节）[91]

## 5.5
## 基于石墨烯的光探测器

### 5.5.1
### 基于石墨烯的超快、宽波段光探测器

作为一种典型的低维形态碳材料,与其他低维形态的碳材料,例如碳纳米管和富勒烯相比,石墨烯兼具超快的载流子迁移率、零带隙结构、宽带光吸收的优异特性,将其作为活性层应用到光探测器中可以具有超越其他半导体探测器的显著优势,例如宽波段工作和快速响应,因此在宽带高速光探测领域具有极大的应用潜力。2009年,美国IBM公司的Mueller和Xia等人利用扫描光电流成像技术对石墨烯场效应晶体管的光电响应机理进行了研究[92]。研究结果表明,由于石墨烯独特的零带隙能带结构,金属电极和外加偏压下的载流子注入效应都会对石墨烯的费米能级起到调制作用,由此导致石墨烯和金属电极接触的界面能带发生弯曲,从而形成内建电场,驱动光生载流子的分离和传输。通过扫描光电流成像技术对石墨烯晶体管沟道内部的光电流进行空间分辨成像,可以清晰地看到在金属与石墨烯接触的界面处光电流信号最强,而远离电极的位置则逐渐变弱,如图5.9(a)所示。他们的研究为后来制备石墨烯光探测器奠定了基础。同年,该研究团队利用石墨烯场效应晶体管实现了超快光电探测,器件带宽达到40GHz,并且根据他们的预测,石墨烯光探测器的带宽可以进一步提高到500GHz,在高速探测领域有着巨大的应用潜力[93]。2010年,该团队采用非对称电极结构取代了原有的对称电极结构,增强了内建电场对载流子的分离作用,如图5.9(b)和(c)所示,器件响应度得以提高至$6.1 mA \cdot W^{-1}$,并且可以在$10 Gbit \cdot s^{-1}$的速度下工作,在实验上证实了石墨烯光探测器在高速光通信领域的巨大应用潜力[94]。

值得注意的是,石墨烯的零带隙结构导致其作为光电响应材料有着不可忽视的缺陷:光生载流子复合速率过快,不能有效分离,且暗电流过高,使得石墨烯光探测器无法达到很高的响应度以及量子效率。除此之外,单层石墨烯过低的光

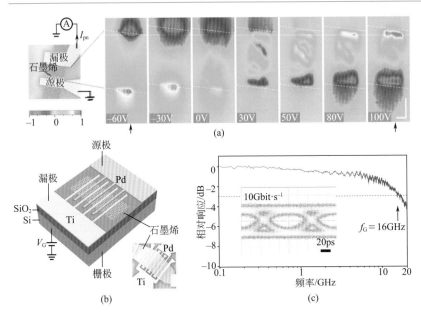

图5.9 （a）IBM团队对石墨烯场效应晶体管进行的扫描光电流成像图［其中左图为器件的SEM照片，右图所示为在栅极电压从 −60V 到 100V 变化时对应的光电流分布，图中虚线处为源端和漏端电极的边缘，最后一幅图右下角显示的横竖标尺为 1μm］[92]；（b）非对称插指结构光探测器的器件结构示意图[94]；（c）图（b）中所示器件的带宽响应特性测试曲线[94]

吸收率（单原子层光吸收率为2.3%）也是限制器件性能提高的主要因素。针对这些问题，研究者们尝试了等离子体增强、共振腔增强和异质结构复合等方法，以期能够提高石墨烯光探测器的性能，下文将从几个不同的方面来探讨这些改进型光探测器的工作原理和性能。

## 5.5.2
### 等离子体增强的石墨烯光探测器

在探索如何提高石墨烯光探测器性能的各种尝试中，有一种独特的方法取得了较为突出的效果。这种方法是将金属纳米颗粒耦合到石墨烯表面，通过这种纳米结构的表面等离子体效应将吸收的光能转化为等离子共振，从而增强局域电场，而这种局域场在促进石墨烯内部光生载流子的产生、分离和传输等方面起到了重要作用。这种方法不仅可以有效地提高器件的光电探测效率，更为重要的是，通过改变纳米结构的构型（形状、尺寸、厚度等），还可以实现对特定波长入射光信号的选择性响应。

2011年，Liu等人报道了在石墨烯多色光探测方面取得的进展[95]，如图5.10所示，他们将金纳米颗粒与石墨烯耦合实现了高效的等离子共振增强探测。利用金纳米结构的局域等离子增强效应，不仅可以实现选择性的多色探测，而且使器件达到了1500%的外量子效率。通过改变金纳米结构的尺寸、形状和周期性排列，可以调节其等离子共振频率，从而对特定频率的光引起的光电流信号进行增强，由此实现波长选择性探测。

除了金属纳米颗粒外，高分子聚合物所形成的纳米结构也具有等离子增强效应。2012年，Fang等人最早提出了这种新型结构[96]，如图5.11所示，他们将高分子聚合物制作成纳米尺寸的天线结构，并夹在两层单层石墨烯中间构成类似三明治的结构，器件的内量子效率可以达到20%。上述纳米等离子体结构增强器件光电响应的机制主要分为两种：其中一种机制是通过纳米结构的等离子近场效应

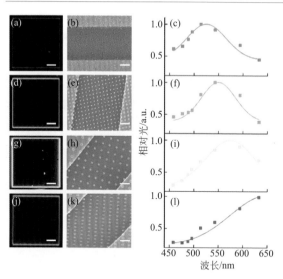

图5.10 不同金属纳米结构与石墨烯耦合所实现的多色光探测器

50μm×50μm区域上直径为18nm、厚度为4nm的金纳米颗粒阵列的（a）暗场图像、（b）近场扫描图像和（c）光谱响应曲线；50μm×50μm区域上直径为50nm、厚度为30nm的金纳米盘阵列的（d）暗场图像、（e）近场扫描图像和（f）光谱响应曲线；50μm×50μm区域上直径为100nm、厚度为30nm的金纳米盘阵列的（g）暗场图像、（h）SEM图像和（i）光谱响应曲线；50μm×50μm区域上长度为100nm、宽度为50nm、高度为30nm的金纳米线的（j）暗场图像、（k）SEM图像和（l）光谱响应曲线 [其中图（a）、（d）、（g）和（j）中标尺尺寸为10μm，图（b）、（e）、（h）和（k）中的标尺尺寸为400nm] [95]

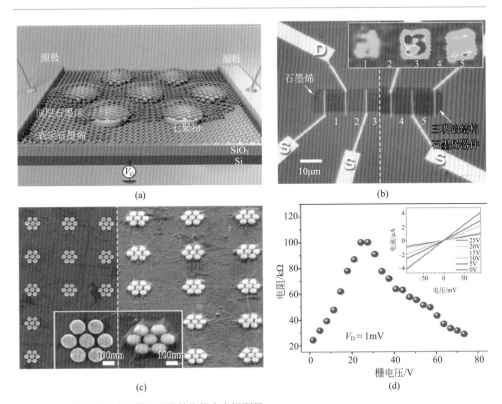

图5.11 石墨烯/纳米天线三明治结构的光电探测器

(a) 器件结构示意图(图中 $V_G$ 为栅极电压);(b) 第二层石墨烯生长前(左图)和生长后(右图)器件的光学显微镜照片[内部插图为图(b)中标注的区域 1~5 所对应的拉曼图像];(c) 图(b)中区域 3 对应的SEM图像;(d) $V_D$=1mV 时所示器件的传输特性曲线(内部插图为不同栅压下的电流-电压曲线)[96]

直接引发石墨烯内部电子的激发和跃迁,从而增大光电流信号;另外一种机制则是纳米结构中产生的热载流子可以通过等离子体弛豫传输到石墨烯导带中,从而增加其载流子浓度。

2013年IBM研究中心利用石墨烯纳米带[97],也同样发现了等离子体增强效应。他们制备了一个固定宽度为140nm的石墨烯纳米带超晶格,这些超晶格表现出了显著的等离子体光电流增强效应($V_g$ = −35V 左右),如图5.12所示。通过比较石墨烯纳米带的响应率和石墨烯薄膜的响应率,可以发现石墨烯纳米带的响应率明显高于石墨烯薄膜的响应率,并且可以通过增加源漏极之间的电压、缩短器件沟道或者增加栅极叠层热阻等方式进一步增强器件的响应率。

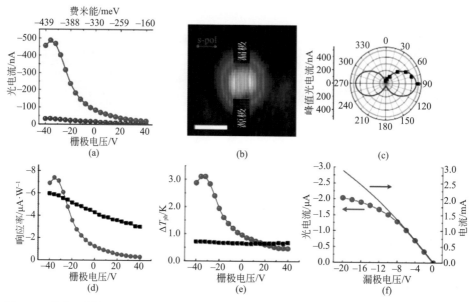

图5.12 等离子体增强的石墨烯超晶格纳米带光电探测器

(a) 栅控140nm的超晶格石墨烯纳米带光电流响应,分别在S偏振方向(红色)和P偏振方向(蓝色);(b) 超晶格石墨烯纳米带光电探测器电流扫描图片;(c) 在同样的条件下光电流偏振响应;(d) 140nm超晶格石墨烯纳米带和石墨烯在激发光功率为66mW下的响应率对比;(e) 140nm超晶格石墨烯纳米带和石墨烯温度增加的对比;(f) 在不同偏压下超晶格石墨烯纳米带光电探测器的光电流和传输电流[97]

## 5.5.3
### 共振腔增强的石墨烯光探测器

石墨烯较弱的光吸收能力(单原子层光吸收率为2.3%)是阻碍石墨烯光探测器效率提高的主要原因之一。利用光学共振腔增强石墨烯对光的吸收是一种较为有效的方法。2012年,德国科学家Michael Engel等人首次将石墨烯晶体管与平面光学微腔进行整片集成[98],发现与不使用光学微腔时相比,光探测器的光电流增强了20倍,这是由于光学微腔的光学限域效应可以有效增强其内部介质对特定波段光的吸收。此外,他们还发现光学微腔可以有效地调控集成在其内部的石墨烯器件的电子传输性能,进而调控器件的光电流。

利用法布里-帕罗干涉效应,也可以有效增强石墨烯对特定波段光的吸收,这是因为在法布里-帕罗干涉微腔中,光子可以被束缚在腔内并在腔体内发生多

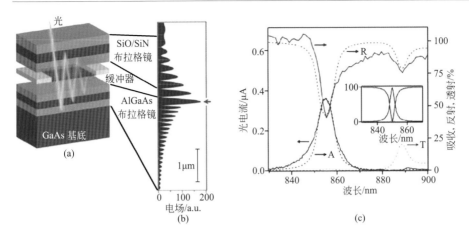

图5.13 （a）法布里-帕罗干涉腔集成的石墨烯光探测器示意图（图中红色区域显示的为石墨烯，黄色区域显示的为金属电极）；（b）腔体内电场强度分布图；（c）法布里-帕罗干涉腔集成的单层石墨烯光探测器的光谱响应曲线［图中虚线所示为计算结果：红色虚线（R）代表反射谱，绿色虚线（T）代表透射谱，蓝色虚线（A）代表吸收谱。实线显示的为实验结果：红色实线（R）代表反射谱，蓝色实线代表光电流曲线。其中插图为垂直光入射时的理论模拟结果］[99]

次来回的反射，因此进入腔体的光子大部分都会被腔内的介质所吸收。2012年，Mueller等人[99]对这种石墨烯集成微腔内部的非线性以及线性光学特性进行了理论研究。图5.13（a）、（b）分别为与法布里-帕罗干涉腔集成的石墨烯光探测器的示意图以及腔内的电场强度分布图。采用两个分散式的布拉格反射镜构成高精度的平面微腔，通过调控缓冲层的厚度，将石墨烯置于腔内干涉增强的最大值处，这种微腔集成结构可以极大地提高石墨烯的光吸收率，达到无微腔状态下单层石墨烯光吸收率的26倍，即60%以上的光吸收率，如图5.13（c）所示。所制备的器件也因此具备相对较高的响应率（21mA·$W^{-1}$）。

## 5.5.4
### 波导型石墨烯光探测器

近年来，硅基光电子器件由于本身的一些材料属性，如硅具有不可调的间接带隙、弱电光调制效应等缺陷，使得纯硅光电子器件在实际应用上面临着一些技术瓶颈。因此亟需一种能够克服传统半导体缺陷的新型材料，而石墨烯以其优异的光电特性展露出巨大的应用潜力。将石墨烯与硅基光子器件（如光波导）进行集成来制备光探测器件，目前已取得了显著成果。

2013年9月，"Nature Photonics"杂志同一期报道了三个独立研究团队在石墨烯-硅波导集成光探测器方面取得的最新研究进展[100~102]。他们所制备的器件具有类似的基本结构，如图5.14所示，即将单层或双层石墨烯与硅基光波导进行平面集成，在石墨烯和硅波导之间有一层很薄（约10nm）的$SiO_2$介质层，并通过两端的金属电极与外电路连接。这种结构的主要特点在于：波导的作用是限制和传播光信号的瞬逝电场，电场在传播过程中会不断激发石墨烯中光载流子和热载流子的产生。基于这种结构的石墨烯光探测器具有可以与CMOS工艺兼容的优势[100]，并且可探测信号的波长从可见光至中红外波段，对2.75μm的光源能够达到0.13A·$W^{-1}$的响应[101]。上述研究表明，石墨烯-硅波导集成的光探测器在高速光通信领域具有较高的应用价值。

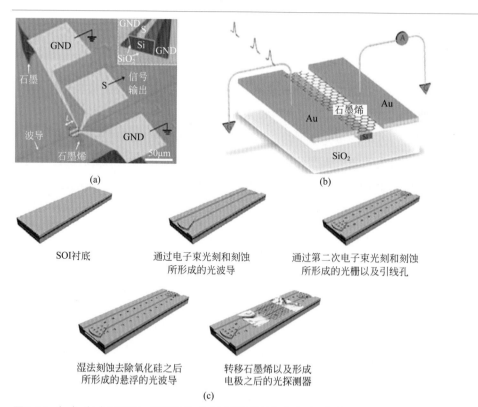

图5.14 （a），（b）石墨烯-硅波导集成光探测器的结构示意图；（c）石墨烯-硅波导集成光探测器的制作流程示意图[100~102]

## 5.5.5
### 叠层范德华异质结型光探测器

对石墨烯的各种特殊性质的不断深入研究引发了对其他二维平面材料研究的热潮,其中,薄层状过渡金属硫化物(transition metal dichalcogenides,TMDCs)受到很大的关注,最具代表性的有$MoS_2$、$WS_2$、$WSe_2$等。当从三维尺度变为二维尺度后,TMDCs会从间接带隙半导体变为直接带隙半导体,并且表现出优异的光吸收特性。这类材料可以作为较为理想的光电转换材料应用到光电器件中,与石墨烯在光电特性方面有着互相补充的优势。$MoS_2$和$WS_2$与石墨烯结合形成的异质结构在实现高效光探测器方面有着很大的潜力。这种结构的突出特点是将石墨烯作为透明电极,二维过渡金属硫化物材料(如$MoS_2$、$WS_2$)则被夹在两层石墨烯或者石墨烯与金属电极之间,形成垂直叠层的势垒结构,如图5.15所示。采用上述多层异质结构的场效应晶体管可同时兼具高开关比和高开路电流特性,适用于逻辑传感器和互补反相器。

2013年,Britnell等人将这种基于二维材料异质结构的场效应晶体管应用到光电探测领域[103],他们采用$WS_2$(5～50nm)作为中间层,$h$-BN作为基底和绝缘层,石墨烯作为透明电极和载流子传输层,即$h$-BN/石墨烯/$WS_2$/石墨烯/$h$-BN的叠层结构制备了光探测器。这种结构具有独特的能带结构,决定了光生电子和空穴可以被有效地分离,从而实现较为有效的光电探测。更为重要的是,得益于石墨烯优越的力学性能和延展性,这种新型的异质结构光探测器件可以制备在柔性基底上,所报道的器件的外量子效率可以达到30%,预示了基于二维材料的异质结构在柔性光电器件领域的应用潜力。与此同时,Duan等人也制备出了具有类似结构的石墨烯光探测器[104],他们采用过渡金属硫化物材料$MoS_2$与石墨烯构成垂直异质结构(图5.15),相比于平行结构可以更加有效地利用外加电场对器件进行调制,实现了最大55%的外量子效率。

事实上,对于石墨烯/$MoS_2$构成的异质结,由于其本身就具有高效的载流子产生和分离特性,即使采用简单的平行结构也可以使器件获得很高的响应率。2013年,Kallol Roy等人也报道了有关石墨烯/$MoS_2$光探测器的研究成果,所报道的石墨烯/$MoS_2$光探测器在室温下的光响应率达到了$5\times10^8 A\cdot W^{-1}$,这是截至目前基于石墨烯的光探测器可以达到的最高响应率。

作为一个新的研究热点,石墨烯和薄层过渡金属硫化物构成的叠层异质结构材料是一种新型有效的光敏探测材料,其独有的载流子界面传输特性为获得高的

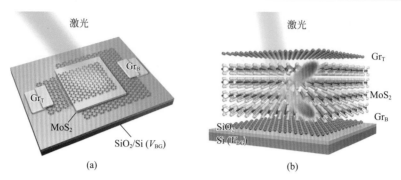

图5.15 （a）基于石墨烯/$MoS_2$/石墨烯垂直异质结构的光探测结构示意图；（b）器件的剖面结构示意图，其中红色和蓝色部分分别代表电子和空穴

所示器件的衬底为覆盖有300nm二氧化硅的硅衬底[104]

内/外量子效率和光电转换效率提供了保证。构建各种不同类型的二维叠层异质结构并进一步发挥异质结构材料的特性，有望推动下一代快速宽带光探测器件的研发和商业化进程。

# 5.6
# 石墨烯的表面等离子体

近年来，有关表面等离子体的研究吸引了越来越多的关注。这是因为表面等离子体可以将光控制在亚波长尺寸并且能在材料表面传播，成为实现纳米光子学的有效可行途径，同时亚波长能量的局域性还可以促使光电器件和传感器件的性能进一步提升。传统的金属材料如金、银、铜、铝和镁等曾被视为激发表面等离子体的最佳材料，然而由于欧姆损耗或热辐射，这些金属材料往往产生严重的能量损失，而且对于固定的结构或器件，金属表面等离子体具有不可调谐性。这些缺陷限制了它们的进一步应用和发展，从而促使人们探索具有独特性能的新型等离子体材料。

早在2004年石墨烯被发现之时，理论上已预言了石墨烯表面等离子体的存在。石墨烯的表面等离子体可以视为其表面电子的集体振荡，通过与其他能量的耦合获得一定的能量和动量从而在材料表面进行传播。与传统的金属材料相比，石墨烯的表面等离子体具有低损耗、高局域性和宽波段激发等优点，并且可以利用栅极电压或化学掺杂的方法调节在石墨烯表面传播的等离子体。实验中，石墨烯中的表面等离子体不是很容易被观察到，这是因为石墨烯的表面等离子体不容易与光发生耦合，根本原因是它与激发光子之间较大的波矢量不匹配。通常，它们波矢量之间的不匹配可以利用光栅或者一个足够尖的物体，如原子力显微镜探针的尖端或者纳米尺寸的缺陷来弥补。石墨烯等离子体的传播寿命预计要比金属等离子体的更长。上述特征主要来源于石墨烯本身独特的电子结构、等离子体的色散关系以及它与其他能量（如电子、光子、声子）之间的相互作用。

## 5.6.1
### 石墨烯表面等离子体的激发机制

石墨烯等离子体的激发与传统表面等离子体激发相同，需要高能量局域或者光栅结构来解决等离子体激发的波矢不匹配问题。对于石墨烯的表面等离子体来说，其色散关系是非常重要的。研究者们通过构建各种理论模型和实验方法对其进行了描述，其中包括半经典模型、随机相变近似、紧束缚近似、第一性原理计算以及电子能量损失谱实验等，其中半经典模型和随机相变近似是最常用的理论分析模型，而电子能量损失谱是最普遍的实验研究方法。随着纳米光学的发展，以及近场光学显微镜在研究表面等离子体方面显示出的优势，通过AFM探针的尖端聚焦来满足石墨烯等离子体的激发条件，已经成为了主流的研究手段。

#### 5.6.1.1
##### 半经典模型

石墨烯的带内动力学光电导率在太赫兹和远红外波段占主导，而在近红外和可见光区域，总动力学光电导率主要依赖于带间跃迁过程。不同于传统的电子体系，石墨烯能够支持两种电磁波传播模式，即横磁场模式（TM）和横电场模式（TE），并且与光电导率的虚部$\sigma''$有关，$\sigma''<0$和$\sigma''>0$分别对应于TE模式和TM模式。在绝对零度条件下，TM和TE模式对应的频率范围分别是$0<\hbar\omega/\mu<1.667$和$1.667<\hbar\omega/\mu<2$，其化学势$\mu$近似等于费米能级$E_F$。TM和TE两种模式的等离子体色散关系可以从麦克斯韦方程中推导出来，对于单独的石墨烯片，TM和TE模

式的色散关系可用式（5.11）表示：

$$\kappa_{TM} = \kappa_0 \sqrt{1-\left(\frac{2}{\sigma\eta_0}\right)^2} \qquad \kappa_{TE} = \kappa_0 \sqrt{1-\left(\frac{\sigma\eta_0}{2}\right)^2} \qquad (5.11)$$

式中，$\kappa_0 = \omega/c$；$\eta_0 = \sqrt{\mu_0/\varepsilon_0} \approx 377\Omega$，代表真空阻抗。

#### 5.6.1.2
#### 随机相变近似

早在2006年，Hwang和Wunsch等人就试图利用随机相变近似和自洽场理论解释掺杂石墨烯的色散关系。他们假设温度为零，电子的弛豫时间为无穷大，每个电子在由外场和其他电子的诱导场所叠加而成的自洽场中移动。因此，石墨烯的动态介电函数可以用式（5.12）表示：

$$\varepsilon(q,\omega) = 1 + \upsilon_c(q)\Pi(q,\omega) \qquad (5.12)$$

式中，$q$，$\omega$ 为任意波矢和频率。令 $\varepsilon(q,\omega) = 0$，便得到石墨烯等离子体的色散关系 $\omega_{sp}(q)$。在长波长极限条件下（即 $q \to 0$），单层石墨烯等离子体的色散关系可以用式（5.13）表示：

$$\omega_{sp}(q \to 0) = \omega_0\sqrt{q} \qquad (5.13)$$

式中，$\omega_0 = \left(g_s g_v e^2 E_F / 2\kappa\right)^{1/2}$。$g_s = 2$ 表示自旋简并度，$g_v = 2$ 表示石墨烯布里渊区有两个不等价$K$点[43]，$\kappa = (\varepsilon_{r1} + \varepsilon_{r2})/2$ 表示石墨烯所处的环境的复合介电函数。虽然石墨烯的等离子体与二维电子气等离子体系统有相同的色散关系 $q^{1/2}$，然而不同于二维电子气等离子体，石墨烯等离子体的频率与载流子密度的关系为 $\omega_0 \propto n^{1/4}$。

石墨烯的等离子体与电子耦合形成等离极化子，电子能量损失谱与角分辨光电子能谱是探究等离子体与电子、声子相互作用的有力工具。实验上利用角分辨光电子能谱研究在SiC（0001）表面外延生长的石墨烯，证明了石墨烯的表面等离子体与电子、声子的强烈耦合作用；石墨烯的等离子体与光子耦合形成表面等离子体激元，实验上利用近场光学显微镜已观测到了它的传播和局域性，并发现其传播波长、共振强度等参数随入射光波长、基底的介电常数以及栅极电压而变化。另外，石墨烯的微纳米带、纳米盘等几何结构甚至其本身的点缺陷、线缺陷等都可以激发表面等离子体激元。

## 5.6.2
### 石墨烯表面等离子体的观测方法

简言之，石墨烯表面等离子体就是表面电子的集体振动，我们可以利用各种各样直接或间接的方法来探测石墨烯电子结构的这种变化，包括电子能量损失能谱法（EELS）[105,106]、角分辨光电子能谱（ARPES）[107]，并利用许多有趣的方法促使光与等离子体的耦合。

#### 5.6.2.1
##### 电子能量损失能谱法和角分辨光电子能谱

电子能量损失能谱通过记录透射的和反射的电子能量损失来探测石墨烯表面等离子体。利用高空间分辨的电子能量损失能谱，在悬浮的单层石墨烯薄膜上研究者们发现了两种表面等离子体模式 $\pi$ 和 $\pi+\sigma$。这两种模式对应的能量分别是 4.7eV 和 14.6eV，与石墨相比发生了大幅度的红移，并且能量峰值及峰与坐标轴构成的包络面积随层数的增加而增加 [图 5.16（a）][105]。同时，能量损失能谱也

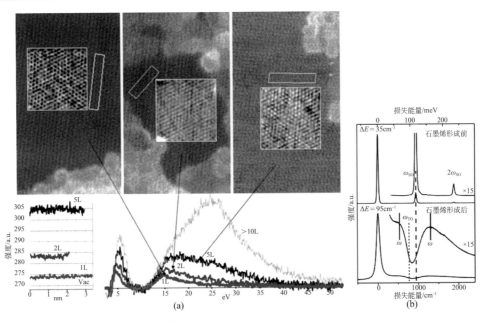

图 5.16　电子能量损失能谱

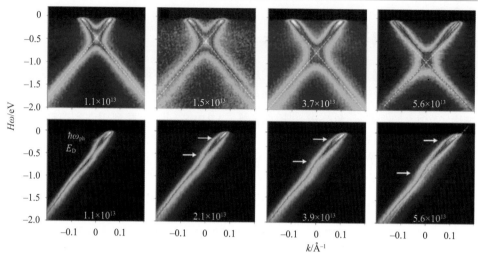

图5.17 角分辨光电子能谱

揭示了石墨烯/碳化硅异质结中声子与等离子体的强烈耦合作用[106]，图5.16显示了声子与等离子体两种不同的耦合模式 $\omega_{\pm}$。

研究石墨烯等离子体的另一个有力工具是角分辨光电子能谱。Bostwick等人利用角分辨光电子能谱测试了长在碳化硅（0001）上的单层石墨烯，并发现石墨烯K点附近的能带结构是非线性的或弯曲的，如图5.17所示。色散关系中的弯曲是由电子和等离子体的相互作用及声子效应引起的。而且弯曲的程度与电子浓度密切相关[107]。

### 5.6.2.2
### 光与等离子体耦合

光与等离子体耦合的首次发现是利用极化的傅里叶变换红外光谱在表征石墨烯微米带阵列时探测到的[110]，图5.18（a）是基于石墨烯微米带阵列典型器件的俯视图和侧视图。图5.18（b）是消光光谱，入射光的极化方向与微米带的方向垂直，光谱中的吸收峰正是由等离子体的振动产生的，并且等离子体的振动可以用一个离子凝胶的顶栅来加以调控。此外，等离子体的激发也会受到微米带宽度的影响，随着微米带宽度的减小，等离子体的共振频率随之增大，如图5.18（c）所示。当石墨烯图案的尺寸小至纳米级（50nm）时，石墨烯等离子体共振可以被调整到中红外波段（4～15μm）。而且石墨烯纳米带的中红外等离子体会和基底的

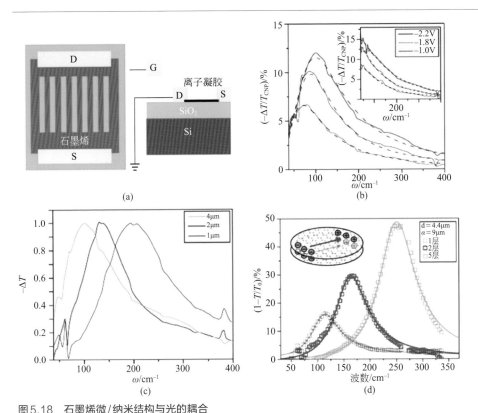

**图5.18 石墨烯微/纳米结构与光的耦合**

(a) 石墨烯微米带/SiO$_2$/Si的器件结构[11];(b),(c) 利用栅压和改变带宽调控石墨烯微米带的共振频率[11];(d) 微米盘阵列的消光光谱[17]

声子以及石墨烯本征光学声子发生相互作用而产生衰减,进而影响等离子体的寿命。石墨烯微/纳米阵列等离子体的研究为制作工作波长在太赫兹到中红外基于石墨烯的等离子体波导、调制器及探测器奠定了基础。

与石墨烯微/纳米带相比,在微/纳米盘中发生的光与石墨烯等离子体的耦合并不依赖于光的极化方向,这对于其在探测器和滤波器中的应用是非常重要的。对于由石墨烯微米盘与绝缘材料组成的叠层结构而排成的阵列,盘与盘之间的相互作用可以被忽略。如图5.18(d)所示,随着石墨烯层数的增加,共振频率发生了红移,并且共振峰的峰强也显著增强,当堆叠结构的层数达到5层时,峰强能增加50%。另外,也可以通过改变微米盘的直径、盘的数量及整体的载流子浓度来调控等离子体的频率和强度。据报道,石墨烯和绝缘材料的叠层结构可以被用来制作辐射屏蔽层,屏蔽效率可达97.5%;还可制作具有9.5dB消光比的可调的太赫兹线性偏光器。此外，局域在石墨烯纳米盘和纳米环中的等离子体的栅压可调性和耦合性也得到了研究，通过构建具有约20nm空间分辨率的石墨烯纳米环，石墨烯等离子体的激发频率可调至近红外2.8μm。这些工作说明石墨烯的光学响应可以拓展到接近近红外的波段，这个波段对于光的调制器、转换器和传感器的研究极具意义。

最近，散射式近场光学显微镜（s-SNOM）已经被用于研究石墨烯表面等离子体[111~114]，它具有非常高的空间分辨率，在对样品进行光学成像时不会对样品造成任何的损伤，并提供了石墨烯等离子体与光发生耦合时所需的动量。2011年，第一次利用s-SNOM对石墨烯和二氧化硅界面的狄拉克等离子体进行红外纳米成像[图5.19（a）]。如图5.19（b）所示，在1110~1250 $cm^{-1}$ 波段范围石墨烯的近场信号强度显著增强且峰值频率蓝移了约10 $cm^{-1}$。这两个效应与石墨烯样品中较高的载流子浓度有关，插图中所示的栅压实验充分证明了这一点。

最令人激动的是利用s-SNOM首次观测到了石墨烯等离子体的实空间传播。图5.19（c）是红外纳米成像实验的原理图，一束红外光被聚焦在原子力显微镜（AFM）探针的尖端，在尖端形成纳米尺寸的电磁场，由于探针与石墨烯间的近场相互作用[115]，回散射光包含了石墨烯样品表面的光学信息。在图5.19（d）和（e）中，石墨烯样品边缘处周期性的条纹图案是针尖处激发的等离子体波与边缘

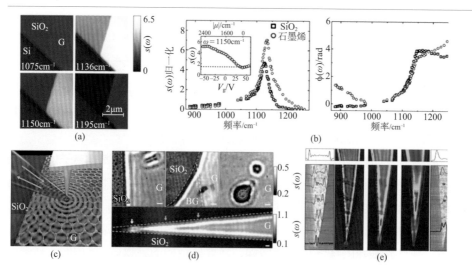

图5.19 利用近场光学显微镜s-SNOM研究石墨烯表面等离子体（一）
（a），（d）和（e）红外近场光学图片；（b）从图（a）中提取的振幅和相位信息；（c）实验原理图

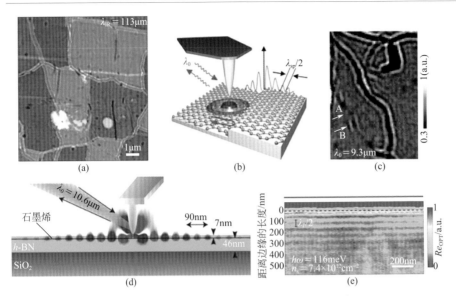

图5.20 利用近场光学显微镜s-SNOM研究石墨烯表面等离子体（二）

(a),(c)和(e)近场光学显微镜;(b),(d)实验原理图

反射的波发生了干涉的结果。由实验得出的等离子体波长比激发光的1/40还小，并且可以通过加栅压和改变激发光波长来调控等离子体的波长。石墨烯表面等离子体较强的局域性和可调性使其成为构造纳米光电子器件的理想材料。

石墨烯表面等离子体可以在石墨烯边缘、纳米级的形貌缺陷、石墨烯晶界[111]和纳米级台阶[112]处反射。利用s-SNOM可以对CVD生长的大面积石墨烯薄膜的晶界进行成像，如图5.20所示。石墨烯晶界的成像和研究解开了CVD生长的石墨烯较低的电子迁移率的微观机制[111]。近场光学图片也揭示等离子体能够在纳米级台阶处发生反射［图5.20（b）］，当这个台阶的高度超过一定值时（如1.5nm），反射信号会增加20%（与石墨烯边缘相比），当高度达到5nm时反射信号会增加接近50%[112]。

由于石墨烯等离子体独特的性能，包括高局域性、良好的可调性及较低的损耗，它有望替代贵重金属而实现更广泛的应用。但是因为杂质散射和多体效应，在石墨烯中观测到了较强的等离子体阻尼。令人欣喜的是，在一个新型的异质结构中发现了高局域低损耗的石墨烯表面等离子体，如图5.20（c）所示[113]，石墨烯密封在两个六方氮化硼（$h$-BN）之间。近场光学图片说明在这个异质结构中的石墨烯表面等离子体具有很长的寿命［图5.20(e)］，揭示了前所未有的低损耗。

### 5.6.3 石墨烯表面等离子体的应用

（1）纳米共振腔　单层未掺杂石墨烯对光的吸收只有2.3%，石墨烯等离子体是提高光吸收的重要手段。利用电子束曝光在连续的石墨烯薄膜上构造如图5.20（b）所示的图案，从而制作出石墨烯纳米共振腔，其性能可以利用近场光学显微镜进行表征，发现腔内石墨烯等离子体的共振频率随共振腔的宽度变化而变化。同时利用栅压调控其上的电荷密度[图5.21（a）]，腔内的等离子体波长可缩小至

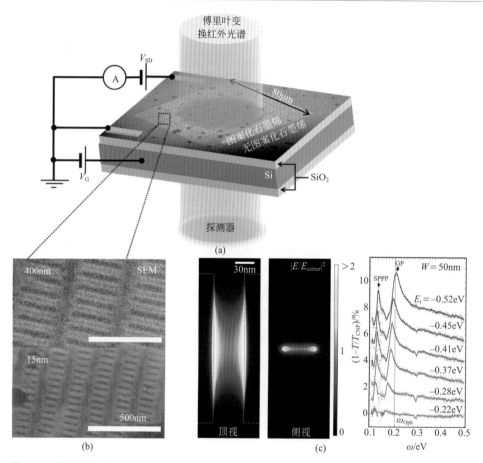

图5.21　纳米共振腔

（a）器件原理图；（b）石墨烯纳米共振腔阵列的扫描电子显微镜（SEM）图像；（c）理论模拟结果和实验所得的消光光谱

激发光波长的1%，且等离子体的共振能量也不断地得到了提高，当共振腔的宽度小至15nm时，能量可高达0.31eV[图5.21（c）]。理论计算表明，高局域的等离子体所含的局域光学态密度是自由空间的$10^6$倍，致使光和物质在中红外波段可发生强烈的相互作用。

（2）等离子体波导　理论研究表明，由于石墨烯上的化学势受基底介电层厚度的影响，而不同的化学势对应着不同的电导率，如图5.22（a）和（b）所示，改变介电层的厚度，相当于在石墨烯上构造相应的图案，其上的空间电荷分布不均匀，进而使等离子体在石墨烯上的传播具有一定的方向性[110]，这一原理预言了沿中间部分传播的红外波导和红外分束器构造的可能性。

另外，据报道，石墨烯等离子体在微/纳米带中有两种传播模式[108,109]，如图5.22（c）所示。一种是波导模式（表面等离子体沿带中心对称轴传播），另一种

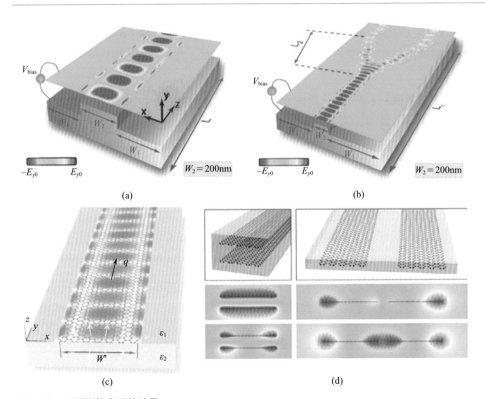

图5.22　石墨烯等离子体波导

（a），（b）红外波导和分束器的理论模拟结果；（c）石墨烯微米带中的表面等离子体模式；（d）两个纳米带间等离子体的耦合

是边缘模式（等离子体在边缘局域），这两种模式因波矢不同而互相分离。对于两个相邻的纳米带，局域在纳米带表面的石墨烯等离子体发生相互作用，这种相互作用与两个纳米带的摆放位置密切相关，从而影响各自等离子场的分布情况［图5.22（d）］。此外，由于石墨烯表面等离子体的强局域性，它能够在弯曲的石墨烯表面进行传播，且能量损失很少。同时，基于石墨烯的S形、螺旋形和Y形等离子体波导也得到了研究[116]。

（3）探测器、调制器和偏振器 通过将石墨烯和金属纳米粒子结合可以有效地增加石墨烯对光的吸收量。一方面，金属粒子在辐射光的激发下产生等离子体，使光局域在其周围；另一方面，一个纳米粒子散射的光反过来又被邻近的粒子吸收，这样大大减少了光的损耗。等离子体增强的引入提高了石墨烯光探测器的工作效率，如图5.23（a）所示。与纯石墨烯探测器相比，它的外量子效率明显增强，实验上已获得高达1500%的效率，而且宽波段可探测[117]。另外，由石墨烯-金的七聚物-石墨烯的三明治结构制作的光探测器如图5.23（b）所示，其光电流有800%的增强，内量子效率在5%～20%范围内，光电流可利用一个栅极电压来控制[118]。

与传统金属材料不同，石墨烯能够支持TE和TM两种不同的电磁波传播模式，近红外到可见光光谱范围TE模式占主导，红外到太赫兹频率范围主要是TM传播模式，因此利用栅极电压改变石墨烯费米能级的位置可对传播模式加以选择，同时将非极化入射光转化成极化光，所以石墨烯可用来制作红外TM表面等离子体调制器[119]和偏振器[120,121]，如图5.23（c）和（d）所示。实验表明，调制器在10μm入射波长下具有超过60dB的开关比。偏振器还可以在宽波段光谱范围内工作，并支持波长为1.55μm的TM极化传播模式，其最大消光比为27dB。

（4）太赫兹放大器和激光器 由于石墨烯能够吸收等离子体而使其在太赫兹波段发生粒子数反转，在粒子数反转过程中，等离子体和石墨烯中带间跃迁产生的电子-空穴对的耦合作用导致等离子体的放大。而且，等离子体的群速度小且局域性很强，其增益往往很大，通常要比一个典型半导体激光器的增益大许多，所以石墨烯振荡器可以用来制作太赫兹等离子体放大器［图5.24（a）］。

然而，等离子体增益的增加会导致等离子体模式的相位发生强烈的移动，且使得等离子体和电磁波发生强烈的耦合作用，这严重阻碍了激光的产生。为了解决这些问题，Popov等人利用一个平面的石墨烯微/纳米谐振腔阵列来制作太赫兹激光器[123]，如图5.24（b）所示。由于石墨烯微/纳米谐振腔阵列中等离子体

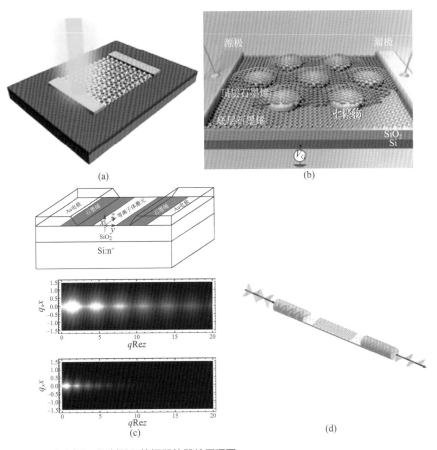

图5.23 探测器、调制器和偏振器的器件原理图

（a）基于石墨烯的等离子体增强的复色探测器；（b）石墨烯-金的七聚物夹层结构制作的光探测器；（c）基于石墨烯的红外TM等离子体调制器；（d）宽波段石墨烯偏振器

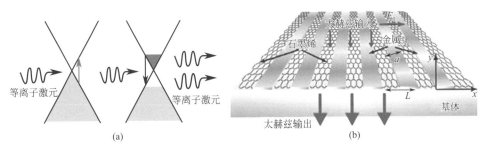

图5.24 太赫兹放大器和激光器的原理示意图

（a）石墨烯太赫兹（THz）等离子体放大器，带间跃迁吸收等离子体促使粒子数反转，使等离子体的发射加倍[122]；（b）石墨烯-金属微/纳米带制作的激光器[123]

的强局域性和电磁波的超辐射性，使得太赫兹波在等离子体的共振强度被放大几十个数量级，而且当等离子体的增益和阻尼达到平衡时，石墨烯纳米谐振腔中等离子体与太赫兹光发生强烈的耦合作用，从而产生激光。

## 5.7
## 总结与展望

由于石墨烯优异的光学特性，尤其是其宽带光响应和可调的动态光电导率，研究者们早在2012年就提出了构筑基于石墨烯的宽带光通信系统回路芯片的设想[124]。一个宽带光通信系统的实现需要有效地控制和调控光学信号的相位、传播方向、偏振和振幅信息。另外，光学信号的强度以及脉冲宽度的有效调控也是极其重要的。通过集成和复合，石墨烯可以全方位的提高硅基半导体器件的综合性能，并且可以集光的发射、传输、调制、计算、探测等于一身。随着石墨烯制备工艺和转移技术的优化，尤其是硅衬底上直接制备石墨烯的生长技术的发展及完善，石墨烯与硅的混合光电子器件或回路系统将具有巨大的实际应用价值。

但是，在实现石墨烯光电子器件的商业化应用之前，还有很多基础性的科学问题迫切需要解决。由于石墨烯具有独特的零带隙能带结构，再加上石墨烯本身不能发光并且单原子层光吸收率（约为2.3%）比其他体材薄膜低，使得基于本征石墨烯的光电器件无法取得足够强的光-物质相互作用效应，离光互连技术中的实际应用仍有一段距离。针对上述缺陷，一个有效的解决方法是构建石墨烯及其他二维原子晶体材料的范德华异质结构。伴随着石墨烯的兴起而广受关注的其他二维材料，如过渡金属硫化物和拓扑绝缘体等已被证实具有和石墨烯类似的优异光电特性。重要的是，不同于石墨烯的零带隙的能带结构，这些材料具有一定的带隙而且带隙可调，即带隙宽度可以通过控制二维材料的层数或者施加外电场来改变。作为一个新的研究热点，可以在基于能带理论的模拟计算的指引下，将石墨烯和这些二维材料或者将这些二维材料相互之间进行各种排列组合或叠层复合，构建成丰富多样的异质结构，优势互补，从而得到满足不同应用需求的更好的器件性能。构建不同类型的二维叠层异质结构并进一步发挥异质结构材料的特性，有望能进一步推动新型光电器件的研究及应用。

## 参考文献

[1] Keller U. Recent developments in compact ultrafast lasers[J]. Nature, 2003, 424(6950): 831-838.

[2] Bao Q, Zhang H, Wang Y, et al. Atomic-layer graphene as a saturable absorber for ultrafast pulsed lasers[J]. Advanced Functional Materials, 2009, 19(19): 3077-3083.

[3] Chang Y M, Kim H, Lee J H, et al. Multilayered graphene efficiently formed by mechanical exfoliation for nonlinear saturable absorbers in fiber mode-locked lasers[J]. Applied Physics Letters, 2010, 97(21): 211102.

[4] Martinez A, Fuse K, Yamashita S. Mechanical exfoliation of graphene for the passive mode-locking of fiber lasers[J]. Applied Physics Letters, 2011, 99(12): 3077.

[5] Lin G, Lin Y. Directly exfoliated and imprinted graphite nano-particle saturable absorber for passive mode-locking erbium-doped fiber laser[J]. Laser Physics Letters, 2011, 8(12): 880.

[6] Sun Z, Hasan T, Torrisi F, et al. Graphene mode-locked ultrafast laser[J]. Acs Nano, 2010, 4(2): 803-810.

[7] Zhang H, Bao Q, Tang D, et al. Large energy soliton erbium-doped fiber laser with a graphene-polymer composite mode locker[J]. Applied Physics Letters, 2009, 95(14): 141103.

[8] Sun Z P, Hasan T, Torrisi F, et al. Graphene mode-locked ultrafast laser[J]. ACS Nano, 2010, 4(2): 803-810.

[9] Sun Z, Popa D, Hasan T, et al. A stable, wideband tunable, near transform-limited, graphene-mode-locked, ultrafast laser[J]. Nano Research, 2010, 3(9): 653-660.

[10] Martinez A, Fuse K, Xu B, et al. Optical deposition of graphene and carbon nanotubes in a fiber ferrule for passive mode-locked lasing[J]. Optics Express, 2010, 18(22): 23054-23061.

[11] 田振, 刘山亮, 张丙元等. 石墨烯锁模掺铒光纤脉冲激光器的实验研究[J]. 中国激光, 2011, 38(3): 17-19.

[12] Hasan T, Torrisi F, Sun Z, et al. Solution-phase exfoliation of graphite for ultrafast photonics[J]. Physica Status Solidi, 2010, 247(11-12): 2953-2957.

[13] Zhang H, Tang D, Knize R, et al. Graphene mode locked, wavelength-tunable, dissipative soliton fiber laser[J]. Applied Physics Letters, 2010, 96(11): 51.

[14] 黄文育, 冯德军, 姜守振等. 基于单层石墨烯可饱和吸收的掺铒光纤激光器[J]. 中国激光, 2013, (2): 27-30.

[15] Zhang H, Tang D, Zhao L, et al. Large energy mode locking of an erbium-doped fiber laser with atomic layer graphene[J]. Optics Express, 2009, 17(17): 17630-17635.

[16] Bao Q, Zhang H, Ni Z, et al. Monolayer graphene as a saturable absorber in a mode-locked laser[J]. Nano Research, 2011, 4(3): 297-307.

[17] Zhang H, Tang D, Zhao L, et al. Vector dissipative solitons in graphene mode locked fiber lasers[J]. Optics Communications, 2010, 283(17): 3334-3338.

[18] Bao Q, Zhang H, Yang J X, et al. Graphene-polymer nanofiber membrane for ultrafast photonics[J]. Advanced Functional Materials, 2010, 20(5): 782-791.

[19] Lin Y H, Yang C Y, Liou J H, et al. Using graphene nano-particle embedded in photonic crystal fiber for evanescent wave mode-locking of fiber laser[J]. Optics Express, 2013, 21(14): 16763-16776.

[20] Liu Z B, He X, Wang D. Passively mode-locked fiber laser based on a hollow-core photonic crystal fiber filled with few-layered graphene oxide solution[J]. Optics Letters, 2011, 36(16):

3024-3026.

[21] Kim H, Cho J, Jang S Y, et al. Deformation-immunized optical deposition of graphene for ultrafast pulsed lasers[J]. Applied Physics Letters, 2011, 98(2): 831.

[22] Song Y W, Jang S Y, Han W S, et al. Graphene mode-lockers for fiber lasers functioned with evanescent field interaction[J]. Applied Physics Letters, 2010, 96(5): 183.

[23] 张成, 罗正钱, 王金章等. 熔锥光纤倏逝场作用石墨烯双波长锁模掺铒光纤激光器[J]. 中国激光, 2012, (6): 25-29.

[24] Luo Z, Wang J, Zhou M, et al. Multiwavelength mode-locked erbium-doped fiber laser based on the interaction of graphene and fiber-taper evanescent field[J]. Laser Physics Letters, 2012, 9(3): 229.

[25] Choi S Y, Cho D K, Song Y W, et al. Graphene-filled hollow optical fiber saturable absorber for efficient soliton fiber laser mode-locking[J]. Optics Express, 2012, 20(5): 5652-5657.

[26] Luo Z, Huang Y, Wang J, et al. Multiwavelength dissipative-soliton generation in Yb-fiber laser using graphene-deposited fiber-taper[J]. Photonics Technology Letters, IEEE, 2012, 24(17): 1539-1542.

[27] Zhang H, Tang D, Zhao L, et al. Compact graphene mode-locked wavelength-tunable erbium-doped fiber lasers: from all anomalous dispersion to all normal dispersion[J]. Laser Physics Letters, 2010, 7(8): 591-596.

[28] Zhao L, Tang D, Zhang H, et al. Dissipative soliton operation of an ytterbium-doped fiber laser mode locked with atomic multilayer graphene[J]. Optics Letters, 2010, 35(21): 3622-3624.

[29] Li H, Wang Y, Yan P, et al. Passively harmonic mode locking in ytterbium-doped fiber laser with graphene oxide saturable absorber[J]. Optical Engineering, 2013, 52(12): 126102.

[30] Zhang M, Kelleher E, Torrisi F, et al. Tm-doped fiber laser mode-locked by graphene-polymer composite[J]. Optics Express, 2012, 20(22): 25077-25084.

[31] Sobon G, Sotor J, Pasternak I, et al. Thulium-doped all-fiber laser mode-locked by CVD-graphene/PMMA saturable absorber[J]. Optics Express, 2013, 21(10): 12797-12802.

[32] Wang Q, Chen T, Zhang B, et al. All-fiber passively mode-locked thulium-doped fiber ring laser using optically deposited graphene saturable absorbers[J]. Applied Physics Letters, 2013, 102(13): 131117.

[33] Zen D, Saidin N, Damanhuri S, et al. Mode-locked thulium bismuth codoped fiber laser using graphene saturable absorber in ring cavity[J]. Applied Optics, 2013, 52(6): 1226-1229.

[34] Choi S Y, Jeong H, Hong B H, et al. All-fiber dissipative soliton laser with 10.2nJ pulse energy using an evanescent field interaction with graphene saturable absorber[J]. Laser Physics Letters, 2014, 11(1): 015101.

[35] Sobon G, Sotor J, Pasternak I, et al. Chirped pulse amplification of a femtosecond Er-doped fiber laser mode-locked by a graphene saturable absorber[J]. Laser Physics Letters, 2013, 10(3): 035104.

[36] Cunning B, Brown C, Kielpinski D. Low-loss flake-graphene saturable absorber mirror for laser mode-locking at sub-200-fs pulse duration[J]. Applied Physics Letters, 2011, 99(26): 261109-261109-261103.

[37] Zhu P F, Lin Z B, Ning Q Y, et al. Passive harmonic mode-locking in a fiber laser by using a microfiber-based graphene saturable absorber[J]. Laser Physics Letters, 2013, 10(10): 105107.

[38] Sobon G, Sotor J, Abramski K M. Passive harmonic mode-locking in Er-doped fiber laser based on graphene saturable absorber with

repetition rates scalable to 2. 22GHz[J]. Applied Physics Letters, 2012, 100(16): 3077-3083.

[39] 程辉辉, 罗正钱, 叶陈春等. 石墨烯被动锁模谐波阶数可调的掺铒光纤孤子激光器[J]. 光电子·激光, 2012, 23(6): 1035-1038.

[40] Liu C, Ye C, Luo Z, et al. High-energy passively Q-switched 2μm Tm$^{3+}$-doped double-clad fiber laser using graphene-oxide-deposited fiber taper[J]. Optics Express, 2013, 21(1): 204-209.

[41] Liu J, Wu S, Yang Q H, et al. Stable nanosecond pulse generation from a graphene-based passively Q-switched Yb-doped fiber laser[J]. Optics Letters, 2011, 36(20): 4008-4010.

[42] Popa D, Sun Z, Hasan T, et al. Graphene Q-switched, tunable fiber laser[J]. Applied Physics Letters, 2011, 98(7): 435.

[43] Cao W, Wang H, Luo A, et al. Graphene-based, 50nm wide-band tunable passively Q-switched fiber laser[J]. Laser Physics Letters, 2012, 9(1): 54.

[44] 徐佳, 吴思达, 刘江等. 氧化石墨烯被动调Q掺铒光纤激光器[J]. 强激光与粒子束, 2013, 24(12): 2783-2786.

[45] Luo Z, Zhou M, Weng J, et al. Graphene-based passively Q-switched dual-wavelength erbium-doped fiber laser[J]. Optics Letters, 2010, 35(21): 3709-3711.

[46] Wang F, Torrisi F, Jiang Z, et al. Graphene passively Q-switched two-micron fiber lasers[C]. Quantum Electronics and Laser Science Conference, Optical Society of America, 2012, 39(14):1-2.

[47] Wei C, Zhu X, Wang F, et al. Graphene Q-switched 2. 78μm Er$^{3+}$-doped fluoride fiber laser[J]. Optics letters, 2013, 38(17): 3233-3236.

[48] Wei L, Zhou D P, Fan H Y, et al. Graphene-based Q-switched erbium-doped fiber laser with wide pulse-repetition-rate range. IEEE Photonics Technology Letters, 2012, 24(4): 309-311.

[49] Wang R, Ruzicka B A, Kumar N, et al. Ultrafast and spatially resolved studies of charge carriers in atomically thin molybdenum disulfide[J]. Physical Review B, 2012, 86(4): 045406.

[50] Tan W, Su C, Knize R, et al. Mode locking of ceramic Nd: yttrium aluminum garnet with graphene as a saturable absorber[J]. Applied Physics Letters, 2010, 96(3): 031106-031106-031103.

[51] Xu J L, Li X L, Wu Y Z, et al. Graphene saturable absorber mirror for ultra-fast-pulse solid-state laser[J]. Optics Letters, 2011, 36(10): 1948-1950.

[52] Cho W B, Kim J W, Lee H W, et al. High-quality, large-area monolayer graphene for efficient bulk laser mode-locking near 1.25μm[J]. Optics Letters, 2011, 36(20): 4089-4091.

[53] Liu J, Wang Y, Qu Z, et al. Graphene oxide absorber for 2 μm passive mode locking Tm: YAlO$_3$ laser[J]. Laser Physics Letters, 2012, 9(1): 15-19.

[54] Baek I H, Lee H W, Bae S, et al. Efficient mode-locking of sub-70-fs Ti: sapphire laser by graphene saturable absorber[J]. Appl Phys Express, 2012, 5: 032701.

[55] Davide Di Dio Cafiso S, Ugolotti E, Schmidt A, et al. Sub-100-fs Cr: YAG laser mode-locked by monolayer graphene saturable absorber[J]. Optics Letters, 2013, 38(10): 1745-1747.

[56] Tolstik N, Sorokin E, Sorokina I T. Graphene mode-locked Cr: ZnS laser with 41 fs pulse duration[J]. Optics Express, 2014, 22(5): 5564-5571.

[57] Yu H, Chen X, Hu X, et al. Graphene as a Q-switcher for neodymium-doped lutetium vanadate Laser[J]. Applied Physics Express, 2011, 4(2): 2704.

[58] Yu H, Chen X, Zhang H, et al. Large energy pulse generation modulated by graphene epitaxially grown on silicon carbide[J]. ACS Nano, 2010, 4(12): 7582-7586.

[59] Li X L, Xu J L, Wu Y Z, et al. Large energy laser pulses with high repetition rate by graphene Q-switched solid-state laser[J]. Optics Express, 2011, 19(10): 9950-9955.

[60] Xu S, Man B, Jiang S, et al. Watt-level passively Q-switched mode-locked $YVO_4$/Nd: $YVO_4$ laser operating at 1.06 μm using graphene as a saturable absorber[J]. Optics & Laser Technology, 2014, 56: 393-397.

[61] 曹镱, 刘佳, 刘江等. 基于石墨烯被动调Q Nd：YAG晶体微片激光器[J]. 中国激光, 2012, 39(2): 40-44.

[62] 何京良, 郝霄鹏, 徐金龙等. 基于石墨烯可饱和吸收被动锁模超快全固体激光器的研究[J]. 光学学报, 2011, 31(9): 327-331.

[63] Zhang H, Chen X, Wang Q, et al. Graphene-based passively Q-switched Nd: $KLu(WO_4)_2$ eye-safe laser operating at 1 425nm[J]. Applied Physics B, 2013: 1-5.

[64] Baylam I, Ozharar S, Cizmeciyan M N, et al. Femtosecond pulse generation from an extended cavity $Cr^{4+}$: forsterite laser using graphene on YAG[C]. Advanced Solid State Lasers, 2013, Optical Society of America: ATh3A. 8.

[65] Feng T, Zhao S, Yang K, et al. Diode-pumped continuous wave tunable and graphene Q-switched Tm: LSO lasers[J]. Optics Express, 2013, 21(21): 24665-24673.

[66] Zhao C, Zou Y, Chen Y, et al. Wavelength-tunable picosecond soliton fiber laser with topological insulator: $Bi_2Se_3$ as a mode locker[J]. Optics Express, 2012, 20(25): 27888-27895.

[67] Zhao C, Zhang H, Qi X, et al. Ultra-short pulse generation by a topological insulator based saturable absorber[J]. Applied Physics Letters, 2012, 101: 211106.

[68] Chen Y, Zhao C, Huang H, et al. Self-assembled topological insulator: $Bi_2Se_3$ membrane as a passive Q-switcher in an erbium-doped fiber laser[J]. Journal of Lightwave Technology, 2013, 31(17): 2857-2863.

[69] Sotor J, Sobon G, Macherzynski W, et al. Mode-locking in Er-doped fiber laser based on mechanically exfoliated $Sb_2Te_3$ saturable absorber[J]. Optical Materials Express, 2014, 4(1): 1-6.

[70] Tan W, Su C, Knize R, et al. Mode locking of ceramic Nd: yttrium aluminum garnet with graphene as a saturable absorber[J]. Applied Physics Letters, 2010, 96(3): 031106.

[71] Xu J L, Li X L, He J L, et al. Performance of large-area few-layer graphene saturable absorber in femtosecond bulk laser[J]. Applied Physics Letters, 2011, 99(26): 261107.

[72] Cho W B, Kim J W, Lee H W, et al. High-quality, large-area monolayer graphene for efficient bulk laser mode-locking near 1.25μm[J]. Optics Letters, 2011, 36(20): 4089-4091.

[73] Lee C C, Schibli T, Acosta G, et al. Ultra-short optical pulse generation with single-layer graphene[J]. Journal of Nonlinear Optical Physics & Materials, 2010, 19(04): 767-771.

[74] Liu M, Yin X B, Ulin Avila E, Geng B S, Zentgraf T, Ju L, Wang F, Zhang X. A graphene-based broadband optical modulator[J]. Nature, 2011, 474(7349): 64-67.

[75] Liu M, Yin X B, Zhang X. Double-Layer Graphene Optical Modulator[J]. Nano Lett, 2012, 12(3): 1482-1485.

[76] Kim K, Choi J Y, Kim T, Cho S H, Chung H J. A role for graphene in silicon-based semiconductor devices[J]. Nature, 2011, 479(7373): 338-344.

[77] Gosciniak J, Tan D T H, Theoretical investigation of graphene-based photonic modulators[R]. Scientific reports, 2013, 3.

[78] Lu Z, Zhao W. Nanoscale electroptic modulators based on graphene-slot waveguides[J]. JOSAB, 2012, 29(6): 1490-1496.

[79] Bao Q, Loh K P. Graphene photonics, plasmonics, and broadband optoelectronic

devices[J]. ACS Nano, 2012, 6(5): 3677-3694.

[80] Midrio M, Boscolo S, Moresco M, Romagnoli M, De Angelis C, Locatelli A, Capobianco A D. Graphene-assisted critically-coupled optical ring modulator[J]. Opt Express, 2012, 20:23144-23155.

[81] Qiu C, Gao W, Vajtai R, Ajayan P M, Kono J, Xu Q. Efficient modulation of 1.55μm radiation with gated graphene on a silicon microring resonator[J]. Nano Lett, 2014, 14(12): 6811-6815.

[82] Ding Y H, Zhu X L, Xiao S S, Hu H, Frandsen L H, Mortensen N A, Yvind K. Effective electro-optical modulation with high extinction ratio by a graphene-silicon microring resonator[J]. Nano Lett, 2015, 15(7): 4393-4400.

[83] Phare C T, Daniel Lee Y H, Cardenas J, Lipson M. Graphene electro-optic modulator with 30GHz bandwidth[J]. Nat Photon, 2015, 9(8): 511-514.

[84] Grigorenko A N, Polini M, Novoselov K S. Graphene plasmonics[J]. Nat Photon, 2012, 6(11): 749-758.

[85] Hao R, Du W, Chen H, Jin X, Yang L, Li E. Ultra-compact optical modulator by graphene induced electro-refraction effect[J]. Appl Phys Lett, 2013, 103(6): 061116.

[86] Youngblood N, Anugrah Y, Ma R, Koester S, Li M. Multifunctional graphene optical modulator and photodetector integrated on silicon waveguides[J]. Nano Lett, 2014, 14(5): 2741-2746.

[87] Lee C C, Suzuki S, Xie W, Schibli T R. Broadband graphene electro-optic modulators with sub-wavelength thickness[J]. Opt Express, 2012, 20(5): 5264-5269.

[88] Polat E O, Kocabas C. Broadband optical modulators based on graphene supercapacitors[J]. Nano Lett, 2013, 13(12): 5851-5857.

[89] Gan X, Shiue R J, Gao Y, Mak K F, Yao X, Li L, Szep A, Walker Jr D, Hone J, Heinz T F. High-contrast electrooptic modulation of a photonic crystal nanocavity by electrical gating of graphene[J]. Nano Lett, 2013, 13(2): 691-696.

[90] Gao Y, Shiue R J, Gan X, Li L, Peng C, Meric I, Wang L, Szep A, Walker D, Hone J, Englund D. High-speed electro-optic modulator integrated with Glraphene-boron nitride heterostructure and photonic crystal nanocavity[J]. Nano Lett, 2015, 15(3): 2001-2005.

[91] Bao Q L, Zhang H, Wang B, et al. Broadband graphene polarizer[J]. Nature Photonics, 2011, 5(7): 411-415.

[92] Mueller T, Xia F, Freitag M, Tsang J, Avouris P. Role of contacts in graphene transistors: a scanning photocurrent study[J]. Physical Review B, 2009, 79(24): 245430.

[93] Xia F, Mueller T, Lin Y M, Valdes Garcia A, Avouris P. Ultrafast graphene photodetector[J]. Nature Nanotechnology, 2009, 4(12): 839-843.

[94] Mueller T, Xia F, Avouris P. Graphene photodetectors for high-speed optical communications[J]. Nat Photonics, 2010, 4(5): 297-301.

[95] Liu Y, Cheng R, Liao L, et al. Plasmon resonance enhanced multicolour photodetection by graphene[J]. Nat Commun, 2011, 2: 579.

[96] Fang Z, Liu Z, Wang Y, Ajayan P M, Nordlander P, Halas N J. Graphene-antenna sandwich photodetector[J]. Nano Lett, 2012, 12(7): 3808-3813.

[97] Freitag M, Low T, Zhu W, et al. Photocurrent in graphene harnessed by tunable intrinsic plasmons[J]. Nature Communications, 2013, 4(3): 131-140.

[98] Engel M, Steiner M, Lombardo A, et al. Light-matter interaction in a microcavity-controlled graphene transistor[J]. Nat Commun, 2012, 3: 906.

[99] Furchi M, Urich A, Pospischil A, et al. Microcavity-integrated graphene photodetector[J]. Nano

Lett, 2012, 12(6): 2773-2777.
[100] Fromherz T, Mueller T. CMOS-compatible graphene photodetector covering all optical communication bands[J]. Nat Photonics, 2013, 7: 892-896.
[101] Wang B. High responsivity graphene/silicon heterostructure waveguide photodetectors[J]. Nature Photonics SI, 2013, 7: 888-891.
[102] Gan X, Shiue R J, Gao Y, et al. Chip-integrated ultrafast graphene photodetector with high responsivity[J]. Nat Photonics, 2013, 7(11): 883-887.
[103] Britnell L, Ribeiro R, Eckmann A, et al. Strong light-matter interactions in heterostructures of atomically thin films[J]. Science，2013, 340(6138): 1311-1314.
[104] Yu W J, Liu Y, Zhou H, et al. Highly efficient gate-tunable photocurrent generation in vertical heterostructures of layered materials[J]. Nature Nanotechnology，2013, 8(12): 952-958.
[105] Eberlein T, Bangert U, Nair R R, Jones R, Gass M, et al. Plasmon spectroscopy of free-standing graphene films[J]. Physical Review B, 2008, 77: 233406.
[106] Koch R J, Seyller T, Schaefer J A. Strong phonon-plasmon coupled modes in the graphene/silicon carbide heterosystem[J]. Physical Review B, 2010, 82: 201413.
[107] Bostwick A, Ohta T, Seyller T, Horn K, Rotenberg E, et al. Quasiparticle dynamics in graphene[J]. Nature Physics, 2006, 3: 36-40.
[108] Nikitin A Y, Guinea F, García Vidal F J, Martín Moreno L. Edge and waveguide terahertz surface plasmon modes in graphene microribbons[J]. Physical Review B, 2011, 84: 161407.
[109] Christensen J, Manjavacas A, Thongrattanasiri S, Koppens F H L, Javier García de Abajo F. Graphene plasmon waveguiding and hybridization in individual and paired nanoribbons[J]. ACS Nano, 2011, 6: 431-440.
[110] Vakil A, Engheta N. Transformation optics using graphene[J]. Science, 2011, 332: 1291-1294.
[111] Fei Z, Rodin A, Gannett W, Dai S, Regan W, et al. Electronic and plasmonic phenomena at graphene grain boundaries[J]. Nature Nanotechnology, 2013, 8: 821-825.
[112] Chen J, Nesterov M L, Nikitin A Y, Thongrattanasiri S, Alonso González P, et al. Strong plasmon reflection at nanometer-size gaps in monolayer graphene on SiC[J]. Nano Letters, 2013, 13: 6210-6215.
[113] Woessner A, Lundeberg M B, Gao Y, Principi A, Alonso González P, et al. Highly confined low-loss plasmons in graphene-boron nitride heterostructures[J]. Nature Materials, 2014, 14: 421-425.
[114] Gerber J A, Berweger S, O'Callahan B T, Raschke M B. Phase-resolved surface plasmon interferometry of graphene[J]. Physical Review Letters, 2014, 113: 055502.
[115] Cvitkovic A, Ocelic N, Hillenbrand R. Analytical model for quantitative prediction of material contrasts in scattering-type near-field optical microscopy[J]. Optics Express, 2007, 15: 8550-8565.
[116] Lu W B, Zhu W, Xu H J, Ni Z H, Dong Z G, et al. Flexible transformation plasmonics using graphene[J]. Optics Express, 2013, 21: 10475-10482.
[117] Liu Y, Cheng R, Liao L, Zhou H, Bai J, et al. Plasmon resonance enhanced multicolour photodetection by graphene[J]. Nature Communications, 2011, 2: 579.
[118] Fang Z, Liu Z, Wang Y, M. Ajayan P, Nordlander P, et al. Graphene-antenna sandwich photodetector[J]. Nano Letters, 2012, 12: 3808-3813.
[119] Andersen D R. Graphene-based long-wave

infrared TM surface plasmon modulator[J]. JOSA B, 2010, 27: 818-823.

[120] Kim J T, Choi C G. Graphene-based polymer waveguide polarizer[J]. Optics Express, 2012, 20: 3556-3562.

[121] Bao Q, Zhang H, Wang B, Ni Z, Lim C H Y X, et al. Broadband graphene polarizer[J]. Nature Photonics, 2011, 5: 411-415.

[122] Rana F. Graphene terahertz plasmon oscillators[J]. Nanotechnology, 2008, 7: 91-99.

[123] Popov V V, Polischuk O V, Davoyan A R, Ryzhii V, Otsuji T, et al. Plasmonic terahertz lasing in an array of graphene nanocavities[J]. Physical Review B, 2012, 86: 195437.

[124] Bao Q, Loh K P. Graphene photonics, plasmonics, and broadband optoelectronic devices[J]. ACS Nano, 2012, 6(5): 3677-3694.

# NANOMATERIALS
石墨烯：从基础到应用

# Chapter 6

# 第 6 章
# 石墨烯的磁学性质

夏庆林
中南大学物理与电子学院

6.1　引言

6.2　磁性基本知识

6.3　缺陷对石墨烯磁性的影响

6.4　掺杂对石墨烯磁性的影响

6.5　原子和分子/团簇吸附对石墨烯磁性的影响

6.6　石墨烯的超导电性

6.7　总结与展望

## 6.1 引言

随着现代科学技术的发展，磁性材料的应用越来越广泛。目前所使用的磁性材料主要是属于或含有元素周期表的d区或f区元素的材料。元素周期表中只有后过渡金属，如Fe、Co和Ni，在室温下是铁磁体。这些过渡金属元素磁有序来源于部分填充的d电子[1,2]。然而，对于属于周期表第二周期的p区元素，磁性并不常见（如碳，尽管能形成非常多样和复杂的分子结构）。而此类材料具有许多引人注目的特性，如低密度、生物相容性、易加工性等，激励着人们寻找基于轻元素的磁性材料。轻元素材料磁性领域的研究，特别是碳基材料磁性的研究，获得越来越多的关注。原因有以下两个方面：① 基于碳基材料磁性的研究一直是非常有争议的，相关实验结果的重复性较差[3,4]。当然，这种情况近些年似乎有所改善。关于碳基材料的磁性研究的实验结果相继由不同的研究小组可靠地重复[5,6]。② 石墨烯作为一种真正二维形式的碳材料，其发现在科学和技术上引起了巨大的关注[7~15]。

石墨烯具有相当简单的蜂窝状原子结构，其相当独特的电子结构，表现在费米能级的线性能量色散关系（图6.1）。与其他碳纳米材料（富勒烯和碳纳米管）相比，二维（2D）石墨烯具有许多优点，在这种材料中，人们观察到许多新奇的物理现象，如无质量的相对论狄拉克费米子[9,10]、室温量子霍尔效应[11,12]、高载流子迁移率[13]、迄今为止最高的测量强度[14]。有报道称，石墨烯可以与氢原子反应形成绝缘的衍生物——石墨烷[15]。这些都使得石墨烯成为未来纳米电子领域的重要候选材料。

理想的石墨烯本身是非磁性的，但是通过引入缺陷、掺杂等手段形成的石墨烯的许多衍生物和纳米结构材料（如纳米带），无论是在实验还是在理论考虑的各种情况下，都显示出多种磁性[16~31]。磁性石墨烯纳米结构尤其适合在自旋电子学领域的应用，在未来电子行业发展中有很大的潜力，有望使得信息存储、处理和传播的速度更快，能耗更低。传统的电子学仅利用电子的电荷属性，而自旋电子学还将利用其自旋自由度[32~47]。在自旋电子学领域，利用各种外在手段，可

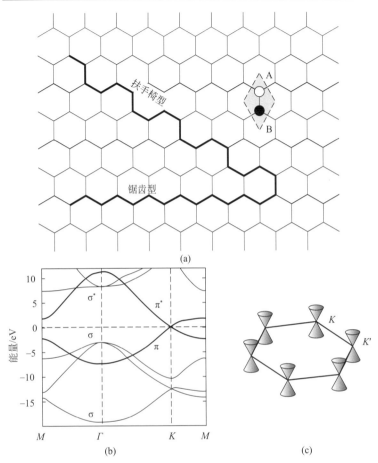

图6.1 （a）石墨烯二维晶格、单胞及两个高对称方向：扶手椅型（armchair）和锯齿型（zigzag）方向；（b）石墨烯的能带结构；（c）石墨烯的能带结构的两个不等价的狄拉克锥[5]

以调整石墨烯的自旋输运性质。此外，以sp元素为基础的材料的自旋波强度大[48]，因此，由这些元素组成的纳米结构具有较高的居里温度或自旋相干长度[29,30,32～37,39]。基于轻元素的材料也显示出弱的自旋轨道和超精细耦合，这是自旋电子的弛豫和退相干的主要渠道[49～51]。这种属性使碳纳米材料自旋极化电流的输运和以自旋为基础的量子信息处理具有广阔的前景。

本章介绍与石墨烯磁性相关的研究进展。主要介绍缺陷、掺杂、吸附和边界/界面效应等对石墨烯磁性的影响，对石墨烯的超导电性研究也作简要的介绍，并对该领域的未来前景进行总结与展望。

## 6.2
## 磁性基本知识

### 6.2.1
### 微观物质（原子）的磁性

物质由原子组成，原子由原子核和核外电子组成。现代科学认为物质磁性来源于原子的磁性。原子的磁性来源包括电子的轨道磁矩、电子的自旋磁矩和原子核（质子、中子）的核磁矩，三者都与其对应的质量成反比，但因原子核中质子和中子的质量比电子质量大三个数量级，故其磁矩贡献很小，通常可以忽略。所以原子的磁性主要由电子磁矩决定。由于原子的结构不同，所以各种原子的磁矩不同，有的可能为零[52]。

### 6.2.2
### 宏观物质的磁性

不同的物质，其磁化率$\chi$的值相差很大。根据磁化率的符号、量值以及量值随温度和磁场的变化分为以下几种情况[52]。

① 抗磁性物质　为磁化率$\chi < 0$且较小的物质，这种物质的原子和分子的电子壳层是充满的，电子总磁矩为零。当受外部磁场作用时，分子中产生感应的电子环流，它所产生的磁矩与外磁场方向相反，因此宏观表现为抗磁性。一般抗磁（性）物质的磁化率约为$-10^{-7} \sim -10^{-6}$，且不随温度变化而变化，为弱磁性物质。

② 顺磁性物质　为磁化率$\chi > 0$且较小的物质，这种物质的原子和分子中有未成对电子，电子总磁矩不为零。当受外部磁场作用时，它所产生的磁矩与外磁场方向相同，因此宏观表现为顺磁性。顺磁（性）物质的磁化率约为$10^{-6} \sim 10^{-5}$，

多数顺磁性物质的磁化率随温度升高而下降，$\chi^{-1}$ 与温度 $T$ 呈线性关系，为弱磁性物质。

③ 铁磁性物质　磁化率 $\chi > 0$ 且较大，通常为 $10^{-1} \sim 10^5$，为强磁性物质。其磁化率 $\chi$ 不但随外加磁场 $H$ 和温度 $T$ 变化，还与磁化历史有关。存在着磁性变化的临界温度（居里温度 $T_C$），$T < T_C$ 时为铁磁性，$T > T_C$ 时为顺磁性。

④ 反铁磁性物质　磁化率 $\chi > 0$ 且相对较小，为 $10^{-5} \sim 10^{-3}$，为弱磁性物质，有些类似顺磁性。磁化率 $\chi$ 随温度 $T$ 变化有极大值，存在着磁性变化的临界温度（奈尔温度 $T_N$），$T < T_N$ 时为反铁磁性，$T > T_N$ 时为顺磁性。

⑤ 亚铁磁性物质　宏观磁性类似铁磁性，磁化率 $\chi > 0$ 且较大的物质，通常为 $10^{-1} \sim 10^4$，为强磁性物质。其磁化率 $\chi$ 是外加磁场 $H$ 和温度 $T$ 的函数，且与磁化历史有关。存在着磁性变化的临界温度（居里温度 $T_C$）。磁结构上，近邻离子的磁矩反向但大小不同。

⑥ 非共线磁结构物质　稀土金属及含稀土元素的合金和化合物原子磁矩存在非共线排列的螺旋型磁结构；稀土-过渡金属非晶态合金中存在散磁性磁结构。

⑦ 超顺磁性物质[52~54]　铁磁性纳米颗粒小于临界尺寸（与温度、材料有关）时具有单畴结构，在温度低于居里温度而高于转变温度 $T_B$（铁磁性转变成超顺磁性的温度）时，表现为顺磁性特点，称为超顺磁性。超顺磁性物质随磁场的变化不存在磁滞现象，即集合体的剩磁和矫顽力都为零；在居里温度和转变温度范围内不同的温度下测量的磁化曲线（外场相同时）必定重合；在外磁场作用下其顺磁性磁化率远高于一般顺磁材料的磁化率。

⑧ 完全抗磁性物质[55]　磁场中的物质（超导体）处于超导状态时（$T < T_C$ 时），体内的磁感应强度为零，即超导体把磁力线全部排斥到体外，具有完全抗磁性（$\chi = -1$），又称迈斯纳效应。这是由于超导体表面能够产生一个无损耗的抗磁超导电流，其产生的磁场恰巧抵消了超导体内部的磁场。

宏观磁性通常通过振动样品磁强计（VSM，综合物性测试系统-PPMS）、超导量子干涉仪（SQUID）等对一定质量的宏量样品测量来实现，对样品材料的质量、化学纯净度等有一定要求；而微观或局域的磁性通常通过磁力显微镜（MFM）、扫描隧道显微镜（STM）对样品的微区测量来实现，对实验技术、技能和样品都有更高的要求。

## 6.3 缺陷对石墨烯磁性的影响

碳基材料的铁磁性向来是有争议的[56]。因为碳原子只有sp电子存在，磁信号很弱，居里温度超过室温。然而，有独立的实验报道在无杂质的碳材料中确定有铁磁序的存在，这通常是由拓扑缺陷或质子照射等产生的缺陷引起的[57~63]。

### 6.3.1 点缺陷

理论计算表明，石墨烯中单碳原子缺陷可导致磁性。O.V.Yazyev等考虑了石墨烯中化学吸附氢缺陷和空位缺陷两种结构（图6.2），发现每个化学吸附氢缺陷的磁矩都为$1\mu_B$（玻尔磁子，其数值为$9.2741 \times 10^{-24}$ J·T$^{-1}$），而每个空位缺陷的磁矩因浓度不同，在$(1.12 \sim 1.53)\mu_B$之间变化[64]。石墨烯晶格中相同或不同次晶格中磁矩间的耦合可为铁磁性或反铁磁性（图6.3）。他们还提出在实验上通过

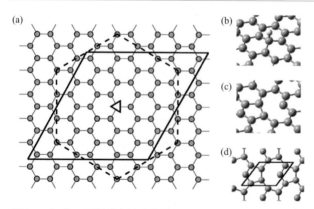

图6.2 （a）石墨烯片中缺陷的扩展二维六方晶格；（b）化学吸附氢缺陷的结构；（c）空位缺陷的结构；（d）空位缺陷对应的单胞[64]

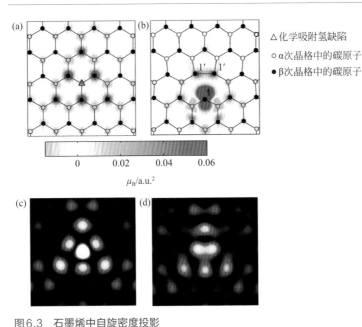

**图 6.3　石墨烯中自旋密度投影**
(a) 化学吸附氢缺陷 (△)；(b) 空位缺陷；(c),(d) 缺陷对应的 STM 模拟像[64]

辐照石墨（烯）可以很容易得到高 $T_C$ 的铁磁性样品。对于单缺陷模型，采用 Lieb 定理预测的一个缺陷引起的铁磁有序磁矩也为 $1\mu_B$[65]。

通过辐照引入空位已被证明是人为改变石墨属性的有效方法[57,63]。理论上通常把空位作为单一个体来处理，而实验数据给出的往往是在辐照过程中产生的所有空位的整体集合的统计性质。使用低温扫描隧道显微镜（LT-STM）可以克服这一局限性。首先利用氩离子辐照石墨表面后产生单空位，再利用低温扫描隧道显微镜（LT-STM）单独探讨这种类石墨烯系统中每个空位对电子结构和磁性的影响。图 6.4 给出了在石墨表面人为产生孤立的空缺，在原子尺度上测量它们的局域态密度（LDOS），展示单空位如何改变类石墨烯系统的电子性质。LT-STM 实验揭示在每个单石墨碳空位费米能级附近存在一个尖锐的电子共振峰，这与形成局域的磁矩有关。图 6.5 给出了理论（最近邻的紧束缚哈密顿能带模型，忽略空位附近的形变）和实验的对照结果。从图 6.5 中可以看出，在 α 空位所测得的共振强度远高于在 β 空位的，这表明从 α 位点移去碳原子产生的空位具有更强的磁矩。这种无杂质的碳材料系统具有高的居里温度和较小的磁化强度，说明辐照是一种产生非金属性和生物相容性好的轻质磁体的合适途径，且成本更低[66]。而单层石

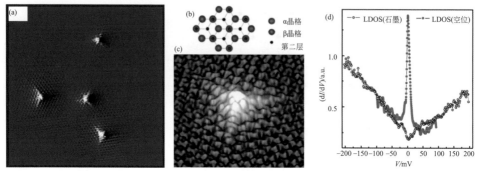

图6.4 （a）氩离子辐照后石墨表面（17nm×17nm）的LT-STM（6K）形貌；（b）石墨结构示意图；（c）一个孤立空位的三维视图；（d）扫描隧道谱（STS）测量的石墨和单空位引起的局域态密度[66]

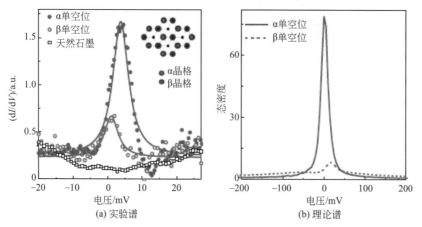

图6.5 （a）同一针尖测量的α单空位、β单空位和天然石墨的d$I$/d$V$谱，实线是拟合的结果；（b）理论计算的离空位最近原子的态密度[66]

墨烯中的空位可以导致铁磁或反铁磁的磁性耦合，结果显示通过随机删除单个碳原子可能诱导多层石墨烯产生宏观的亚铁磁性[66]。

类似的研究结果在用40MeV碳离子束辐照高定向热解石墨（HOPG）体诱导缺陷引起局域部分磁性的实验中得到证实[67]。通过γ射线时间微分扰动角分布（TDPAD）方法来测量植入的$^{19}$F反冲的超精细场，并研究辐照石墨的局部磁场响应。其体磁性显示出室温铁磁性的特征，超精细场数据反映石墨的顺磁性得到增强，但并没有观察到长程磁有序。实验结果进一步得到了从头算密度泛函计算的理论支持。综合分析认为，在辐照的HOPG中铁磁响应主要来源于缺陷引起的临近表面区域中碳原子磁矩的磁响应,而内部的基体保持顺磁性[67]。

通过引入缺陷诱导石墨烯的磁响应,这将使同时操纵电子的电荷和自旋属性、组成新的电子器件成为可能,因而引起了广泛的研究兴趣。到目前为止,已经有许多理论研究表明石墨烯中的点缺陷诱导磁矩 $\mu=1\mu_B$,这些磁矩原则上能铁磁(反铁磁)耦合。然而这种磁性的实验证据仍然具有争议[68,69]。

J. Cervenka等利用磁力显微镜和磁化率测量确定了高定向热解石墨(HOPG)中缺陷的室温铁磁序[68]。他们把铁磁性的起源归因于HOPG晶界处形成的二维点缺陷阵列中的局域电子态。图6.6给出了同一HOPG表面处原子力显微镜(AFM)、磁力显微镜(MFM)和静电力显微镜(EFM)的图像。图6.6(a)中的AFM形貌图片显示HOPG表面有较多的台阶边缘、扭结和缺陷。与AFM图像相同,图6.6(b)、(c)中的MFM和图6.6(d)中的EFM都用50nm的电镜扫描高度,因而长程的范德华力可以忽略不计。结果表明,在大多数的线缺陷处能测量到磁信号,而台阶边缘标记为A处不显示铁磁信号;另一方面,图6.6(b)中标记为B和C的两线没有显示明显的高度差。铁磁性的结论进一步得到了M-H磁化曲线和STM微分电导($dI/dV$)谱的支持。

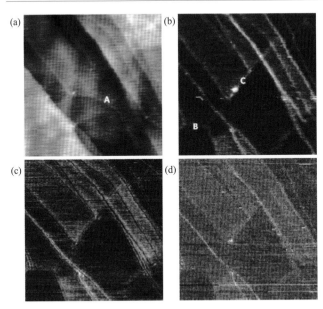

图6.6 同一HOPG表面的显微表征图

(a) AFM形貌图;(b),(c) MFM针尖磁化方向平行(b)或垂直(c)于石墨表面的MFM磁信号像;(d) EFM静电信号像[68]

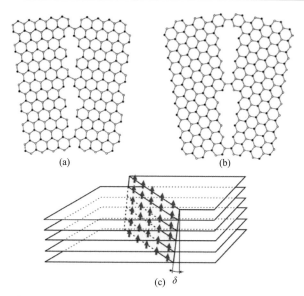

**图6.7　HOPG石墨中两种基本的晶界模型**

（a）扶手椅型模型（周期为$D$）；（b）锯齿型模型（周期为$\sqrt{3}D$）；（c）HOPG石墨中二维平面内磁化沿晶界的传播[68]

根据上述分析，他们提出了在HOPG石墨中两种基本的晶界模型，即扶手椅型模型（周期为$D$）和锯齿型模型（周期为$\sqrt{3}D$），并认为晶界是导致石墨具有高于室温的居里温度最可能的原因（图6.7）。通过分析得到居里温度的结果：

$$T_C = 4\pi JS^2 \left[ \ln\frac{T_C}{JS\Delta_0} + 4\ln\frac{4\pi JS^2}{T_C} + C_F \right]^{-1} \quad (6.1)$$

式中，$J$为交换积分；$S$为一个缺陷的总自旋；$\Delta_0$为能量的自旋波间隙；$C_F$为一小常数。利用锯齿型石墨烯边界的第一原理计算得到的结果：$S=1/2$，$J=4a=420\text{meV}$，$\Delta_0=10^{-4}$，可得到二维磁性晶粒边界的居里温度$T_C=764\text{ K}$。

但R.R.Nair等的研究表明，石墨烯中的氟化点缺陷（氟原子浓度$x$逐渐增加至计量氟化石墨烯$CF_{x=1.0}$）和辐照缺陷（空位）诱导自旋为1/2的磁矩。两种缺陷产生显著的顺磁性，且直到液氦温度都没有检测到铁磁有序[69]。所有的氟浓度的磁性行为可由布里渊函数准确地描述：

$$M = NgJ\mu_B \left\{ \frac{2J+1}{2J}\coth\left[\frac{(2J+1)z}{2J}\right] - \frac{1}{2J}\coth\left(\frac{z}{2J}\right) \right\} \quad (6.2)$$

式中，$z=gJ\mu_B H/k_B T$；$g$为g因子；$J$为角动量；$N$为自旋；$k_B$为玻尔兹曼常数。

诱导的顺磁特性占据了石墨烯的低温磁性,可以达到的最大响应是有限的,约每1000个碳原子有一个磁矩。而在空位的情况下,石墨烯的结构将失稳。这些结果表明了石墨烯磁性的实验证据仍然是有争议的。

## 6.3.2
**晶界和边界(线缺陷)**

石墨烯中存在两种特殊的边界,扶手椅型[70~73]和锯齿型边界[73~78]。其中锯齿型边界具有特殊的磁学特性[74~78]。

J. Fernández-Rossier等从理论上研究了具有锯齿边缘的纳米尺寸的三角形和六角形石墨烯结构的磁学性质[79],并讨论了石墨烯的结构形状、两个子晶格间原子数的不平衡及零能量状态与总的局域磁矩的密切关系。考虑单轨道哈伯德模型的平均场近似和密度泛函计算的电子相互作用。两种情况得到的基态总自旋$S$的值与Lieb的双粒子晶格理论的值是一致的[70]。对于三角形晶格,不同尺寸的晶格总有一个有限大小的$S$值;而对于六边形晶格,在临界尺寸1.5nm以上,$S=0$演化出局域磁矩(图6.8)。有限自旋的基态出现在其中一个子晶格原子数目比另一个多的结构中,即$N_A > N_B$。

作为Lieb定理一个结果,单空位缺陷导致的局域磁矩$S=1/2$,两个单空位缺陷自旋耦合的符号取决于它们是否属于同一子晶格。

对三角形和六边形纳米岛结构,结果也体现了子晶格和交换耦合作用的关联性,即同一子晶格磁矩间的耦合为铁磁性,而不同子晶格总磁矩的耦合是反铁磁的。石墨烯的间接交换相互作用遵循相同的规则。纳米磁体具有剩磁和磁滞是因为磁各向异性,这来源于自旋-轨道相互作用,这种作用在石墨烯中很小。因此,石墨烯纳米岛的自发磁化强度的方向$M$,将在不施加磁场时涨落。在零磁场,磁性检测应该依赖随磁化矢量的模$|\vec{M}|$变化的性质。控制添加单电子到其他的纳米磁性结构中,如磁性半导体量子点,可以起到通过电来控制其磁特性的作用。这种情况值得在磁性石墨烯纳米岛进一步关注。S.K.Saha等用回流和超声振动将石墨烯纳米带分散成大小为2~5nm的量子薄片。这些锯齿边缘状态的石墨烯量子薄片通过铁磁、反铁磁耦合(图6.9),具有室温铁磁性、强烈的交换偏置场(图6.10)和显著的磁电阻行为,表明了碳基材料在自旋电子器件领域的潜在应用价值[80]。

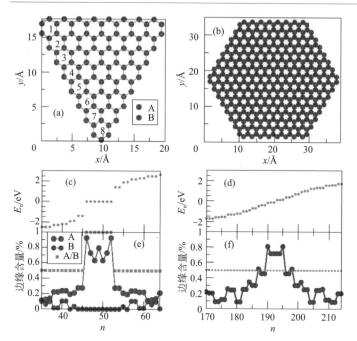

图6.8 （a），（b）三角形和六边形石墨烯岛的原子结构；（c），（d）$N=8$ 的三角形和六边形单粒子谱；（e），（f）子晶格分辨的边缘含量和子晶格的极化[79]

图（c），（d）的横坐标与图（e），（f）相同，1Å = 0.1nm

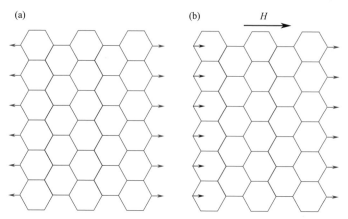

图6.9 反向（a）和同向（b）排列的铁磁边缘的磁化示意图（取决于开关场）[80]

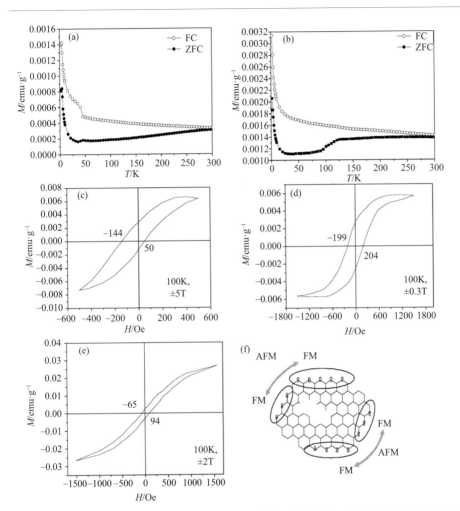

图6.10 (a) 回流和 (b) 超声样品的FC和ZFC曲线；(c) 未进一步热处理超声样品的磁滞回线；(d) 回流样品在600℃退火的对称磁滞回线；(e) 600℃退火处理超声样品在100K的不对称的磁滞回线（表明存在交换偏置）；(f) 锯齿型边界在同一子晶格中的自旋的铁磁相互作用和不同子晶格间自旋的反铁磁相互作用示意图[80]

K.Tada等以多孔氧化铝为模板，采用非刻蚀方法制备了具有六角形纳米孔的蜂巢状阵列石墨烯，它有许多氢终端和低缺陷孔洞边缘。在该石墨烯中观察到了较明显的来源于锯齿型纳米孔边缘的电子自旋的铁磁性。这种方法有望实现石墨烯磁体和新型自旋电子器件[81]。

中国科学院物理研究所陈小龙研究组通过对SiC晶体在1700℃高温、高真空环境（约$10^{-2}$Pa）退火，制备出毫克量级的石墨烯材料，该材料单向排列且具有不规则锯齿型边缘（图6.11）。他们系统研究了石墨烯的磁矩与温度、磁矩与外场的关系[82]，结果发现，在这种具有不规则锯齿型边缘的石墨烯材料中铁磁、反铁磁和抗磁共存。此外，他们首次绘出了石墨烯基于磁场与温度关系的磁相图（图6.12），这对于深入理解石墨烯的本征磁性具有重要意义。

图6.11 碳化非极性SiC晶体制备出有序排列、具有不规则锯齿边界的石墨烯材料的光学（a）和SEM照片（b）[82]

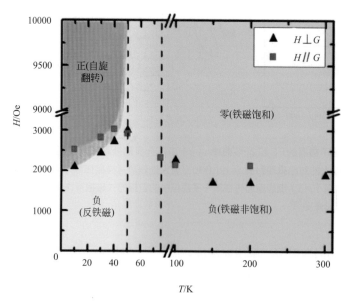

图6.12 具有不规则锯齿边界的有序排列石墨烯的磁相图[82]

1Oe = 79.5775A·$m^{-1}$

## 6.3.3
### 石墨烯纳米带的磁性

S.S.Rao 等利用静态磁化和电子自旋共振测量相结合的方法研究了钾刻蚀的石墨烯纳米带（GNR）和氧化分解、化学转化的石墨烯纳米带（CCGNR）的磁性能[83]。低温下，两种类型的纳米带中都观察到了类铁磁性存在，而室温下只有 GNR 保持了铁磁性的特征。GNR 表现出负的交换偏置，而 CCGNR 表现出正的交换偏置。电子自旋共振测量表明，在这两种类型的纳米带中，碳相关的缺陷可能是产生所观察到的磁行为的原因。电子自旋共振没有发现任何钾（团簇）相关的信号存在，表明了纳米带固有的磁性质的特性。此外，质子超精细耦合强度的信息已经从 GNR 的超精细分段相关实验得到。综合实验结果表明，可能存在铁磁簇与反铁磁共存的区域，导致无序的磁相。

基于第一性原理计算，Z.Guan 等提出将一类线缺陷嵌入锯齿型石墨烯纳米带中以改善其电子性质和磁性质[84]。纳米带一边的每个碳原子与两个氢原子饱和，另一边的每个碳原子只与一个氢原子结合。这种无线缺陷边缘改性的纳米带是典型的双极性磁性半导体（BMS）。相反，线缺陷引入的纳米带基态是铁磁性的，由于线缺陷的位置不同，缺陷导致的自掺杂的 BMS 纳米带是可调谐的自旋极化的金属、狄拉克点金属或半金属。特别是当线缺陷远离纳米带的边缘，系统显示半金属性质。他们通过第一性原理分子动力学模拟进一步确认了室温下结构和磁的稳定性。研究揭示了利用非金属的磁性或半金属石墨烯纳米带构筑电子或自旋电子器件的可能性。

# 6.4
# 掺杂对石墨烯磁性的影响

## 6.4.1
### 非磁性元素掺杂

R.Olsen 等使用在长程库仑相互作用下的最近邻紧束缚模型，研究了 ABC 堆叠的三层石墨烯的铁磁性[85]。对于一个给定的电-电相互作用 $g$ 和掺杂浓度 $n$，对确定变分参数的顺磁性或铁磁性构型，观察其总能量是否是最小的。结果表明，ABC堆叠的三层石墨烯铁磁性比单层、双层和ABA堆叠的三层石墨烯更加稳定。虽然屏蔽效应会减少在ABC堆叠的三层石墨的铁磁区域，但临界掺杂水平仍然比非屏蔽的双层石墨烯大一个数量级。

Y.F.Li等利用自旋非限制的密度泛函理论研究了N掺杂（包括单原子取代、吡啶氮和吡咯氮掺杂）对锯齿型石墨烯纳米带（ZGNR）的子结构的几何结构、形成能、电子结构和磁性能的影响[86]。研究表明，边缘碳原子更容易被氮原子取代，三氮空位（3ND）缺陷和四氮双空位（4ND）缺陷也倾向于在带边缘生成。单一的氮原子取代、吡啶和吡咯掺杂缺陷都可以打破原来ZGNR的自旋极化的简并。单个氮原子的取代使得反铁磁半导体ZGNR转变为自旋无带隙的半导体，而两边缘氮掺杂取代使石墨烯转化成金属。吡啶和吡咯类氮掺杂缺陷使ZGNR体系转变为半金属或自旋无带隙的半导体。这些结果都表明了氮掺杂ZGNR在纳米电子领域的应用潜力。

Y.Nam等用密度泛函理论计算研究了有机自由基边缘终止的锯齿型石墨烯纳米带分子内磁交换耦合的掺杂效应[87]。研究了以TMM和OVER自由基终止的硼（B）和氮（N）掺杂体系，即TMM-ZGNR-TMM、OVER-ZGNR-OVER和TMM-ZGNR-OVER的磁性。对自由基-ZGNR-自由基的自旋耦合途径掺杂B或N改变了每个系统的自旋分布模式，进而改变其磁性基态构型、磁耦合强度和磁矩。第一种掺杂使系统的磁基态构型从反铁磁到铁磁，反之亦然。额外的掺杂使其回到原来的磁性基态构型。此外，对自由基终止的边缘进行N掺杂，与未掺杂的系统相比增加了磁耦合强度，而B掺杂则降低了磁耦合强度。而B和N掺杂对TMM终止的边缘增加了系统的磁矩，而同样掺杂OVER终止边缘系统的磁矩降低。研究结果表明，通过化学掺杂和增强边缘终止的ZGNR的磁耦合强度，有可能实现对有机磁性材料从反铁磁到铁磁的可逆自旋控制，反之亦然。

实验上，N掺杂的石墨烯样品可以通过化学气相沉积或与氨气进行电热反应制得[88,89]。汤怒江和都有为课题组通过对氧化石墨烯在氨气中、大气环境压力、500℃下退火3h得到氮掺杂氧化石墨烯，获得高约$1.66emu\cdot g^{-1}$的磁化强度，约为100.2K（高于液氮温度）的居里温度，具有明显的铁磁性[90]（图6.13）。

他们还开发了一种低维碳材料中的轻元素超掺杂技术，首先对低维碳材料进行氟化，然后进行退氟处理，再进行相关轻元素的原位掺杂[91]。该技术不仅可以获得超高的掺杂浓度［相对于石墨烯，分别为29.82%、17.55%和10.79%（原子分数）的N、S和B掺杂；相对于石墨烯量子点，36.38%（原子分数）的N

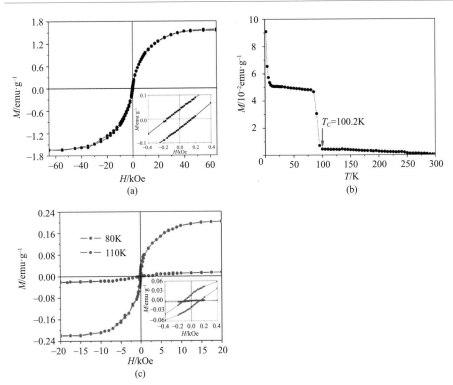

图6.13 （a）氮掺杂氧化石墨烯的$M$-$H$曲线（2K）；（b）500Oe外场下氮掺杂氧化石墨烯的$M$-$T$曲线（2~300K）；（c）氮掺杂氧化石墨烯80K和110K温度下的$M$-$H$曲线（插图是部分磁化曲线）[90]

掺杂]，而且还能精确控制其掺杂浓度。通过超高分辨球差校正透射电镜对其结构和成分进行表征，发现氮掺杂分布具有高度均匀的特征。同时，从原子尺度上也证实了氟化-退氟处理能够在石墨片的基面上制造高浓度的空位，进而有利于轻元素的超掺杂。对氮超掺杂石墨烯的磁性研究发现，氮的超掺杂在石墨烯中引入了高浓度的局域自旋，有利于自旋间发生强的铁磁耦合，并实现了近室温的铁磁性（图6.14）。此超掺杂技术还有望进一步推动石墨烯在电子学、自旋电子学等领域的基础研究和应用开发。

硫掺杂石墨烯（4.2%，原子分数）表现出较强的铁磁特性，在2K其饱和磁化强度超过5.5emu·$g^{-1}$，这是所有sp系统的最高值[92]。显著的磁响应性归因于从硫注入到石墨烯的导带电子的离域性。硫掺杂磁有序石墨烯具有突出的饱和磁化强度和矫顽力，是有实际应用前景的高导电性材料，如果进一步功能化，会显示出很强的抗热涨落的持续磁性，这在自旋电子学和其他磁性应用方面有巨大的潜力。

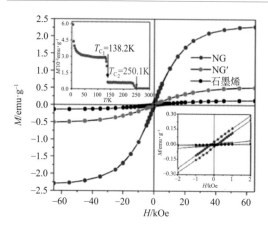

图6.14 氮掺杂石墨烯（NG，NG'）2K温度下的$M$-$H$曲线。插图为500Oe外场下氮掺杂石墨烯的$M$-$T$曲线（2～300K，左上图）和部分磁化曲线（右下图）[91]

## 6.4.2
### 磁性元素掺杂

E.J.G.Santos等基于密度泛函理论的第一性原理计算表明，在传统的铁磁元素Fe、Co、Ni中，只有钴原子掺杂能诱导石墨烯的自旋极化[93]。研究结果表明，石墨烯的取代掺杂产生的复杂磁性可用简单的模型，如π空位和海森堡模型来描述，并确定了三种不同的机制：①对完全填充的Sc和Ti成键状态，杂质是非磁性的；② 对d壳部分填满的V、Cr和Mn非成键状态，这些杂质导致了大的局域化的自旋磁矩；③反键态随碳特性逐步填充的钴、镍、贵金属和锌，这些杂质的自旋磁矩在0～$1\mu_B$振荡变化，而且逐步离域[94]。

# 6.5
# 原子和分子／团簇吸附对石墨烯磁性的影响

## 6.5.1
### 原子吸附

孙强研究组首次从理论上提出了通过表面改性氢化的方法在石墨烯中实现铁磁性，并将半氢化的石墨烯命名为"graphone"，是继石墨烯、石墨烷之后引入的新的结构形态[95]。应用自旋极化的密度泛函理论，研究发现当氢原子吸附在石墨烯的部分碳原子上时，石墨烯的π键被破坏，导致每个没有被氢化的碳原子产生一个未配对的2p电子，它们之间长程交换耦合形成稳定的铁磁性，其居里温度大约在278～417K。这种方法产生的磁性具有可逆性、可控性、结构完整性和均匀性，而且还能避免在组装纳米带的过程中所引起的磁性猝灭。

扫描隧道显微镜（STM）实验表明，石墨烯中氢原子吸附导致的自旋极化基本上局域在化学吸附氢原子的碳原子晶格位置附近[96]。这种原子级的可调制的自旋结构，可以延伸到离氢原子几个纳米远，驱动长距离磁矩之间的直接耦合（图6.15）。

利用STM针尖对氢原子进行操作，将单个的氢原子移除、横向移动、甚至将大量氢原子精准地化学吸附在石墨烯表面上，最终可对石墨烯的局域磁性进行裁剪调控[96]。图6.16给出了石墨烯局域磁性被选择性地打开或关闭的两个有代表性的实验例子。图6.16（a）～（d）显示非磁性的AB构型二聚体［两个氢原子化学吸附在不同次晶格的碳原子位置，图6.16（a）和（c）］中的一个氢原子被STM针尖移除后，在石墨烯层立即出现自旋劈裂［图6.16（b）和（d）］，证实了

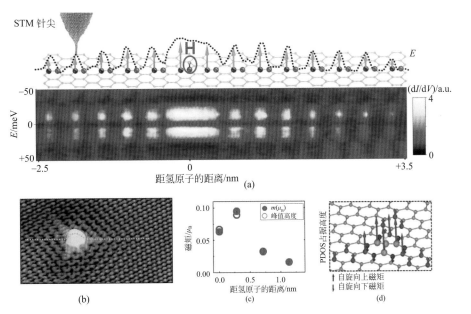

图6.15　未掺杂石墨烯中氢原子诱导的自旋极化电子态的空间扩展

（a）沿图（b）中虚线的电导图[d*I*/d*V*(*x*,*E*)]；（b）单个氢原子在石墨烯表面的STM形貌图；（c）理论计算的不同碳原子的局域磁矩和分态密度（PDOS）占据的峰值高度的比较；（d）计算的氢原子化学吸附诱导的磁矩；（e）沿图（b）中虚线的石墨烯结构示意图[96]

在石墨烯中产生了局域磁矩［图6.16（d）］，从而实现了磁矩的关→开。图6.16（e）～（h）则显示铁磁耦合的自旋劈裂的AA构型二聚体［两个氢原子化学吸附在相同次晶格的碳原子位置，图6.16（e）和（g）］中的一个氢原子被STM针尖横向移动到相对的次晶格的碳原子位置后，形成了非磁性的AB构型二聚体［图6.16（f）和（h）］，从而实现了磁矩的开→关。

图6.16（i）～（l）给出了系统地操纵大量氢原子调制集体磁矩的例子。首先利用STM针尖从石墨烯区域移除所有的氢原子［图6.16（i）］，再选择性地放置14个氢原子在同一石墨烯区域，可形成每个次晶格化学吸附7个氢原子的几乎非磁性的AB构型［图6.16（j）］。而通过选择性地去除所有化学吸附在次晶格B的氢原子，可形成7个氢原子吸附在次晶格A的铁磁构型［图6.16（k）］。同样，也可以构建7个氢原子化学吸附在次晶格B的铁磁构型［图6.16（l）］。总之，通过STM针尖对氢原子进行原子精度的操控，使石墨烯表面化学吸附氢原子，可实现对所选择石墨烯区域的磁性的裁剪调控。

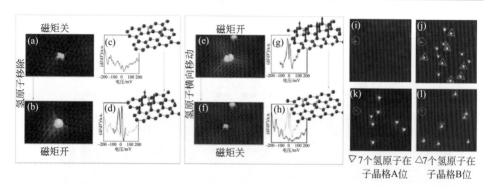

**图6.16　STM操纵石墨烯的局域磁矩**

（a）在AB构型中H二聚体的STM图像；（b）移除一个氢原子后的STM图像；（c）测量的图（a）中的AB二聚体；（d）在图（b）中的单个氢原子的d$I$/d$V$谱；（e）在AA构型中H二聚体的STM图像；（f）横向移动一个氢原子后的STM图像；（g）测量的图（e）中的AA二聚体的d$I$/d$V$谱；（h）AB二聚体（f）的d$I$/d$V$谱；（i）～（l）STM图像显示相同的石墨烯区域中涉及大量的氢原子操纵实验的不同步骤[96]

## 6.5.2
### 分子吸附

石墨烯具有高载流子迁移率的特性、低自旋轨道相互作用以及较低的超精细相互作用，是自旋电子学应用的理想材料。特别是由于在界面处的电导率不匹配降低，磁性分子与石墨烯构成的体系在有机自旋电子学领域有着诱人的应用。

如图6.17所示，结合实验和理论，C. F. Hermanns等研究得出在石墨烯表面的顺磁性钴-八乙基卟啉（CoOEP）分子的磁矩可以和石墨烯下方的Ni衬底发生显著的反铁磁性耦合[97]。虽然分子在石墨烯平面距离约0.33nm以上，分子和衬底之间没有共价成键，但这种耦合可以通过石墨烯的π电子系统实现。横向扩展π电子系统的石墨烯沿平面方向具有金属般的电子性质，垂直于平面方向具有分子特性。这使得石墨烯与设计混合的金属-有机自旋电子学材料高度相关。分子与石墨烯表面主要通过范德华力实现吸附，因此吸附物的分子性质，如它的反应性，可以很好地保存下来。这为独立于吸附物与基底相互作用的吸附分子无干扰设计优化提供了方向。

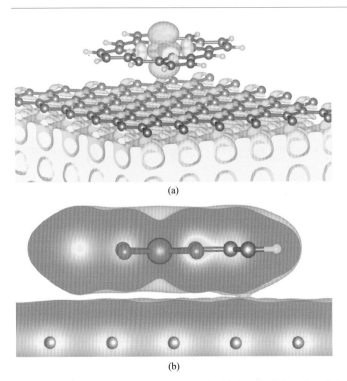

图6.17 （a）计算的钴卟啉吸附在石墨烯/镍表面的磁化密度，黄色超曲面显示正磁化密度轮廓，浅蓝色的超曲面显示负磁化密度轮廓（注意在氮原子上的小的正磁化强度）；（b）共吸附在石墨烯/镍表面的钴卟啉电荷密度横断面图，横截面揭示在钴位与石墨烯电荷密度的重叠可以忽略不计（使用的等值面：$30eV \cdot Å^3$）[97]

## 6.6 石墨烯的超导电性

从20世纪60～70年代开始,就一直有关于碳的同素异形体石墨、碳纳米管和$C_{60}$超导电性(甚至室温超导电性)的报道[98～106]:如在室温下Al-C-Al的三明治结构中的电流效应、室温下高取向热解石墨样品中的铁磁和超导磁化磁滞回线、掺杂高取向热解石墨样品中的超导电性、室温颗粒超导电性、$C_{60}$和碳纳米管等的超导电性。

石墨烯的发现,进一步激起了研究者对其超导电性研究的热情[107～110]。理论上采用扩展的吸引哈伯德(Hubbard)模型和负U哈伯德模型[111～113]、扩展的BTK模型[114]、两带BCS模型[115～120]、非常规超导态模型[121～127]、紧束缚模型[128]、应变效应[129～131]、插层效应[132,133]、凯库勒(Kekule)超导电性模型[134～138]、Kohn-Luttinger超导态模型[139～143]、掺杂效应[144～159]、近邻效应[160～165]等来研究石墨烯的超导电性和超导特性[166～172]。

实验上,通过近邻效应[173～205]、插层[206～216]、掺杂[217～223]、电场调控[224,225]等手段实现了石墨烯的超导电性。

B. M. Ludbrook等利用角分辨光电子能谱(ARPES)研究发现,将锂低温沉积到石墨烯的表面大大提高了声子态密度,导致电子-声子耦合系数λ提高到0.58。在石墨烯派生π*带费米表面的一部分,观察到一个$\delta\approx0.9$meV的温度依赖配对能隙打开。他第一次从实验上证明锂修饰的单层石墨烯的超导转变温度$T_c\approx5.9$K[189]。

利用原位四点探针法、在超高真空下,S.Ichinokura等对在SiC衬底上制备的原始的双层石墨烯、Li插层双层石墨烯$C_6LiC_6$和Ca插层双层石墨烯$C_6CaC_6$($S_1$)进行了零磁场和非零磁场的电输运测量[210]。观察到$C_6CaC_6$的超导转变温度($T_c^{onset}$)为4K,零电阻状态($T_c^{zero}$)发生在2K[图6.18(a)]。在施加磁场后,$T_c$逐渐下降。这是Ca插层的双层石墨烯$C_6CaC_6$(Ca插层的最薄石墨)具有超导电性的直接证据(图6.18)。

M. Xue等采用湿化学方法成功合成了钾掺杂的少层石墨烯(图6.19)。通过

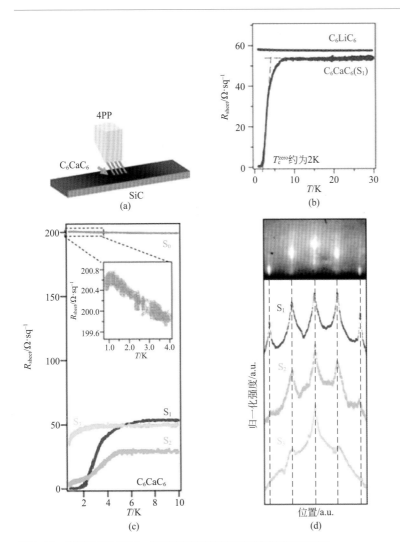

图6.18 零磁场下Li和Ca插层双层石墨烯随温度变化的输运特性

(a) 4点探针测量装置示意图;(b) $C_6LiC_6$(蓝色)和$C_6CaC_6$薄层(样品$S_1$,红色)的薄膜电阻$R_{sheet}$随温度的变化;(c)样品$S_0 \sim S_3$的$R_{sheet}$随温度的变化,插图显示的是样品$S_0$从0.8~4K的$R_{sheet}$图;(d)样品$S_1 \sim S_3$的反射高能电子衍射(RHEED)图谱($S_0$为Ca部分取代Li的$C_6LiC_6$样品,$S_1 \sim S_3$为Ca有序度不同的$C_6CaC_6$样品)[210]

乙醇腐蚀优化钾的浓度后,可以在该材料中实现转变温度为4.5K的超导电性(图6.20)[219]。少层石墨烯超导电性的成功实现意味着有可能实现单层石墨烯的最佳掺杂超导电性。这样的结果对今后石墨烯在超导电子器件方面的实际应用研究将具有重要意义。

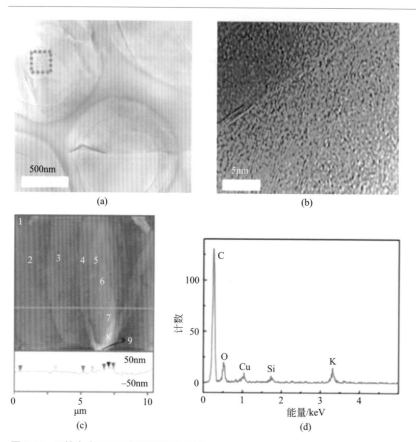

**图6.19 K掺杂少层石墨烯的微结构分析**

（a）典型少层石墨烯片的亮场TEM像；（b）少层石墨烯完整层状结构的高分辨TEM像（四层）；（c）机械剥离的少层石墨烯片的AFM像（厚度约1.5nm）；（d）图（a）中区域的EDX谱，石墨烯层中探测到的K峰、Cu峰和Si峰来自衬底和探测器，O峰来自制备样品过程中生成的氧化物[219]

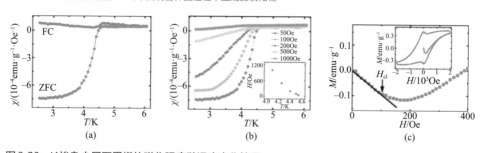

**图6.20 K掺杂少层石墨烯的磁化强度随温度变化情况**

（a）在外场$H=50$Oe时测量的$\chi$-$T$关系，从ZFC和FC曲线得到$T_c=4.5$K；（b）零场冷却（ZFC）下，在不同磁场强度测量的$\chi$-$T$图，插图为$H$-$T_c$的关系图；（c）2.5K下低磁场的$M$-$H$关系，插图为在2.5K得到的超导磁滞回线[219]

1Oe=79.5775A/m

## 6.7 总结与展望

石墨烯因其独特的线性能量色散关系、高迁移率和在纳米电子器件和电路方面潜在的应用而备受学术界和产业界的关注。石墨烯的本征磁性研究是研制电子属性和自旋属性有机结合的自旋电子器件的基础。而石墨烯是仅有 s 和 p 电子的材料，其磁性来源于部分填充的电子态，如缺陷或边界态，且磁性非常弱。任何百万分比（$\times 10^{-6}$）浓度量级的磁性杂质污染都有可能掩盖石墨烯的本征磁性而使其表现出杂质磁性的假象。所以国内外涉及石墨烯宏观磁性的实验报道争议较大。室温铁磁性、顺磁性、超顺磁性甚至室温超导等令人兴奋的结果均有报道。产生这些有争议结论的根本原因是缺少高纯、宏量的石墨烯。因此，研究和揭示石墨烯宏观磁性的前提是拥有宏量、化学纯净的石墨烯材料，而研究石墨烯微观磁性则需要借助于尖端的高精度测试技术和手段。

## 参考文献

[1] Liu Y, Shindo D, Sellmyer J. Handbook of advanced magnetic materials. Beijing: Tsinghua University Press, 2005.

[2] 严密, 彭晓颂. 磁学基础与磁性材料. 杭州: 浙江大学出版社, 2006.

[3] Makarova T L, Sundqvist B, Höhne R, et al. Magnetic carbon. Nature, 2001, 413: 716-718.

[4] Makarova T L, Sundqvist B, Höhne R, et al. Retraction: Magnetic carbon. Nature, 2006, 440: 707-707.

[5] Yazyev O V. Emergence of magnetism in graphene materials and nanostructures. Rep Prog Phys, 2010, 73: 056501.

[6] Rao C N R. Ramakrishna Matte H S S, Subrahmanyam K S, et al. Unusual magnetic properties of graphene and related materials. Chem Sci, 2012, 3: 45-52.

[7] Novoselov K S, Geim A K, Morozov S V, et al. Electric field effect in atomically thin carbon films. Science, 2004, 306(5696): 666-669.

[8] Geim A K, Novoselov K S. The rise of graphene. Nature Mater, 2007, 6: 183-191.

[9] Katsnelson M I, Novoselov K S, Geim A K. Chiral tunnelling and the Klein paradox in graphene. Nat Phys, 2006, 2: 620-625.

[10] Katsnelson M I, Novoselov K S. Graphene: new bridge between condensed matter physics and quantum electrodynamics. Solid State Commun,

2007, 143: 3-13.
[11] Novoselov K S, Jiang Z, Zhang Y, et al. Room-temperature quantum hall effect in graphene. Science, 2007, 315: 1379-1384.
[12] Zhang Y, Tan Y W, Stormer H L, et al. Experimental observation of the quantum hall effect and Berry's phase in graphene. Nature, 2005, 438: 201-204.
[13] Morozov S V, Novoselov K S, Katsnelson M I, et al. Giant intrinsic carrier mobilities in graphene and its bilayer. Phys Rev Lett 2008, 100: 016602.
[14] Lee C G, Wei X D, Kysar J W, et al. Measurement of the elastic properties and intrinsic strength of monolayer graphene. Science, 2008, 321: 385-388.
[15] Elias D C, Nair R R, Mohiuddin T M G, et al. Control of graphene's properties by reversible hydrogenation: evidence for graphane. Science, 2009, 323: 610-613.
[16] Wakabayashi K, Fujita M, Ajiki H, et al. Electronic and magnetic properties of nanographite ribbons. Phys Rev B, 1999, 59: 8271-8282.
[17] Kusakabe K, Maruyama M. Magnetic nanographite. Phys Rev B, 2003, 67: 092406.
[18] Yamashiro A, Shimoi Y, Harigaya K, et al. Spin- and charge-polarized states in nanographene ribbons with zigzag edges. Phys Rev B, 2003, 68: 193410.
[19] Jiang D E, Sumpter B G, Dai S. First principles study of magnetism in nanographenes. J Chem Phys, 2007, 127: 124703.
[20] Yu S S, Wen Q B, Zheng W T, et al. First principle calculations of the electronic properties of nitrogen-doped carbon nanoribbons with zigzag edges. Carbon, 2008, 46: 537-543.
[21] Dutta S, Pati S K. Half-metallicity in undoped and boron doped graphene nanoribbons in the presence of semilocal exchange-correlation interactions. J Phys Chem B, 2008, 112: 1333-1335.
[22] Huang B, Liu F, Wu J, et al. Suppression of spin polarization in graphene nanoribbons by edge defects and impurities. Phys Rev B, 2008, 77: 153411.
[23] Xia H H, Li W F, Song Y, et al. Tunable magnetism in carbon-ion-implanted highly oriented pyrolytic graphite. Adv Mater, 2008, 20, 4679-4683.
[24] Kumazaki H, Hirashima D S. Tight-binding study of nonmagnetic-defect-induced magnetism in graphene. Low Temp Phys, 2008, 34(10): 805-811.
[25] Chen J, Li L, Cullen W G, et al. Tunable Kondo effect in graphene with defects. Nat Phys, 2011, 7(7): 535-538.
[26] Esquinazi P, Hergert W, Spemann D, et al. Defect-induced magnetism in solids. IEEE T Magn, 2013, 49(81): 4668-4674.
[27] Singh R. Unexpected magnetism in nanomaterials. J Magn Magn Mater, 2013, 346: 58-73.
[28] Liu W, Xu Y. Magnetic two-dimensional systems. Curr Opin Solid St M, 2016, 20(6SI): 388-395.
[29] Magda G Z, Jin X, Hagymasi I, et al. Room-temperature magnetic order on zigzag edges of narrow graphene nanoribbons. Nature, 2014, 514(7524): 608.
[30] Tucek J, Hola K, Bourlinos A B, et al. Room temperature organic magnets derived from $sp^3$ functionalized graphene. Nat Commun, 2017, 8(14525).
[31] Hong J, Jin C, Yuan J, et al. Atomic defects in two-dimensional materials: From single-atom spectroscopy to functionalities in opto-/electronics, nanomagnetism, and catalysis. Adv Mater, 2017, 29(160643414SI).
[32] Yazyev O V. Emergence of magnetism in graphene materials and nanostructures. Rep Prog Phys, 2010, 73(0565015).
[33] Seneor P, Dlubak B, Martin M B, et al. Spintronics with graphene. MRS Bull, 2012, 37(12): 1245-1254.
[34] Courtland R. Graphene goes the distance in spintronics. IEEE Spectrum, 2013, 50(2): 15-16.
[35] Han W, Kawakami R K, Gmitra M, et al.

Graphene spintronics. Nat Nanotechnol, 2014, 9(10): 794-807.

[36] Han W. Perspectives for spintronics in 2D materials. APL Materials, 2016, 4(0324013).

[37] Han W, Mccreary K M, Pi K, et al. Spin transport and relaxation in graphene. J Magn Magn Mater, 2012, 324(4): 369-381.

[38] Yang J, Ma M, Li L, et al. Graphene nanomesh: new versatile materials. Nanoscale, 2014, 6(22): 13301-13313.

[39] Roche S, Akerman J, Beschoten B, et al. Graphene spintronics: the european flagship perspective. 2D Materials, 2015, 2(UNSP 0302023).

[40] Droth M, Burkard G. Spintronics with graphene quantum dots. Phys Status Solidi R, 2016, 10(1): 75-90.

[41] Chiu K, Xu Y. Single-electron transport in graphene-like nanostructures. Phys Rep, 2017, 669: 1-42.

[42] Kan E, Li Z, Yang J. Magnetism in graphene systems. Nano, 2008, 3(6): 433-442.

[43] Pesin D, Macdonald A H. Spintronics and pseudospintronics in graphene and topological insulators. Nat Mater, 2012, 11(5): 409-416.

[44] Konishi A, Hirao Y, Kurata H, et al. Investigating the edge state of graphene nanoribbons by a chemical approach: synthesis and magnetic properties of zigzag-edged nanographene molecules. Solid State Commun, 2013, 175(SI): 62-70.

[45] Roche S, Valenzuela S O. Graphene spintronics: puzzling controversies and challenges for spin manipulation. J Phys D Appl Phys, 2014, 47(0940119).

[46] Volmer F, Droegeler M, Guentherodt G, et al. Spin and charge transport in graphene-based spin transport devices with Co/MgO spin injection and spin detection electrodes. Synthetic Met, 2015, 210(SIA): 42-55.

[47] Soriano D, Van Tuan D, Dubois S M, et al. Spin transport in hydrogenated graphene. 2D Materials, 2015, 2(UNSP 0220022).

[48] Dugaev V K, Litvinov V I, Barnas J. Exchange interaction of magnetic impurities in graphene. Phys Rev B, 2006, 74: 224438.

[49] Trauzettel B, Bulaev D V, Loss D, et al. Spin qubits in graphene quantum dots. Nat Phys, 2007, 3(3): 192-196.

[50] Yazyev O V. Hyperfine interactions in graphene and related carbon nanostructures. Nano Lett, 2008, 8(4): 1011-1015.

[51] Fischer J, Trauzettel B, Loss D. Hyperfine interaction and electron-spin decoherence in graphene and carbon nanotube quantum dots. Phys Rev B, 2009, 80: 155401.

[52] 姜寿亭, 李卫. 凝聚态磁性物理. 北京: 科学出版社, 2003.

[53] 张立德, 牟季美. 纳米材料和纳米结构. 北京: 科学出版社, 2001.

[54] [美] R. C. 奥汉德利. 现代磁性材料原理和应用. 周永洽译. 北京: 化学工业出版社, 2002.

[55] 张其瑞. 高温超导电性. 杭州: 浙江大学出版社, 1992.

[56] Makarova T L, Sundqvist B, Höhne R, et al. Magnetic carbon. Nature, 2001, 413: 716-718.

[57] Esquinazi P, Spemann D, Höhne R, et al. Induced magnetic ordering by proton irradiation in graphite. Phys Rev Lett, 2003, 91: 227201.

[58] Esquinazi P, Setzer A, Hoehne R, et al. Ferromagnetism in oriented graphite samples. Phys Rev B, 2002, 66: 024429.

[59] Esquinazi P, Höhne R. Magnetism in carbon structures. J Magn Magn Mater, 2005, 290-291: 20-27.

[60] Mombrú A W, Pardo H, Faccio R, et al. Multilevel ferromagnetic behavior of room-temperature bulk magnetic graphite. Phys Rev B, 2005, 71: 100404(R).

[61] Rode A V, Gamaly E G, Christy A G, et al. Unconventional magnetism in all-carbon nanofoam. Phys Rev B, 2004, 70: 054407.

[62] Ohldag H, Tyliszczak T, Höhne R, et al. π-Electron ferromagnetism in metal-free carbon probed by soft X-ray dichroism. Phys Rev Lett, 2007, 98: 187204.

[63] Talapatra S, Ganesan P G, Kim T, et al. Irradiation-induced magnetism in carbon nanostructures. Phys Rev Lett, 2005, 95: 097201.

[64] Yazyev O V, Helm L. Defect-induced magnetism in graphene. Phys Rev B, 2007, 75: 125408.

[65] Lieb E H. Two theorems on the Hubbard model. Phys Rev Lett, 1989, 62: 1201-1204.

[66] Ugeda M M, Brihuega I, Guinea F, et al. Missing atom as a source of carbon magnetism. Physics Review Letters, 2010, 104: 096804.

[67] Mohanta S K, Mishra S N, Davane S M, et al. Defect induced magnetism in highly oriented pyrolytic graphite: bulk magnetization and $^{19}$F hyperfine interaction studies. J Phys: Condens, Matter, 2012, 24: 085601.

[68] Cervenka J, Katsnelson M I, Flipse C F J. Room-temperature ferromagnetism in graphite driven by two-dimensional networks of point defects. Nature Phys 2009, 5: 840-844.

[69] Nair R R, Sepioni M, Tsai I L, et al. Spin-half paramagnetism in graphene induced by point defects. Nature Phys, 2012, 8, 199-202.

[70] Zarea M, Sandler N. Electron-electron and spin-orbit interactions in armchair graphene ribbons. Phys Rev Lett, 2007, 99(25680425).

[71] Lam K, Liang G. An ab initio study on energy gap of bilayer graphene nanoribbons with armchair edges. Appl Phys Lett, 2008, 92(22310622).

[72] Raza H, Kan E C. Armchair graphene nanoribbons: electronic structure and electric-field modulation. Phys Rev B, 2008, 77(24543424).

[73] Nemes-Incze P, Tapaszto L, Magda G Z, et al. Graphene nanoribbons with zigzag and armchair edges prepared by scanning tunneling microscope lithography on gold substrates. Appl Surf Sci 2014, 291: 48-52.

[74] Yang L, Cohen M L, Louie S G. Magnetic edge-state excitons in zigzag graphene nanoribbons. Phys Rev Lett, 2008, 101(18640118).

[75] Jung J, Pereg-Barnea T, Macdonald A H. Theory of interedge superexchange in zigzag edge magnetism. Phys Rev Lett, 2009, 102(22720522).

[76] Cui P, Zhang Q, Zhu H, et al. Carbon tetragons as definitive spin switches in narrow zigzag graphene nanoribbons. Phys Rev Lett, 2016, 116(0268022).

[77] Longo R C, Carrete J, Gallego L J. Ab initio study of 3d, 4d and 5d transition metal adatoms and dimers adsorbed on hydrogen-passivated zigzag graphene nanoribbons. Phys Rev B, 2011, 83(23541523).

[78] Ortiz R, Lado J L, Melle-Franco M, et al. Engineering spin exchange in nonbipartite graphene zigzag edges. Phys Rev B. 2016, 94(0944149).

[79] Fernández-Rossier J, Palacios J J. Magnetism in graphene nanoislands. Physics Review Letters, 2007, 99: 177204.

[80] Saha S K, Baskey M, Majumdar D. Graphene quantum sheets: a new material for spintronic applications. Adv Mater, 2010, 22, 5531-5536.

[81] Tada K, Haruyama J, Yang H X, et al. Ferromagnetism in hydrogenated graphene nanopore arrays. Phys Rev Letts, 2011, 107: 217203.

[82] Chen L L, Guo L W, Li Z L, et al. Towards intrinsic magnetism of graphene sheets with irregular zigzag edges. Sci Reports, 2013, 3: 02599.

[83] Rao S S, Narayana Jammalamadaka S, Stesmans A, et al. Ferromagnetism in graphene nanoribbons: split versus oxidative unzipped ribbons. Nano Lett, 2012, 12: 1210-1217.

[84] Guan Z, Si C, Hu S, et al. First-principles study of line-defect-embedded zigzag graphene nanoribbons: electronic and magnetic properties. Phys Chem Chem Phys, 2016, 18(17): 12350-12356.

[85] Olsen R, Gelderen R V, Smith C M. Ferromagnetism in ABC-stacked trilayer graphene. Phys Rev B, 2013, 87: 115414.

[86] Li Y F, Zhou Z, Shen P W, et al. Spin gapless semiconductor-metalhalf-metal properties in nitrogen-doped zigzag graphene nanoribbons.

[87] Nam Y, Cho D, Lee J Y. Doping effect on edge-terminated ferromagnetic graphene nanoribbons. J Phys Chem C, 2016, 120(20), 11237-11244.

[88] Wei D C, Liu Y Q, Wang Y, et al. Synthesis of N-doped graphene by chemical vapor deposition and its electrical properties. Nano Lett, 2009, 9, 1752-1758.

[89] Wang X, Li X, Zhang L, et al. Dai H J. N-doping of graphene through electrothermal reactions with ammonia. Science, 2009, 324, 768-771.

[90] Liu Y, Tang N J, Wan X G, et al. Realization of ferromagnetic graphene oxide with high magnetization by doping graphene oxide with nitrogen. Sci Reports, 2013, 3: 2566.

[91] Liu Y, Shen Y, Sun L, et al. Elemental superdoping of graphene and carbon nanotubes. Nat Commun, 2016, 7: 10921.

[92] Tucek J, Blonski P, Sofer Z, et al. Sulfur doping induces strong ferromagnetic ordering in graphene: effect of concentration and substitution mechanism. Adv Mater, 2016, 28(25): 5045-5053.

[93] Santos E J G, Sanchez-Portal D, Ayuela A. Magnetism of substitutional Co impurities in graphene: realization of single π- vacancies. Phys Rev B, 2010, 81(12543312).

[94] Santos E J G, Ayuela A, Sanchez-Portal D. First-principles study of substitutional metal impurities in graphene: structural, electronic and magnetic properties. New J Phys, 2010, 12: 053012.

[95] Zhou J, Wang Q, Sun Q, et al. Ferromagnetism in semihydrogenated graphene sheet. Nano Lett, 2009, 9(11): 3867-3870.

[96] González-Herrero H, Gómez-Rodríguez J M, Mallet P, et al. Atomic-scale control of graphene magnetism by using hydrogen atoms. Sciences, 2016, 352(6284): 437-442.

[97] Hermanns C F, Tarafder K, Bernien M, et al. Magnetic coupling of porphyrin molecules through graphene. Adv Mater, 2013, 25: 3473-3477.

[98] Antonowicz K. Possible superconductivity at room temperature. Nature, 1974, 247: 358-360.

[99] Kopelevich Y, Esquinazi P, Torres J H S. Ferromagnetic- and superconducting-like behavior of graphite. J Low Temp Phys, 2000, 119(5-6): 691-702.

[100] Barzola-Quiquia J, Esquinazi P. Ferromagnetic- and superconducting-like behavior of the electrical resistance of an inhomogeneous graphite flake. J Supercond Nov Magn, 2010, 23: 451-455.

[101] Larkins G, Vlasov Y. Indications of superconductivity in doped highly oriented pyrolytic graphite. Supercond Sci Technol, 2011, 24: 092001.

[102] Scheike T, Böhlmann W, Esquinazi P, et al. Can doping graphite trigger room temperature superconductivity. Adv Mater, 2012, 24: 5826-5831.

[103] Scheike T, Esquinazi P, Setzer A, et al. Granular superconductivity at room temperature in bulk highly oriented pyrolytic graphite samples. Carbon, 2013, 59: 140-149.

[104] Suzuki M, Suzuki I S, Walter J. Superconductivity and magnetic short-range order in the system with a Pd sheet sandwiched between graphene sheets. J Phys-Condens, Mat, 2004, 16(PII S0953-8984(04)66949-96): 903-918.

[105] Clemens B, Winkelmann, Nicolas Roch, WolfgangWernsdorfer, et al. Superconductivity in a single-C60 transistor. Nature Phys, 2009, 5: 876-879.

[106] Jarillo-Herrero P, van Dam J A, Kouwenhoven L P. Quantum supercurrent transistors in carbon nanotubes. Nature, 2006, 439: 953-956.

[107] Bradley D. Grasping graphene superconductivity CARBON. Mater Today, 2012, 15(3): 85.

[108] Donaldson L. Turning graphene into a superconductor. Mater Today, 2014, 17(4): 159.

[109] Burke M. Graphene superconductor. Chem Ind-London, 2017, 81(1): 8.

[110] Heersche Hubert B, Jarillo-Herrero P, Oostinga J B, et al. Bipolar supercurrent in graphene. Nature, 2007, 446: 56-59.

[111] Calandra M, Profeta G, Mauri F. Superconductivity in metal-coated graphene. Phys Status Solidi B, 2012, 249(12): 2544-2548.

[112] Li X. Tunneling conductance in $dx^2-y^2+idxy$ mixed wave superconductor graphene junctions. Commun Theor Phys, 2010, 54(6): 1139-1143.

[113] Mousavi H. On superconductivity state in pure graphene. Commun Theor Phys, 2010, 54(4): 753-755.

[114] Liu H, Jiang H, Xie X C. Intrinsic superconductivity in ABA-stacked trilayer graphene. AIP Adv, 2012, 2(0414054).

[115] Kopnin N B, Sonin E B. BCS superconductivity of Dirac electrons in graphene layers. Phys Rev Lett, 2008, 100(24680824).

[116] Uchoa B, Castro Neto A H. Comment on "BCS superconductivity of Dirac electrons in graphene layers". Phys Rev Lett, 2009, 102(10970110).

[117] Kopnin N B, Sonin E B. Comment on "BCS superconductivity of Dirac electrons in graphene layers" reply. Phys Rev Lett, 2009, 102(10970210).

[118] Sun Q, Jiang Z, Yu Y, et al. Spin superconductor in ferromagnetic graphene. Phys Rev B, 2011, 84(21450121).

[119] Einenkel M, Efetov K B. Possibility of superconductivity due to electron-phonon interaction in graphene. Phys Rev B, 2011, 84(21450821).

[120] Dietel J, Bezerra V H F, Kleinert H. Phonon-induced superconductivity at high temperatures in electrical graphene superlattices. Phys Rev B, 2014, 89(19543519).

[121] Szczesniak D. Superconducting properties of lithium-decorated bilayer graphene. EPL-Europhys Lett, 2015, 111(180031).

[122] Lozovik Y E, Ogarkov S L, Sokolik A A. Theory of superconductivity for Dirac electrons in graphene. J Exp Theor Phys, 2010, 110(1): 49-57.

[123] Hosseini M V, Zareyan M. Unconventional superconducting states of interlayer pairing in bilayer and trilayer graphene. Phys Rev B, 2012, 86(21450321).

[124] Guinea F, Uchoa B. Odd-momentum pairing and superconductivity in vertical graphene heterostructures. Phys Rev B, 2012, 86(13452113).

[125] Milovanovic M V, Predin S. Coexistence of antiferromagnetism and d+id superconducting correlations in the graphene bilayer. Phys Rev B, 2012, 86(19511319).

[126] Roy B, Juricic V, Herbut I F. Quantum superconducting criticality in graphene and topological insulators. Phys Rev B, 2013, 87(0414014).

[127] Potirniche I, Maciejko J, Nandkishore R, et al. Superconductivity of disordered Dirac fermions in graphene. Phys Rev B, 2014, 90(0945169).

[128] Munoz W A, Covaci L, Peeters F M. Tight-binding description of intrinsic superconducting correlations in multilayer graphene. Phys Rev B, 2013, 87(13450913).

[129] Roy B, Juricic V. Strain-induced time-reversal odd superconductivity in graphene. Phys Rev B, 2014, 90(0414134).

[130] Pesic J, Gajic R, Hingerl K, et al. Strain-enhanced superconductivity in Li-doped graphene. EPL-Europhys Lett, 2014, 108(670056).

[131] Kaloni T P, Balatsky A V, Schwingenschloegl U. Substrate-enhanced superconductivity in Li-decorated graphene. EPL-Europhys Lett, 2013, 104(470134).

[132] Profeta G, Calandra M, Mauri F. Phonon-mediated superconductivity in graphene by lithium deposition. Nat Phys, 2012, 8(2): 131-134.

[133] Santos F D R, Marques A M, Dias R G. Pauli limiting and metastability regions of superconducting graphene and intercalated graphite superconductors. Phys Rev B, 2016, 93(0454124).

[134] Kunst F K, Delerue C, Smith C M, et al. Kekule versus hidden superconducting order

in graphene-like systems: competition and coexistence. Phys Rev B, 2015, 92(16542316).

[135] Faye J P L, Diarra M N, Senechal D. Kekule superconductivity and antiferromagnetism on the graphene lattice. Phys Rev B, 2016, 93(15514915).

[136] Hosseini M V, Zareyan M. Model of an exotic chiral superconducting phase in a graphene bilayer. Phys Rev Lett, 2012, 108(14700114).

[137] Nunes L H C M, Mota A L, Marino E C. Superconductivity in graphene stacks: from the bilayer to graphite. Solid State Commun, 2012, 152(23): 2082-2086.

[138] Pellegrino F M D, Angilella G G N, Pucci R. Pairing symmetry of superconducting graphene. Eur Phys J B, 2010, 76(3): 469-473.

[139] Gonzalez J. Kohn-Luttinger superconductivity in graphene. Phys Rev B, 2008, 78(20543120).

[140] Kagan M Y, Val'Kov V V, Mitskan V A, et al. The Kohn-Luttinger superconductivity in idealized doped graphene. Solid State Commun, 2014, 188: 61-66.

[141] Kagan M Y, Mitskan V A, Korovushkin M M. Phase diagram of the Kohn-Luttinger superconducting state for bilayer graphene. Eur Phys J B, 2015, 88(1576).

[142] Kagan M Y, Val'Kov V V, Mitskan V A, et al. The Kohn-Luttinger effect and anomalous pairing in new superconducting systems and graphene. J Exp Theor Phys, 2014, 118(6): 995-1011.

[143] Kagan M Y, Mitskan V A, Korovushkin M M. Effect of the long-range coulomb interaction on the phase diagram of the kohn-luttinger superconducting state in idealized graphene. J Low Temp Phys, 2016, 185(5-6): 508-514.

[144] Mousavi H. Doped graphene as a superconductor. Phys Lett A, 2010, 374(29): 2953-2956.

[145] Dartora C A, Cabrera G G. Wess-Zumino supersymmetric phase and superconductivity in graphene. Phys Lett A, 2013, 377(12): 907-909.

[146] Uchoa B, Castro Neto A H. Superconducting states of pure and doped graphene. Phys Rev Lett, 2007, 98(14680114).

[147] Loktev V M, Turkowski V. Superconducting properties of a boson-exchange model of doped graphene. Low Temp Phys, 2009, 35(8-9): 632-637.

[148] Herbut I F. Topological insulator in the core of the superconducting vortex in graphene. Phys Rev Lett, 2010, 104(0664046).

[149] Kessler B M, Girit C O, Zettl A, et al. Tunable superconducting phase transition in metal-decorated graphene sheets. Phys Rev Lett, 2010, 104(0470014).

[150] Black-Schaffer A M. Edge properties and majorana fermions in the proposed chiral d-wave superconducting state of doped graphene. Phys Rev Lett, 2012, 109(19700119).

[151] Black-Schaffer A M, Honerkamp C. Chiral d-wave superconductivity in doped graphene. J Phys-Condens Mat, 2014, 26(42320142).

[152] Nandkishore R, Chubukov A V. Interplay of superconductivity and spin-density-wave order in doped graphene. Phys Rev B, 2012, 86(11542611).

[153] Nandkishore R, Levitov L S, Chubukov A V. Chiral superconductivity from repulsive interactions in doped graphene. Nat Phys, 2012, 8(2): 158-163.

[154] Sinha K P, Jindal A. On the mechanism of room temperature superconductivity in substitutionally doped graphene. Solid State Commun, 2014, 180: 44-45.

[155] Pathak S, Shenoy V B, Baskaran G. Possible high-temperature superconducting state with a d+id pairing symmetry in doped graphene. Phys Rev B, 2010, 81(0854318).

[156] Lothman T, Black-Schaffer A M. Defects in the d+id-wave superconducting state in heavily doped graphene. Phys Rev B, 2014, 90(22450422).

[157] Zhou J, Qin T, Shi J. Intra-valley spin-triplet p+ip superconducting pairing in lightly doped graphene. Chinese Phys Lett, 2013,

30(0174011).

[158] Margine E R, Giustino F. Two-gap superconductivity in heavily N-doped graphene: Ab initio Migdal-Eliashberg theory. Phys Rev B, 2014, 90(0145181).

[159] Zheng J, Margine E R. First-principles calculations of the superconducting properties in Li-decorated monolayer graphene within the anisotropic Migdal-Eliashberg formalism. Phys Rev B, 2016, 94(0645096).

[160] Margine E R, Lambert H, Giustino F. Electron-phonon interaction and pairing mechanism in superconducting Ca-intercalated bilayer graphene. Sci Rep-UK, 2016, 6(21414).

[161] Burset P, Yeyati A L, Martin-Rodero A. Microscopic theory of the proximity effect in superconductor-graphene nanostructures. Phys Rev B, 2008, 77(20542520).

[162] Feigel'Man M V, Skvortsov M A, Tikhonov K S. Proximity-induced superconductivity in graphene. JETP Lett, 2008, 88(11): 747-751.

[163] Feigel'Man M V, Skvortsov M A, Tikhonov K S. Theory of proximity-induced superconductivity in graphene. Solid State Commun, 2009, 149(27-28SI): 1101-1105.

[164] Hayashi M, Yoshioka H, Kanda A. Theoretical study of superconducting proximity effect in single and multi-layered graphene. Physica C, 2010, 4701(SI): S846-S847.

[165] Covaci L, Peeters F M. Superconducting proximity effect in graphene under inhomogeneous strain. Phys Rev B, 2011, 84(24140124).

[166] Wang L, Wu M W. Topological superconductor with a large Chern number and a large bulk excitation gap in single-layer graphene. Phys Rev B, 2016, 93(0545025).

[167] Mancarella F, Fransson J, Balatsky A. Josephson coupling between superconducting islands on single- and bi-layer graphene. Supercond Sci Tech, 2016, 29(0540045).

[168] Li C, Wang S, Wang J. Enhancement of subgap conductance in a graphene superconductor junction by valley polarization. Chinese Phys B, 2017, 26(0273042).

[169] Liu M, Zhu R. Shot noise of the conductance through a superconducting barrier in graphene. Chinese Phys Lett, 2015, 32(12740112).

[170] Bai C, Wang J T, Tang H X, et al. Spin-switch effect in a graphene d-wave superconductor spin-valve. Eur Phys J B, 2011, 84(1): 83-88.

[171] Hajati Y, Heidari A, Shoushtari M Z, et al. Spin-dependent barrier effects on the transport properties of graphene-based normal metal/ferromagnetic barrier/d-wave superconductor junction. J Magn Magn Mater, 2014, 362: 36-41.

[172] Yang Y L, Bai C, Zhang X D. Crossed Andreev reflection in graphene-based ferromagnet-superconductor structures. Eur Phys J B, 2009, 72(2): 217-223.

[173] Suzuki M, Suzuki I S, Walter E. H-T phase diagram and the nature of vortex-glass phase in a quasi-two-dimensional superconductor: Sn-metal layer sandwiched between graphene sheets. Physica C, 2004, 402(3): 243-256.

[174] Allain A, Han Z, Bouchiat V. Electrical control of the superconducting-to-insulating transition in graphene-metal hybrids. Nat Mater, 2012, 11(7): 590-594.

[175] Heersche H B, Jarillo-Herrero P, Oostinga J B, et al. Induced superconductivity in graphene. Solid State Commun, 2007, 143(1-2): 72-76.

[176] Soodchomshom B. Switching effect in a gapped graphene d-wave superconductor structure. Physica B, 2010, 405(5): 1383-1387.

[177] Ghaemi P, Ryu S, Lee D. Quantum valley Hall effect in proximity-induced superconducting graphene: an experimental window for deconfined quantum criticality. Phys Rev B, 2010, 81(0814038).

[178] Komatsu K, Li C, Autier-Laurent S, et al. Superconducting proximity effect in long superconductor/graphene/superconductor junctions: from specular Andreev reflection at zero field to the quantum Hall regime. Phys

[179] Lee G, Jeong D, Park K, et al. Continuous and reversible tuning of the disorder-driven superconductor-insulator transition in bilayer graphene. Sci Rep-UK, 2015, 5(13466).

[180] Natterer F D, Ha J, Baek H, et al. Scanning tunneling spectroscopy of proximity superconductivity in epitaxial multilayer graphene. Phys Rev B, 2016, 93(0454064).

[181] Ben Shalom M, Zhu M J, Fal'Ko V I, et al. Quantum oscillations of the critical current and high-field superconducting proximity in ballistic graphene. Nat Phys, 2016, 12(4): 151-318.

[182] Di Bernardo A, Millo O, Barbone M, et al. p-Wave triggered superconductivity in single-layer graphene on an electron-doped oxide superconductor. Nat Commun, 2017, 8(14024).

[183] Han Z, Allain A, Arjmandi-Tash H, et al. Collapse of superconductivity in a hybrid tin-graphene Josephson junction array. Nat Phys, 2014, 10(5): 380-386.

[184] Valla T, Camacho J, Pan Z H, et al. Anisotropic electron-phonon coupling and dynamical nesting on the graphene sheets in superconducting $CaC_6$ using angle-resolved photoemission spectroscopy. Phys Rev Lett, 2009, 102(10700710).

[185] Mazin I I, Balatsky A V. Superconductivity in Ca-intercalated bilayer graphene. Phil Mag Lett, 2010, 90(10): 731-738.

[186] Kanetani K, Sugawara K, Sato T, et al. Ca intercalated bilayer graphene as a thinnest limit of superconducting $C_6Ca$. P Natl Acad Sci USA, 2012, 109(48): 19610-19613.

[187] Li K, Feng X, Zhang W, et al. Superconductivity in Ca-intercalated epitaxial graphene on silicon carbide. Appl Phys Lett, 2013, 103(0626016).

[188] Ichinokura S, Sugawara K, Takayama A, et al. Superconducting calcium-intercalated bilayer graphene. ACS NANO, 2016, 10(2): 2761-2765.

[189] Ludbrook B M, Levy G, Nigge P, et al. Evidence for superconductivity in Li-decorated monolayer graphene. P Natl Acad Sci Usa, 2015, 112(38): 11795-11799.

[190] Pan Z H, Camacho J, Upton M H, et al. Electronic structure of superconducting $KC_8$ and nonsuperconducting $LiC_6$ graphite intercalation compounds: evidence for a graphene-sheet-driven superconducting state. Phys Rev Lett, 2011, 106(18700218).

[191] Calandra M, Attaccalite C, Profeta G, et al. Comment on "electronic structure of superconducting $KC_8$ and nonsuperconducting $LiC_6$ graphite intercalation compounds: evidence for a graphene-sheet-driven superconducting state". Phys Rev Lett, 2012, 108(14970114).

[192] Rahnejat K C, Howard C A, Shuttleworth N E, et al. Charge density waves in the graphene sheets of the superconductor $CaC_6$. Nat Commun, 2011, 2(558).

[193] Suzuki M, Suzuki I S, Walter J. Superconductivity and magnetic short-range order in the system with a Pd sheet sandwiched between graphene sheets. J Phys-Condens, Mat, 2004, 16(PII S0953-8984(04)66949-96): 903-918.

[194] Cobaleda C S F, Xiao X, Burckel D B, et al. Superconducting properties in tantalum decorated three-dimensional graphene and carbon structures. Appl Phys Lett, 2014, 105(0535085).

[195] Suzuki M, Suzuki I S, Walter E. H-T phase diagram and the nature of vortex-glass phase in a quasi-two-dimensional superconductor: Sn-metal layer sandwiched between graphene sheets. Physica C, 2004, 402(3): 243-256.

[196] Allain A, Han Z, Bouchiat V. Electrical control of the superconducting-to-insulating transition in graphene-metal hybrids. Nat Mater, 2012, 11(7): 590-594.

[197] Heersche H B, Jarillo-Herrero P, Oostinga J B, et al. Induced superconductivity in graphene. Solid State Commun, 2007, 143(1-2): 72-76.

[198] Soodchomshom B. Switching effect in a gapped graphene d-wave superconductor structure. Physica B, 2010, 405(5): 1383-1387.

[199] Ghaemi P, Ryu S, Lee D. Quantum valley Hall effect in proximity-induced superconducting graphene: an experimental window for deconfined quantum criticality. Phys Rev B, 2010, 81(0814038).

[200] Komatsu K, Li C, Autier-Laurent S, et al. Superconducting proximity effect in long superconductor/graphene/superconductor junctions: from specular Andreev reflection at zero field to the quantum Hall regime. Phys Rev B, 2012, 86(11541211).

[201] Lee G, Jeong D, Park K, et al. Continuous and reversible tuning of the disorder-driven superconductor-insulator transition in bilayer graphene. Sci Rep-UK, 2015, 5(13466).

[202] Natterer F D, Ha J, Baek H, et al. Scanning tunneling spectroscopy of proximity superconductivity in epitaxial multilayer graphene. Phys Rev B, 2016, 93(0454064).

[203] Ben Shalom M, Zhu M J, Fal'Ko V I, et al. Quantum oscillations of the critical current and high-field superconducting proximity in ballistic graphene. Nat Phys 2016, 12(4): 151-318.

[204] Di Bernardo A, Millo O, Barbone M, et al. p-Wave triggered superconductivity in single-layer graphene on an electron-doped oxide superconductor. Nat Commun, 2017, 8: 14024.

[205] Han Z, Allain A, Arjmandi-Tash H, et al. Collapse of superconductivity in a hybrid tin-graphene Josephson junction array. Nat Phys, 2014, 10(5): 380-386.

[206] Valla T, Camacho J, Pan Z H, et al. Anisotropic electron-phonon coupling and dynamical nesting on the graphene sheets in superconducting $CaC_6$ using angle-resolved photoemission spectroscopy. Phys Rev Lett, 2009, 102(10700710).

[207] Mazin I I, Balatsky A V. Superconductivity in Ca-intercalated bilayer graphene. Phil Mag Lett, 2010, 90(10): 731-738.

[208] Kanetani K, Sugawara K, Sato T, et al. Ca intercalated bilayer graphene as a thinnest limit of superconducting $C_6Ca$. P Natl Acad Sci Usa, 2012, 109(48): 19610-19613.

[209] Li K, Feng X, Zhang W, et al. Superconductivity in Ca-intercalated epitaxial graphene on silicon carbide. Appl Phys Lett, 2013, 103(0626016).

[210] Ichinokura S, Sugawara K, Takayama A, et al. Superconducting calcium-intercalated bilayer graphene. ACS Nano, 2016, 10(2): 2761-2765.

[211] Liu Y J, Liang H, Xu Z. Superconducting continuous graphene fibers via calcium intercalation. ACS Nano, 2017, 11(4): 4301-4306.

[212] Pan Z H, Camacho J, Upton M H, et al. Electronic structure of superconducting $KC_8$ and nonsuperconducting $LiC_6$ graphite intercalation compounds: evidence for a graphene-sheet-driven superconducting state. Phys Rev Lett, 2011, 106(18700218).

[213] Calandra M, Attaccalite C, Profeta G, et al. Comment on "electronic structure of superconducting $KC_8$ and nonsuperconducting $LiC_6$ graphite intercalation compounds: Evidence for a graphene-sheet-driven superconducting state". Phys Rev Lett, 2012, 108(14970114).

[214] Rahnejat K C, Howard C A, Shuttleworth N E, et al. Charge density waves in the graphene sheets of the superconductor $CaC_6$. Nat Commun, 2011, 2(558).

[215] Suzuki M, Suzuki I S, Walter J. Superconductivity and magnetic short-range order in the system with a Pd sheet sandwiched between graphene sheets. J Phys-Condens Mat, 2004, 16(PII S0953-8984(04)66949-96): 903-918.

[216] Cobaleda C S F, Xiao X, Burckel D B, et al. Superconducting properties in tantalum decorated three-dimensional graphene and carbon structures. Appl Phys Lett, 2014, 105(0535085).

[217] Mcchesney J L, Bostwick A, Ohta T, et

al. Extended van Hove singularity and superconducting instability in doped graphene. Phys Rev Lett, 2010, 104(13680313).

[218] Szczesniak D, Durajski A P, Szczesniak R. Influence of lithium doping on the thermodynamic properties of graphene based superconductors. J Phys-Condens Mat, 2014, 26(25570125).

[219] Xue M, Chen G, Yang H, et al. Superconductivity in potassium-doped few-layer graphene. J Am Chem Soc, 2012, 134(15): 6536-6539.

[220] Larkins G, Vlasov Y, Holland K. Evidence of superconductivity in doped graphite and grapheme. Supercond Sci Tech, 2016, 29(0150151).

[221] Chapman J, Su Y, Howard C A, et al. Superconductivity in Ca-doped graphene laminates. Sci Rep-UK, 2016, 6(23254).

[222] Margine E R, Lambert H, Giustino F. Electron-phonon interaction and pairing mechanism in superconducting Ca-intercalated bilayer graphene. Sci Rep-UK, 2016, 6(21414).

[223] Tonnoir C, Kimouche A, Coraux J, et al. Induced superconductivity in graphene grown on rhenium. Phys Rev Lett 2013, 111(24680524).

[224] Ballestar A, Esquinazi P, Barzola-Quiquia J, et al. Possible superconductivity in multi-layer-graphene by application of a gate voltage. Carbon. 2014, 72: 312-320.

[225] Allain A, Han Z, Bouchiat V. Electrical control of the superconducting-to-insulating transition in graphene-metal hybrids. Nat Mater, 2012, 11(7): 590-594.

# NANOMATERIALS
石墨烯:从基础到应用

# Chapter 7

# 第 7 章
# 石墨烯基复合材料

苗力孝，孔德斌，智林杰
国家纳米科学中心

7.1 引言

7.2 石墨烯基电学复合材料

7.3 石墨烯基光学复合材料

7.4 石墨烯基生物复合材料

7.5 石墨烯基力学与热学复合材料

7.6 石墨烯基复合材料在其他领域中的应用

7.7 总结与展望

## 7.1 引言

石墨烯是由单层碳原子紧密排列成完美蜂窝状结构的材料，具有高强度、高导电、高导热等优异性能。石墨烯独特的二维片层结构和巨大的比表面积使其成为一种优良的基体材料。从实际应用的角度看，将石墨烯与其他物质进行复合，制备具有电学、光学、力学等特定结构与功能的石墨烯基复合材料具有更广泛的应用价值。有趣的是，石墨烯制备过程中不可避免产生的缺陷或官能团为与其他物质进行复合提供了有利条件[1]。这种石墨烯基复合材料能够充分发挥不同组分的优势，赋予复合材料不同于各单独组分的优异性能，进而实现其在储能、催化、光学、力学、生物、环境等领域的广泛应用[2~5]。

目前已发表的文献中对石墨烯和石墨烯基复合材料并没有进行明确的分类。为了方便介绍，同时与本书前面章节中讨论的石墨烯有所区别，本章的内容将主要介绍经过修饰、杂化或复合后的石墨烯材料，并把这类石墨烯材料统称为石墨烯基复合材料。石墨烯基复合材料的制备方法通常可分为三大类。第一类是直接对石墨烯表面进行化学修饰改性，引入杂原子或者其他官能团，其中一种最具代表性的石墨烯衍生物是氧化石墨烯。氧化石墨烯表面具有丰富的含氧官能团，使得其不仅在水中的分散性要远远好于石墨烯，也为进一步修饰和改性石墨烯提供了化学活性位点。例如，采用有机胺、异氰酸酯、硅烷偶联剂等试剂可以在石墨烯表面引入新的官能团，从而进一步优化石墨烯的实用化性能，并拓宽其使用范围。第二类方法是直接在石墨烯表面通过原位方法沉积金属粒子或者聚合物。第三类是将石墨烯与其他物质通过球磨、溶液均相混合等物理复合方法制备石墨烯基复合材料。

石墨烯作为一种二维结构单元可以制备丰富的二级结构，如可以包裹形成零维的富勒烯、卷曲形成一维的碳纳米管、堆叠形成二维的石墨片层等。从这个角度上讲，各种$sp^2$碳质材料均可以由石墨烯通过一种"自下而上"的方式构建得到，进而有可能按照人们的意愿设计和构筑具有丰富结构的石墨烯基复合材料，大致可以分为以下六种类型：① 石墨烯封装的复合材料，即复合组分被石墨烯片层包裹在内部，能够实现复合组分颗粒的纳米级分散，增强了复合组分本身的化学活性［图 7.1（a）］；② 石墨烯混合的复合材料，即石墨烯和复合组分进行机械混合，这种简单的机械混合实现了石墨烯优异的力学、电学和热学等性能的拓展应用［图 7.1（b）］；③ 石墨烯内嵌的复合材料，即复合组分镶嵌在石墨烯片层上，不仅能够改善复合组分的导电性，而且石墨烯片层和复合组分的相互作用也能够增强单一组分的性能［图 7.1（c）］；④ 石墨烯"三明治"状复合材料，通常以石墨烯作为模板而制得，这种结构能够有效增强材料的电化学性能，从而促进其在能源领域的应用［图 7.1（d）］；⑤ 石墨烯层状复合材料，以石墨烯片层和复合组分片层交替堆叠而制成［图 7.1（e）］；⑥ 石墨烯包裹的复合材料，多个石墨烯片层包覆在复合组分表面［图 7.1（f）］。此外，结构、组成、性能和应用之间的相互关系表明，通过改变材料的结构能够优化材料的性能，扩大石墨烯复合材料在不同领域中的应用，而不同应用领域对材料的结构也有着不同的要求[6~10]。

为此，根据石墨烯基复合材料应用领域的不同，本章将主要针对如下五个方面进行简要评述：石墨烯基电学复合材料、石墨烯基光学复合材料、石墨烯基生物复合材料、石墨烯基力学与热学复合材料、石墨烯基复合材料在其他领域中的应用。

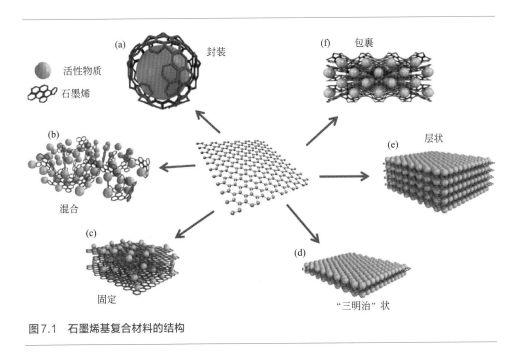

图 7.1 石墨烯基复合材料的结构

## 7.2 石墨烯基电学复合材料

### 7.2.1 石墨烯基储能复合材料

高效储能是国际社会绿色能源战略，也是控制碳排放至关重要的手段之一，其中二次电池是目前使用最为广泛的储能装置。为了不断提高二次电池的性能，近年来将石墨烯引入储能材料，研究人员研发了一系列基于石墨烯的储能用复合材料[11~14]。主要分为石墨烯超级电容器复合材料、石墨烯锂离子电池复合材料、石墨烯锂硫电池复合材料等。其中最为简单的复合方法是将石墨烯与传统的储能材料进行直接的物理混合，以改善其导电性进而提升其比容量和倍率性能。这种直接物理混合的石墨烯储能复合材料在此不作详细介绍。本小节主要介绍基于共价键结合的石墨烯基储能复合材料。

石墨烯材料作为目前所知最薄的二维材料，具有良好的导电性、高比表面积和宽的化学窗口，有希望实际应用于超级电容器、锂离子电池、锂硫电池等储能体系中。对于已经商业化的锂离子电池（LIB），负极通常为石墨材料，其理论比容量只有 $372mA \cdot h \cdot g^{-1}$，如果使用石墨烯作为负极材料，则可将负极的理论比容量提高约两倍以上。此外通过氧化还原制备的石墨烯和杂原子掺杂的石墨烯由于存在大量的缺陷使得边缘碳原子数量增加，从而增加了储存锂离子的活性位点，会更进一步提高石墨烯作为锂离子电池负极的嵌锂容量[6]。采用富电子的N、B、P等元素掺杂碳材料可显著改善其导电性能和提高材料的比容量，因此对石墨烯进行N、B、P的掺杂，制备含N、B、P掺杂的石墨烯储能复合材料有望进一步改善石墨烯的性能，提高其电化学活性及比容量[15~18]。Wu等人通过研究发现，掺杂N、B的石墨烯复合材料，不但能表现出很高的比容量（$1000mA \cdot h \cdot g^{-1}$），而且可以在大倍率下（$25A \cdot g^{-1}$，30s充满）进行快速充放电。他们认为这可能是由于杂原子掺杂导致的石墨烯层中原子排列缺陷导致石墨层间距加大，从而更有利于锂离子的传输；同时非均相的原子缺陷能改变石墨烯表面形貌，也有利于电解液的浸润[19]。Reddy等人[20]则对比了氮掺杂的石墨烯与纯的石墨烯，发现仅N掺杂后其比容量就可以提高一倍。

金属氧化物（metal oxide，M=Fe、Co、Ni、Sn或Cu）、Sn、Ge和Si是除碳材料以外另一类引起广泛关注的储能材料，一直被认为是高比容量负极的可选材料（理论储锂比容量＞600mA·h·g$^{-1}$），但由于离子在金属氧化物本体中的扩散速率不理想，使得电荷的传质动力学速率较慢，难以实现大倍率充放电[21~23]；另外Sn、Si等材料在充放电过程中的体积膨胀又非常巨大，这些不利因素严重制约了这类材料的实际应用[24~27]。具有良好导电性的二维石墨烯材料被认为是制备高性能复合电极材料的基体材料，因此，近年来人们报道了大量的这方面的研究工作，而石墨烯与Mo、Sn、Si等材料的有效复合也确实显著改善了这类材料的电化学性能[28~32]。此外，这类金属氧化物的晶格结构也会影响到材料的电化学性能。如图7.2所示，在石墨烯表面直接原位生长介孔纳米TiO$_2$颗

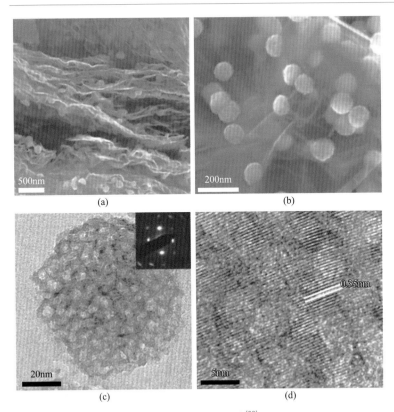

图7.2 纳米TiO$_2$/石墨烯基复合材料的微观形貌[33]

粒，由于介孔纳米$TiO_2$颗粒的结构类似于单晶的纳米$TiO_2$，且均匀分布在石墨烯片层中，与石墨烯表面的结合更加充分，与通常的大颗粒多晶$TiO_2$复合材料相比，大大改善了$TiO_2$作为电极材料的导电性能。这种纳米$TiO_2$/石墨烯复合材料在锂离子电池测试中表现出了优异的倍率性能，在50C的充放电倍率下依然可以保持$97mA·h·g^{-1}$的可逆比容量[33]。

石墨烯复合储能材料的另外一项重要应用是作为电极材料组装高性能的超级电容器。Ruoff研究组[34]报道了利用化学修饰的石墨烯来制作双电层电容器，在水系和非水系中的比容量分别为$135F·g^{-1}$和$99F·g^{-1}$。Jiang等人[35]通过臭氧选择性地刻蚀氧化石墨上不稳定的含氧基团，并且经过热还原过程得到功能化的圆柱形石墨烯网络（FPGF），如图7.3所示，其体积比容量能达到$400F·cm^{-3}$，当功率密度为$272W·L^{-1}$时，体积能量密度可以达到$27W·h·L^{-1}$。通过原位负载具有赝电容活性的导电聚合物或是金属氧化物构建石墨烯基复合材料可以提供更高的质量比容量，有效提高超级电容器的能量密度。Zhang等人[36]将苯胺单体通过超声均匀分散在氧化石墨烯酸性溶液中，然后加入氧化剂进行原位聚合，最后再通过肼还原，制备了聚苯胺纳米线/石墨烯复合材料。线状的聚苯胺均匀填充在石墨烯层间，这种均匀分布的聚苯胺纳米线与石墨烯组成的三维复合材料具有良好的导电性，其作为电极组装的超级电容器，在$0.1A·g^{-1}$充放电倍率下容量可达$480F·g^{-1}$。Xue等人[37]则在还原氧化石墨烯表面原位电沉积聚苯胺纳米棒阵列，制备了石墨烯聚苯胺柔性复合材料，进而制作了微型超级电容器，在$2.5A·g^{-1}$的电流密度下，其比容量可达$970F·g^{-1}$。卢向军等人则通过用真空抽滤氧化石墨烯（GO）与聚苯胺（PANI）纳米纤维的混合分散溶液，流动组装制备

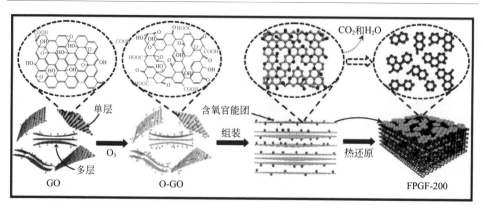

图7.3 功能化的圆柱形石墨烯网络制备过程示意图[35]

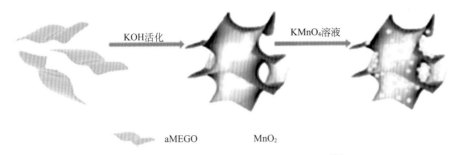

图7.4 微波膨胀的氧化石墨烯片层上化学沉积二氧化锰制备示意图[39]

自支撑GO/PANI复合薄膜，进一步选用气态水合肼还原GO，最后重新氧化和掺杂还原态PANI，制备了自支撑石墨烯GN/PANI薄膜。GN/PANI薄膜在1mol·L$^{-1}$ HCl电解液中具有良好的电化学电容性能，在0.1A·g$^{-1}$的电流密度下其比容量为495F·g$^{-1}$，在3A·g$^{-1}$时为313F·g$^{-1}$，经过2000次连续充放电具有90%的电容保持率，表明该复合材料具有良好的电化学稳定性[38]。

Ruoff等人[39]在氢氧化钾活化并微波处理的氧化石墨烯溶液（aMEGO）中加入高锰酸钾，如图7.4所示，实现了石墨烯与氧化物（$MnO_2$）之间的有效复合，高锰酸钾与碳之间的氧化还原反应使得$MnO_2$颗粒均匀地沉积在石墨烯片层上，通过改变反应时间来控制复合材料中$MnO_2$的含量。该MEGO/$MnO_2$复合材料作为超级电容器电极时，其质量比容量和体积比容量分别能达到256F·g$^{-1}$和640F·cm$^{-3}$。

与此同时，为开发下一代高能量密度电池，世界各国的研究人员对锂硫电池的研究也给予了非常多的关注。然而锂硫电池在充放电时会发生多硫离子的溶解迁移，这种多硫离子进入到负极区不仅引起活性物质损失、容量衰减，而且多硫离子对金属锂负极的腐蚀也导致电池在充放电循环中忽然终止，引起电池失效。研究人员发现氮、磷等杂原子比碳原子对硫离子的亲和能力更强，掺杂氮、磷等元素修饰的石墨烯基复合材料对多硫离子具有更强的吸附能力，对抑制多硫离子的穿梭有很好的效果，是改善锂硫电池循环性能的一种较理想的复合材料[40]。另外也可以利用氧化石墨烯表面的含氧官能基团作为硫颗粒成核位点，将氧化石墨烯和硫离子分散在酸性溶液中，硫离子可以还原氧化石墨烯并原位沉积在石墨烯表面，从而形成均匀分散的石墨烯/硫复合材料[41～44]。分散在石墨烯片层之间的硫颗粒与还原氧化石墨烯的接触不仅可以增加硫正极的导电性，而且能更有效地阻止在充放电过程中多硫离子的穿梭效应（图7.5）。

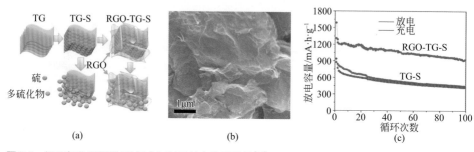

图7.5 还原氧化石墨烯/硫复合材料及其电化学性能[44]

## 7.2.2
### 石墨烯基电催化复合材料

随着人类对能源需求的不断增加,化石燃料的消耗量逐渐增大,能源危机日益凸显,因此利用氢能、风能、太阳能等清洁能源的需求愈加迫切,而其中氢能是公认的高效清洁能源之一。然而,多年来被人们寄予厚望的燃料电池迄今依然难以走向商业化普及道路,关键问题之一就是难以找到廉价且储量丰富的催化剂材料来替代现有的贵金属催化剂Pt。对于环境友好的氢氧燃料电池以及具有高能量密度的金属-空气电池等,氧气的还原过程是一个非常关键的电极反应。这是因为实际上在正极表面,这个反应表现出一个非常缓慢的动力学过程,相比于负极来说,正极上的氧还原过程存在着很高的过电位,因此需要寻找合适的催化剂来加快这一反应。已知的贵金属Pt是目前能加快这一反应的最佳催化剂,但Pt在地球上的储量非常少,价格昂贵,同时其在CO、甲醇存在下容易中毒,导致催化效率大大降低,从而制约了这类清洁能源的应用与推广。寻找廉价且高效的非金属催化剂逐渐成为本领域的研究热点,氮、磷、硫、硼等非金属元素掺杂的碳材料是研究最为广泛的体系之一。这是因为这类材料普遍具有良好的热稳定性和化学稳定性,具有优异的抗CO、甲醇中毒的特性,同时其在结构上可以实现可控制备,所具有的高比表面积和丰富的孔结构提供了更多的催化反应所需的活性位点。大量文献研究发现,在一定条件下杂原子掺杂后的碳材料对氧的催化还原甚至要优于商业化的Pt/C催化剂[45~48]。掺杂杂原子的经典方法是在惰性气氛中高温处理碳材料和相应的杂原子前驱体,通过掺杂可以调节碳材料本身的电子结构,从而大大拓宽其应用范围。石墨烯作为一种具有优异电子传输性能的二维材料，被广泛应用于储能、催化、导电膜等方面。基于上述研究思路，对石墨烯进行杂原子掺杂，制备含杂原子的石墨烯电催化复合材料，进而研发更高效的非金属催化剂引起了人们的广泛兴趣[49~55]。

由于杂原子的半径和电子云密度不同于碳原子，通过一种或者一种以上杂原子对石墨烯进行掺杂将导致石墨烯上$sp^2$杂化碳原子的化学环境发生变化，从而使石墨烯产生不同的催化活性。Wang等人[54]将氧化石墨烯在氨气气氛下，通过微波加热仅10s，就可以制备出氮掺杂的石墨烯复合材料，掺氮量约为4.5%~5.5%（质量分数）。这种掺杂氮的石墨烯复合材料在0.17V（vs. RHE）电位下就开始发生氧还原反应，达到了对比样20%（质量分数）商业Pt/C催化剂的相同电位，不过其对氧的还原电流依然低于20%（质量分数）Pt/C催化剂，还需要进一步优化提高。另外研究发现，氮掺杂石墨烯电催化复合材料中，不同的氮存在形式表现出不同的对氧的催化活性，有报道认为，吡啶态形式的氮催化活性最高[55]，但也有最新的研究认为石墨态的氮可能对氧的催化活性更高[56]。

氮掺杂石墨烯复合材料不仅可以直接作为氧的还原催化剂，高比表面积的特性也使其可以作为负载各种金属类催化剂的良好载体。通常金属或者金属氧化物催化剂对氧的还原反应具有较好的催化活性，但存在难分散、难烧结、容易聚集结块等问题，导致其催化活性衰减较快[57]。氮掺杂石墨烯复合材料具有的超薄二维结构、高的比表面积、良好的导电性和化学稳定性，不但有利于均匀负载金属类催化剂，增加其有效电化学活性比表面积，而且在石墨烯表面存在大量的吡啶态氮、吡咯态氮、石墨态氮等活性位点[58]，这些活性位点不仅可以直接催化氧还原反应，还可以成为"锚定"金属催化剂的活性点[59]。Müllen课题组[60]在氮掺杂石墨烯复合材料表面负载纳米金属氧化物，如图7.6所示，在制备的氮掺杂三维石墨烯气凝胶表面二次负载纳米$Fe_3O_4$颗粒。研究发现氮掺杂石墨烯负载$Fe_3O_4$催化剂对氧的还原具有很高的催化活性。通过XPS（X-ray photoelectron spectroscopy）分析发现，纳米$Fe_3O_4$颗粒表面存在Fe-N-C活性位点，而且石墨烯表面有吡啶态氮和吡咯态氮的存在，这些活性位点均能有效提高材料的催化活性。Yin等人[61]则将酞菁铁与石墨烯均匀混合，先进行热裂解，然后在氨气氛围下再次热处理引入氮源，制备了氮化铁/氮掺杂石墨烯复合材料，如图7.7所示。通过对比发现，氮化铁/氮掺杂石墨烯复合材料对氧具有更高的催化活性，氧的起始还原电位和电子转移阻抗均低于单纯的氮掺杂石墨烯。而直接将氮化铁和石墨烯物理混合得到的复合材料则不能表现出好的催化活性。通过XRD和XPS研究，发

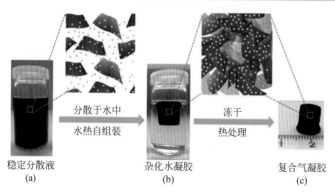

图7.6 三维氮掺杂石墨烯/纳米金属氧化物复合材料结构示意图[60]

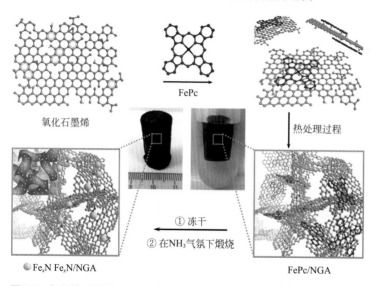

图7.7 氮化铁/氮掺杂石墨烯基复合材料制备方法示意图[61]

现在石墨烯表面存在大量的Fe-N-C活性位点,作者认为石墨烯表面原位形成的纳米级氮化铁颗粒与石墨烯表面离域键之间有很强的相互作用,这种相互作用对氧在石墨烯表面的还原过程有很好的协同催化作用,能够更高效地催化氧的还原反应。通过与商业化Pt/C催化材料在相同负载量和测试条件下比较,可以发现氧在氮化铁/氮掺杂石墨烯复合材料表面的还原电流更加稳定,即使连续还原20000s后还原电流依然保持在90%以上,而商业化Pt/C催化材料的催化电流则衰减至65%。甲醇中毒一直是商业化Pt/C在工作中性能衰减的一个重要原因,而该工作中,研究者发现在加入3mol·L$^{-1}$的甲醇后,商业化Pt/C催化材料会发生严重的催化剂中毒，而氮化铁/氮掺杂石墨烯复合材料的催化活性则没有明显变化。说明氮化铁/氮掺杂石墨烯复合材料在耐甲醇毒性方面具有明显的优势。

此外，掺杂后的石墨烯复合材料还可以直接作为Pt等金属催化剂的载体，以进一步提高其对氧的还原催化效率。负载有Pt纳米粒子的硫掺杂石墨烯复合材料，与碳和石墨烯直接负载Pt纳米粒子形成的复合材料相比，在相同测试条件下，在0.9V（vs. RHE），分别可产生139mA·$mg^{-1}$、121mA·$mg^{-1}$、101mA·$mg^{-1}$的还原电流，掺杂后的石墨烯复合材料比单纯的石墨烯负载材料的电流提高了14%，稳定性也大大提高[62]。而最新的研究发现，在硫掺杂石墨烯表面原位沉积Pt纳米线，所得到的Pt纳米线沿（111）晶面形成单晶，这种Pt/硫掺杂石墨烯复合材料作为氧的还原催化剂，其稳定性大幅度提高。在相同条件下经过3000次循环测试后，Pt/硫掺杂石墨烯复合材料的电化学活性表面（electrochemically active surface area，ECSA）依然可以保持在初始值的42%，而单纯的Pt/石墨烯材料则仅剩1%，说明经过硫掺杂后的石墨烯原位负载纳米线状Pt的复合材料其催化稳定性和使用寿命远高于单纯的石墨烯负载Pt催化剂[63]。

总而言之，石墨烯由于兼具高比表面积、高导电性以及丰富多样的制备方法（意味着具有潜在的低成本的制备优势），因而在电催化氧还原反应乃至燃料电池领域，成为最具应用前景的载体材料之一。

## 7.3 石墨烯基光学复合材料

### 7.3.1 石墨烯量子点复合材料在光学领域中的应用

量子点是把激子束缚在三个空间方向上的一类纳米粒子，其尺寸小于或接近于激子玻尔半径时，电子和空穴运动受限，而表现出量子化特点。常见的量子点由半导体材料组成，是一种介于分子与晶体之间的过渡态，也称为半导体量子点或纳米晶体。半导体量子点具有特殊的光电传输特性，在光电器件的制造方面具有很好的应用前景[64~70]。传统的半导体量子点（例如CdTe、CdSe、PbS等）容易团聚进而影响其光电特性，因此需要采用有机分子对量子点进行包覆以改善团聚现象，但有机分子的包覆层又会影响量子点的导电性和透光率。此外为了提高半导体-基底系统的光电流，需利用具有高效电子传输性能的基底来阻止半导体中电子与空穴的复合，通常采用导电聚合物薄膜或碳纳米管作为半导体的基底[64]。近年来，石墨烯量子点复合材料的研究备受关注，石墨烯具有高的载流子迁移率，可以有效地提高半导体与基底材料的光电流，被认为是半导体量子点电子传输基底的最佳材料。此外，石墨烯还可以直接被剪裁为石墨烯量子点（graphene quantum dot，GQD）。石墨烯量子点作为零维的纳米级碳材料，其量子的限域效应和尺寸边缘效应显著，具有优异的光学传输特性和高载流子迁移率的电学特性。在生物成像、疾病检测等光电器件的应用中展现了巨大的潜力[65]。

　　Geng等人[66]报道了一种石墨烯/CdSe量子点复合材料，并以此制备了可弯曲的透光导电膜器件，其光感灵敏度与单纯的CdSe量子点相比增强了3倍，而光电转换效率则提高了近10倍。其制备方法是通过对液相合成法得到的三辛基氧化磷（TOPO）包裹CdSe量子点进行改进[67,68]。首先将TOPO包裹的CdSe量子点在无水吡啶中进行加热回流，得到吡啶包覆的CdSe量子点；然后将其与氧化石墨烯进行复合，制备得到石墨烯/CdSe量子点复合材料。Geng认为吡啶在其中起到了多重作用，首先吡啶包覆的CdSe量子点可以很好地分散在极性溶剂中，这有利于和氧化石墨烯进行复合；其次，吡啶芳香环的$\pi$-$\pi$键不但加强了CdSe量子点与石墨烯之间的相互作用，而且小分子的吡啶更有利于量子点与石墨烯之间的电荷传导；再次，吡啶包覆的CdSe量子点更为稳定，相比于纯的CdSe量子点，能够得到高浓度均匀分散的量子点溶液，这使其可以用来制备高负载量CdSe量子点的透光导电膜，大大提高了光电转换的效率。

　　Feng等人[69]则采用苄硫醇（benzylmercaptan）包裹CdS量子点，通过与分散在DMF中的还原氧化石墨烯混合搅拌24h，制备得到了石墨烯纳米片/CdS量子点复合材料。其中，CdS量子点的尺寸非常小，仅有3nm，且均匀地分散在石墨烯表面。同样苄硫醇中存在的苯环起到了非常重要的作用。苯环的离域$\pi$键电子云与石墨烯上的电子云发生相互重叠，增强了量子点与石墨烯之间的相互作用，这不但可以防止量子点发生团聚，而且可以在石墨烯与量子点之间形成一个导电桥梁，从而实现光电流的高效传输。

Li等人[70]分别用巯基乙酸修饰CdSe量子点使其带负电，再用二甲基二烯丙基氯化铵（poly-diallyldimethyl-ammonium chloride，PDDA）原位还原氧化石墨烯，使得还原后的氧化石墨烯表面携带正电荷，最后将这种材料混合，带负电荷的CdSe量子点与带正荷的氧化石墨烯通过静电相互作用形成了P-GR-CdSe量子点复合材料（PDDA-protected graphene-CdSe）。将P-GR-CdSe量子点复合材料通过滴涂方式修饰在金电极表面，在磷酸盐缓冲溶液中施加–1.45V（vs. AgCl/Ag）电压时，可以产生强的电致发光行为。

以上石墨烯量子点复合材料的制备均是将预先制备的尺寸可控的量子点与石墨烯进行物理混合，但这种方法可能会造成量子点分散不均匀和石墨烯的团聚。通过在石墨烯表面的活性位点原位化学反应形成量子点，不仅可以有效抑制石墨烯的团聚，还可以得到表面分布更加均匀的石墨烯/半导体量子点复合材料。Gao等人[71]通过一步法合成制备了石墨烯/CdS量子点复合材料。通过以二甲基亚砜（DMSO）作为溶剂和硫源，使得氧化石墨烯的还原与CdS量子点的沉积在溶液中一步完成，成功制备了量子点均匀负载在石墨烯表面的石墨烯/量子点复合材料（图7.8）。该方法不仅克服了单层石墨烯产量低且易团聚的难题，还有效避免了

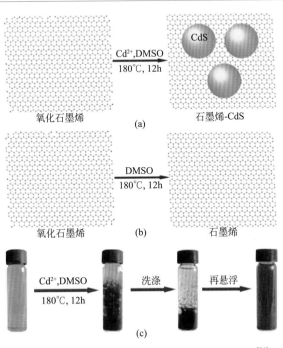

图7.8　石墨烯/CdS量子点复合材料制备方法示意图[71]

采用高毒性的水合肼作为还原剂。此外，通过与碳纳米管/CdS量子点复合材料[72]进行对比可以发现，与碳纳米管相比，石墨烯分散性更好，利于实现量子点的均匀分布，同时也更易于制造光电薄膜器件。但是，尽管这种原位沉积量子点的方法克服了物理复合时分散性不好以及单层石墨烯易团聚的问题，但量子点的尺寸可调性还存在不足，对于在光电领域的实际应用还需进一步的研究。

石墨烯不仅可以被用于半导体量子点的基底材料，当通过化学剪裁等方法制备得到的石墨烯片尺寸小于100nm时，这种纳米级的石墨烯片还会由于量子限域和边缘效应而表现出具有量子约束的电子特性，这种石墨烯材料被称为石墨烯量子点（GQD）[73]。GQD具有优良的发光特性，与半导体量子点相比具有低的细胞毒性，生物相容性好，易于分散在水中，所以更适合于生物细胞成像、生物分子检测等领域[74~76]。GQD的制备方法可分为两类：第一类为通过化学刻蚀、电化学剥离、等离子体处理等"自上而下"（top-down）的方法将大片的氧化石墨烯进行剪裁得到纳米尺寸的石墨烯量子点；另一类为通过小分子"自下而上"（bottom-up）的化学聚合反应制备而成（图7.9）[77~79]。

与单独的GQD相比，经过修饰的石墨烯量子点复合材料具有更好的光学特性。通常采用聚乙二醇（PEG）、氨基功能化、芳香基改性来对石墨烯量子点进行表面化学修饰或者对杂原子氮进行掺杂，经过修饰后的石墨烯量子点复合材料量子产量更高，应用范围更广。Shen等人[77]对比了对GQD进行表面PEG修饰钝化前后的量子产率，发现修饰后的PEG/GQD在波长360nm处的量子产率可达28.0%，是修饰前的两倍多。此外PEG对石墨烯量子点的表面钝化修饰不仅可以

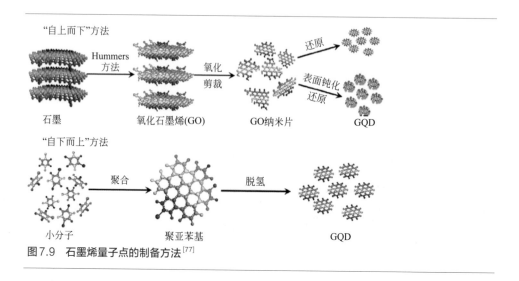

图7.9　石墨烯量子点的制备方法[77]

提高量子产率,而且也可以拓展石墨烯量子点的应用范围。Pan等人[78]报道石墨烯量子点在碱性条件下表现出强的光致发光行为,而在酸性条件下则发生光猝灭,这使得石墨烯量子点的应用具有较为苛刻的条件,Shen等人[79]通过硝酸氧化切割GO得到GQD,并经聚乙二醇(PEG)对GQD表面进行进一步钝化修饰,修饰后的PEG/GQD在碱性、酸性、中性条件下均可发出荧光。在波长为360nm激发光源下,PEG/GQD可在中性水溶液中发出很强的蓝色荧光,而在酸性和碱性条件下发光强度相对降低了25%,大大地拓宽了石墨烯量子点的使用范围。

## 7.3.2
### 石墨烯基光催化复合材料

在光催化方面,半导体光催化剂由于在能源转化领域的潜在应用,所以备受学术界与产业界关注。人们所熟知的$TiO_2$(宽的带隙、强的氧化性、环境友好、良好的生物亲和性和长寿命的热稳定性等)光催化剂具有非常强的氧化性(+3.2V),几乎可以氧化一切有机化合物、微生物及细胞[80,81]。然而,传统的氧化物半导体光催化剂受限于低的电子和空穴分离效率,很难得到实际应用。石墨烯复合光催化材料作为一种新兴光催化体系越来越受到人们的青睐。由于在电子传导方面的卓越表现,以及表面可修饰性和大的比表面积等,石墨烯复合半导体光催化剂在提高光催化活性以及电子分离效率上的应用前景十分明朗。当前,石墨烯复合光催化材料主要应用在以下三个方面:①有机污染物降解;② 光催化水分解;③光催化$CO_2$还原。

首先,石墨烯基复合材料在光催化有机物降解方面已经取得显著的进步。Zhuo等人[82]利用GQD的上转换光致发光性质,将金红石型和锐钛矿型$TiO_2$纳米颗粒与GQD溶液进行混合后真空干燥得到$TiO_2$/GQD复合光催化材料,实现了在可见光区的光催化行为。通过对氙气灯照射下$TiO_2$/GQD复合材料对亚甲基蓝的光催化能力进行考察,发现60min内锐钛矿型$TiO_2$/GQD复合材料的光降解效率仅为58%,而金红石型$TiO_2$/GQD复合物的光降解效率可达99%。如图7.10所示,在可见光照射下,GQD的上转换光致发光峰位于407nm(3.05eV),正好高于金红石型$TiO_2$的能带隙3.0eV(414nm),而低于锐铁矿型$TiO_2$的3.2eV(388nm),因此,金红石型$TiO_2$/GQD可以完全实现可见光照射下的光催化。其在可见光(波长>420nm)的照射下,光电流是锐钛矿型$TiO_2$/GQD复合材料的2.6倍,光催

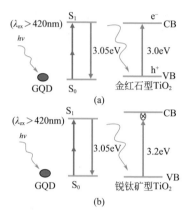

图7.10 TiO$_2$/GQD复合光催化材料在可见光下的光催化过程[82]

VB—价带;CB—导带

化能力明显优于锐钛矿型TiO$_2$/GQD复合材料。以上研究结果表明,与石墨烯复合可改善TiO$_2$在可见光区域的光催化活性并提高光电流,大大拓宽了TiO$_2$在光催化和太阳能电池领域的应用范围,因此越来越引起了人们的关注。

此外石墨烯也可以被用于增加光催化剂的接触面积,以提高其催化效率。石墨烯层状结构能够使催化剂的颗粒分散更加均匀,特别是在石墨烯表面进行原位沉积时,能得到不易团聚且分布更加均匀的催化剂颗粒,进而提高反应物与催化剂的接触面积。Xu等人[83]通过简单的一步法制备了石墨烯/钼酸镉光催化复合材料,金属盐CdMoO$_4$直接均匀地原位沉积在石墨烯表面(图7.11)。研究表明沉积在石墨烯表面的CdMoO$_4$在光照下能够产生更多的羟基自由基,这些自由基不仅能够加速有机染料分子的分解,还可以增强染料分子对光的吸收率。在石墨烯表面仅负载2.5%(质量分数)CdMoO$_4$时石墨烯/钼酸镉光催化复合材料就可对水中有机染料污染物产生很好的净化效果。

Gao等人[84]将CdS纳米颗粒分散在甲苯中,然后与氧化石墨烯水溶液两相混合,在水/甲苯界面实现了氧化石墨烯表面上CdS纳米颗粒的自组装及均匀负载,制备了CdS/GO复合材料。与单独的CdS纳米颗粒相比,CdS/GO复合材料在可见光照射下,对多种污水均具有高效的光催化降解作用和杀菌效果。在25min的光照下CdS/GO复合材料对污水中的厌氧芽孢杆菌和大肠杆菌具有100%杀灭作用;另外由于GO对CdS的保护,与单独CdS相比光催化剂的光腐蚀减少了90%,增加了光催化剂的使用寿命和安全性(图7.12)。

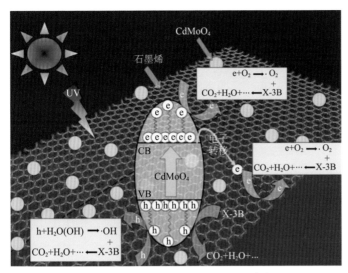

图7.11　石墨烯/钼酸镉复合材料光催化机理示意图[83]

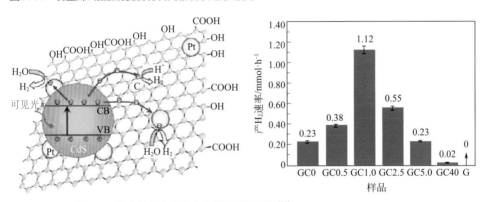

图7.12　石墨烯/CdS复合材料光催化水产氢机理示意图[85]

其次，由于$H_2$这种清洁可再生的能源所引起的高度关注，光催化分解水这个极具挑战的课题成为当前全球的研究热点[85]。这使得石墨烯光催化材料在光催化水分解方面也得到了高效利用和突破性的进展。利用石墨烯超好的电子富集和传输作用，使得电子和空穴的分离效率得到大大提高，从而延长电子寿命。Li等人[85]利用CdS修饰石墨烯纳米片，并负载Pt纳米颗粒，实现了可见光下的水分解产氢，产气量可以达到$1.12\text{mmol}\cdot h^{-1}$（是CdS纳米颗粒的4.87倍），在420nm的单色光照射下表观量子效率达到22.5%。而备受关注的$g-C_3N_4$复合石墨烯光催化材料也显示了其良好的催化活性，在550℃下制备的$g-C_3N_4$石墨烯复

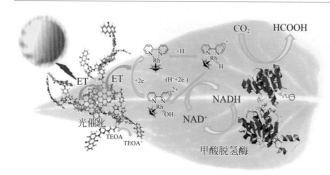

图7.13 石墨烯基复合材料在光催化$CO_2$转化中的应用[88]

合材料通过光电流测试（开/关）表明，在Pt催化剂存在的同时，相比于单独的$C_3N_4$，其光解水效果得到大幅提升，是原先的3.07倍[86]。

最后，由于全球变暖所引起的恐慌也使得人们更加关注光催化$CO_2$还原这一极具挑战的世界性课题。而石墨烯复合材料在$CO_2$光催化转化方面的应用也越来越受到关注。Liang等人[87]报道了石墨烯/P25 $TiO_2$展现出高效的$CO_2$还原性能。同时对比纯的$TiO_2$，其光催化还原$CO_2$的效果提升了几倍。低的石墨烯表面缺陷可以提高其电子传输能力，并最终导致光催化$CO_2$还原效果的大幅度提升。此外，良好的生物相容性也使得这种人工模拟的类光合作用体系成为关注热点，尤其在石墨烯复合生物质催化剂实现光催化$CO_2$的还原领域。Yadav等人[88]报道了一种新的酶复合石墨烯光催化体系实现了$CO_2$还原转化生成甲酸。通过化学的方式将石墨烯耦合到发色团上从而提供可见光吸收的活性位点，进而通过脱氢酶实现$CO_2$转化生成甲酸（图7.13）。

## 7.3.3
### 石墨烯基透明导电薄膜复合材料

近年来柔性电子器件及光电器件（太阳能光伏电池、触摸屏、柔性发光二极管等[89～91]）飞速发展，作为手机、平板电脑等触控型电子设备中的关键组分，柔性透明导电薄膜（transparent conductive films，TCFs）受到了越发广泛的关注[91]。传统的TCFs材料主要是氧化铟锡（ITO），ITO虽然具有优异的光电特性，但其价格比较昂贵，需要在真空中操作，而且不容易弯曲、缺少柔韧性，因此需要寻找更好的替代材料[92,93]。目前报道的透明导电薄膜材料主要有金属网格[94]、金属纳米线[95]、导电聚合物[96]、碳纳米管[97,98]等。但由于金属纳米线易氧化不耐腐蚀、碳纳米管涂布成膜性差、导电聚合物的导电性不佳等问题，限制了这些材料作为透明导电薄膜的进一步应用。石墨烯具有良好的导电性（$10^{-6}$ S·cm$^{-1}$）和高的透光率（97%），还具有优良的柔韧性和力学性能，且主要原料石墨的储量较为丰富，价格低廉，被认为是目前最具有潜力替代ITO的柔性透明导电薄膜材料。

然而实际使用中，受限于目前制备的石墨烯具有较多的结构缺陷，使得其载流子迁移率普遍不高。即使通过CVD法制备的大面积石墨烯在室温下其本征载流子迁移率也远低于其理论值（仅为300～5000cm$^2$·V$^{-1}$·s$^{-1}$），而石墨烯膜的电阻通常高达数kΩ·sq$^{-1}$，通过氧化法制作的氧化石墨烯则电阻更大[99]。通常可以通过对石墨烯进行金属、酸掺杂，或者通过与有机或者聚合物进行复合等方法来进一步改善石墨烯薄膜的性能[100]。例如将石墨烯浸泡在金氯酸溶液中，通过还原金离子在石墨烯表面沉积纳米金，通过拉曼光谱可以观察到金纳米颗粒在石墨烯膜上形成了p型掺杂，金的掺杂可显著增大石墨烯的表面电位和电子电导率[101]。将石墨烯浸泡在硝酸溶液中，硝酸分子也可以吸附到石墨烯表面，实现p型掺杂，从而提高石墨烯电子电导率。例如Bae等人通过CVD法制备的高质量4层石墨烯膜通过硝酸掺杂后，其石墨烯薄膜电阻降低到约30Ω·sq$^{-1}$，且透光率保持在90%以上，并以此硝酸掺杂的石墨烯为电极成功组装了30in（1 in=2.54cm）的触摸屏器件（图7.14）[102]。

此外通过将具有高导电性的有机聚合物聚3,4-乙烯二氧噻吩/聚苯乙烯磺酸（PEDOT/PSS）与石墨烯复合，制备的石墨烯-PEDOT/PSS复合材料具有良好的表面平整性、更高的载流子迁移率以及良好的透光率，在制作柔软可弯曲的器件方面表现出明显的优势[103～106]。如Gomez等人[107]成功制备的石墨烯-PEDOT/PSS复合导电薄膜，其表面粗糙度低于0.9nm，在72%的透光率下表面电阻达到230Ω·sq$^{-1}$，另外以此制作的太阳能电池的耐环境温度是ITO材料的两倍多，达到了138℃。Kholmanov等人[108]将铜纳米线与氧化石墨烯复合，通过还原得到了还原氧化石墨烯铜纳米线透明导电复合膜。与单纯的铜纳米线透明导电膜相比，还原氧化石墨烯铜纳米线复合膜材料具有更高的电导率和抗环境腐蚀性。Qiu等人[109]将金属网格与石墨烯结合，制备了还原氧化石墨烯/金属网格杂化导电复合膜（图7.15）。该薄膜不仅具有良好的可弯曲性能，而且在80%的透光率下其表面电阻仅为18Ω·sq$^{-1}$。

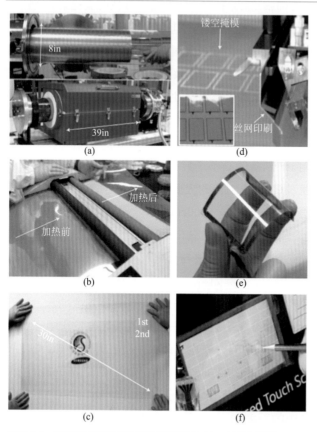

图7.14 采用硝酸掺杂的石墨烯膜组装的30in触摸屏[102]

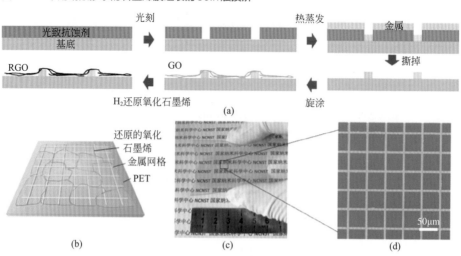

图7.15 石墨烯/金属网格透明导电薄膜结构示意图及形貌表征[109]

Lee等人[110]通过含氟聚合物协助CVD石墨烯的转移并对石墨烯进行了掺杂，相比通过PMMA转移CVD法制备的石墨烯，由于含氟聚合物的掺杂使得石墨烯膜的电阻降低到$320\Omega \cdot sq^{-1}$。除CVD法外，通过物理剥离法得到的石墨烯或者还原氧化石墨烯分散性较差，不利于制备柔性石墨烯导电薄膜，而通过对石墨烯进行功能化修饰可以较好地解决石墨烯的分散性问题。Shi课题组[111]在2008年就报道了通过芘的衍生物（1-pyrene butyrate，PB）与石墨烯通过π-π离域键的相互作用，对石墨烯进行功能化修饰，实现了PB-石墨烯在水溶液中的分散。另外，通过芘的衍生物对石墨烯进行功能化修饰还可以显著提高石墨烯的光电效率。Wang等人[112]对比了单纯石墨烯和采用芘的衍生物对石墨烯进行非共价修饰后制备的有机光伏器件，发现修饰后的石墨烯光伏器件与单纯石墨烯制备的光伏器件对比，光电流由$2.39mA \cdot cm^{-2}$提高到$9.03mA \cdot cm^{-2}$，光电压由0.32V提高到0.56V，能量转换效率则提高近15倍。

石墨烯基复合材料还可以作为电极组装柔性有机电致发光二极管（FOLED）[113~116]。吴晓晓等人[117]将石墨烯与聚(3,4-亚乙二氧基噻吩)-聚(苯乙烯磺酸)（PEDOT/PSS）复合制备透明导电薄膜，并成功组装了柔性黄光有机电致发光器件。该器件在12V时达到效率最大值$0.9cd \cdot A^{-1}$，在曲率半径为10mm时弯曲100次后其发光亮度并无明显变化。Yin等人[118]以$TiO_2$为光催化剂，以还原氧化石墨烯为基底作为透光电极传输电子，制作了高柔韧性可弯曲的有机光伏器件，即使光伏器件弯曲超过1000次，其光电流和电阻均没有明显变化。

# 7.4
# 石墨烯基生物复合材料

## 7.4.1
### 石墨烯基生物复合支撑材料

为了在高倍率显微镜下观察生物活性样品的形貌，需要将其固定在一薄膜支架上，而通常的聚合物薄膜支架对生物样品存在一定的毒性，影响实际的观察。

Murray等人[119]将己内酯（caprolactone）与氧化石墨烯溶液直接混合，在微波辅助下，通过开环聚合，采用一步法直接制备了聚己内酯（polycaprolactone）石墨烯基复合材料，该复合材料不但具有良好的生物相容性，而且没有生物毒性，易于分散在多种溶剂中来制备支撑薄膜。聚己内酯石墨烯基复合材料制备的生物样品支撑膜，可以直接将具有生物活性的细胞滴涂上去，从而观察细胞的分裂和繁殖，表明其具有很好的生物相容性。

水凝胶具有很好的生物相容性，在生物支架材料、药物缓释、细胞缓冲物质等生物医学研究领域备受关注，然而传统共价交联法制备的水凝胶抗拉伸性较差。将石墨烯与水凝胶复合制备的石墨烯生物复合材料则可以提高水凝胶的力学性能。Cong等人[120]开发出了一种具有超强韧性和塑性的氧化石墨烯-聚丙烯酰胺水凝胶生物复合材料（图7.16）。通过将氧化石墨烯和钙离子引入水凝胶，氧化石墨烯表面含氧官能团能与钙离子之间形成强的静电吸引力，并与聚丙烯酰胺上的氨基

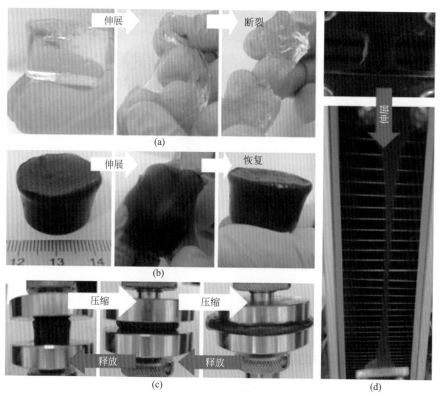

图7.16　氧化石墨烯-聚丙烯酰胺水凝胶生物复合材料[120]

形成氢键，从而在这种双重作用力下形成了相互交错的网络。制备的氧化石墨烯-聚丙烯酰胺水凝胶生物复合材料具有超强的抗拉伸和抗缓冲性能（被压缩90%后恢复原状），极大地改善了这种生物材料的力学性能。

## 7.4.2
### 石墨烯基生物功能材料

　　石墨烯具有独特的光学特性和良好的生物相容性，因此通过对石墨烯进行修饰可制备出具有特定功能的生物材料。Dai课题组[121]首次研究了氧化石墨烯纳米片（NGO）在细胞成像与药物传输方面的应用（图7.17）。通过PEG对氧化石墨烯纳米片进行修饰制备的PEG/NGO复合材料具有良好的分散性和生物相容性，即使在缓冲液和血清中也不会发生团聚。将不同浓度的淋巴癌细胞在添加PEG/NGO复合材料的培养液中培育72h，也未发现明显的细胞毒性。此外也研究了该复合材料对胸腺细胞的生物毒性，发现在加入了400mg PEG/NGO复合材料的150mL培养液中对胸腺细胞（含有104个细胞）进行培养，细胞活性并没有发生

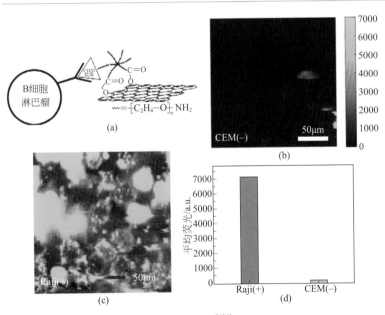

图7.17　石墨烯在活体细胞中的近红外成像[121]

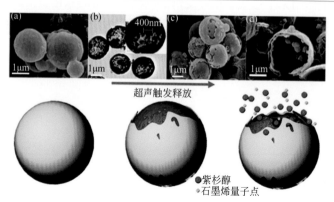

图7.18 具有多功能的药物可控释放与成像胶囊[122]

明显变化。由于NGO在可见光与红外区具有光致发光效应,特别是在近红外区背景干扰小,因此修饰后的PEG/NGO复合材料可以直接用于活体细胞成像和抗癌药物的传输。Dai研究小组使用抗体对PEG/NGO复合材料进行进一步修饰,使得这种石墨烯基生物复合材料具有传输抗癌药物的功能。PEG/NGO复合材料中的石墨烯在π-π键的作用下通过物理吸附担载抗癌药物十四羟基红霉素,抗体存在特异性使得这种石墨烯基复合材料可以将药物准确输送到癌细胞部位,然后释放抗癌药物,有选择地杀死癌细胞。

Jing等人[122]将抗癌药物紫杉醇与石墨烯量子点复合,并将其与$Fe_3O_4$纳米颗粒用$TiO_2$包覆,制备了一种多功能的药物缓释胶囊。通过磁性靶向控制,超声破碎$TiO_2$壳层来控制药物释放,并且可以利用石墨烯量子点的荧光特性对这一过程进行实时观察(图7.18)。

## 7.4.3
### 石墨烯基生物传感材料

由于石墨烯良好的二维导电性和生物相容性,与其他物质复合制备的生物复合材料广泛应用于生物药品、癌细胞检测等领域。比如将纳米钯[123]、纳米铂[124]沉积在石墨烯表面制备石墨烯/纳米金属复合材料生物电化学传感器,通过不同药物产生的电化学信号,可以测量血液、尿液中药物的浓度以及检测癌细胞。最近Li等人[125]利用层层组装技术,在聚烯烃(polymer polyolefins)基质上,将带正电荷的聚烯丙基二甲基氯化铵（polydiallyl-dimethylammonium chloride，PDDA）与带负电荷的石墨烯进行层层组装，并加入纳米$TiO_2$，制备了[PDDA+石墨烯]$_2$+[PDDA+$TiO_2$]+[PDDA+石墨烯]$_2$非标记生物传感器，可直接用于检测肺癌肿瘤细胞标记物。石墨烯的生物相容性使得该传感器能够吸附和聚集更多的肿瘤细胞标记物，吸附标记物前后的传感器的电阻与吸附量高度相关，灵敏度可高达100fg·mL$^{-1}$，更低浓度标记物的检测技术将有助于肺癌等疾病的早期诊断。另外将石墨烯与室温离子液体复合制备石墨烯-离子液体复合溶胶，将这种复合溶胶修饰到玻碳电极上便可以制备出尿酸生物电化学传感器，利用电化学响应信号可以直接对血清中的尿酸进行检测，检出限可达0.85μmol·L$^{-1}$，响应时间仅为8s[126]。Pt纳米颗粒对许多反应具有很好的催化作用，如何将Pt纳米颗粒均匀分散，既降低Pt的使用量，又能保证Pt纳米颗粒与反应物有足够的接触面积成为科学家们研究的重点。Sun等人[127]通过自组装的方法将1.7nm的Pt纳米颗粒均匀地吸附到经过酸化处理的石墨烯片层表面，然后将制备的石墨烯/Pt纳米颗粒复合材料修饰在铂盘电极上，由于高分散高催化活性的石墨烯/Pt纳米颗粒复合材料对抗坏血酸、尿酸、多巴胺存在强响应，因此制备的石墨烯/Pt纳米颗粒复合材料生物传感器可以同时检测溶液中的抗坏血酸、尿酸、多巴胺强的浓度。

同样，具有荧光特性的石墨烯量子点与金纳米粒子结合作为一种新型的荧光标记物，可用于制备生物光学传感器[128,129]。Liu等人[128]通过蛋白质交联剂碳二亚胺将探针DNA修饰到GO表面，制备了石墨烯/DNA阵列，当探针DNA与被金纳米粒子标记的互补DNA链发生交联时，由于GO的荧光能量会转移到金纳米颗粒上，可导致荧光猝灭。以此制备的石墨烯/DNA生物传感器，可通过检测荧光强度的显著变化来对待测DNA进行分析检测，实现了对特定的DNA序列及病原体的检测。利用同样的原理，Jung等人[129]将高选择性的抗体修饰在GO表面，组成抗体/GO阵列，同样当待测样品中含有被金纳米颗粒标记的抗原时，抗原与抗体发生特异性免疫反应，由于荧光能量转移而发生荧光猝灭。以此将高灵敏度的荧光测试与高选择性的免疫反应结合在一起，制备了高灵敏度高选择性的生物传感器。Li等人[130]将纳米银沉积在石墨烯表面，通过印刷技术制备了可快速实时检测水中抗生素的一次性石墨烯/Ag生物传感器。由于水中的抗生素可以通过π-π相互作用在石墨烯/Ag生物传感器表面发生吸附，会显著增强石墨烯的表面增强拉曼光谱，通过光谱强度的变化可对水中抗生素浓度进行高灵敏度的检测，检测下限可达亚纳摩尔每升。另外还可通过对石墨烯/Ag生物传感器施加不同的电压，改变其表面电场，可以实现对四种不同的抗生素在10min进行快速实时检测（图7.19）。

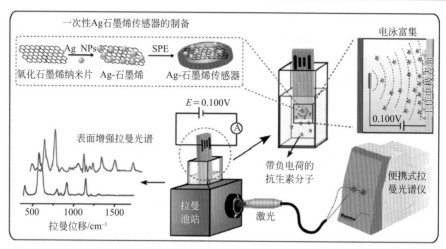

图7.19 一次性快速检测水中抗生素的Ag-石墨烯生物传感器[130]

## 7.5 石墨烯基力学与热学复合材料

研究表明,经过石墨烯填充改性的聚合物复合材料的力学性能、热学性能均可以得到明显提高。付俊等人[131]采用$\gamma$-氨丙基三乙氧基硅烷对氧化石墨烯(GO)进行表面改性,得到改性的氧化石墨烯(MGO),再将MGO与酚醛树脂通过共混、混炼、模压成型工艺制备酚醛树脂-氧化石墨烯力学复合材料,改性氧化石墨烯的加入可以显著提高酚醛树脂复合材料的力学性能、摩擦学性能,经过对比测试,其冲击强度和松弛模量等力学性能分别提高了24.32%和42.22%,而材料的形变率则降低了40.79%;同时由于改性氧化石墨烯与酚醛树脂的亲和力增强,使得复合材料的耐摩擦性能也得到了提高。陈杰等人[132]通过机械应变调控多层石墨烯层间范德华力和层间热阻的物理机制,发现纵向压缩应变可以减小多达85%的层间热阻。此外,他们提出了一种显著提高石墨烯层间导热的全新方法:用$sp^2$共价键(强相互作用)来代替石墨烯层间范德华力(弱相互作用），构造无缝连接的石墨烯-碳纳米管混合物。通过并行连接多根碳纳米管，他们计算发现该混合物倍增了碳纳米管的热输运效率，导致混合物的$c$轴热导率比相同厚度的多层石墨烯高出2个数量级，其热阻比最先进的导热界面材料低3个数量级。

水性聚氨酯是广泛使用的黏合剂，对于一些电子器件不仅需要黏合作用，还需要一定的导电性，少量导电炭黑或者金属粉的引入会大大降低水性聚氨酯的黏附力，而通过简单的物理混合石墨烯，其效果并不比直接掺入导电炭黑和金属粉好。Lee等人[133]将部分还原的氧化石墨烯超声分散于丙酮中，在氧化石墨烯的丙酮分散液中直接原位聚合聚氨酯，得到了聚氨酯-石墨烯复合材料。通过优化，发现掺入2%（质量分数）石墨烯时聚氨酯的黏合力没有明显下降，而其电导率提高了$10^5$倍，弹性模量与不加石墨烯的材料相比提高了78.7%，其玻璃化转变温度也提高了22℃。而当石墨烯仅添加0.1%（质量分数）时，聚氨酯的纵向热导率就可以显著提高到原来的3倍。相比简单的物理混合，原位聚合过程中聚氨酯与石墨烯表面官能团的相互作用，可能形成了化学键或者其他分子间相互作用力，从而提高了复合材料的热导率。

化学还原法制备的氧化石墨烯具有许多含氧极性官能团，如羟基、羧基和羰基等，很容易与一些物质通过氢键相互作用来制备石墨烯复合材料。聚乙烯醇的分子链中含有大量的羟基，将还原的氧化石墨烯与聚乙烯醇混合，发现还原氧化石墨烯表面残留的含氧官能团和聚乙烯醇链上的羟基形成了氢键，使得还原氧化石墨烯具有了良好的分散性和较强的界面相互作用[134~136]。氧化石墨烯表面含有大量含氧官能团，可以很好地分散在水中，聚乙烯醇分子同样也含有大量羟基而易溶于水，如果在聚乙烯醇的水溶液中添加少量氧化石墨烯分散液，通过液相混合可使氧化石墨烯与聚乙烯醇实现分子水平上的均相分散。氧化石墨烯表面大量含氧官能团与聚乙烯醇分子之间形成大量的氢键，以此制备的氧化石墨烯-聚乙烯醇复合材料力学性能明显改善[134]。例如当氧化石墨烯添加量仅为0.7%（质量分数）时，氧化石墨烯-聚乙烯醇复合材料的拉伸强度可以提高约76%，杨氏模量可以提高62%。Salavagione等人[135]则在均相分散的氧化石墨烯和聚乙烯醇水溶液中加入水合肼对氧化石墨烯进行部分还原，另外又在溶液中添加异丙醇，最后制备了还原氧化石墨烯-聚乙烯醇复合材料，发现聚乙烯醇的导电性能不仅发生了明显变化，其晶体化温度、玻璃化转变温度、熔化温度也均产生了较大的变化；当氧化石墨烯添加7.5%（质量分数）时其电导率提高到$0.1S \cdot cm^{-1}$，热解温度提高约100℃。这些性能的改善也与氢键的形成有关，作者认为还原氧化石墨烯上依然残留少许的含氧官能团，其与聚乙烯醇上的羟基形成的氢键，增强了聚乙烯醇分子间的相互作用力，提高了复合材料的热、力学性能[135]。以上的研究均说明在聚乙烯基力学材料中添加氧化石墨烯或者部分还原氧化石墨烯，可以显著改善其力学性能，而石墨烯的高度一致性排列也可更有效地提高材料的力学性能。Nariman将聚氨酯（PU）纳米颗粒加入到还原氧化石墨烯的分散液中，使得PU纳米颗粒可以均匀地吸附到石墨烯片层表面，然后导入一平板模具中烘干得到PU/RGO复合材料膜（图7.20）。通过扫描电镜可以清楚地看到RGO高度趋向的层状排布，以及PU与RGO之间氢键的相互作用，使得还原氧化石墨烯在只添加3%（质量分数）时，其拉伸模量和强度分别增大了21倍和9倍[136]。

综上所述，在力学材料中添加少量的石墨烯（表面含有含氧官能团）可以显著地改善复合材料的力学性能、热分解温度，其主要原因是复合材料中含氧基团与石墨烯表面的含氧官能团直接形成氢键，提高了材料颗粒之间的结构稳定性；另外复合材料中石墨烯高度定向的排列更有利于提高材料的力学性能。

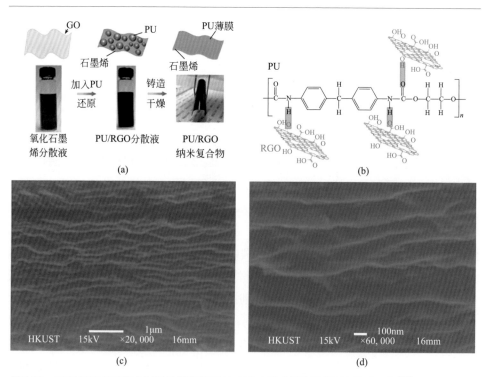

图7.20　PU/RGO纳米复合材料的制备和PU与RGO形成氢键示意图及微观形貌[136]

# 7.6
# 石墨烯基复合材料在其他领域中的应用

石墨烯不仅具有良好的导电性和高的介电常数,其独特的二维结构还使其表面具有大量暴露的化学键,因而在电磁场作用下更容易因为外层电子的极化弛豫而衰减电磁波。此外,化学方法制备的石墨烯具有丰富的缺陷和表面官能团,可以产生费米能级的局域化态,有利于对电磁波的吸收和衰减,使得石墨烯基复合材料在吸波领域有着巨大的应用潜力。Liang等人[137]采用氧化石墨作为前驱体,通过原位复合合成石墨烯/环氧基化合物,并研究了不同石墨烯含量的复合材料对电磁波屏蔽性能的影响。当石墨烯含量为15%(质量分数)时,复合材料的电磁波屏蔽达到−21dB,已经能满足商业应用的最低需求。Li等人[138]报道了镍含量为41%(质量分数)的石墨烯基复合金属镍吸波材料,通过与环氧树脂1∶1混合后制成0.8mm厚的吸波涂层的电磁波反射衰减曲线,在2~18GHz范围内涂层出现多个强吸收峰,最大吸收可达−33dB,且制得的石墨烯基复合材料具有性能稳定、密度低、耐腐蚀、制作简单等优点。Singh等人[139]通过在水合肼还原的氧化石墨烯悬浮液上原位生长$Fe_3O_4$纳米粒子,并进一步原位聚合苯胺制备三维还原氧化石墨烯-四氧化三铁-聚苯胺(RGO-$Fe_3O_4$-PANI)复合材料,最大反射损失为−26dB。光谱分析表明,RGO-$Fe_3O_4$-PANI混合结构在石墨烯和聚苯胺之间形成了固态电荷转移复合体,有效提高了阻抗匹配和偶极相互作用,从而表现出优良的微波吸收特性。

壳聚糖被认为是去除废水中重金属污染物最有效的吸附剂之一[140],但其机械强度和物理稳定性欠佳[141]。大量文献研究了增强壳聚糖的稳定性及吸附能力的方法。其中氧化石墨烯作为一种新型复合材料的组分,跟碳纳米管一样具有巨大的比表面积。研究表明,氧化石墨烯与壳聚糖的复合可以显著提高复合材料的比表面积,增强吸附性能。当前,GO与壳聚糖的复合材料对金属污染物的吸附有大量研究。He等人[142]采用单向冷冻干燥的方法制备了多孔氧化石墨烯/壳聚糖(PGOC)复合材料,并对其多孔结构、力学性能和吸附$Cu^{2+}$和$Pb^{2+}$的性能进行了相关研究,结果表明GO显著增强了材料的强度和吸附能力。因PGOC无毒、高效且具有生物可降解性，其对于水溶液中重金属污染物的去除有较好的实用前景。Zhang等人[143]采用单向冷冻干燥的方法合成了壳聚糖-明胶/氧化石墨烯整体柱（CGGO），其孔隙率达97%以上。GO的加入使得CGGO无论在潮湿或干燥条件下，压缩性能都显著提高，也改变了原有材料的多孔结构。CGGO对于金属污染物有极强的吸附能力，虽然在低pH值下吸附能力有所降低，但是EDTA的加入能改善这种趋势。CGGO整体柱有很好的稳定性，并且在吸附-脱附多次之后，吸附能力仅略微降低。因此，氧化石墨烯与壳聚糖的复合由于其生物可降解性、无毒、高效和可重复性，作为吸附材料表现出较明显的性能优势。

通过与磁性材料进行复合制备石墨烯基磁性复合材料不仅可增强材料的表面性能，而且还具有环境友好、可降解、吸附迅速和易分离等特性而备受关注。Fan等人[144]制备了$Fe_3O_4$-壳聚糖-GO复合物（MCGO），其合成与吸附过程如图7.21所示。用于去除亚甲基蓝，相比于磁性-壳聚糖复合物，新的复合材料有更强的吸附能力。其吸附主要取决于pH值和离子强度，这表明吸附过程是基于离子交换机理，同时，热力学分析表明，吸附是自发的放热过程。复合材料性质稳定，易再生，重复利用4次后，吸附能力可恢复至最初饱和吸附容量的90%。

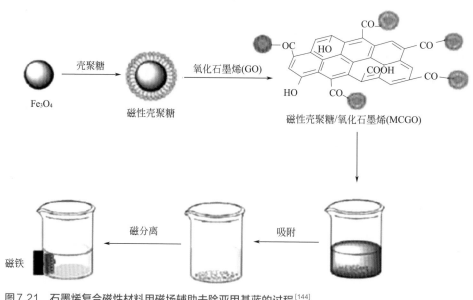

图7.21　石墨烯复合磁性材料用磁场辅助去除亚甲基蓝的过程[144]

## 7.7 总结与展望

本章简要综述了近年来石墨烯电学复合材料、石墨烯光学复合材料、石墨烯生物复合材料及石墨烯力学与热学复合材料的结构组成、制备方法、性能特点及其在各领域的应用研究进展。前期研究表明，通过对石墨烯表面进行化学修饰改性，或者将石墨烯与其他传统材料进行复合，使得传统材料得以借助石墨烯良好的导电性、生物亲和性、力学热学等性能以及其独特的二维片层结构的限域作用等优势，不仅显著提升自身的性能，而且其应用领域也能够大大扩展。然而，从学术研究的角度思考，目前石墨烯基复合材料的研究还处于学术研究的初期阶段，围绕石墨烯与不同复合组分之间的界面相互作用、复合结构设计、复合机制调控等更深层次的研究还难成系统，而这些也应该是石墨烯基复合材料后续研究中至关重要的科学问题。值得关注的是，尽管本领域的研究还处于早期阶段，但是现有的研究成果已经引起了学术界与产业界越来越多的关注，尤其许多的石墨烯基复合材料在实际应用中表现出巨大的性能优势与产业化前景，非常值得更多的人投入更多的时间与精力来取得更多的成果。即便是现在，尽管有关石墨烯基复合材料研究的种类多样，应用领域非常广泛，但由于笔者水平所限，本章介绍的内容确实非常有限，很难全面反映所有石墨烯基复合材料的进展情况。如果通过本章的介绍，使读者初步了解到石墨烯基复合材料的多样性与多功能性，进而吸引更多的学者参与相关的研究，则是笔者的最大愿望了。

## 参考文献

[1] Bai H, Li C, Shi G. Functional composite materials based on chemically converted graphene[J]. Advanced Materials, 2011, 23(9): 1089-1115.

[2] Luo B, Zhi L. Design and construction of three dimensional graphene-based composites for lithium ion battery applications[J]. Energy & Environmental Science, 2015, 8(2): 456-477.

[3] Li Y, Chen J, Huang L, et al. Highly compressible macroporous graphene monoliths via an improved hydrothermal process[J]. Advanced Materials,

2014, 26(28): 4789-4793.

[4] Li C, Shi G. Functional gels based on chemically modified graphenes[J]. Advanced Materials, 2014, 26(24): 3992-4012.

[5] Zhu J, Yang D, Yin Z, et al. Graphene and graphene-based materials for energy storage applications [J]. Small, 2014, 10(17): 3480-3498.

[6] Fan Z, Yan J, Zhi L, Zhang Q, Wei T, Feng J, Zhang M, Qian W, Wei F. A three-dimensional carbon nanotube/graphene sandwich and its application as electrode in supercapacitors[J]. Adv Mater, 2010, 22: 3723-3728.

[7] Kong D, He H, Song Q, Wang B, Lv W, Yang Q, Zhi L. Rational design of $MoS_2$ graphene nanocables: towards high performance electrode materials for lithium ion batteries[J]. Energy Environ Sci, 2014, 7: 3320-3325.

[8] Fang Y, Luo B, Jia Y, Li X, Wang B, Kang F, Zhi L. Renewing functionalized graphene as electrodes for high-Performance supercapacitors[J]. Adv Mater, 2012, 24: 6348-6355.

[9] Debin Kong, Haiyong He, Qi Song, Bin Wang, Quan hong Yang, Linjie Zhi. A novel $SnS_2$ graphene nanocable network for high-performance lithium storage[J]. RSC Advances, 2014, 4: 23372-23376.

[10] Luo B, Wang B, Liang M, Ning J, Li X, Zhi L. Reduced graphene oxide-mediated growth of uniform tin-core/carbon-sheath coaxial nanocables with enhanced lithium ion storage properties[J]. Adv Mater, 2012, 24: 1405-1409.

[11] Xianfeng Zhang, Bin Wang, Jaka Sunarso, Shaomin Liu, Linjie Zhi. Graphene nanostructures toward clean energy technology applications[J]. WIREs Energy Environ, 2012, 1: 317-336.

[12] Luo B, Fang Y, Wang B, Zhou J, Song H, Zhi L. Two dimensional graphene-$SnS_2$ hybrids with superior rate capability for lithium ion storage[J]. Energy Environ Sci, 2012, 5: 5226-5230.

[13] Luo B, Liu S, Zhi L. Chemical approaches toward graphene-based nanomaterials and their applications in energy-related areas[J]. Small, 2012, 8: 630-646.

[14] Fan Z, Yan J, Wei T, Ning G, Zhi L, Liu J, Cao D, Wang G, Wei F. Nanographene-constructed carbon nanofibers grown on graphene sheets by chemical vapor deposition: high-performance anode materials for lithium ion batteries[J]. ACS Nano, 2011, 5: 2787-2794.

[15] Mukherjee R, Thomas A V, Datta D, et al. Defect-induced plating of lithium metal within porous graphene networks[J]. Nature Communications, 2014, 5(4): 3710.

[16] Wang X, Li X, Zhang L, et al. N-doping of graphene through electrothermal reactions with ammonia[J]. Science, 2009, 324(5928): 768-771.

[17] Wei D, Liu Y, Wang Y, et al. Synthesis of N-doped graphene by chemical vapor deposition and its electrical properties[J]. Nano Letters, 2009, 9(5): 1752-1758.

[18] Panchakarla L S, Subrahmanyam K S, Saha S K, et al. Synthesis, structure, and properties of boron-and nitrogen-doped graphene[J]. Advanced Materials, 2009, 21(46): 4726-4730.

[19] Wu Z S, Ren W, Xu L, et al. Doped graphene sheets as anode materials with superhigh rate and large capacity for lithium ion batteries[J]. ACS Nano, 2011, 5(7): 5463-5471.

[20] Reddy A L M, Srivastava A, Gowda S R, et al. Synthesis of nitrogen-doped graphene films for lithium battery application[J]. ACS Nano, 2010, 4(11): 6337-6342.

[21] Fan Z, Yan J, Wei T, Zhi L, Ning G, Li T, Wei F. Asymmetric supercapacitors based on graphene/$MnO_2$ and activated carbon nanofiber electrodes with high power and energy density[J]. Adv Funct Mater, 2011, 21: 2366-2375.

[22] Luo B, Wang B, Li X, Jia Y, Liang M, Zhi L. Graphene-confined Sn nanosheets with enhanced lithium storage capability[J]. Adv Mater, 2012, 24: 3538-3543.

[23] Luo B, Wang B, Liang M, Ning J, Li X, Zhi L. Reduced graphene oxide-mediated growth of uniform tin-core/carbon-sheath coaxial nanocables with enhanced lithium ion storage

[24] Bin Wang, Xianglong Li, Tengfei Qiu, Bin Luo, Jing Ning, Jing Li, Xianfeng Zhang, Minghui Liang, Linjie Zhi. High volumetric capacity silicon-based lithium battery anodes by nanoscale system engineering[J]. Nano Lett, 2013, 13: 5578-5584.

[25] Bin Wang, Xianglong Li, Xianfeng Zhang, Bin Luo, Yunbo Zhang, Linjie Zhi. Contact-engineered and void-involved silicon/carbon nanohybrids as lithium-ion-battery anodes[J]. Adv Mater, 2013, 25: 3560-3565.

[26] Bin Wang, Xianglong Li, Bin Luo, Yuying Jia, Linjie Zhi. One-dimensional/two-dimensional hybridization for self-supported binder-free silicon-based lithium ion battery anodes[J]. Nanoscale, 2013, 5: 1470-1474.

[27] Bin Wang, Bin Luo, Xianglong Li, Linjie Zhi. The dimensionality of Sn anodes in Li-ion batteries[J]. Mater Today, 2012, 15(12): 544-552.

[28] Dong L, Chen Z, Yang D, et al. Hierarchically structured graphene-based supercapacitor electrodes[J]. RSC Advances, 2013, 3(44): 21183-21191.

[29] Wang D, Choi D, Li J, et al. Self-assembled $TiO_2$-graphene hybrid nanostructures for enhanced Li-ion insertion[J]. ACS Nano, 2009, 3(4): 907-914.

[30] Wang D, Kou R, Choi D, et al. Ternary self-assembly of ordered metal oxide– graphene nanocomposites for electrochemical energy storage[J]. ACS Nano, 2010, 4(3): 1587-1595.

[31] Bin Wang, Xianglong Li, Xianfeng Zhang, Bin Luo, Meihua Jin, Minghui Liang, Shadi A Dayeh, Picraux S T, Linjie Zhi. Adaptable silicon-carbon nanocables sandwiched between reduced graphene oxide sheets as lithium ion battery anodes[J]. ACS Nano, 2013, 7: 1437-1445.

[32] Wu Z S, Zhou G, Yin L C, et al. Graphene/metal oxide composite electrode materials for energy storage[J]. Nano Energy, 2012, 1(1): 107-131.

[33] Li N, Liu G, Zhen C, et al. Battery performance and photocatalytic activity of mesoporous anatase $TiO_2$ nanospheres/graphene composites by template-free self-assembly[J]. Advanced Functional Materials, 2011, 21(9): 1717-1722.

[34] Stoller M D, Park S, Zhu Y, et al. Graphene-based ultracapacitors[J]. Nano Letters, 2008, 8(10): 3498-3502.

[35] (a) Jiang L, Sheng L, Long C, et al. Functional pillared graphene frameworks for ultrahigh volumetric performance supercapacitors[J]. Advanced Energy Materials, 2015, 5(15).
(b) Wang Q, Yan J, Fan Z J, Nitrogen-doped sandwich-like porous carbon nanosheets for high volumetric performance supercapacitors[J]. Electrochim Acta, 2014, 146: 548-555.

[36] Zhang K, Zhang L L, Zhao X S, et al. Graphene/polyaniline nanofiber composites as supercapacitor electrodes[J]. Chemistry of Materials, 2010, 22(4): 1392-1401.

[37] Xue M, Li F, Zhu J, et al. Structure-based enhanced capacitance: In situ growth of highly ordered polyaniline nanorods on reduced graphene oxide patterns[J]. Advanced Functional Materials, 2012, 22(6): 1284-1290.

[38] 卢向军, 窦辉, 杨苏东等. 电化学和新能源[J]. 物理化学学报, 2011, 27(10): 2333-2339.

[39] Zhao X, Zhang L, Murali S, et al. Incorporation of manganese dioxide within ultraporous activated graphene for high-performance electrochemical capacitors[J]. ACS Nano, 2012, 6(6): 5404-5412.

[40] Gu X, Tong C, Lai C, et al. A porous nitrogen and phosphorous dual doped graphene blocking layer for high performance Li-S batteries[J]. Journal of Materials Chemistry A, 2015, 3(32): 16670-16678.

[41] Park M S, Yu J S, Kim K J, et al. One-step synthesis of a sulfur-impregnated graphene cathode for lithium-sulfur batteries[J]. Physical Chemistry Chemical Physics, 2012, 14(19): 6796-6804.

[42] Cao Y, Li X, Aksay I A, et al. Sandwich-type functionalized graphene sheet-sulfur

[43] Lu L Q, Lu L J, Wang Y. Sulfur film-coated reduced graphene oxide composite for lithium-sulfur batteries[J]. Journal of Materials Chemistry A, 2013, 1(32): 9173-9181.

[44] Nian wu Li, M. Z., Hongling Lu, Zibo Hu, Chenfei Shen, Xiaofeng Chang, Guangbin Ji, Jieming Cao and Yi Shi. High-rate lithium-sulfur batteries promoted by reduced graphene oxide coating[J]. Chem Commun, 2012, 48: 4106-4108.

[45] Choi C H, Park S H, Woo S I. Phosphorus-nitrogen dual doped carbon as an effective catalyst for oxygen reduction reaction in acidic media: effects of the amount of P-doping on the physical and electrochemical properties of carbon[J]. Journal of Materials Chemistry, 2012, 22(24): 12107-12115.

[46] Choi C H, Park S H, Woo S I. Binary and ternary doping of nitrogen, boron, and phosphorus into carbon for enhancing electrochemical oxygen reduction activity[J]. ACS Nano, 2012, 6(8): 7084-7091.

[47] Jiang H, Zhu Y, Feng Q, et al. Nitrogen and phosphorus dual-doped hierarchical porous carbon foams as efficient metal-free electrocatalysts for oxygen reduction reactions[J]. Chemistry-A European Journal, 2014, 20(11): 3106-3112.

[48] Paraknowitsch J P, Thomas A. Doping carbons beyond nitrogen: an overview of advanced heteroatom doped carbons with boron, sulphur and phosphorus for energy applications[J]. Energy & Environmental Science, 2013, 6(10): 2839-2855.

[49] Li R, Wei Z, Gou X, et al. Phosphorus-doped graphene nanosheets as efficient metal-free oxygen reduction electrocatalysts[J]. RSC Advances, 2013, 3(25): 9978-9984.

[50] Su Y, Zhang Y, Zhuang X, et al. Low-temperature synthesis of nitrogen/sulfur co-doped three-dimensional graphene frameworks as efficient metal-free electrocatalyst for oxygen reduction reaction[J]. Carbon, 2013, 62: 296-301.

[51] Reddy A L M, Srivastava A, Gowda S R, et al. Synthesis of nitrogen-doped graphene films for lithium battery application[J]. ACS Nano, 2010, 4(11): 6337-6342.

[52] Chen S, Duan J, Jaroniec M, et al. Nitrogen and oxygen dual-doped carbon hydrogel film as a substrate-free electrode for highly efficient oxygen evolution reaction[J]. Advanced Materials, 2014, 26(18): 2925-2930.

[53] Zheng Y, Jiao Y, Ge L, et al. Two-step boron and nitrogen doping in graphene for enhanced synergistic catalysis[J]. Angewandte Chemie, 2013, 125(11): 3192-3198.

[54] Wang Z, Li B, Xin Y, et al. Rapid synthesis of nitrogen-doped graphene by microwave heating for oxygen reduction reactions in alkaline electrolyte[J]. Chinese Journal of Catalysis, 2014, 35(4): 509-513.

[55] Ito Y, Qiu H J, Fujita T, et al. Bicontinuous nanoporous N-doped graphene for the oxygen reduction reaction[J]. Advanced Materials, 2014, 26(24): 4145-4150.

[56] Hao L, Zhang S, Liu R, et al. Bottom-up construction of triazine-based frameworks as metal-free electrocatalysts for oxygen reduction reaction[J]. Advanced Materials, 2015, 27(20): 3190-3195.

[57] Wang Y J, Wilkinson D P, Zhang J. Noncarbon support materials for polymer electrolyte membrane fuel cell electrocatalysts[J]. Chemical reviews, 2011, 111(12): 7625-7651.

[58] Biddinger E J, Von Deak D, Ozkan U S. Nitrogen-containing carbon nanostructures as oxygen-reduction catalysts[J]. Topics in Catalysis, 2009, 52(11): 1566-1574.

[59] Zhang L, Xia Z. Mechanisms of oxygen reduction reaction on nitrogen-doped graphene for fuel cells[J]. The Journal of Physical Chemistry C, 2011, 115(22): 11170-11176.

[60] Wu Z S, Yang S, Sun Y, et al. 3D nitrogen-doped

graphene aerogel-supported Fe$_3$O$_4$ nanoparticles as efficient electrocatalysts for the oxygen reduction reaction[J]. Journal of the American Chemical Society, 2012, 134(22): 9082-9085.
[61] Yin H, Zhang C, Liu F, et al. Hybrid of iron nitride and nitrogen-doped graphene aerogel as synergistic catalyst for oxygen reduction reaction[J]. Advanced Functional Materials, 2014, 24(20): 2930-2937.
[62] Higgins D, Hoque M A, Seo M H, et al. Development and simulation of sulfur-doped graphene supported platinum with exemplary stability and activity towards oxygen reduction[J]. Advanced Functional Materials, 2014, 24(27): 4325-4336.
[63] Hoque M A, Hassan F M, Higgins D, et al. Multigrain platinum nanowires consisting of oriented nanoparticles anchored on sulfur-doped graphene as a highly active and durable oxygen reduction electrocatalyst[J]. Advanced Materials, 2015, 27(7): 1229-1234.
[64] Cao A, Liu Z, Chu S, et al. A facile one-step method to produce graphene-CdS quantum dot nanocomposites as promising optoelectronic materials[J]. Advanced Materials, 2010, 22(1): 103-106.
[65] 牛晶晶, 高辉, 田万发. 石墨烯-量子点复合材料的制备与应用[J]. 化学进展, 2013, 26(0203): 270-276.
[66] Geng X, Niu L, Xing Z, et al. Aqueous-processable noncovalent chemically converted graphene-quantum dot composites for flexible and transparent optoelectronic films[J]. Advanced Materials, 2010, 22(5): 638-642.
[67] Peng X G, Lu R, Zhao Y Y, et al. Control of distance and size of inorganic nanoparticles by organic matrixes in ordered LB monolayers[J]. The Journal of Physical Chemistry, 1994, 98(28): 7052-7055.
[68] Juárez B H, Klinke C, Kornowski A, et al. Quantum dot attachment and morphology control by carbon nanotubes[J]. Nano Letters, 2007, 7(12): 3564-3568.

[69] Feng M, Sun R, Zhan H, et al. Lossless synthesis of graphene nanosheets decorated with tiny cadmium sulfide quantum dots with excellent nonlinear optical properties[J]. Nanotechnology, 2010, 21(7): 075601.
[70] Li L L, Liu K P, Yang G H, et al. Fabrication of graphene-quantum dots composites for sensitive electrogenerated chemiluminescence immunosensing[J]. Advanced Functional Materials, 2011, 21(5): 869-878.
[71] Huang Q, Gao L. Synthesis and characterization of CdS/multiwalled carbon nanotube heterojunctions[J]. Nanotechnology, 2004, 15(12): 1855.
[72] Ponomarenko L A, Schedin F, Katsnelson M I, et al. Chaotic dirac billiard in graphene quantum dots[J]. Science, 2008, 320(5874): 356-358.
[73] Peng J, Gao W, Gupta B K, et al. Graphene quantum dots derived from carbon fibers[J]. Nano Letters, 2012, 12(2): 844-849.
[74] Zhao H X, Liu L Q, Liu Z D, et al. Highly selective detection of phosphate in very complicated matrixes with an off-on fluorescent probe of europium-adjusted carbon dots [J]. Chem Commun, 2011, 47(9): 2604-2606.
[75] Ran X, Sun H, Pu F, et al. Ag Nanoparticle-decorated graphene quantum dots for label-free, rapid and sensitive detection of Ag$^+$ and biothiols [J]. Chem Commun, 2013, 49(11): 1079-1081.
[76] Shen J, Zhu Y, Yang X, et al. Graphene quantum dots: emergent nanolights for bioimaging, sensors, catalysis and photovoltaic devices[J]. Chemical Communications, 2012, 48(31): 3686-3699.
[77] Shen J H, Zhu Y H, Yang X L, et al. One-pot hydrothermal synthesis of graphene quantum dots siirface-passivated by polyethylene glycol and their photoelectric conversion under near-infrared light [J]. New J Chem, 2012, 36(1): 97-101
[78] Pan D, Zhang J, Li Z, et al. Hydrothermal route for cutting graphene sheets into blue-luminescent graphene quantum dots[J]. Advanced Materials,

2010, 22(6): 734-738.

[79] Shen J, Zhu Y, Chen C, et al. Facile preparation and upconversion luminescence of graphene quantum dots[J]. Chem Commun, 2011, 47(9): 2580-2582.

[80] Chen X, Mao S S. Titanium dioxide nanomaterials: synthesis, properties, modifications, and applications[J]. Chemical Reviews, 2007, 107(7): 2891-2959.

[81] Qiu J, Zhang S, Zhao H. Recent applications of $TiO_2$ nanomaterials in chemical sensing in aqueous media[J]. Sensors and Actuators B: Chemical, 2011, 160(1): 875-890.

[82] Zhuo S, Shao M, Lee S T. Upconversion and downconversion fluorescent graphene quantum dots: ultrasonic preparation and photocatalysis[J]. ACS Nano, 2012, 6(2): 1059-1064.

[83] Xu J, Wu M, Chen M, et al. A one-step method for fabrication of $CdMoO_4$-graphene composite photocatalyst and their enhanced photocatalytic properties[J]. Powder Technology, 2015, 281: 167-172.

[84] Gao P, Liu J, Sun D D, et al. Graphene oxide-CdS composite with high photocatalytic degradation and disinfection activities under visible light irradiation[J]. Journal of Hazardous Materials, 2013, 250: 412-420.

[85] Li Q, Guo B, Yu J, et al. Highly efficient visible-light-driven photocatalytic hydrogen production of CdS-cluster-decorated graphene nanosheets[J]. Journal of the American Chemical Society, 2011, 133(28): 10878-10884.

[86] Xiang Q, Yu J, Jaroniec M. Preparation and enhanced visible-light photocatalytic $H_2$-production activity of graphene/$C_3N_4$ composites[J]. The Journal of Physical Chemistry C, 2011, 115(15): 7355-7363.

[87] Liang Y T, Vijayan B K, Gray K A, et al. Minimizing graphene defects enhances titania nanocomposite-based photocatalytic reduction of $CO_2$ for improved solar fuel production[J]. Nano Letters, 2011, 11(7): 2865-2870.

[88] Yadav R K, Baeg J, Oh G H, et al. A photocatalyst-enzyme coupled artificial photosynthesis system for solar energy in production of formic acid from $CO_2$[J]. Journal of the American Chemical Society, 2012, 134, 11455-11461

[89] Yin Z, Zhu J, He Q, et al. Graphene-based materials for solar cell applications[J]. Advanced Energy Materials, 2014, 4(1): 1-19.

[90] Liu Z, Lau S P, Yan F. Functionalized graphene and other two-dimensional materials for photovoltaic devices: device design and processing[J]. Chemical Society Reviews, 2015, 44(15): 5638-5679.

[91] Du J, Pei S, Ma L, et al. 25th anniversary article: carbon nanotube-and graphene-based transparent conductive films for optoelectronic devices[J]. Advanced Materials, 2014, 26(13): 1958-1991.

[92] Pang S, Hernandez Y, Feng X and Müllen K. Graphene as trasparent electrode material for organic electronics[J]. Advanced Materials, 2011, 23: 2779-2795.

[93] Hecht D S, Hu L and Irvin G, Ernerging transparent electrodes based on thin films of carbon nanotubes, graphene, and metallic nanostructures[J]. Advanced Materials, 2011, 23: 1482-1513.

[94] Ahn S H, Guo L J. Spontaneous formation of periodic nanostructures by localized dynamic wrinkling[J]. Nano Letters, 2010, 10(10): 4228-4234.

[95] De S, Higgins T M, Lyons P E, et al. Silver nanowire networks as flexible, transparent, conducting films: extremely high DC to optical conductivity ratios[J]. ACS Nano, 2009, 3(7): 1767-1774.

[96] Na S I, Kim S S, Jo J, et al. Efficient and Flexible ITO-Free Organic Solar Cells Using Highly Conductive Polymer Anodes[J]. Advanced Materials, 2008, 20(21): 4061-4067.

[97] Wu Z, Chen Z, Du X, et al. Transparent, conductive carbon nanotube films[J]. Science, 2004, 305(5688): 1273-1276.

[98] Geng H Z, Kim K K, So K P, et al. Effect of acid

treatment on carbon nanotube-based flexible transparent conducting films[J]. Journal of the American Chemical Society, 2007, 129(25): 7758-7759.

[99] Kim K S, Zhao Y, Jang H, et al. Large-scale pattern growth of graphene films for stretchable transparent electrodes[J]. Nature, 2009, 457(7230): 706-710.

[100] Sun Z, Yan Z, Yao J, et al. Growth of graphene from solid carbon sources[J]. Nature, 2010, 468(7323): 549-552.

[101] Kim K K, Reina A, Shi Y, et al. Enhancing the conductivity of transparent graphene films via doping[J]. Nanotechnology, 2010, 21(28): 285205.

[102] Bae S, Kim H, Lee Y, et al. Roll-to-roll production of 30-inch graphene films for transparent electrodes[J]. Nature Nanotechnology, 2010, 5(8): 574-578.

[103] Hong W, Xu Y, Lu G, et al. Transparent graphene/PEDOT-PSS composite films as counter electrodes of dye-sensitized solar cells[J]. Electrochemistry Communications, 2008, 10(10): 1555-1558.

[104] Xu Y, Wang Y, Liang J, et al. A hybrid material of graphene and poly(3, 4-ethyldioxythiophene) with high conductivity, flexibility, and transparency[J]. Nano Research, 2009, 2(4): 343-348.

[105] Vosgueritchian M, Lipomi D J, Bao Z. Highly conductive and transparent PEDOT: PSS films with a fluorosurfactant for stretchable and flexible transparent electrodes[J]. Advanced Functional Materials, 2012, 22(2): 421-428.

[106] Yun J M, Yeo J S, Kim J, et al. Solution-processable reduced graphene oxide as a novel alternative to PEDOT: PSS hole transport layers for highly efficient and stable polymer solar cells[J]. Advanced Materials, 2011, 23(42): 4923-4928.

[107] Gomez De Arco L, Zhang Y, Schlenker C W, et al. Continuous, highly flexible, and transparent graphene films by chemical vapor deposition for organic photovoltaics[J]. ACS Nano, 2010, 4(5): 2865-2873.

[108] Kholmanov I N, Domingues S H, Chou H, et al. Reduced graphene oxide/copper nanowire hybrid films as high-performance transparent electrodes[J]. ACS Nano, 2013, 7(2): 1811-1816.

[109] Qiu T, Luo B, Liang M, et al. Hydrogen reduced graphene oxide/metal grid hybrid film: towards high performance transparent conductive electrode for flexible electrochromic devices[J]. Carbon, 2015, 81: 232-238.

[110] Lee W H, Suk J W, Chou H, et al. Selective-area fluorination of graphene with fluoropolymer and laser irradiation[J]. Nano Letters, 2012, 12(5): 2374-2378.

[111] Xu Y, Bai H, Lu G, et al. Flexible graphene films via the filtration of water-soluble noncovalent functionalized graphene sheets[J]. Journal of the American Chemical Society, 2008, 130(18): 5856-5857.

[112] Wang Y, Chen X, Zhong Y, et al. Large area, continuous, few-layered graphene as anodes in organic photovoltaic devices[J]. Applied Physics Letters, 2009, 95(6): 063302.

[113] Sutthana S, Hongsith N, Choopun S. AZO/Ag/AZO multilayer films prepared by DC magnetron sputtering for dye-sensitized solar cell application[J]. Current Applied Physics, 2010, 10(3): 813-816.

[114] Ning J, Wang J, Li X, et al. A fast room-temperature strategy for direct reduction of graphene oxide films towards flexible transparent conductive films[J]. Journal of Materials Chemistry A, 2014, 2(28): 10969-10973.

[115] He H, Li X, Wang J, et al. Reduced graphene oxide nanoribbon networks: a novel approach towards scalable fabrication of transparent conductive films[J]. Small, 2013, 9(6): 820-824.

[116] Wang J, Liang M, Fang Y, et al. Rod-coating: towards large-area fabrication of uniform

[117] 吴晓晓, 李福山, 吴薇等. 基于石墨烯/PEDOT：PSS叠层薄膜的柔性OLED器件[J]. 发光学报, 2014(4): 486-490.

[118] Yin Z, Sun S, Salim T, et al. Organic photovoltaic devices using highly flexible reduced graphene oxide films as transparent electrodes[J]. ACS Nano, 2010, 4(9): 5263-5268.

[119] Murray E, Sayyar S, Thompson B C, et al. A bio-friendly, green route to processable, biocompatible graphene/polymer composites[J]. RSC Advances, 2015, 5(56): 45284-45290.

[120] Cong H P, Wang P, Yu S H. Highly elastic and superstretchable graphene oxide/polyacrylamide hydrogels[J]. Small, 2014, 10(3): 448-453.

[121] Sun X, Liu Z, Welsher K, et al. Nano-graphene oxide for cellular imaging and drug delivery[J]. Nano Research, 2008, 1(3): 203-212.

[122] Jing Y, Zhu Y, Yang X, et al. Ultrasound-triggered smart drug release from multifunctional core–shell capsules one-step fabricated by coaxial electrospray method[J]. Langmuir, 2010, 27(3): 1175-1180.

[123] Kumar R, Malik S, Mehta B R. Interface induced hydrogen sensing in Pd nanoparticle/graphene composite layers[J]. Sensors and Actuators B: Chemical, 2015, 209: 919-926.

[124] Lourencao B C, Medeiros R A, Rocha-Filho R C, et al. Simultaneous voltammetric determination of paracetamol and caffeine in pharmaceutical formulations using a boron-doped diamond electrode[J]. Talanta, 2009, 78(3): 748-752.

[125] Li P, Zhang B, Cui T. $TiO_2$ and shrink induced tunable nano self-assembled graphene composites for label free biosensors[J]. Sensors and Actuators B: Chemical, 2015, 216: 337-342.

[126] Fu H Y, Wang J X, Deng L. Perparation of uric electrochemical sensor based on grapheme/room temperature ionic liquids nanocomposite sol modified galssy carbon electrode[J]. Chinese Journal of Analytical Chemistry, 2014, 42(3): 441-445.

[127] Sun C L, Lee H H, Yang J M, et al. The simultaneous electrochemical detection of ascorbic acid, dopamine, and uric acid using graphene/size-selected Pt nanocomposites[J]. Biosensors and Bioelectronics, 2011, 26(8): 3450-3455.

[128] Liu F, Choi J Y, Seo T S. Graphene oxide arrays for detecting specific DNA hybridization by fluorescence resonance energy transfer[J]. Biosensors and Bioelectronics, 2010, 25(10): 2361-2365.

[129] Jung J H, Cheon D S, Liu F, et al. A graphene oxide based immuno-biosensor for pathogen detection[J]. Angewandte Chemie International Edition, 2010, 49(33): 5708-5711.

[130] Li Y T, Qu L L, Li D W, et al. Rapid and sensitive in-situ detection of polar antibiotics in water using a disposable Ag-graphene sensor based on electrophoretic preconcentration and surface-enhanced Raman spectroscopy[J]. Biosensors and Bioelectronics, 2013, 43: 94-100.

[131] 付俊, 韦春, 黄绍军等. 表面改性对酚醛树脂/氧化石墨烯基复合材料的力学性能与摩擦性能的影响[J]. 塑料科技, 2014, 42(003): 43-46.

[132] 陈杰. 调控碳纳米管分布制备共混物导电复合材料的研究[D]. 成都：西南交通大学, 2014.

[133] Lee Y R, Raghu A V, Jeong H M, et al. Properties of waterborne polyurethane/functionalized graphene sheet nanocomposites prepared by an in situ method[J]. Macromolecular Chemistry and Physics, 2009, 210(15): 1247-1254.

[134] Yuan X. Enhanced interfacial interaction for effective reinforcement of poly(vinyl alcohol) nanocomposites at low loading of graphene[J]. Polymer Bulletin, 2011, 67(9): 1785-1797.

[135] Salavagione H J, Martínez G, Gómez M A. Synthesis of poly(vinyl alcohol)/reduced

graphite oxide nanocomposites with improved thermal and electrical properties[J]. Journal of Materials Chemistry, 2009, 19(28): 5027-5032.

[136] Wang N, Chang P R, Zheng P, et al. Graphene-poly(vinyl alcohol)composites: fabrication, adsorption and electrochemical properties[J]. Applied Surface Science, 2014, 314: 815-821.

[137] Liang J, Huang Y, Zhang L, et al. Molecular-level dispersion of graphene into poly(vinyl alcohol)and effective reinforcement of their nanocomposites[J]. Advanced Functional Materials, 2009, 19(14): 2297-2302.

[138] Fang J, Zha W, Kang M, et al. Microwave absorption response of nickel/graphene nanocomposites prepared by electrodeposition[J]. Journal of Materials Science, 2013, 48(23): 8060-8067.

[139] Singh K, Ohlan A, Pham V H, et al. Nanostructured graphene/$Fe_3O_4$ incorporated polyaniline as a high performance shield against electromagnetic pollution[J]. Nanoscale, 2013, 5(6): 2411-2420.

[140] Babel S, Kurniawan T A. Low-cost adsorbents for heavy metals uptake from contaminated water: a review[J]. Journal of Hazardous Materials, 2003, 97(1): 219-243.

[141] Ngah W S W, Ab Ghani S, Kamari A. Adsorption behaviour of Fe(Ⅱ)and Fe(Ⅲ) ions in aqueous solution on chitosan and cross-linked chitosan beads[J]. Bioresource Technology, 2005, 96(4): 443-450.

[142] He Y Q, Zhang N N, Wang X D. Adsorption of graphene oxide/chitosan porous materials for metal ions[J]. Chinese Chemical Letters, 2011, 22(7): 859-862.

[143] Zhang N, Qiu H, Si Y, et al. Fabrication of highly porous biodegradable monoliths strengthened by graphene oxide and their adsorption of metal ions[J]. Carbon, 2011, 49(3): 827-837.

[144] Fan L, Luo C, Li X, et al. Fabrication of novel magnetic chitosan grafted with graphene oxide to enhance adsorption properties for methyl blue[J]. Journal of Hazardous Materials, 2012, 215: 272-279.

# NANOMATERIALS
石墨烯：从基础到应用

# Chapter 8

# 第 8 章
# 石墨烯能源材料与器件

张哲野，肖菲，王帅
华中科技大学化学与化工学院

8.1 引言

8.2 超级电容器

8.3 二次电池

8.4 燃料电池

8.5 太阳能电池

8.6 储氢

8.7 总结与展望

## 8.1 引言

伴随着经济全球化的进程，能源和环境问题日益凸显。能源是人类生存和发展不可或缺的物质基础，面对不可再生能源即将枯竭的预警及传统能源大量消耗造成人类赖以生存的环境日趋劣化的严峻挑战，新能源的开发与可再生能源的合理利用迫在眉睫。当前，可再生能源存在能量密度低、分散性大、不稳定、不连续等特点，如何通过能量的存储和转换来实现能源使用空间和时间的多元化，满足各种使用需要，是可再生能源利用亟待解决的问题。在此背景下，基于新材料和新技术的高能量密度、高功率密度、无污染、可循环使用的新型储能和能量转换体系不断涌现，并迅速发展成新一代便携式电子产品的支持电源及电动车和混合动力车的动力电源等。随着便携式电子器件和电动汽车的快速发展，对与其匹配的电化学能量存储和转换器件提出了更高的要求。为实现快速充/放电，需提高器件的功率密度；为增强续航能力，需提高其能量密度；为延长使用寿命，需提高其循环性能；为实现便携性，器件需轻、薄、柔、可弯折等。电化学能量器件的性能在很大程度上取决于电极材料，因此高性能能源器件用电极材料以及新电化学反应体系用电极材料已成为材料和电化学能量存储和转换领域的研究重点。

碳质材料是目前在绿色能源体系中应用最广泛的电极材料之一。超级电容器、锂离子二次电池、燃料电池、太阳能电池、储氢等新能源领域，到处都有碳质材料的身影。$sp^2$杂化的碳质材料因具有石墨层状结构或者由大量缺陷而形成的织构特征（丰富的孔隙）和大的比表面积，而成为重要的电极材料。石墨烯作为$sp^2$杂化碳质材料的基元结构，具有超大的比表面积、优异的导电和导热性能以及良好的化学稳定性，成为下一代理想碳质电极材料的重要选择。

## 8.2 超级电容器

超级电容器又称为电化学电容器,它具有充电时间短、循环寿命长、功率密度高、温度特性好等优势。超级电容器和传统电容器相比具有较高的能量密度,和二次电池相比具有较高的功率密度,是一种介于两者之间的储能设备(图8.1)。目前,超级电容器在电力系统中的应用越来越受到关注,如基于双电层电容储能的静止同步补偿器和动态电压补偿器等,国内外对它的研究和应用正在如火如荼地进行。此外,超级电容器还活跃在电动汽车、消费类电子电源、军事、工业等高峰值功率场合。

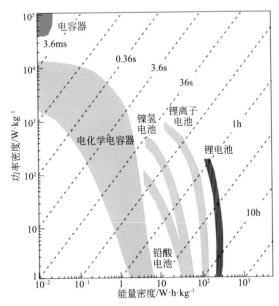

图8.1　电化学电容器的功率密度和能量密度[1]

## 8.2.1 超级电容器储能机理

超级电容器的储能机理有两种,分别是基于多孔电极/电解液界面上电荷分离所产生的双电层电容和基于电极表面和体相发生可逆氧化还原反应产生的法拉第赝电容。传统电容器受储存电荷的面积和充电平板几何距离的制约,只能存储极其有限的能量。然而,由于基于双电层机理的超级电容器具有超大的界面面积和原子级的电荷分离距离,因而能够储存更多的能量。双电层结构是Helmholtz于1887年首次提出的,当他研究胶体颗粒界面上的相反电荷的分布时发现了这种结构。Helmholtz双层模型说明异种电荷在电极/电解液界面形成具有原子级距离的双电层[图8.2(a)]。这种模型类似于传统的平板电容器。Gouy和Chapman考虑到电解质离子由于热运动在溶液中是连续分布的,他们在Helmholtz模型的基础上提出了扩散双电层模型[图8.2(b)]。但在Gouy和Chapman提出的理论中,仍然把离子看成点电荷,没有体积,它可以无限地靠近电极(即紧密层不存在),因而从该理论得到的电容值比实验测得的微分电容值大。随后,Stern将Helmholtz模型和Gouy-Chapman模型结合后明确地指出了离子分散的两个区域:内层区(也叫紧密层和Stern层)和扩散区[图8.2(c)]。内层区由特征吸附的离子和非特征吸附的平衡离子组成。内层的Helmholtz面(IHP)和外层的Helmholtz面(OHP)用来区分两种类型的吸附离子。扩散层区域与Gouy-Chapman模型

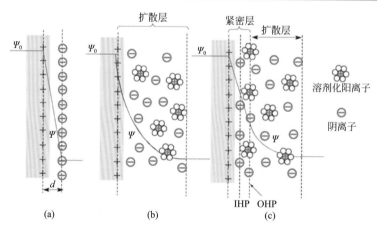

图8.2 带正电荷表面形成的双电层模型
(a)Helmholtz模型;(b)Gouy-Chapman模型;(c)Stern模型

一致。总的电位降等于紧密层的电位降和分散层的电位降之和。更为完善的双电层理论是在Grahame于1947年提出离子的特性吸附以后获得的。尽管如此，迄今我们用于超级电容器双电层的理论分析仍然较多地沿用Stern模型。

法拉第赝电容则是在电极表面或体相中的二维或准二维空间上，电活性物质进行欠电位沉积，发生高度的化学吸/脱附或氧化还原反应，产生与电极充电电位有关的电容。能产生赝电容的电极材料主要有金属氧化物和导电聚合物等。对于赝电容，其储存电荷的过程不仅包括双电层上的存储，而且包括电解液中离子在电极活性物质中由于氧化还原反应而将电荷储存于电极中。对于其双电层中的电荷存储与上述类似，而对于化学吸/脱附机理来说，一般过程为：电解液中的离子（一般为$H^+$或$OH^-$）在外加电场的作用下由溶液中扩散到电极/溶液界面，而后通过界面的电化学反应$MO_x+H^+（OH^-）+e^- \longrightarrow MO(OH)$而进入到电极表面活性氧化物的体相中（图8.3）。由于电极材料采用的是具有较大比表面积的氧化物，这样就会有相当多的这样的电化学反应发生，大量的电荷就被存储在电极中。根据上式，放电时这些进入氧化物中的离子又会重新返回到电解液中，同时所存储的电荷通过外电路而释放出来，这就是赝电容的充/放电机理。在电极面积相同的情况下，赝电容的比电容可以是双电层电容的10～100倍。

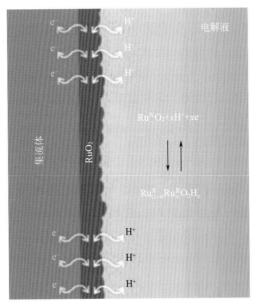

图8.3　赝电容材料二氧化钌（$RuO_2$）存储电荷的示意图[2]

## 8.2.2
## 石墨烯材料在超级电容器中的应用

碳材料比表面积高、导电能力好、化学性质稳定、容易成型，同时价格低廉、原料来源广泛、生产工艺成熟，是超级电容器领域应用最广泛的电极材料[3]。新型碳材料石墨烯，以其优异的物理化学性质迅速引起了超级电容器研究人员的强烈兴趣。以石墨烯为代表的双电层电容材料，其比表面积、孔结构和导电性是决定电容器电化学性能（比电容、功率密度和能量密度）的三个关键因素[4~6]。合成石墨烯材料的一种主要途径就是将氧化石墨烯（GO）还原成石墨烯，也称为还原氧化石墨烯（RGO）。2008年，M.D.Stoller等人[7]在"Nano Letters"上报道了以水合肼作为还原剂来制备石墨烯材料，并分别测试了其在水系和有机电解液中的比电容，分别可以达到$135F \cdot g^{-1}$和$99F \cdot g^{-1}$。然而，利用水合肼还原得到的石墨烯材料很容易团聚成颗粒，极大地降低了石墨烯材料的比表面积。同时，团聚态的石墨烯颗粒内部不能被电解液浸润，因而也降低了电极材料的比电容。2009年，Wang等人[8]报道了以肼蒸气处理还原氧化石墨烯的方法，减少了石墨烯在制备过程中的团聚现象，获得的石墨烯作为电极材料在水系电解液中比容量达到$205F \cdot g^{-1}$，能量密度达$28.5W \cdot h \cdot kg^{-1}$。除了用水合肼作为还原剂，还有许多如氢碘酸、硼氢化钠以及亚硫酸氢钠等化学还原试剂[9~11]。Ma等人[12]利用氢溴酸作为弱还原剂将GO部分还原成了石墨烯，这种部分还原的GO不仅能够促进电解液的渗透，还可以提供部分的赝电容效应，获得的石墨烯电极材料在电流密度为$0.2A \cdot g^{-1}$时，水系电解质中的比电容高达$348F \cdot g^{-1}$。同时电极材料的比电容在充/放电循环2000次过程中表现出连续增加的趋势，这主要是由于石墨烯表面剩余的官能团在电化学循环测试过程中逐渐减少。事实上，不管GO在溶液中是否以单片层的形式存在，最后还原获得的石墨烯都会发生团聚，材料也表现出相对较低的比表面积[13,14]。

石墨烯材料还可通过高温热剥离还原GO来获得。Rao等人[15]通过在1050℃的高温条件下热剥离GO，获得了理想的石墨烯材料，材料的比表面积高达$925m^2 \cdot g^{-1}$，然而比电容却只有$117F \cdot g^{-1}$，这主要是由于材料的大部分微孔结构不能被电解液所渗透所致。为此，Chen等人[16]进一步合成出了介孔结构的石墨烯，电极材料的比电容也提升到了$150F \cdot g^{-1}$。为了降低高温热还原GO的温度，Yang等人[17]结合高真空环境将反应温度降低至200℃，高真空环境在石墨烯片层周围引入了负压，因而降低了还原剥离GO的温度，获得的石墨烯材料显示出较高的比电容（264F·$g^{-1}$）。Ruoff等人[18]开发了一种微波协助剥离GO的方法来快速制备石墨烯电极材料，在碱性的水系电解质中，材料的比电容可达194F·$g^{-1}$，同时该方法的提出也为大规模制备石墨烯电极材料提供了一种绿色高效的制备方法。

尽管通过化学还原和高温热处理可以制备出高质量的石墨烯电极材料并用于双电层电容器，然而获得的石墨烯材料的孔隙率并不是足够大，导致电解液不能够扩散到电极材料的小孔中去，因此电流密度受到极大限制[19]。目前，大量的研究致力于设计三维结构来阻止石墨烯的团聚以及调控材料的孔结构和导电性[20]。几种典型的三维结构石墨烯包括石墨烯泡沫、石墨烯海绵、石墨烯气凝胶和石墨烯水凝胶，虽然这些三维石墨烯材料的结构和性质存在差异，但它们都拥有高比表面积和孔隙率、低密度、高电导率等共同的特性。Shi等人[21]最先通过一步水热法合成出了三维自组装的石墨烯凝胶，材料表现出高的导电性和力学性能（见第2章图2.13），用于超级电容器电极材料，该石墨烯凝胶显示出175F·$g^{-1}$的比电容。他们又通过将2-氨基蒽醌键合在GO片层的表面，然后进行水热处理，得到的石墨烯凝胶的比电容提升至258F·$g^{-1}$。这主要是由于键合在石墨烯片层表面的2-氨基蒽醌提供了部分的赝电容[22]。为了进一步改善石墨烯凝胶的导电性，Shi等人[23]将水热和化学还原结合在一起，获得的石墨烯凝胶在电流密度为1A·$g^{-1}$条件下，比电容可达220F·$g^{-1}$，将电流密度提升至100A·$g^{-1}$，比电容仍能维持74%。相应的能量密度和功率密度分别为5.7W·h·$kg^{-1}$和30kW·$kg^{-1}$。

由于实际应用中受到空间的限制，电极材料的体积电容成为了一项重要的衡量指标。然而对于大部分石墨烯电极材料，其质量电容和体积电容通常表现出相反的关系。多孔电极由于其大的比表面积有利于电解质离子的传输而具有高的质量电容，但是堆积密度往往较低，因而限制了其体积电容。紧密堆积的电极可能增加材料的体积电容，但是离子在电极材料中的传输和扩散将严重受阻，降低了材料的质量电容和倍率性能。为了解决这个问题，Duan等人[24]利用双氧水对GO的刻蚀作用制备出了一种三维蜂窝状石墨烯凝胶，该凝胶可以被压成薄膜因而具有高的堆积密度，同时由于石墨烯片层上具有丰富的纳米孔洞结构，不仅增加了材料的比表面积，而且也有利于电解质离子在密堆积石墨烯材料中的传输，获得的电极材料也表现出超高的质量电容（298F·$g^{-1}$）和体积电容（212F·$cm^{-3}$）。同时用该材料组装成的器件也具有超高的能量密度（35W·h·$kg^{-1}$和49W·h·$L^{-1}$），甚至接近于铅酸电池的能量密度（图8.4）。石墨烯凝胶也可以和多孔的金属泡沫镍相结合来制备复合电极[25~27]。由于离子和电子的传输距离被大大缩短，复合

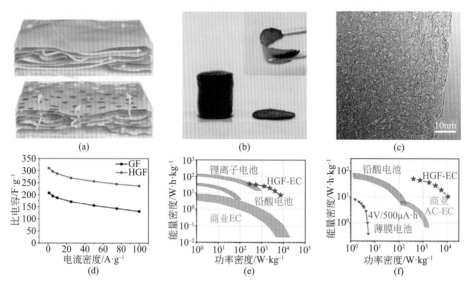

图8.4 （a）石墨烯和蜂窝状石墨烯结构中离子传输路径的示意图；（b）蜂窝状石墨烯凝胶（薄膜）的光学照片；（c）蜂窝状石墨烯的透射电子显微镜图像；（d）石墨烯（GF）和蜂窝状石墨烯（HGF）电极在不同电流密度下的比电容值；（e），（f）蜂窝状石墨烯超级电容器的能量密度和功率密度值及和其他器件的参数对比[24]

电极的倍率性能也得到了提升。

为了进一步增加材料的比电容，活化过程已经被广泛应用于石墨烯电极材料的制备中[28～30]。Ruoff等人[28]利用KOH对微波和热剥离还原的GO进行了活化（图8.5），活化后材料的比表面积高达$3100m^2 \cdot g^{-1}$，甚至高于单层石墨烯比表面积的理论值（$2630m^2 \cdot g^{-1}$）。此外，活化过程也使得石墨烯形成三维网络结构，拥有约1～10nm的小孔和良好的导电性。而后，Ruoff等人[31]同样利用KOH对石墨烯纸进行了活化，组装得到的超级电容器在有机电解液中表现出高功率密度（$500kW \cdot kg^{-1}$）和高能量密度（$26W \cdot h \cdot kg^{-1}$）。通过在石墨烯片层间引入"间隔物"来阻止石墨烯的团聚是提升石墨烯电极材料比电容的另一种有效手段[32～36]。"间隔物"的引入不仅能够改善电解液的渗透能力，同时增加了石墨烯片层表面和纳米通道的电化学利用率。Zhang等人[32]将商业二氧化钛纳米颗粒引入到三维石墨烯水凝胶中，进一步避免了石墨烯片层的团聚，凝胶的比电容从$136F \cdot g^{-1}$提升至$207F \cdot g^{-1}$。表面活性剂可以和GO片层发生相互作用，在GO的还原过程中可以用于稳定石墨烯片层结构。四丁基氢氧化铵稳定的石墨烯电极材

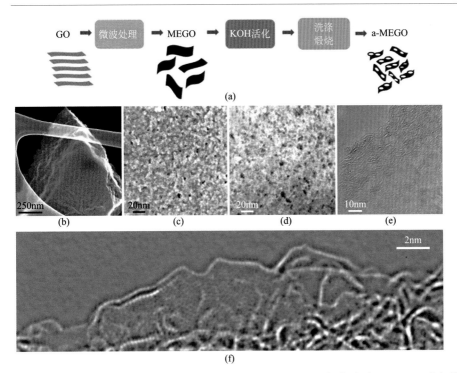

图8.5 （a）活化微波剥离石墨烯（a-MEGO）的合成示意图；（b），（c）a-MEGO的扫描电子显微镜图像；（d）a-MEGO的明场扫描透射电子显微镜图像；（e），（f）a-MEGO的透射电子显微镜图像[28]

料的比电容在电流密度为 $1A \cdot g^{-1}$ 的条件下可达 $194F \cdot g^{-1}$[33]。将其他形态的碳，如碳颗粒和碳纳米管等引入到石墨烯材料中同样可以避免石墨烯片层的团聚，不同形态的碳结构结合在一起可以发挥协同效应，进一步提高了石墨烯材料的储能特性[34,35]。

掺杂过程被认为是改变石墨烯电子结构，特别是材料导电性的一种有效手段。通过等离子体处理获得的氮掺杂石墨烯比电容可高达 $280F \cdot g^{-1}$[37]。Qu等人[38]通过水热法处理GO和吡咯的混合液以及煅烧后处理获得了超轻的氮掺杂石墨烯泡沫，该泡沫表现出独特的三维多孔结构，仅由少层石墨烯构建而成，有利于电解质在电极材料中的渗透，提升了材料的倍率性能。在中性电解液中，电极材料的比电容高达 $484F \cdot g^{-1}$，甚至接近石墨烯的理论电容（$550F \cdot g^{-1}$），将电流密度增加到 $100A \cdot g^{-1}$，材料的比电容仍然高达 $415F \cdot g^{-1}$（图8.6）。类似地，其他元素如硼掺杂的石墨烯比电容可达 $200F \cdot g^{-1}$[39]。当然，两种不同的元素也可

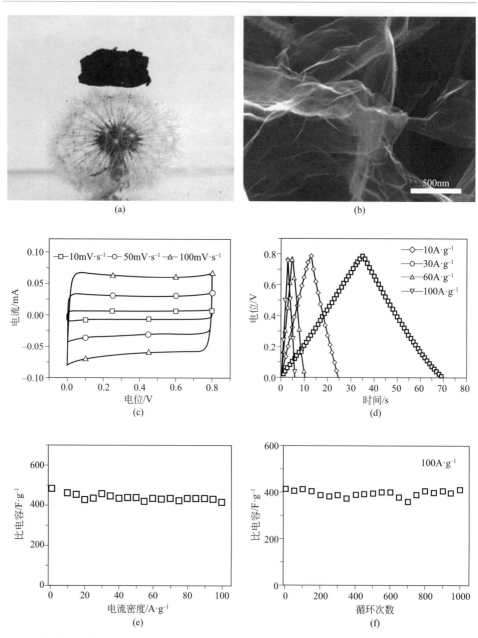

图8.6 （a）氮掺杂石墨烯泡沫的光学照片；（b）氮掺杂石墨烯泡沫的扫描电子显微镜图像；（c）氮掺杂石墨烯泡沫电极的循环伏安曲线；（d）氮掺杂石墨烯泡沫电极的恒电流充/放电曲线；（e）氮掺杂石墨烯泡沫电极在不同电流下的比电容值；（f）氮掺杂石墨烯泡沫电极的循环稳定性曲线[38]

对石墨烯实现共掺杂。如氮/磷共掺杂的石墨烯材料同样表现出优异的比电容[40]。

对于提升石墨烯电极的比电容还有很多其他的方法。Kaner等人[41]首次利用激光还原GO薄膜的方法制备出了多孔的石墨烯薄膜（参见第3章图3.36），该薄膜不仅具有优异的导电性，还具有高的比表面积，因此可以直接用作柔性超级电容器的电极材料。制备获得的柔性石墨烯薄膜超级电容器的电化学性能可以和薄膜锂离子电池相媲美。Li等人[42]采用溶剂挥发的方法制备出了紧密堆积的多孔石墨烯凝胶薄膜，由于石墨烯凝胶膜中溶剂的部分挥发使得薄膜的堆积密度大大提高，该石墨烯电极的体积比电容达261F·cm$^{-3}$，能量密度高达60W·h·kg$^{-1}$。Fan等人[43]采用Mg(OH)$_2$纳米片为模板并经过低温煅烧处理制备出多孔的石墨烯电极材料，这种多孔石墨烯材料的比电容甚至可高达456F·g$^{-1}$。因此，拥有连续的离子传输通道结构是多孔石墨烯电极材料具有优异电化学性能的一项重要指标。

# 8.3
# 二次电池

锂电池一般指锂一次电池和锂二次电池，锂电池的发展经历了从使用金属锂作负极的锂一次电池，到使用嵌入锂离子电极材料的锂二次电池的发展过程。锂离子二次电池是一种可循环使用的高效新能源存储器件，成为缓解能源和环境问题的一种重要技术途径。它主要依靠锂离子在正极和负极之间嵌入和脱出工作。锂离子电池的正极材料一般以富锂过渡金属氧化物为主，负极材料主要为基于嵌脱机制的碳材料和基于转化机制的过渡金属氧化物这两类。由于锂离子电池的能量密度高，因此领先于与其共同起步的钠离子电池的发展，但近年来由于锂的资源分布不均衡以及供需之间的矛盾日益突出，科学界及工业界正在寻求低成本、高储能的新型二次电池，钠离子电池则是其中的一种选择。由于钠与锂物理化学性能的相似性及钠资源的廉价性和丰富性等，成为目前一大研究热点。此外锂-空气电池、钠-空气电池、锂硫电池等是崛起的一类新型二次电池，同样也引起了越来越多的关注。石墨烯材料由于本身独特的物理和化学性质（大的比表面积和良好的导电性），越来越多地应用于电极材料和导电基底。随着研究的进展，石墨烯材料将是一类具有广阔应用前景的二次电池电极材料。

## 8.3.1
### 锂离子电池

锂离子电池作为一种可充电二次电池，其实质是锂离子在正负两极之间嵌入与脱出的过程，该过程通常是可逆的（图8.7）。充电时，锂离子从正极脱嵌，经过电解质嵌入负极，此时，负极处于富锂态，正极处于贫锂态；放电时则相反。锂离子电池一般采用富锂材料作电极，金属锂质软并且导电性优良、质量能量密度大，是自然界中存在的密度最小的金属（$\rho=0.535\text{g}\cdot\text{cm}^{-3}$）、标准还原电位

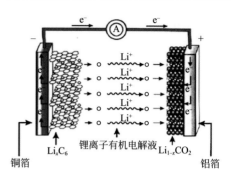

图8.7 锂离子电池工作原理[44]

低（–3.045V），因此，可以作为一种高电压和高比容量的电池。同时，金属锂因其组成的电池比容量高、输出电压高，而成为高储能负极材料。因此，金属锂是锂离子电池负极材料的首选，金属锂作为锂离子电池的负极，有其不可替代的优势，例如：锂的分子量低，离子半径小，氧化还原电位低，同时金属锂具有较高的能量密度、较长的循环寿命和较好的倍率性能，这使得金属锂在锂离子电池负极材料中独树一帜。虽然金属锂性能的优势吸引着科研人员的眼球，可是安全问题也是大众关注的话题。金属锂在充/放电过程中，因电极表面的凹凸不平，致使电势分布不均匀，从而带来锂的不均匀沉积，产生锂枝晶。随着循环充/放电次数增多，锂枝晶不断生长，当锂枝晶生长到一定程度时，一方面会发生锂的折断，形成死锂，造成不可逆容量；另一方面有棱角的锂枝晶会刺穿隔膜，造成短路，导致电池燃烧甚至爆炸，带来严重的安全隐患。因此，锂电池的发展一直受到制约。

"摇椅电池"概念在20世纪80年代提出，用具有低插锂电势的嵌锂化合物作为负极代替金属锂负极，与具有高插锂电势的嵌锂化合物作为正极，组成无金属锂的二次电池，从根本上解决了锂枝晶引起的安全问题。石墨作为可供锂离子自由嵌脱的活性物质：充电时，锂离子嵌入石墨中；放电时，锂离子从石墨中脱嵌出来，如此循环。所以这种方式具有很好的可逆性，避免使用性能活泼的金属锂，克服了锂电池的纯化和锂枝晶短路问题，同时碳材料价格低廉并且无毒，在空气

中放电状态比较稳定，从而大大提高了电池的循环寿命和安全性能，从根本上改善了锂离子电池在安全性方面的问题。此后锂离子二次电池进入了飞速发展时期，性能不断得到提升，锂离子电池正负极材料的各种合成方法、可逆电极反应机理、电解质的研制、各种电化学测试及结构测试等研究迅速展开。锂离子电池的研究与开发逐渐成为世界性的热点。但是石墨作为锂离子电池的负极，理论容量较低，随着锂离子电池在手机、笔记本电脑、摄像机、照相机等市场中比重稳步上升，从部分替代传统电池的趋势来看，石墨负极的应用尚不能跟上现代化发展的步伐。特别是在电动汽车的应用领域，单纯的石墨材料已经不能满足该行业的发展需求，亟待研发更高容量的电池材料。而另一类充/放电速率较天然石墨高的负极材料，钛、硅、锡基氧化物/化合物，虽然理论比容量较高，但成本也相对较高，在充/放电过程中活性物质体积变化率过大，导致材料结构解体，容量快速衰减，影响电池的循环稳定性，从而限制了此类负极材料的商业应用。制备石墨烯及改性的石墨烯材料是弥补现有两类负极材料缺陷的有效方法。

## 8.3.2
### 石墨烯材料在锂离子电池中的应用

在锂离子电池中，锂离子在锂释放性阴极（通常是层状锂金属氧化物）和锂接受性阳极（通常石墨）之间连续穿梭。单位质量的材料能够嵌入锂离子的量对电池的容量起了决定性的作用。石墨烯材料可以用作阳极接受锂离子，也可以和其他碳材料复合作为存储锂离子的阴极材料。按照Dahn等最初的设想，单层石墨烯作为阳极材料，理论上可以通过吸附机理存储锂离子，锂可以插入石墨烯堆叠的层间，并随机排列在单层石墨烯之间存在的纳米孔和其内表面（相应于"纸牌屋"模式）[45,46]，锂离子承载量是传统石墨的两倍多。然而，不同于石墨的分段特征行为，石墨烯可以提供电子和几何等效网络。由于这种独特的机制，石墨烯的阳极储锂量强烈地依赖于电极材料的制备方法。大多数研究报道，RGO是高储锂材料的首选[47]。

Yoo等人[48]首先报道了利用水合肼还原得到的RGO的储锂性能，其稳定可逆比容量为500mA·h·g$^{-1}$。Lian等人[49]报道了快速热膨胀法制备的RGO薄片并用于锂离子电池，电流密度为100mA·g$^{-1}$时，石墨烯的首次可逆比容量为1264mA·h·g$^{-1}$；当电流密度增加到500mA·g$^{-1}$时，可逆比容量可达718mA·h·g$^{-1}$。该石墨烯锂电池首次不可逆比容量损失高达30%以上，在第一次锂离子嵌入过程中，RGO表现出极高的容量，这比单层石墨烯的理论容量高。

然而，由于第一次锂离子嵌入的不可逆性，导致锂离子在脱嵌的过程中没有完全释放。类似的现象也在其他负极材料中观察到，而这主要归因于不可逆还原使得电解质在活性颗粒的表面形成钝化层，即"固体电解质膜"[50]。由于固体电解质膜的形成与活性物质的比表面积有关，因此，高比表面积的石墨烯相比于普通石墨会产生非常高的初始不可逆容量［图8.8(a)］。尽管在后面的脱嵌周期内石墨烯显示出高的可逆容量，但在锂离子的嵌入和嵌出过程中出现电压滞后［图8.8(b)］，使得这种电极具有很差的能效。由于阴极提供初始电荷数量的不可逆性，

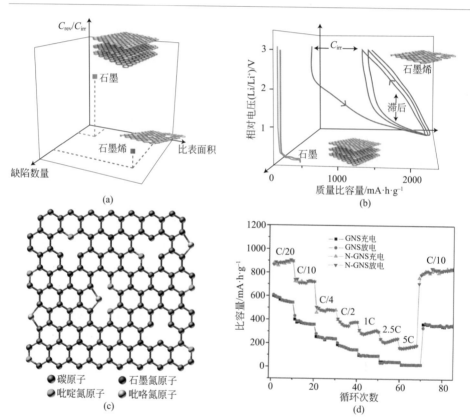

图8.8 （a）石墨和石墨烯作为锂离子电池阳极，缺陷数量、比表面积和在第一次充电/放电循环中可逆容量（$C_{rev}$）和不可逆转容量（$C_{irr}$）之间的比率[54]；（b）在锂离子持续嵌入/嵌出过程中石墨和石墨烯的特征电压分布[54]；（c）氮掺杂石墨烯的结构示意图；（d）石墨烯纳米片（GNS）和氮掺杂石墨烯纳米片（N-GNS）的循环倍率性能曲线[56]

使得基于石墨烯的锂离子电池还不能大规模推广。因此，制备高质量的石墨烯是替代石墨之前必须解决的一个关键问题。即使在石墨烯大量制备生产的情况下，石墨仍然是首选的电池活性物质，除非我们制定有效的方法，以防止最初的锂离子消耗和避免石墨烯片层的重新堆叠。在这方面，预锂化、控制石墨烯表面的官能团以及复合材料的构建将是最有希望的策略[51~54]。

Li等人[55]通过氢气热还原法制备的石墨烯在电流密度为$50mA·g^{-1}$时，比容量高达$1540mA·h·g^{-1}$。由此可见，制备过程中含氧官能团的消失和夹层间距的增加更加有利于锂离子在石墨烯层间的脱嵌。此外通过掺杂也可有效地提高石墨烯的储锂性能。掺杂后，石墨烯材料的能带结构发生变化，其电学性质和催化性质也发生很大变化。例如，氮原子的引入，可以显著改善其电子性能，提供更多的活性中心，并增强碳质结构和锂离子之间的相互作用，因此可以加速锂离子扩散和转移的动力学反应，从而提高其电化学性能。Wang等人[56]报道了氮掺杂石墨烯纳米片[图8.8（c）]的储锂行为。X射线光电子能谱结果表明石墨烯中氮的掺杂量接近2%，氮的结合形式包括57.4%的吡啶氮、35%的吡咯氮、7.6%的石墨氮。如图8.8（d）所示，氮掺杂石墨烯纳米片在电流密度为$42mA·g^{-1}$时可逆比容量为$900mA·h·g^{-1}$，同时具有优异的倍率性能（在电流密度$2.1A·g^{-1}$时容量仍为$250mA·h·g^{-1}$）和循环稳定性。

此外，柔性锂离子电池的开发亟待质量轻且超薄的电极材料，不同的研究表明，石墨烯是作为柔性锂离子电池最有前途的阳极材料，但是石墨烯材料本身的缺点仍然是限制其实际应用的主要障碍[57]。

## 8.3.3
### 石墨烯材料在锂硫电池中的应用

锂硫电池是一种通过金属锂和硫的氧化还原反应，提供高能量密度的锂离子电池。尽管可充电锂硫电池相比于传统锂离子电池有许多内在优势，如储量丰富、廉价、理论容量高等，然而锂硫电池也存在一些问题：① 单质硫是电子和离子绝缘体，室温电导率低（$5×10^{-30}S·cm^{-1}$），没有离子态的硫存在，作为活性材料，活化困难；② 反应终产物$Li_2S$也是电子绝缘体，会沉积在硫电极上，导致电化学反应动力学速率变慢；③ 中间反应产物聚硫锂化合物（$Li_2S_n$，$n≥2$）易溶于电解液中，在正负极间扩散，产生穿梭效应，降低了硫活性物质的利用率，腐蚀锂电极导致循环稳定性下降，能源利用率低；④ 电化学反应过程中活性物质的体积变化大，导致结构变化，容量快速衰减。由于石墨烯具有高的导电性和俘获充/放电产物的能力，可作为一种优异的电极材料来解决这些问题。研究报道，GO和RGO是一类优良的沉积纳米或微米级硫粒子的载体材料。其表面丰富的含氧官能团（环氧基和羟基）能够固定硫粒子，吸附聚硫离子，降低穿梭效应[58]。最近，石墨烯/硫复合材料已广泛用于锂硫电池的电极材料，在电化学测试中显示出高比容量、高库仑效率和良好的稳定性[59~62]。然而，该领域真正的发展方向是改进石墨烯/硫的界面，以实现稳定的电化学性能。

## 8.3.4
### 石墨烯材料在钠离子电池中的应用

钠离子电池是一种更加廉价的可替代锂离子电池的新型电池，近年来，对其负极活性材料的研究引起了人们的广泛关注。由于钠的离子半径大，钠离子不能插入到石墨中，而石墨烯似乎是钠离子电池活性负极的一种最佳选择材料（图8.9）。2013年首次报道了使用RGO作为钠离子电池的负极材料[63]，材料表现出优异的电化学特性、良好的循环寿命和倍率性能。这些优异的性能取决于石墨烯片层上缺陷的存在（如残余含氧基团），从而增加了石墨烯层间距离。然而，在钠离子电池中，负极石墨烯材料因缺陷的存在会造成电池的充/放电效率下降。Ding等人报道了不同种类多层石墨烯的合成（从生物质前驱体中制备）和它们在钠离子电池中的应用[64]。有趣的是，合成石墨烯的温度不同，所获得的石墨烯材料会显示出不同的钠离子存储机制。较低的温度下产生的品质适中的石墨烯对钠的存储容量类似于RGO。相反，较高的温度所形成的质量更好的石墨烯，具有0.38nm的层间距和良好的嵌入性能。事实上，这是石墨烯材料作为钠离子电池负极材料性能最佳的一项报道，在200圈循环后仍能保持300mA·h·g$^{-1}$的高比容量。这样的结果也使得石墨烯在钠离子电池中的成功应用

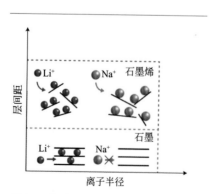

图8.9 锂离子和钠离子在石墨和石墨烯中的嵌入机制[54]

具有了很大的希望。此外，由于石墨烯负极材料的较低插入电位也使得它在能量利用方面更有利。

## 8.3.5
### 石墨烯材料在金属-空气电池中的应用

随着对能源需求的不断增长，人们开始了对比金属离子电池具有更高能量密度的新能源存储系统的开发。锂-空气电池因其可以提供高达 $5200W·h·kg^{-1}$ 的理论能量密度，成为新能源存储系统的研究热点[65]。虽然锂-空气化学早在1976年出现，但是该系统的可放电性能在2006年才引起了科学界的关注。锂-空气电池是由金属锂和氧气（或空气）分别作为阳极和阴极，不同锂-空气电池可以采用不同类型的电解液。该系统的可再充电依赖于期间放电（氧还原反应）形成的还原产物（主要是 $Li_2O_2$）的转换，充电再回到原来状态（氧析出反应）。然而整个系统具有能量效率低、寿命短和倍率低等缺陷[66~68]。研究表明，锂-空气电池最多只能拥有100次循环能力（$1000mA·h·g^{-1}$）[69]。在影响锂-空气电池性能的各种因素中，空气电极（阴极）的形态是影响放电容量的极为重要的因素。事实上，空气极的比表面积和孔隙率决定了放电产物的形态和质量。RGO相比于其他碳材料具有大的比表面积，可以提供更高的容量（$8700mA·h·g^{-1}$）。缺陷和官能团还可以在放电产物形成过程中发挥催化作用（图8.10）[70]。当然，到目前为止，许多机理尚不明确，需要通过进一步的研究来证明石墨烯在锂-空气电池中的有效作用。

对于钠-空气电池，尽管其理论能量密度只是锂-空气电池的一半，但由于其低生产成本和所需原材料的便利性，人们对它的研究正在日益增长[71]。与锂相比，钠在放电过程中能够可逆地形成一种稳定的过电势较低的超氧化物，这使得电池在第一次充放电过程中的库仑效率为80%~90%。过氧化物的形成取决于催化剂的选择。RGO能够在干燥的空气中显著催化过氧化物的

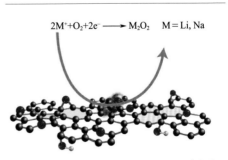

图8.10　金属空气电池中石墨烯缺陷（空位、变形和表面官能团）对催化效果的影响[54]

形成，而这是传统碳材料不具备的。Liu等人[72]报道了一种以微孔结构的石墨烯作为空气电极的钠-空气电池。研究结果表明，RGO可以有效地催化氧还原和氧析出反应，电池也表现出较高的比容量。而将氮原子引入到石墨烯片层中，由氮掺杂引入的缺陷位点将使得放电产物具有更均匀和更小的粒度分布，因此相对于未掺杂的石墨烯也具有较高的放电比容量[73]。

此外，石墨烯或石墨烯基材料也在锂硒电池、钠硒电池、锌-空气电池、铝离子电池等新型能源存储系统中应用广泛，随着人们的研究更为深入，相信石墨烯材料也将能够克服其缺点，在电池领域发挥出最大的优势。

## 8.4 燃料电池

开发先进的电催化系统，使材料可大量生产且具有成本效益，是巩固燃料电池工业的关键，其中缓慢的阴极氧气还原反应（ORR）往往是限速步骤。理论和实验研究表明，纯石墨烯对ORR缺乏催化活性，不利于促进电子转移[74]。而如果在石墨烯中掺杂其他原子（如N、S、P、B等）则可将其转变为一类有效的非金属ORR催化剂。基于催化剂的表面化学，电催化ORR过程往往涉及多个复杂的反应步骤，产生各种吸附中间体。作为理想的4电子转移步骤，氧气会首先吸附在催化剂的表面，然后被还原，最终生成$OH^-$。B、N和P掺杂可以促进氧气吸收，并且由于杂原子-C键的电荷极化可促使O—O键断裂[75~78]。S掺杂的石墨烯的催化能力来源于原子和杂原子之间的轨道不匹配而产生的自旋密度[79]。而在某些情况下，电荷极化和自旋密度的增加会对材料的催化性能产生协同贡献（如N掺杂石墨烯）[80,81]。掺杂物引起的褶皱和表面张力也会促进电荷转移，从而提高了ORR的动力学速率[82]。

Jeon等人通过简单的球磨技术合成了一系列卤化石墨烯纳米片（XGNP，X=Cl、Br或I），并且研究了它们的ORR电催化性能[83]。杂原子选择性地掺杂在GNP的边缘，掺杂度分别为Cl 5.89%、Br 2.78%、I 0.95%，而XGNP的ORR性能高低为IGNP＞BrGNP＞ClGNP，和掺杂物的电负性顺序相反［图8.11（a）］。密度泛函理论（DFT）计算表明，杂原子结合在锯齿状边缘（如—$Cl^+$—，—$Br^+$—，

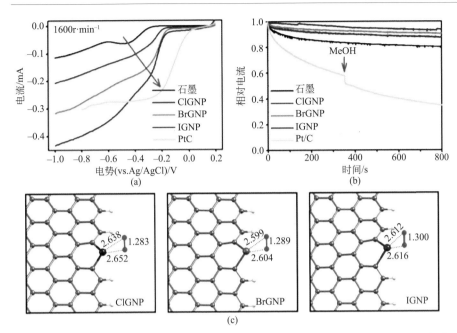

图8.11 （a）石墨、ClGNP、BrGNP、IGNP和Pt/C的线性扫描伏安图（LSV）；（b）石墨、XGNPs和商业Pt/C电催化剂的恒电位阶跃响应电流-时间图（$I$-$t$）；（c）XGNP上的$O_2$吸附几何图（卤素共价连接在两个$sp^2$碳上，图中数据单位为Å，1Å = 0.1nm）[83]

—$I^+$—）有利于$O_2$吸收以及O—O键键长增加，键能被削弱[图8.11（c）]。除了增强催化活性，杂原子掺杂也可以改善材料的电化学稳定性、选择性、甲醇和CO的耐受性以及电化学窗口[图8.11（b）]。因此掺杂的石墨烯材料有望取代目前使用的贵金属催化剂（如Pt）。Yao等人报道了通过简单热处理方法合成的I掺杂石墨烯，该材料具有优异的ORR性能，表现出了堪比商业Pt/C电极的起始电势，以及更高的电流密度，而$I^{3-}$感生电荷的极化对催化性能的提升起着至关重要的作用[84]。当然，通过和其他催化剂（如$Fe_3O_4$或$Co_3O_4$[85,86]）进行复合，掺杂石墨烯的ORR性能可以进一步得到提高。

尽管掺杂石墨烯作为非金属催化剂已经取得了巨大进展，但是掺杂剂促进ORR的机理仍不完全清楚。事实上，一些理论和实验结果相互矛盾，而这主要是由性能上的多相性和合成得到的掺杂石墨烯材料的结构造成的[87~92]。在合成过程中可能存在微量金属，这也会影响ORR性能[93~95]。当然，对二元或三元掺杂的石墨烯材料的理解更具有挑战性。

# 8.5 太阳能电池

太阳能电池（solar cell，SC）是一种可以直接将太阳光光能转换成电能的光电器件，太阳光照在半导体的p-n结上，形成空穴-电子对，在p-n结内建电场的作用下，光生空穴流向p区，光生电子流向n区，接通电路后就产生电流，这就是光电效应太阳能电池的工作原理。太阳能电池具有永久性、清洁性和灵活性三大优点。自从第一块硅单晶p-n结SC于1954年在贝尔实验室问世[96]，半个多世纪以来，人们对SC的研究经久不衰。迄今为止，已发展出由多种材料的单晶、多晶、无定形和薄膜形式制造出的各种器件结构的太阳能电池。但研究人员对器件性能的优化以及新材料和新结构电池的探索时刻没有停止。

根据所用材料的不同，太阳能电池可分为：硅太阳能电池、多元化合物薄膜太阳能电池、聚合物多层修饰电极型太阳能电池、纳米晶太阳能电池和有机太阳能电池等。目前市场上大量生产的单晶与多晶硅的太阳能电池平均效率约在15%，也就是说，这样的太阳能电池只能将入射太阳光光能转换成15%的可用电能，其余的85%都形成热能散失。所以严格地说，现今太阳能电池，也是某种形式的能源浪费。当然理论上，只要能有效地抑制太阳能电池内载子和声子的能量交换，换言之，有效地抑制载子能带内或能带间的能量释放，就能有效地避免太阳能电池内无用的热能的产生，大幅地提高太阳能电池的效率，甚至达到超高效率的运作。这样简易的理论构想，在实际的技术上，可以用不同的方法来实现。超高效率太阳能电池（第三代太阳能电池）技术的发展，除了运用新颖的元件结构设计，来尝试突破其物理限制外，也有可能因为新材料的引进，而达成大幅提高转换效率的目的。

## 8.5.1
### 石墨烯材料在染料敏化太阳能电池中的应用

由于石墨烯具有良好的透光性、柔韧性与化学稳定性，因此成为太阳光电利用的理想材料[97]。染料敏化太阳能电池（DSSC）因生产成本低、制造工艺简单、转换效率高而被视为太阳能转换领域的一个重大突破[98]。一般来说，DSSC由四个部分组成，包括染料敏化二氧化钛半导体、透明导电电极、含有氧化还原介质的电解液以及对电极[99]。Müllen等人首次提出用RGO薄膜代替铟锡氧化物（ITO）作为透明导电电极的制造材料[100]。虽然它的光电转换效率只有0.26%，比氟化锡氧化物（FTO）电极低（0.84%），但是这项工作首次使用了石墨烯来作为透明导电电极。后续的相关工作使用气相沉积法合成的石墨烯并结合聚酯（乙烯二氧噻吩）来作为透明阴极材料，将其运用于无催化剂的太阳能电池，展现出了其与ITO/Pt电极相似的优异性能[101]。

石墨烯在DSSCs中的另一个重要应用是催化电极。典型的催化电极包括镀铂的FTO或者ITO电极，Pt催化还原被氧化的还原剂（$I_3^-$、$Co^{3+}$）从而促使染料再生。Kavan等[102]在DSSC系统中使用石墨烯纳米片（GNP）作为透明催化电极，$Co^{3+}/Co^{2+}$为氧化还原介质，表现出了比镀铂的FTO电极更优越的性能[图8.12（a）]。

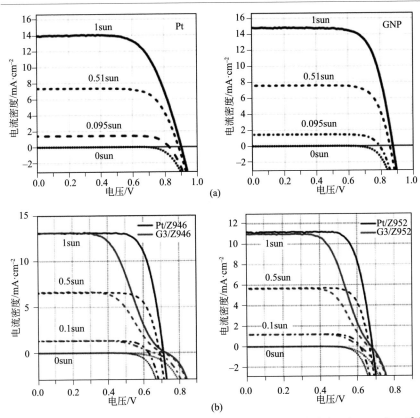

图8.12 （a）DSSC的电流-电压特征图［Y-123敏化$TiO_2$为光电阳极，$Co(bpy)^{3+/2+}$乙腈溶液为电解质，Pt-FTO（左）、石墨烯-FTO（右）为对电极］[102]；(b)DSSC的电流-电压特征图；[不同光强下镀铂的FTO（黑线）或G3阴极（红线），左图为Z946电解液，右图为Z952电解液］[103]

同样,当这种电极用于 $I_3^-/I^-$ 体系中时也能达到优异的效果 [图 8.12(b)][103]。石墨烯材料具有强的黏附力和高的缺陷密度(活性部位),能够加快 $Co(bpy)^{3+/2+}$ 的氧化还原过程,使得化学还原的 GO 结合 GNP 显示出了和 Pt-FTO 相似的优异性能[104]。

## 8.5.2
### 石墨烯材料在量子点太阳能电池中的应用

DSSC 中的染料分子可以用无机量子点(QD)如硫化镉、硒化镉、硫化锌、硫化钯等代替,它具有高延伸系数、多种带隙、高稳定性等特点。类似于 DSSC,石墨烯可用于增强量子点太阳能电池(QDSC)中量子点和二氧化钛半导体之间的电子转移[105]。Li 等人提出将一种多层的石墨烯/硫化镉量子点薄膜用于 QDSC,这一改进显示出了比单壁碳纳米管或其他碳材料制作的相似器件更为优良的性能(光电转化效率>16%)[106]。另一种使用石墨烯纳米片和硫化镉量子点制作出的多层电极,因更多的 QD 均匀分布在石墨烯纳米片上,所以也有着优良的性能。此外,使用石墨烯作为透明正电极的基于 CdTe 的 QDSC 拥有 4.1% 的光电转换效率,高于传统的 ITO 透明正电极[107]。最近,一种在导电的 CNT-RGO 上负载基于 Mo 的催化剂的复合材料在 QDSC 中被用作无铂催化电极[108]。除此以外,Lin 等人对比了气相沉积法合成的石墨烯、硼掺杂的石墨烯以及化学还原的石墨烯作为碲化镉量子点太阳能电池背电极时的性能。研究发现,硼掺杂的石墨烯电荷转移电阻最低,有着近 8% 的光电转化效率[109]。

## 8.5.3
### 石墨烯在有机光伏电池中的应用

有机光伏(OPV)电池中最常见的透明电极是 ITO。然而,由于其生产成本高,缺乏灵活性,在酸碱溶液中不稳定,所以研究工作主要集中在寻找 OPV 电池透明电极的取代材料,而石墨烯就是一种很好的选择。Chen 等人将旋涂着 RGO 的石英用作 OPV 电池的透明阳极并且进行了测试。结果表明,这种电极的性能虽然不如 ITO 电极好,但是研究显示出了石墨烯在 OPV 电池中的应用潜能[110,111]。

继而，Yin等人将RGO沉积在柔性聚对苯二甲酸乙二酯（PET）上制成了用于柔性OPV电池的透明电极，他们强调了能量转换效率取决于透明度和薄层电阻之间的平衡[112]。Zhou等人设计了一种改良薄层电阻的电极，将气相沉积的石墨烯贴到PET基底上，用于柔性OPV电池。这种电极有着和ITO电极相似的性能（图8.13）[113]。石墨烯改良的Al-$TiO_2$可用作OPV电池中的透明阴极，其能量转换率为2.58%，几乎是ITO电极的75%[114]。GO和功能化的GO材料可用作空穴传输层和电子提取层，这是石墨烯在有机太阳能电池中的另一个重要应用[115]。Li等人通过使用GO代替传统的PEDOT：PSS空穴传输层，能量转换效率约3.5%，这也是一项突破性的工作[116]。最近，由热处理获得的中度还原的GO组成的OPV电池的空穴传输层显示出了卓越的稳定性和比PEDOT：PSS（3.85%）更高的光电转换效率（3.98%）[117]。

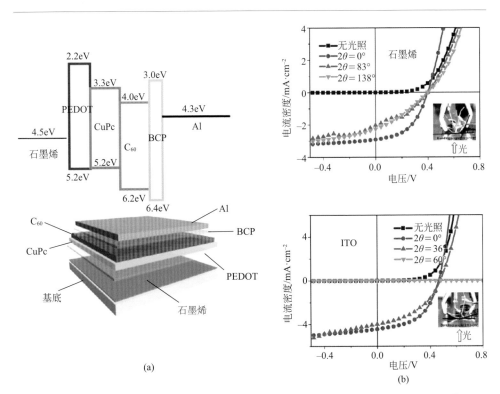

图8.13 （a）能级排列的示意图（上）和以石墨烯为阳极的异质结有机太阳能电池的结构［CVD石墨烯/PEDOT/CuPc/$C_{60}$/BPC/Al］（下）；(b) CVD石墨烯（上）及ITO光伏电池（下）的电流密度-电压特征图（不同的弯曲角度）[113]

此外，由于石墨烯的金属特性和零带隙，它也被成功应用于金属/半导体肖特基结太阳能电池[118]。和传统的金属薄膜/半导体系统或ITO/半导体系统相比，石墨烯的高透明度和柔韧性拥有巨大的优势。Li等人将石墨烯片堆积在n型硅半导体上，得到了约1.65%的能量转换效率，并且为太阳能电池的性能与结构、钝化等提供了重要信息[119]。使用柱状硅取代平面硅，使用掺杂的石墨烯取代原始石墨烯可大大提高转换性能，达到8.6%的能量转换效率[120,121]。为了避免将气相沉积的石墨烯覆盖到硅上时的复杂程序，最近Zhang等人发现，使用传统的光刻硅技术可以直接将石墨烯纳米晶体生长在硅/二氧化硅上，得到的高效肖特基结太阳能电池在0.2V光功率下的光电压响应率达到300V·$W^{-1}$[122]。

# 8.6
# 储氢

氢气可以通过物理吸附或者化学吸附的过程与石墨烯表面进行相互作用。一方面物理吸附的氢气由于色散力（London forces）作用，动力学过程非常快，但由于氢气与石墨烯之间的键能小，热力学上是不稳定的。另一方面，化学吸附的氢气由于与石墨烯片层有非常强烈的相互作用，因而储氢效果较好。因此，吸收氢气的可逆性成为制造高效储氢材料的瓶颈。Tozzini和Pellegrini能级图[123]展示了储存原子氢以及分子氢的困难性（图8.14）。在本节中，我们将从实验和理论两个方面来分析石墨烯基底材料的储氢能力。

提高氢的储存能力的关键就是完全了解氢气在石墨烯材料上的吸附机理。为此，研究者对多种碳系统进行了大量的理论计算。Patchkovskii等人[124]通过对可逆模型系统的理论模拟解决了美国能源部（DOE）提出的为什么不能达到6.5%质量比以及62kg·$m^{-3}$密度目标的问题[125~127]。他们揭示了C-$H_2$的不准确交互电位以及先前理论上对其量子效应的疏忽而导致的对吸收能力的错误计算。通过对氢气在其附近环境（包括量子效应以及先前的交互电位）成键能力的计算，Patchkovskii等人指出在300K的情况下氢气-石墨烯的低反应自由能使其在实际情况中不适合储氢。但是，当组成石墨的石墨烯的层间距离增加后，物理吸附自由能以及$H_2$在石墨烯基底上的键能随之增加。Tozzini和Pellegrini[128]的一个早期理论研究显示质量容量达到8%是可以实现的，同时在波纹状石墨烯基底上实现了化学吸附氢的可逆性。他们提出了快速装载/卸载氢的机理，同时，其释放过程依赖的是石墨烯基底的可控倒置弯曲（图8.15）。两年后，Goler等人[129]通过使用扫描隧道显微（STM）技术使人们更好地研究了石墨烯的原子层的弯曲在原子氢与分子氢的储存与释放上的作用。这些测量结果证实了通过临近石墨烯层的可控弯曲可制造出理想的储氢应用材料。

最新研究表明，GO在储氢方面是一种很好的选择材料。因为GO除了有着石墨烯比表面积高、质量轻、无污染以及加工成本低等优点之外，表面及边缘还有含氧官能团，有利于进一步的化学修饰，例如掺杂过渡金属等。Wang等人[130]发现，钛可以与GO表面的羟基相互作用，能够有效地阻止GO片层的团聚。同时，

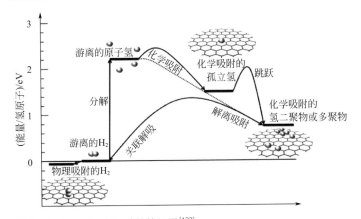

图8.14 石墨烯-氢系统的能级图[123]

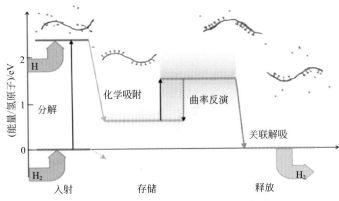

图8.15 Tozzini和Pellegrini提出的储氢微观原理[128]

GO表面的烃基数量可以调节，材料储氢的质量分数与体积比容量分别可以达到4.9%与64g·L$^{-1}$。另外，含氧官能团也可以被进一步的功能化来增大GO层之间的空间，从而提供充足的GO层间距用来吸收氢。Burress等人[131]将硼酸与GO连接起来创造了一种新的表层结构，被称为有机石墨结构（GOF）。同时，从理论上预测了不同连接密度下GOF的氢吸收量。Subrahmanyam等人[132]展示了GO可以在含有Li的液氨中通过Birch还原反应被还原成只有几层的氢化石墨烯，通过采用氮气的吸/脱测试方法，材料展现出非常大的表面积。同时，元素分析显示在额外的Li值下，具有5%（质量分数）的储氢能力。同时，氢在不同覆盖率下与石墨烯表面不同位点的作用力也被计算出来，研究发现氢原子与石墨烯表面的键能在覆盖率为50%的时候最大。

最近Guo等人[133]成功地制备出了具有最高物理吸附实验值的石墨烯，材料通过热剥离GO就可以获得。由于其含有微孔（0.8nm）、介孔（4nm）和大孔（>50nm），材料因而也拥有分级多孔结构。同时由于材料的高比表面积（1305m$^2$·g$^{-1}$）和超过4%（质量分数）的储氢量，使它达到了美国能源部提出的实现氢能源实用化的目标（图8.16）。Guo等人同时也认为材料的高储氢值可能会通过掺杂金属、表面功能化、边-点剪裁得到更大幅度的提高。

理论研究表明，另一种提高石墨烯储氢能力的方法是在石墨烯表面适当掺杂或吸附金属（碱金属、碱土金属、过渡金属）。这些研究发现通过H$_2$和金属作用有两种途径来增加氢气的吸收。第一种依赖于H$_2$的极化，碱金属建立的电场使H$_2$的结合能约为0.2eV[134~137]，这些系统的质量比容甚至可以超过DOE目标。第二种方法是利用Kubas交互作用，即通过H$_2$的σ或σ*轨道与过渡金属电子轨道杂

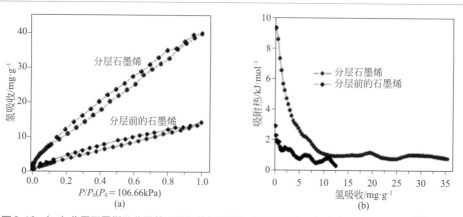

图8.16 （a）分层石墨烯及分层前石墨烯的氢吸附和解吸等温线；（b）氢吸附的吸附热[133]

化来获得 0.2～0.6eV 的结合能，可用于储氢[138～142]。Liu 等人[143]用这种方法获得了钛掺杂的石墨烯，因氢原子和钛原子之间的结合能增加，其密度泛函（DFT）计算预测出高的储氢容量。该方法中，钛原子不会聚集，因此最大限度地促进了氢的吸收。而其他过渡金属，由于存在巨大的内聚能，容易聚集，所以对氢气的吸收能力变弱。事实上，团聚阻碍了分离，从而降低了储氢容量。因此，拥有较小内聚能的金属，如碱金属和碱土金属引起了人们的巨大关注[144,145]。钙的内聚能为 1.8eV，是一种低内聚能的碱土金属[146]。Lee 等人[147]提出一种方案，用钙去修饰石墨烯，Ca 的 3d 空轨道和 $H_2$ 的 σ 键超共轭以及 $H_2$ 的极化使吸附的 $H_2$ 拥有约 0.2V 的结合能。作者认为，孤立的钙原子倾向于吸附在石墨烯的锯齿状边缘（图 8.17），导致质量储氢容量为 5%。同样，Beheshti 等人[148]使用第一原理计

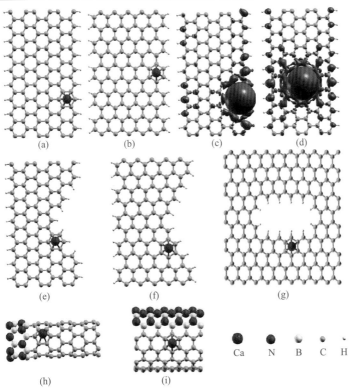

图 8.17 （a），（b）吸附在锯齿状和扶手椅型石墨烯纳米带上的钙原子的最佳原子几何图形；（c），（d）当钙原子分别在边缘和中间时，钙原子和锯齿状纳米带之间的电荷密度差，红色表示电子累计，蓝色表示损耗；（e）～（i）钙原子的最佳原子结构，分别吸附在锯齿状-扶手椅边-石墨烯纳米带上的扶手椅边缘，扶手椅型-锯齿状边缘-石墨烯纳米带的锯齿状边缘，大型空位-缺陷石墨烯的锯齿状边缘，CBN 纳米管结和混合的 C-BN 纳米管[147]

算研究了钙修饰掺硼石墨烯的氢吸附能力,发现其质量储氢容量为8.32%。Wang等人[149]还发现钠修饰掺硼石墨烯的储氢能力更强(11.7%)。不过,现在还没有可靠的实验来证实这些预测。

Ao等人[150]预测,铝掺杂石墨烯的储氢能力堪比钙修饰石墨烯。他们通过分子动力学计算来研究温度和压力对吸附/解吸附动力学的影响,发现在300K、0.1GPa条件下有着最大的储氢能力(5.13%、质量分数)。之后Ao和Peeters等人[151]发现,两面都有铝修饰的石墨烯膜可以存储13.79%(质量分数)的氢,平均吸附能为–0.193eV/$H_2$,远远超过了DOE目标。而这种卓越的$H_2$吸附能力则是由于吸附的铝分子作为一个桥梁连接着$H_2$的电子云和石墨烯层。

# 8.7
# 总结与展望

过去十年来,石墨烯在能源材料与器件领域中的发展非常迅速,然而大量的研究结果都只是在实验室中获得的,对于石墨烯这样一种明星材料能否在实际能源领域中发挥作用,其前景仍然不是很明朗。将理论研究与实际应用相结合才是当下最主要的任务。目前在能源领域制备石墨烯的主要方法是将天然石墨粉先氧化成GO,然后再还原成RGO。这种方法廉价且适合大规模制备石墨烯材料,但是该方法中涉及强酸和强氧化剂的使用,这将会对环境产生较大的污染,同时通过化学氧化还原法获得的RGO会引入大量的缺陷,而这些缺陷也将极大地影响石墨烯材料的电化学性能(如循环稳定性等)。因此,开发绿色大规模制备高质量石墨烯材料的方法是目前面临的最大挑战。此外,将石墨烯(或RGO)与其他电活性材料进行复合可以发挥协同作用,石墨烯的引入可以作为柔性载体缓冲纳米粒子的体积膨胀,增强电极材料的稳定性。而纳米粒子的引入可以阻隔石墨烯片层的团聚,保持石墨烯片层高的电化学活性[152~156]。因此,通过对石墨烯材料(包括复合材料)的结构进行合理的构筑,以期获得材料最佳的电化学性能将是石墨烯材料在未来能源领域中的一种发展趋势。

## 参考文献

[1] Simon P, Gogotsi Y. Materials for electrochemical capacitors[J]. Nat Mater, 2008, 7: 845-854.

[2] Long J W, Langer D, Brousse T, et al. Asymmetric electrochemical capacitors-stretching the limits of aqueous electrolytes[J]. MRS Bulletin, 2011, 36: 513-522.

[3] Zhang L L, Zhao X S. Carbon-based materials as supercapacitor electrodes[J]. Chem Soc Rev, 2009, 38: 2520-2531.

[4] Sun Y, Wu Q, Shi G. Graphene based new energy materials[J]. Energy Environ Sci, 2011, 4: 1113-1132.

[5] Huang X, Zeng Z, Fan Z, et al. Graphene-based electrodes[J]. Adv Mater, 2012, 24: 5979-6004.

[6] Yan J, Wang Q, Wei T, et al. Recent advances in design and fabrication of electrochemical supercapacitors with high energy densities[J]. Adv Energy Mater, 2013, 4: 1300816.

[7] Stoller M D, Park S, Zhu Y, et al. Graphene-based ultracapacitors[J]. Nano Lett, 2008, 8: 3498-3502.

[8] Wang Y, Shi Z Q, Huang Y, et al. Supercapacitor devices based on graphene materials[J]. J Phys Chem C, 2009, 113: 13103-13107.

[9] Zhang L, Shi G. Preparation of highly conductive graphene hydrogels for fabricating supercapacitors with high rate capability[J]. J Phys Chem C, 2011, 115: 17206-17212.

[10] Jin Y, Huang S, Zhang M, et al. A green and efficient method to produce graphene for electrochemical capacitors from graphene oxide using sodium carbonate as a reducing agent[J]. Appl Surf Sci, 2013, 268: 541-546.

[11] Chen W, Yan L. In situ self-assembly of mild chemical reduction graphene for three-dimensional architectures[J]. Nanoscale, 2011, 3: 3132-3137.

[12] Chen Y, Zhang X, Zhang D, et al. High performance supercapacitors based on reduced graphene oxide in aqueous and ionic liquid electrolytes[J]. Carbon, 2011, 49: 573-580.

[13] Stankovich S, Dikin D A, Piner R D, et al. Synthesis of graphene-based nanosheets via chemical reduction of exfoliated graphite oxide[J]. Carbon, 2007, 45: 1558-1565.

[14] Si Y, Samulski E T. Exfoliated graphene separated by platinum nanoparticles[J]. Chem Mater, 2008, 20: 6792-6797.

[15] Vivekchand S R C, Rout C S, Subrahmanyam K S, et al. Graphene-based electrochemical supercapacitors[J]. J Chem Sci, 2008, 120: 9-13.

[16] Du X, Guo P, Song H, et al. Graphene nanosheets as electrode material for electric double-layer capacitors[J]. Electrochim Acta, 2010, 55: 4812-4819.

[17] Lv W, Tang D M, He Y B, et al. Low-temperature exfoliated graphenes: vacuum-promoted exfoliation and electrochemical energy storage[J]. ACS Nano, 2009, 3: 3730-3736.

[18] Zhu Y, Murali S, Stoller M D, et al. Microwave assisted exfoliation and reduction of graphite oxide for ultracapacitors[J]. Carbon, 2010, 48: 2118-2122.

[19] Zhang X, Zhang H, Li C, et al. Recent advances in porous graphene materials for supercapacitor applications[J]. RSC Adv, 2014, 4: 45862-45884.

[20] Li C, Shi G. Three-dimensional graphene architectures[J]. Nanoscale, 2012, 4(18): 5549-5563.

[21] Xu Y, Sheng K, Li C, et al. Self-assembled graphene hydrogel via a one-step hydrothermal process[J]. ACS Nano, 2010, 4: 4324-4330.

[22] Wu Q, Sun Y, Bai H, et al. High-performance supercapacitor electrodes based on graphene hydrogels modified with 2-aminoanthraquinone moieties[J]. Phys Chem Chem Phys, 2011, 13: 11193-11198.

[23] Zhang L, Shi G. Preparation of highly conductive graphene hydrogels for fabricating supercapacitors with high rate capability[J]. J Phys Chem C, 2011, 115: 17206-17212.

[24] Xu Y, Lin Z, Zhong X, et al. Holey graphene frameworks for highly efficient capacitive energy storage[J]. Nat Commun, 2014, 5: 4554.

[25] Chen J, Sheng K, Luo P, et al. Graphene

hydrogels deposited in nickel foams for high-rate electrochemical capacitors[J]. Adv Mater, 2012, 24: 4569-4573.

[26] Ye S, Feng J, Wu P. Deposition of three-dimensional graphene aerogel on nickel foam as a binder-free supercapacitor electrode[J]. ACS Appl Mater Interfaces, 2013, 5: 7122-7129.

[27] Xu Y, Lin Z, Huang X, et al. Flexible solid-state supercapacitors based on three-dimensional graphene hydrogel films[J]. ACS Nano, 2013, 7: 4042-4049.

[28] Zhu Y, Murali S, Stoller M D, et al. Carbon-based supercapacitors produced by activation of graphene[J]. Science, 2011, 332: 1537-1541.

[29] Raymundo-Pinero E, Azais P, Cacciaguerra T, et al. KOH and NaOH activation mechanisms of multiwalled carbon nanotubes with different structural organisation[J]. Carbon, 2005, 43: 786-795.

[30] Barranco V, Lillo-Rodenas M A, Linares-Solano A, et al. Amorphous carbon nanofibers and their activated carbon nanofibers as supercapacitor electrodes[J]. J Phys Chem C, 2010, 114: 10302-10307.

[31] Zhang L L, Zhao X, Stoller M D, et al. Highly conductive and porous activated reduced graphene oxide films for high-power supercapacitors[J]. Nano Lett, 2012, 12: 1806-1812.

[32] Zhang Z, Xiao F, Guo Y, et al. One-pot self-assembled three-dimensional $TiO_2$-graphene hydrogel with improved adsorption capacities and photocatalytic and electrochemical activities[J]. ACS Appl Mater Interfaces, 2013, 5: 2227-2233.

[33] Zhang K, Mao L, Zhang L L, et al. Surfactant-intercalated, chemically reduced graphene oxide for high performance supercapacitor electrodes[J]. J Mater Chem, 2011, 21: 7302-7307.

[34] Yan J, Wei T, Shao B, et al. Electrochemical properties of graphene nanosheet/carbon black composites as electrodes for supercapacitors[J]. Carbon, 2010, 48: 1731-1737.

[35] Qiu L, Yang X, Gou X, et al. Dispersing carbon nanotubes with graphene oxide in water and synergistic effects between graphene derivatives[J]. Chem Eur J, 2010, 16: 10653-10658.

[36] An X, Simmons T, Shah R, et al. Stable aqueous dispersions of noncovalently functionalized graphene from graphite and their multifunctional high-performance applications[J]. Nano Lett, 2010, 10: 4295-4301.

[37] Jeong H M, Lee J W, Shin W H, et al. Nitrogen-doped graphene for high-performance ultracapacitors and the importance of nitrogen-doped sites at basal planes[J]. Nano Lett, 2011, 11: 2472-2477.

[38] Zhao Y, Hu C, Hu Y, et al. A versatile, ultralight, nitrogen-doped grapheneframework[J]. Angew Chem Int Ed, 2012, 124: 11533-11537.

[39] Han J, Zhang L L, Lee S, et al. Generation of B-doped graphene nanoplatelets using a solution process and their supercapacitor applications[J]. ACS Nano, 2012, 7: 19-26.

[40] Wang C, Zhou Y, Sun L, et al. N/P-codoped thermally reduced graphene for high-performance supercapacitor applications[J]. J Phys Chem C, 2013, 117: 14912-14919.

[41] El-Kady M F, Strong V, Dubin S, et al. Laser scribing of high-performance and flexible graphene-based electrochemical capacitors[J]. Science, 2012, 335: 1326-1330.

[42] Yang X, Cheng C, Wang Y, et al. Liquid-mediated dense integration of graphene materials for compact capacitive energy storage[J]. Science, 2013, 341: 534-537.

[43] Yan J, Wang Q, Wei T, et al. Template-assisted low temperature synthesis of functionalized graphene for ultrahigh volumetric performance supercapacitors[J]. ACS Nano, 2014, 8: 4720-4729.

[44] Scrosati B, Garche J. Lithium batteries: Status, prospects and future[J]. Journal of Power Sources[J], 2010, 195: 2419-2430.

[45] Dahn J R, Zheng T, Liu Y, et al. Mechanisms for lithium insertion in carbonaceous materials[J]. Science, 1995, 270: 590-593.

[46] Liu Y, Xue J S, Zheng T, et al. Mechanism of

- [47] Caballero Á, Morales J. Can the performance of graphene nanosheets for lithium storage in Li-ion batteries be predicted? [J]. Nanoscale, 2012, 4: 2083-2092.
- [48] Yoo E J, Kim J, Hosono E, et al. Large reversible Li storage of graphene nanosheet families for use in rechargeable lithium ion batteries[J]. Nano Lett, 2008, 8: 2277-2282.
- [49] Lian P C, Zhu X F, Liang S Z, et al. Large reversible capacity of high quality graphene sheets as an anode material for lithium-ion batteries[J]. Electrochimica Acta, 2010, 55: 3909-3914.
- [50] Winter M, Besenhard J O, Spahr M E, et al. Insertion electrode materials for rechargeable lithium batteries[J]. Adv Mater, 1998, 10: 725-763.
- [51] Vargas O, Caballero Á, Morales J. Enhanced electrochemical performance of maghemite/graphene nanosheets composite as electrode in half and full Li-ion cells[J]. Electrochimica Acta, 2014, 130: 551-558.
- [52] Hassoun J, Bonaccorso F, Agostini M, et al. An advanced lithium-ion battery based on a graphene anode and a lithium iron phosphate cathode[J]. Nano Lett, 2014, 14: 4901-4906.
- [53] Wu Z S, Zhou G, Yin L C, et al. Graphene/metal oxide composite electrode materials for energy storage[J]. Nano Energy, 2012, 1: 107-131.
- [54] Raccichini R, Varzi A, Passerini S, et al. The role of graphene for electrochemical energy storage[J]. Nat Mater, 2015, 14: 271-279.
- [55] Li T, Gao L J. A high-capacity graphene nanosheet material with capacitive characteristics for the anode of lithium-ion batteries[J]. J Solid State Electrochem, 2012, 16: 557-561.
- [56] Wang H, Zhang C, Liu Z, et al. Nitrogen-doped graphene nanosheets with excellent lithium storage properties[J]. J Mater Chem, 2011, 21: 5430-5434.
- [57] Zhou G, Li F, Cheng H M. Progress in flexible lithium batteries and future prospects[J]. Energy Environ Sci, 2014, 7: 1307-1338.
- [58] Kim H, Lim H D, Kim J, et al. Graphene for advanced Li/S and Li/air batteries[J]. J Mater Chem A, 2014, 2: 33-47.
- [59] Zu C, Manthiram A. Hydroxylated graphene-sulfur nanocomposites for high-rate lithium-sulfur batteries[J]. Adv Energy Mater, 2013, 3: 1008-1012.
- [60] Zhao M Q, Zhang Q, Huang J Q, et al. Unstacked double-layer templated graphene for high-rate lithium-sulphur batteries[J]. Nature Commun, 2014, 5: 3410.
- [61] Lu S, Chen Y, Wu X, et al. Three-dimensional sulfur/graphene multifunctional hybrid sponges for lithium-sulfur batteries with large areal mass loading[J]. Sci Rep, 2014, 4: 4629.
- [62] Yin Y X, Xin S, Guo Y G, et al. Lithium-sulfur batteries: electrochemistry, materials, and prospects[J]. Angew Chem Int Ed, 2013, 52: 13186-13200.
- [63] Wang Y X, Chou S L, Liu H K, et al. Reduced graphene oxide with superior cycling stability and rate capability for sodium storage[J]. Carbon, 2013, 57: 202-208.
- [64] Ding J, Wang H, Li Z, et al. Carbon nanosheet frameworks derived from peat moss as high performance sodium ion battery anodes[J]. ACS Nano, 2013, 7: 11004-11015.
- [65] Lee J S, Tai Kim S, Cao R, et al. Metal-air batteries with high energy density: Li-air versus Zn-air[J]. Adv Energy Mater, 2011, 1: 34-50.
- [66] Ogasawara T, Débart A, Holzapfel M, et al. Rechargeable $Li_2O_2$ electrode for lithium batteries[J]. J Am Chem Soc, 2006, 128: 1390-1393.
- [67] Zhu J, Yang D, Yin Z, et al. Graphene and graphene-based materials for energy storage applications[J]. Small, 2014, 10: 3480-3498.
- [68] Girishkumar G, McCloskey B, Luntz A C, et al. Lithium–air battery: promise and challenges[J]. J Phys Chem Lett, 2010, 1: 2193-2203.
- [69] Jung H G, Hassoun J, Park J B, et al. An improved high-performance lithium-air battery[J]. Nat Chem, 2012, 4: 579-585.
- [70] Kim H, Lim H D, Kim J, et al. Graphene for

advanced Li/S and Li/air batteries[J]. J Mater Chem A, 2014, 2: 33-47.

[71] Hartmann P, Bender C L, Vračar M, et al. A rechargeable room-temperature sodium superoxide($NaO_2$)battery[J]. Nature Mater, 2013, 12: 228-232.

[72] Liu W, Sun Q, Yang Y, et al. An enhanced electrochemical performance of a sodium-air battery with graphene nanosheets as air electrode catalysts[J]. Chem Commun, 2013, 49: 1951-1953.

[73] Li Y, Yadegari H, Li X, et al. Superior catalytic activity of nitrogen-doped graphene cathodes for high energy capacity sodium-air batteries[J]. Chem Commun, 2013, 49: 11731-11733.

[74] Brownson D A C, Munro L J, Kampouris D K, et al. Electrochemistry of graphene: not such a beneficial electrode material? [J]. Rsc Adv, 2011, 1: 978-988.

[75] Sheng Z H, Gao H L, Bao W J, et al. Synthesis of boron doped graphene for oxygen reduction reaction in fuel cells[J]. J Mater Chem, 2012, 22: 390-395.

[76] Bao X, Nie X, von Deak D, et al. A first-principles study of the role of quaternary-N doping on the oxygen reduction reaction activity and selectivity of graphene edge sites[J]. Top Catal, 2013, 56: 1623-1633.

[77] Fan X, Zheng W T, Kuo J L. Oxygen reduction reaction on active sites of heteroatom-doped graphene[J]. Rsc Adv, 2013, 3: 5498-5505.

[78] Zheng Y, Jiao Y, Ge L, et al, Nitrogen doping in graphene for enhanced synergistic catalysis[J]. Angew Chem Int Ed, 2013, 52: 3110-3116.

[79] Yang Z, Yao Z, Li G, et al. Sulfur-doped graphene as an efficient metal-free cathode catalyst for oxygen reduction[J]. ACS Nano, 2011, 6: 205-211.

[80] Kong X, Chen Q, Sun Z. Enhanced oxygen reduction reactions in fuel cells on H-decorated and B-substituted graphene[J]. Chem Phys Chem, 2013, 14: 514-519.

[81] Zhang L, Xia Z. Mechanisms of oxygen reduction reaction on nitrogen-doped graphene for fuel cells[J]. J Phys Chem C, 2011, 115: 11170-11176.

[82] Jin Z, Nie H, Yang Z, et al. Metal-free selenium doped carbon nanotube/graphene networks as a synergistically improved cathode catalyst for oxygen reduction reaction[J]. Nanoscale, 2012, 4: 6455-6460.

[83] Jeon I Y, Choi H J, Choi M, et al. Facile, scalable synthesis of edge-halogenated graphene nanoplatelets as efficient metal-free eletrocatalysts for oxygen reduction reaction[J]. Sci Rep, 2013, 3: 1810.

[84] Yao Z, Nie H, Yang Z, et al. Catalyst-free synthesis of iodine-doped graphene via a facile thermal annealing process and its use for electrocatalytic oxygen reduction in an alkaline medium[J]. Chem Commun, 2012, 48: 1027-1029.

[85] Wu Z S, Yang S, Sun Y, et al. 3D nitrogen-doped graphene aerogel-supported $Fe_3O_4$ nanoparticles as efficient electrocatalysts for the oxygen reduction reaction[J]. J Am Chem Soc, 2012, 134: 9082-9085.

[86] Liang Y, Li Y, Wang H, et al. $Co_3O_4$ nanocrystals on graphene as a synergistic catalyst for oxygen reduction reaction[J]. Nat Mater, 2011, 10: 780-786.

[87] Lai L, Potts J R, Zhan D, et al. Exploration of the active center structure of nitrogen-doped graphene-based catalysts for oxygen reduction reaction[J]. Energy Environ Sci, 2012, 5: 7936-7942.

[88] Sheng Z H, Shao L, Chen J J, et al. Catalyst-free synthesis of nitrogen-doped graphene via thermal annealing graphite oxide with melamine and its excellent electrocatalysis[J]. ACS Nano, 2011, 5: 4350-4358.

[89] Choi C H, Chung M W, Park S H, et al. Enhanced electrochemical oxygen reduction reaction by restacking of N-doped single graphene layers[J]. RSC Adv, 2013, 3: 4246-4253.

[90] Luo Z, Lim S, Tian Z, et al. Pyridinic N doped graphene: synthesis, electronic structure, and electrocatalytic property[J]. J Mater Chem, 2011,

21: 8038-8044.

[91] Kim H, Lee K, Woo S I, et al. On the mechanism of enhanced oxygen reduction reaction in nitrogen-doped graphene nanoribbons[J]. Phys Chem Chem Phys, 2011, 13: 17505-17510.

[92] Lee K R, Lee K U, Lee J W, et al. Electrochemical oxygen reduction on nitrogen doped graphene sheets in acid media[J]. Electrochem Commun, 2010, 12: 1052-1055.

[93] Peng H, Mo Z, Liao S, et al. High performance Fe-and N-doped carbon catalyst with graphene structure for oxygen reduction[J]. Sci Rep, 2013, 3: 1765.

[94] Byon H R, Suntivich J, Shao-Horn Y. Graphene-based non-noble-metal catalysts for oxygen reduction reaction in acid[J]. Chem Mater, 2011, 23: 3421-3428.

[95] Kamiya K, Hashimoto K, Nakanishi S. Instantaneous one-pot synthesis of Fe-N-modified graphene as an efficient electrocatalyst for the oxygen reduction reaction in acidic solutions[J]. Chem Commun, 2012, 48: 10213-10215.

[96] Yin Z, Zhu J, He Q, et al. Graphene-based materials for solar cell applications[J]. Adv Energy Maters, 2014, 4: 1300574.

[97] Jariwala D, Sangwan V K, Lauhon L J, et al. Carbon nanomaterials for electronics, optoelectronics, photovoltaics, and sensing[J]. Chem Soc Rev, 2013, 42: 2824-2860.

[98] Grätzel M. Dye-sensitized solar cells[J]. J Photochem Photobiol C, 2003, 4: 145-153.

[99] Kavan L, Yum J H, Gratzel M. Graphene-based cathodes for liquid-junction dye sensitized solar cells: electrocatalytic and mass transport effects[J]. Electrochim Acta, 2014, 128: 349-359.

[100] Wang X, Zhi L, Müllen K. Transparent, conductive graphene electrodes for dye-sensitized solar cells[J]. Nano Lett, 2008, 8: 323-327.

[101] Lee K S, Lee Y, Lee J Y, et al. Flexible and platinum-free dye-sensitized solar cells with conducting-polymer-coated graphene counter electrodes[J]. Chem Sus Chem, 2012, 5: 379-382.

[102] Kavan L, Yum J H, Grätzel M. Graphene nanoplatelets outperforming platinum as the electrocatalyst in Co-bipyridine-mediated dye-sensitized solar cells[J]. Nano Lett, 2011, 11: 5501-5506.

[103] Kavan L, Yum J H, Grätzel M. Optically transparent cathode for dye-sensitized solar cells based on graphene nanoplatelets[J]. ACS Nano, 2010, 5: 165-172.

[104] Kavan L, Yum J H, Gratzel M. Optically transparent cathode for Co(Ⅲ/Ⅱ)mediated dye-sensitized solar cells based on graphene oxide[J]. ACS Appl Mater Interfaces, 2012, 4: 6998-7005.

[105] Dai L. Layered graphene/quantum dots: nanoassemblies for highly efficient solar cells[J]. Chem Sus Chem, 2010, 3: 797-799.

[106] Guo C X, Yang H B, Sheng Z M, et al. Layered graphene/quantum dots for photovoltaic devices[J]. Angew Chem Int Ed, 2010, 49: 3014-3017.

[107] Bi H, Huang F, Liang J, et al. Transparent conductive graphene films synthesized by ambient pressure chemical vapor deposition used as the front electrode of CdTe solar cells[J]. Adv Mater, 2011, 23: 3202-3206.

[108] Seol M, Youn D H, Kim J Y, et al. Mo-compound/CNT-graphene composites as efficient catalytic electrodes for quantum-dot-sensitized solar cells[J]. Adv Energy Mater, 2014, 4: 1300775.

[109] Lin T, Huang F, Liang J, et al. A facile preparation route for boron-doped graphene, and its CdTe solar cell application[J]. Energy Environ Sci, 2011, 4: 862-865.

[110] Wu J, Becerril H A, Bao Z, et al. Organic solar cells with solution-processed graphene transparent electrodes[J]. Appl Phys Lett, 2008, 92: 263302-1-263302-3.

[111] Becerril H A, Mao J, Liu Z, et al. Evaluation of solution-processed reduced graphene oxide films as transparent conductors[J]. ACS Nano, 2008, 2: 463-470.

[112] Yin Z, Sun S, Salim T, et al. Organic photovoltaic devices using highly flexible reduced graphene oxide films as transparent electrodes[J]. ACS Nano, 2010, 4: 5263-5268.

[113] Gomez De Arco L, Zhang Y, Schlenker C W, et al. Continuous, highly flexible, and transparent graphene films by chemical vapor deposition for organic photovoltaics[J]. ACS Nano, 2010, 4: 2865-2873.

[114] Zhang D, Xie F, Lin P, et al. Al-TiO$_2$ composite-modified single-layer graphene as an efficient transparent cathode for organic solar cells[J]. ACS Nano, 2013, 7: 1740-1747.

[115] Liu J, Durstock M, Dai L. Graphene oxide derivatives as hole-and electron-extraction layers for high-performance polymer solar cells[J]. Energy Environ Sci, 2014, 7: 1297-1306.

[116] Li S S, Tu K H, Lin C C, et al. Solution-processable graphene oxide as an efficient hole transport layer in polymer solar cells[J]. ACS Nano, 2010, 4: 3169-3174.

[117] Jeon Y J, Yun J M, Kim D Y, et al. High-performance polymer solar cells with moderately reduced graphene oxide as an efficient hole transporting layer[J]. Energy Mater Sol Cells, 2012, 105: 96-102.

[118] Ye Y, Dai L. Graphene-based Schottky junction solar cells[J]. J Mater Chem, 2012, 22: 24224-24229.

[119] Li X, Zhu H, Wang K, et al. Graphene-on-silicon Schottky junction solar cells[J]. Adv Mater, 2010, 22: 2743-2748.

[120] Feng T, Xie D, Lin Y, et al. Efficiency enhancement of graphene/silicon-pillar-array solar cells by HNO$_3$ and PEDOT-PSS[J]. Nanoscale, 2012, 4: 2130-2133.

[121] Miao X, Tongay S, Petterson M K, et al. High efficiency graphene solar cells by chemical doping[J]. Nano Lett, 2012, 12: 2745-2750.

[122] Zhang Z, Guo Y, Wang X, et al. Direct growth of nanocrystalline graphene/graphite transparent electrodes on Si/SiO$_2$ for metal-free Schottky junction photodetectors[J]. Adv Funct Mater, 2014, 24: 835-840.

[123] Tozzini V, Pellegrini V. Prospects for hydrogen storage in graphene[J]. Phys Chem Chem Phys, 2013, 15: 80-89.

[124] Patchkovskii S, John S T, Yurchenko S N, et al. Graphene nanostructures as tunable storage media for molecular hydrogen[J]. PNAS, 2005, 102: 10439-10444.

[125] Arellano J S, Molina L M, Rubio A, et al. Density functional study of adsorption of molecular hydrogen on graphene layers[J]. J Chem Phys, 2000, 112: 8114-8119.

[126] Darkrim F, Vermesse J, Malbrunot P, et al. Monte Carlo simulations of nitrogen and hydrogen physisorption at high pressures and room temperature: comparison with experiments[J]. J Chem Phys, 1999, 110: 4020-4027.

[127] Tran F, Weber J, Wesolowski T A, et al. Physisorption of molecular hydrogen on polycyclic aromatic hydrocarbons: a theoretical study[J]. J Phys Chem B, 2002, 106: 8689-8696.

[128] Tozzini V, Pellegrini V. Reversible hydrogen storage by controlled buckling of graphene layers[J]. J Phys Chem C, 2011, 115: 25523-25528.

[129] Goler S, Coletti C, Tozzini V, et al. Influence of graphene curvature on hydrogen adsorption: toward hydrogen storage devices[J]. J Phys Chem C, 2013, 117: 11506-11513.

[130] Wang L, Lee K, Sun Y Y, et al. Graphene oxide as an ideal substrate for hydrogen storage[J]. ACS Nano, 2009, 3: 2995-3000.

[131] Burress J W, Gadipelli S, Ford J, et al. Graphene oxide framework materials: theoretical predictions and experimental results[J]. Angew Chem Int Ed, 2010, 49: 8902-8904.

[132] Subrahmanyam K S, Kumar P, Maitra U, et al. Chemical storage of hydrogen in few-layer graphene[J]. PNAS, 2011, 108: 2674-2677.

[133] Guo C X, Wang Y, Li C M. Hierarchical graphene-based material for over 4.0 wt% physisorption hydrogen storage capacity[J]. ACS Sustainable Chem Eng, 2012, 1: 14-18.

[134] Sun Q, Jena P, Wang Q, et al. First-principles study of hydrogen storage on $Li_{12}C_{60}$[J]. J Am Chem Soc, 2006, 128: 9741-9745.

[135] Chandrakumar K R S, Ghosh S K. Alkali-metal-induced enhancement of hydrogen adsorption in $C_{60}$ fullerene: an ab initio study[J]. Nano Lett, 2008, 8: 13-19.

[136] Yoon M, Yang S, Hicke C, et al. Calcium as the superior coating metal in functionalization of carbon fullerenes for high-capacity hydrogen storage[J]. Phys Rev Lett, 2008, 100: 206806.

[137] Wang Q, Sun Q, Jena P, et al. Theoretical study of hydrogen storage in Ca-coated fullerenes[J]. J Chem Theory Comput, 2009, 5: 374-379.

[138] Zhao Y, Kim Y H, Dillon A C, et al. Hydrogen storage in novel organometallic buckyballs[J]. Phys Rev Lett, 2005, 94: 155504.

[139] Yildirim T, Ciraci S. Titanium-decorated carbon nanotubes as a potential high-capacity hydrogen storage medium[J]. Phys Rev Lett, 2005, 94: 175501.

[140] Shin W H, Yang S H, Goddard W A, et al. Ni-dispersed fullerenes: hydrogen storage and desorption properties[J]. Appl Phys Lett, 2006, 88: 053111-1-053111-3.

[141] Lee H, Choi W I, Ihm J. Combinatorial search for optimal hydrogen-storage nanomaterials based on polymers[J]. Phys Rev Lett, 2006, 97: 056104.

[142] Durgun E, Ciraci S, Zhou W, et al. Transition-metal-ethylene complexes as high-capacity hydrogen-storage media[J]. Phys Rev Lett, 2006, 97: 226102.

[143] Liu Y, Ren L, He Y, et al. Titanium-decorated graphene for high-capacity hydrogen storage studied by density functional simulations[J]. J Phys Condens Matter, 2010, 22: 445301.

[144] Chen P, Wu X, Lin J, et al. High $H_2$ uptake by alkali-doped carbon nanotubes under ambient pressure and moderate temperatures[J]. Science, 1999, 285: 91-93.

[145] Yang R T. Hydrogen storage by alkali-doped carbon nanotubes-revisited[J]. Carbon, 2000, 38: 623-626.

[146] Sham L J, Kohn W. One-particle properties of an inhomogeneous interacting electron gas[J]. Phys Rev, 1966, 145: 561.

[147] Lee H, Ihm J, Cohen M L, et al. Calcium-decorated graphene-based nanostructures for hydrogen storage[J]. Nano Lett, 2010, 10: 793-798.

[148] Beheshti E, Nojeh A, Servati P. A first-principles study of calcium-decorated, boron-doped graphene for high capacity hydrogen storage[J]. Carbon, 2011, 49: 1561-1567.

[149] Wang F D, Wang F, Zhang N N, et al. High-capacity hydrogen storage of Na-decorated graphene with boron substitution: first-principles calculations[J]. Chem Phys Lett, 2013, 555: 212-216.

[150] Ao Z M, Jiang Q, Zhang R Q, et al. Al doped graphene: a promising material for hydrogen storage at room temperature[J]. J Appl Phys, 2009, 105: 074307.

[151] Ao Z M, Peeters F M. High-capacity hydrogen storage in Al-adsorbed graphene[J]. Phys Rev B, 2010, 81: 205406.

[152] Lee W W, Lee J M. Novel synthesis of high performance anode materials for lithium-ion batteries(LIBs)[J]. J Mater Chem A, 2014, 2: 1589-1626.

[153] Yu D Y W, Prikhodchenko P V, Mason C W, et al. High-capacity antimony sulphide nanoparticle-decorated graphene composite as anode for sodium-ion batteries[J]. Nat Commun, 2013, 4: 2922.

[154] Huang Y, Liang J, Chen Y. An overview of the applications of graphene based materials in supercapacitors[J]. Small, 2012, 8: 1805-1834.

[155] Chen J, Li C, Shi G Q. Graphene materials for electrochemical capacitors[J]. J Phys Chem Lett, 2013, 4: 1244-1253.

[156] Zhao M Q, Zhang Q, Huang J Q, et al. Unstacked double-layer templated graphene for high-rate lithium-sulphur batteries[J]. Nat Commun, 2014, 5: 3410.

# NANOMATERIALS
石墨烯：从基础到应用

# Chapter 9

# 第 9 章
# 石墨烯的工业应用前景与展望

赵增华，王钰
中国科学院过程工程研究所

9.1 引言
9.2 功能材料
9.3 能源存储与转换
9.4 环境监测与治理
9.5 总结与展望

## 9.1 引言

人类文明的进步与材料的革新休戚相关。纵观材料发展历程，从金属材料、高分子材料，到半导体晶体材料，以及目前炙手可热的碳纳米材料，每一次新材料从发现到应用，都经过了发现材料的创造期，寻求应用和商业化过程的蛰伏期，到最终创造巨大社会和经济效益的爆发期。新材料应用探索和工业推广的过程都需要经历一段艰难而充满不确定因素的漫长时期。石墨烯[1]——第三代碳纳米材料（第一代富勒烯[2]，第二代碳纳米管[3]）的发展，正在经历这一过程。

2004年，物理学家在实验室中采用微剥离的方法证明了单层碳原子的存在[4]。石墨烯一经发现就因独特的力、电、光、热等性能吸引了全球科学家们迅速展开激烈的研究竞争[5,6]。十多年的理论和技术研究证明，要想真正实现石墨烯的商品属性，就必须从工业的角度重新审视这一性能独特的材料[7]。

从工业角度出发，石墨烯的属性发生了本质的变化。首先是概念的不同，石墨烯不再是一层薄薄的碳原子，而是数以吨计的工业原料，是某种材料的改性增强相或涂层，是器件的组成单元或电极，是过滤输送产品的膜系统等。其次，石墨烯并非诞生于2004年，而是早就为人所用。上溯到19世纪初，石墨片层材料的研究就已广泛开展，只是当时还没有能够观察到单层碳原子的设备。1970年在镍基体上剥离得到了当时被称为单层石墨的材料[8]。20世纪80年代，美国联合碳化物公司（Union Carbide）生产的柔性石墨（grafoil）比表面积只有20$m^2 \cdot g^{-1}$，以如今的标准可称为100层的石墨烯。虽然我们对石墨烯的研究在不断深入，但真正能够体现其特异性能的产品还未实现。以力学性能为例，石墨烯具有独特的量子力学性能，是单位质量强度最大的材料[9]。1$m^2$结构完美的石墨烯可以承载4t的质量，其本身质量却只有0.77g，并且透明，但这样神奇的商品还无法在市场上获得，真正的产业化应用并未出现[10]。

石墨烯的价值是否会因此受到质疑，如果进行比较就不难发现答案。研究者用了近30年的时间研究了富勒烯、碳纳米管和石墨烯的性能，但他们的商业应用没那么快也没那么容易。富勒烯，1985年被发现，1996年获得诺贝尔奖，至今几乎没有任何真正的商业应用案例。碳纳米管，1991年被发现以来，高昂的生产成本严重制约了其应用发展。回顾历史，19世纪中期发现的铝，经过50年才实现了可规模化生产的工艺，又经过50年发展才成为产量最大的有色金属，广泛应用于航空航天、汽车、建筑等领域。半导体晶体材料硅的研发应用也经历了类似的过程。与此相比，石墨烯的工业化应用技术充满挑战的同时也占有优势[11]。最主要的原因是石墨烯和碳纳米管的应用方向多有交叉，受益于碳纳米管的研究经验，石墨烯能够避免出现碳纳米管工业应用早期所遇到的相似问题。回顾石墨烯自被发现以来，所经历的研究历程和未来将面向的工业化发展路线，大体可划分为3个阶段。

第一阶段，石墨烯被发现。在5年左右的时间里，从微剥离法获得单层石墨烯，到石墨烯的物化性能参数被确定，石墨烯的实验室制备和性能测试体系日趋成熟[7]。在应用方面，科学家认为石墨烯比碳纳米管具有更大的比表面积，易于加工，可降低成本。另外在结构上，CNT曲率半径小，缠绕团聚严重，很难分散开，在超级电容和其他能源领域应用严重受限。石墨烯的片层结构可以降低这种团聚的概率，二维结构电阻更低。产品纯度比CNT高，易于官能化，导热性佳。大量科研数据为石墨烯的工业化应用奠定了坚实的基础。在此期间，个别大企业也投入到相应的研究中。例如，2004年，陶氏开始关注石墨烯的研究，目标是电缆屏蔽料（价格为每吨约3.7万元）的研发，5年研究认为成本不可接受，未得到推进。2009年，"Nature Nanotechnology"的副主编Segal评价石墨烯产量为每年15t[12]，但这些产品还没有找到它们的用武之地。

第二阶段，是石墨烯的应用探索阶段，研究方向逐渐由制备和性能转向具有工业化潜能的应用研究，个别方向初步实现产业化生产，这一过程乐观估计需要10～15年的时间。2010年获得诺贝尔奖后，大量从事应用研究的学者开始以石墨烯为金钥匙，希望能够开启他们各自研究领域的瓶颈[13]。在石墨烯应用研究过程中，石墨烯的实验室性能数据与应用中采用的石墨烯性能参数间产生了巨大差距。以比表面积数据为例，理论上单层石墨烯的比表面积为$2600m^2 \cdot g^{-1}$，工业级最好的样品能够达到$1000～1800m^2 \cdot g^{-1}$[12]，陶氏则认为比表面积为$500m^2 \cdot g^{-1}$是石墨烯性能可被接受的一个尺度，超级电容使用的石墨烯比表面积在$400～700m^2 \cdot g^{-1}$，这些都远低于单层石墨烯的理论值。再来看导热性，单层石墨烯的热导率为$5000W \cdot m^{-1} \cdot K^{-1}$[14]，比制备出性能最好的石墨烯复合材料高3个数量级。石墨烯的其他性能也都存在相似的情况，由此可见，单层石墨烯的超高性能对工业应用来讲是遥不可及的。

在石墨烯的应用研究中，全球各国政府、科研机构和跨国企业竞相投入巨资开发新材料、新产品。2009年韩国投入3亿美元用于石墨烯商业化材料的研发[15]。2012年英国工程物理科学研究委员会斥资3800万英镑在曼彻斯特大学建立石墨烯国家实验室用于石墨烯的工业应用转化研究，于2015年开放。当地的科学家和来自全球的工业研发人员协同工作。该计划还在校外开发了相应的配资企业，这样以技术革新为中心的工业革新还是较为罕见的。2014年欧盟投入10亿欧元开展欧洲石墨烯旗舰项目，涉及23个国家140个机构[13]。在政府的大力支持下，我国无论是研究投入，还是成果取得上都可称为石墨烯大国[16]。

企业方面，从IBM到三星都在研究石墨烯的电性能，认为可以很快取代硅芯片，三星率先制备出了石墨烯触摸屏[17]。巴斯夫与美国沃贝克材料公司（Vorbeck）联合开发了石墨烯相关产品电池表带。英国石墨烯企业纳米化学（Nanochem）2013年在英国上市，是第一家上市的石墨烯公司，该公司独家许可持有的Catalyx工艺，使用催化剂提取生物气（例如甲烷）来制作石墨烯，主要应用方向有石墨烯增强润滑油（用于页岩气开采）、石墨烯为基础的锂离子电池以及石墨烯的水处理系统。该公司公布2014年第四季度已经实现盈利，在2015～2016年推出高利润新产品[18]。知名运动品牌海德生产了石墨烯网球拍[19]。初步统计，2013年石墨烯市场约为1200万美元，石墨烯的应用仍处在一个探索发展的阶段，市场主要以石墨烯为原料。目前，石墨烯产量已由实验室的克级提高到吨级，但还远不能满足工业产品对原材料的要求。

第三阶段，石墨烯实现真正的工业化应用阶段。2015年，诺贝尔奖获得者石墨烯之父Geim指出，也许在未来5～10年的时间里，石墨烯相关产品将进入商业领域[15]。石墨烯产品图谱从石墨烯的制备工艺和种类概括了其应用方向，见图9.1。归纳来看，石墨烯的应用领域主要集中于材料、能源、环保三大领域，真正可工业化的石墨烯产品就在其中。要实现真正的应用，此阶段亟待解决的主要难题是石墨烯工业化产量、性能稳定性和价格问题。预计在2025年以后，石墨烯在某些领域应用的突破将创造巨大的经济效益和社会效益。

学术界和产业界对石墨烯性能所持的不同关注点，决定了他们判断石墨烯最有可能广泛应用的方向也有所不同。物理学家和化学家们重点研究石墨烯特异的电性能，认为它是作为晶体管的绝佳材料，而工程师更为关注石墨烯的力学、热学和结构特性。随着发展，大多数应用集中于貌似不相干但并不冲突的两个领域——电极和复合材料。这也恰好解答了科学家们认为石墨烯更有可能应用于制备电子器件[20]，企业家们则着力于发展复合材料[21]、储能[22]和环境[23,24]相关领域。这里从商业的角度出发全面回顾石墨烯应用发展现状，如图9.2所示，阐述

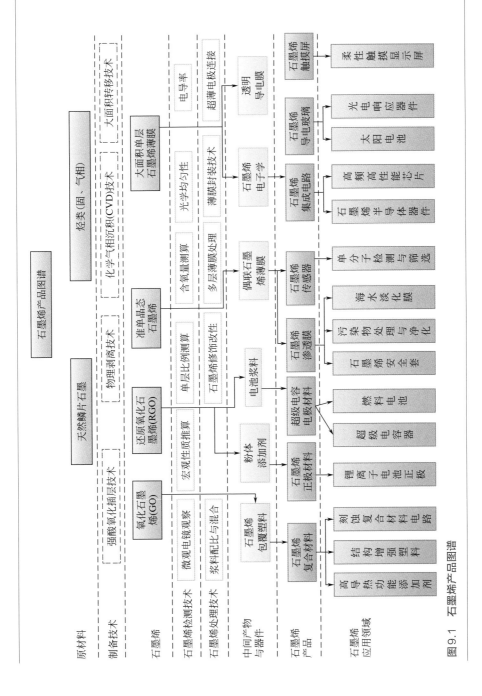

图9.1 石墨烯产品图谱

第9章 石墨烯的工业应用前景与展望 379

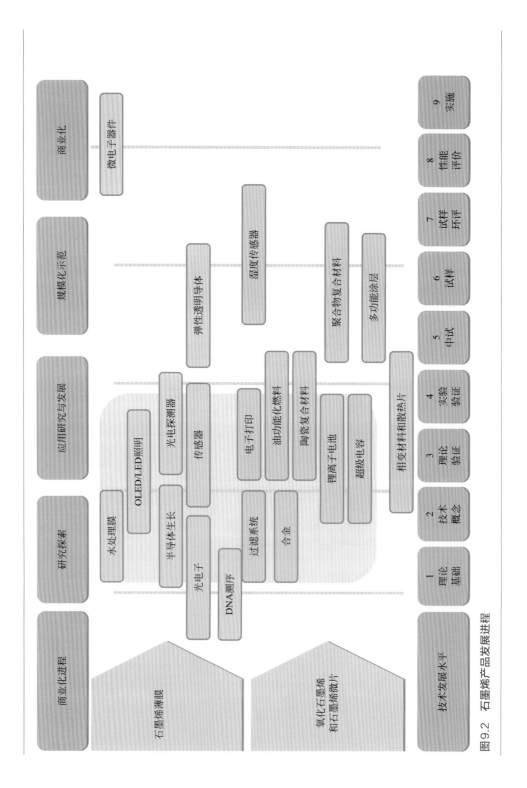

图9.2 石墨烯产品发展进程

石墨烯在这些领域能做什么，做了什么，未来会做出什么。石墨烯的商品化道路虽不平坦，但终会实现。未来将是石墨烯工业真正蓬勃发展的时期。

# 9.2 功能材料

在石墨烯的众多应用领域中，作为功能材料，最能够直接地发挥石墨烯的卓越性能。本节主要论述石墨烯高强度、超大的比表面积、分子不可透过性、超高热导率和电导率等性能，在结构增强复合材料、防腐涂层材料、新型导热材料、电磁防护材料和储氢材料方向的研究进展和工业应用前景[25]。实现石墨烯功能材料的工业化，必将对现有材料领域产生颠覆性影响。

## 9.2.1
### 结构增强复合材料

石墨烯作为结构增强复合材料的添加相，凸显的性能特点包括独特的二维结构、高机械强度（130GPa）、高模量（1060GPa）、超大比表面积（2600$m^2 \cdot g^{-1}$）和化学性质稳定等[26]。石墨烯因其优异性能，对金属基复合材料、有机高分子基复合材料和陶瓷基复合材料都是理想的增强相，其中对高分子材料研究得最为广泛，金属和无机陶瓷材料研究热度提升快速。

#### 9.2.1.1
**金属基复合材料**

金属材料是重要的工业材料，特别是有色金属材料在航空航天、汽车、电力等重要工业领域有着不可替代的工业地位。随着社会经济的迅猛发展，对金属材料的性能不断提出了更高的要求，传统的合金工艺潜能殆尽，很难满足对材料的性能要求。改善金属延展性、强度和耐磨性是金属的主要研究范畴，但这些性能很难同时得到改善。石墨烯概念为提高金属材料性能提供了新的方向。其特点在于石墨烯的添加量微小，在满足一种性能要求的同时对其他性能指标损失有限，对于某些性能还有协同改善作用。石墨烯增强金属材料的机理与碳纳米管增强机理相近，即通过有效阻止位错滑移提高基体强度。碳纳米管增强金属基复合材料的研究已有近30年的时间，由于受到分散性、工艺和成本的限制，未见突破性应用。相比之下，石墨烯的制备工艺更为简单，是金属基复合材料更为理想的增强相。

目前，石墨烯增强金属复合材料的基体有 $Cu^{[27]}$、$Al^{[28]}$、$Mg^{[29]}$等有色金属和 $Ni^{[30]}$。其中，对 Al 和 Cu 的研究最集中。增强相包括未经处理的石墨烯，以及将石墨烯功能化处理后，与碳化硅、铜、镍等复合协同作为增强相。主要的制备方法有粉末冶金工艺[31]、铸造工艺[32]、电镀工艺[29,30]和摩擦焊[33]工艺等。制备过程都需要经过石墨烯增强相与金属基粉体的预混过程。如 Zhao 等人[34]以热轧工艺，采用石墨烯/Cu-Al 的预混粉体制备复合材料，原料为氧化石墨烯（GO），制备前将 GO 与 $CuCl_2$ 在氨水中反应进行预处理后作为增强相。Gr-Cu 添加量为3%时，拉伸强度为181MPa，对比相同方法制备的纯铝提高了79MPa。A.F.Boostani 等人[32]以热膨胀氧化石墨得到的石墨烯为原料，采用球磨热挤压的方法制备了石墨烯添加量为0.1%的铝基石墨烯复合材料。由于石墨烯和铝的界面反应以及氧化石墨得到的石墨烯缺陷所致，铝基石墨烯复合材料的硬度和拉伸强度相较于纯铝没有增加。J.Hwang 等人[27]以电化学剥离的 GO 为原料，采用电镀工艺制备石墨烯/铜复合材料。工艺过程如图9.3所示，在 $250g·L^{-1}$ 硫酸铜电解液中 GO 的浓度为 $0.1 \sim 1g·L^{-1}$，铜、钛分别为阳极和阴极，电流密度为 $0.025A·cm^{-2}$，在阴极

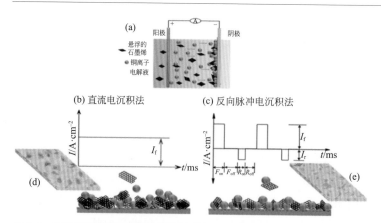

图9.3 电镀工艺制备石墨烯/铜复合材料

电镀厚度为30μm的石墨烯/铜复合材料，300℃热处理30min。测试材料的硬度较纯铜的1.4～1.6GPa提高到2.1～2.5GPa。该工艺较好地实现了石墨烯与铜基体的复合，但难以放大实施。

石墨烯增强金属基复合材料的研究目标是提高金属基体的拉伸强度、模量、硬度及耐磨性等，研究结果分布较宽且不稳定。大幅度提高的力学性能，受到装备制造业和航空航天业的重视。分散性、制备工艺和未知的界面反应是金属基复合材料的研究难点。该领域研究尚处于理论验证和实验室制备规模阶段，未见有可中试化方案的报道。

### 9.2.1.2
#### 有机高分子基复合材料

高分子材料可根据功能需求进行多样化调控是其他材料所不及的，此外，成本低、可回收和加工性强等特性，使其在材料科学领域占有重要地位。石墨烯应用于提高有机和高分子材料的力学性能，是理想的纳米功能添加剂。基体材料包括环氧树脂类、高分子聚合物和橡胶等。作为增强相，多数采用化学剥离的GO。例如，M.A.Rafiee等人[35]以热剥离法处理的GO为原料增强环氧树脂，二者在丙酮溶液中互混。石墨烯质量分数为0.1%条件下，制备的石墨烯/环氧树脂基复合材料的弯曲强度能够提高52%。

在高分子材料体系中，聚氯乙烯（PVC）具有价格低、耐腐蚀、阻燃、易加工等特性，是热塑性塑料的重要产品，主要应用于电缆、建筑材料的外保温层、车辆、农业和通信领域。力学性能是PVC材料的重要指标，传统工艺以无机材料如碳酸钙、黏土、纳米二氧化硅等作为增强相改善PVC的力学性能。但分散性和兼容性难以达到要求。Wang[36]在混合好的PVC和增塑剂粉体中，加入石墨烯后，经热挤压或碾压成型，制备薄膜和测试试样。添加石墨烯的质量分数为0.96%的条件下，石墨烯/PVC复合材料的拉伸强度可达40MPa，提高了31.3%。GO和还原后的RGO还被添加到聚氨酯（PU）、聚碳酸酯（PC）、聚苯乙烯（PS）、聚苯胺（PANI）、聚甲基丙烯酸甲酯（PMMA）等基体中，制备的石墨烯/聚合物基复合材料的力学性能都有所提高[37～42]。

橡胶是高分子材料的重要品类，在作为挥发性燃料存储和输运用储罐材料时，将石墨烯添加到橡胶基体中，硬度能够增加一个数量级。同时，石墨烯/橡胶复合材料具有导电性，可减小挥发性燃料存储和输运过程中的放电，使应用更加安全。除单独应用外，石墨烯还可与其他材料协同作用作为增强相。Y.Lin等人[43]

在甲基丙烯酸钠离子交换反应过程中，制备二甲基丙烯酸锌功能化的石墨烯，添加到天然橡胶中作为增强相。石墨烯的质量分数为7%时，拉伸强度、剪切强度和模量比纯天然橡胶分别提高142%、76%和231%，同时导热性提高了39%。

石墨烯作为增强相，在提高有机高分子基体材料力学性能的同时，一定条件下，还能够改善基体的导电性和导热性，拓展复合材料的应用领域。目前，研究制备的石墨烯增强有机高分子基复合材料的性能提高与预期值还存在差距，远未体现其特异性能。通过对强化机理的深入研究和工艺的改进，石墨烯的强化效率可进一步提高。石墨烯增强有机高分子基复合材料是最有希望较快实现产业化的应用方向之一。

### 9.2.1.3
#### 陶瓷基复合材料

陶瓷材料是重要的耐高温结构材料，石墨烯作为增强相，应用于提高基体陶瓷材料的韧性，改善材料易碎等制约陶瓷材料应用的主要问题[44,45]。氮化硅是重要的耐高温结构陶瓷材料，可应用于1500℃高温。J.Jia等人[46]以热膨胀氧化石墨烯为原料，将石墨烯纳米片与氮化硅粉体混合，采用等离子体烧结方法，在1650℃可有效降低烧结时间到5min，减小对石墨烯的热损耗，获得石墨烯增强氮化硅复合材料，结构如图9.4所示，断裂韧性杨氏模量从2.8MPa提高到6.6MPa，为原来的235%。

氧化锆陶瓷生物兼容性好、密度低、耐腐蚀，是医用髋骨和膝盖的替代材料，但应用过程中断裂韧性小，限制了其发展。S.M.Kwon等人[47]采用球磨方法，将石墨烯与氧化锆基体粉末混合，通过高频感应热烧结，在80MPa、2min的工艺条件下，制备石墨烯/氧化锆复合材料。石墨烯的质量分数为1%时，维氏硬度和断裂韧性值由487kg·mm$^{-2}$和1.5MPa·m$^{1/2}$提高到520kg·mm$^{-2}$和5.1MPa·m$^{1/2}$，新材料性能得到显著提高。氧化铝在先进结构材料领域的应用也同样遇到韧性、强度和耐磨性能不足的问题。H.J.Kim等人[48]以电化学超声剥离的石墨烯为原料，将石墨烯

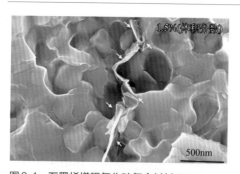

图9.4　石墨烯增强氮化硅复合材料SEM

与氧化铝液相球磨24h，200MPa模压，1700℃氩气保护烧结。石墨烯的添加量为0.25%～0.5%，石墨烯/氧化铝复合材料的断裂韧性和弯曲强度最高可达到5.6MPa·m$^{1/2}$和430MPa，比纯氧化铝分别提高了75%和25%。

石墨烯增强陶瓷基复合材料的制备一般采用高温烧结的工艺，1500℃以上的高温环境中，石墨烯热损耗严重，因此在制备工艺中应用到等离子体烧结、高频感应炉等高功率快速升温的手段，制备成本高，难以推广，相关研究尚处于实验室研究阶段。

## 9.2.2
### 防腐涂层材料

防腐是钢铁工业的最大难题，主要诱发因素来自于环境，如水、氧和电解质[49]。以美国和欧洲为例，每年用于腐蚀防护的资金分别为3000亿美金和2000亿欧元。钢铁防腐技术以镀铬和锌为主。近年来，因为铬对人体的危害使其应用受限。寻求高效、环保、低成本的防腐手段更为迫切。石墨烯具有特殊的碳六元环结构，所有的气体和盐都无法通过，是潜在的完美防腐蚀材料[50]。其实，在石墨烯被发现之前，富勒烯等材料应用于防腐的研究已经展开，但这些材料绝缘并且具有吸湿性，不适合作为防腐涂层。石墨烯与这些材料最大的区别是导电，并且具有超大比表面积。除了可单独作为防腐层外，还可以添加到高分子材料中作为防腐涂料[51]。根据石墨烯不同的结构特点，其防腐机理可分为三个方面。其一，石墨烯会使水、氧等腐蚀质的透过通道更为曲折[52]；其二，石墨烯本身具有不可渗透性，可以作为水、氧和其他腐蚀介质的隔绝涂层[53]；其三，石墨烯的导电性比铁好，对于聚合物防腐涂层，当腐蚀在金属材料和涂层之间发生时，电子产生是通过阳极反应经过金属到阴极的，因此腐蚀一旦发生很难停止，而导电的石墨烯可以为电子提供其他通道，从而起到阻止腐蚀发生的作用[54]。由此可见，对石墨烯防腐的研究可分为石墨烯直接作用防腐和作为改性剂添加到涂料中。

Chen等人[55]较早地采用CVD法在铜及铜镍合金上制备石墨烯，并使其在金属表面形成防腐涂层。由于石墨烯具有化学稳定性，不与氧化气体和溶液反应，尽管在石墨烯晶界边缘会有部分氧化，但研究发现，石墨烯的防腐蚀效果依然非常理想。该技术能有效地保护铜及铜镍合金在200℃的高温下连续4h内不被氧化。涂层还能够有效地防止过氧化氢的腐蚀。Raman等[56]研究了CVD法在铜表面生产的单层石墨烯涂层的电化学腐蚀过程,通过电化学测试和EIS试样定量分析证明了石墨烯作为离子防护层的防腐蚀能力。相关理论和实验研究都表明石墨烯涂层可有效防止铜与镍在含水介质中的电化学腐蚀[57]。

石墨烯的长径比极小、二维结构是防腐涂料聚合物的理想添加相。聚苯胺(PANI)具有导电性,在金属防腐涂料中比其他聚合物应用更为广泛。Chang[58]研究石墨与对氨基苯甲酸(ABA)在多聚磷酸(PPA)/五氧化二磷介质中发生Friedel-Crafts酰基化反应。石墨被插层后,作为前驱体与苯胺的单体聚合制得石墨烯/聚苯胺高分子复合材料。石墨烯的插层和功能化过程如图9.5所示。在钢铁表面使用该涂料,30μm的涂层腐蚀速率降低到$0.44 \times 10^{-2}$ mm·$a^{-1}$,与未添加石墨烯的PANI($4.33 \times 10^{-2}$ mm·$a^{-1}$)相比,降低了1个数量级。该工艺以物产丰富、廉价的石墨为原料,功能化的石墨烯可作为导电相添加到环氧树脂、聚酰亚胺、聚氨酯等高分子材料中替代传统的聚合物黏土防腐涂料。石墨烯/聚苯胺高分子复合材料(PAGC)可有效隔绝钢铁和氧气、水蒸气的接触。

类似的聚合反应过程还有[59]将热剥离的氧化石墨烯与4'(4,4'-异亚丙基二苯氧基)双(邻苯二甲酸酐)(BSAA)和电活性的氨基封端苯胺三聚体(ACAT)反应生成聚酰胺酸/石墨烯(EPAAG)。将EPAAG涂覆在冷轧钢表面,经热亚胺化反应生成30μm厚的聚酰亚胺/石墨烯纳米复合材料(EPGN)涂层,工艺过程如图9.6所示。采用电化学方法测试盐雾条件下冷轧钢防腐速率。结果表明,含

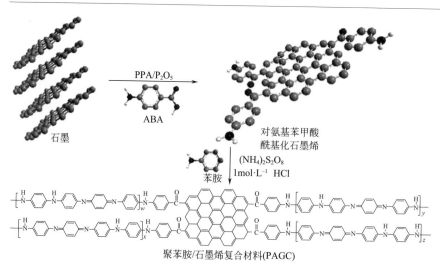

图9.5 石墨烯/聚苯胺高分子复合材料的插层和功能化过程

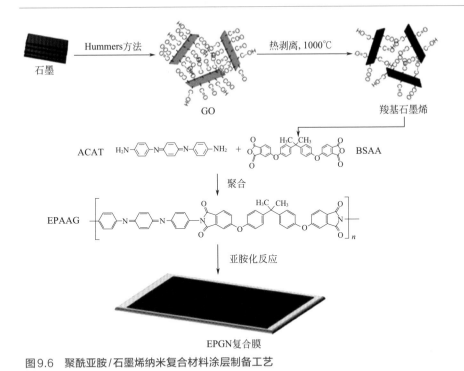

图9.6 聚酰亚胺/石墨烯纳米复合材料涂层制备工艺

1%石墨烯的EPGN涂层的腐蚀速率为0.14mm·$a^{-1}$,比EPI(2.56mm·$a^{-1}$)显著降低。以上研究认为,石墨烯功能化后可作为涂料的助剂,可有效提高分散性,功能化的工艺与剥离工艺同步完成,未来可实现连续化生产,与现有涂层技术相结合,服务于钢铁行业。

石墨烯防腐蚀应用的两类工艺中,CVD法制备的石墨烯受到高费用和材料尺寸的制约,仅适用于精密器件、高品位金属防腐。石墨烯/聚合物复合材料涂层适合大规模工业应用,最大的挑战是价格和石墨烯产量,液相剥离法期待能够解决该问题。探索可工业化应用的涂料配方尚需时日。

## 9.2.3
### 新型导热材料

石墨烯是通过特殊的声子模式进行热传递的,声子以弹道-扩散的方式传递热量[60]。石墨烯的$sp^2$键杂化的单层碳原子晶体低维结构可显著削减晶界处声子的边

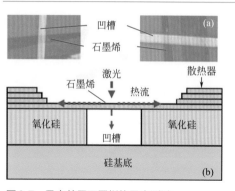

图9.7 悬空单层石墨烯热导率测试

界散射，具有特殊的声子模式。室温下，石墨烯声子的平均自由程长达775nm[61]。采用机械剥离高定向石墨的方法获得石墨烯，在离子刻蚀过的$Si/SiO_2$阵列基体上，采用非接触共焦微拉曼测量单层石墨烯热导率高达5300W·$m^{-1}$·$K^{-1}$ [62]，如图9.7所示。石墨烯的导热具有各向异性，由于面内$sp^2$碳原子之间的共价键作用，与面向热流量受限于较弱的范德华力耦合作用的差别，使得面向热导率比面内低2～3个数量级[63]。温度对石墨烯热导率也有显著影响，在低温区，温度升高热导率上升，在150～400℃区域，热导率随温度升高而降低。这些特异的性能使得石墨烯可以作为复合材料的填料，来提高材料的热学性能，从而应用于复合材料导热性能的强化、相变传热的强化和纳米流体对流热的强化。

#### 9.2.3.1
#### 复合材料导热性能的强化

电子工业向纳米设计方向的迅速跨进，使得新兴微电子设备、光电转化设备和医疗设备的电子器件部分向超大集成化、高速趋势发展，对热管理效率提出了更高的要求。为了迎合这种需求，具有高热导率（TC）的聚合物基复合材料成为了传统金属散热片的替代产品。对于这种超级集成电路，微小的温度增加都会引起芯片的"热崩溃"从而影响器件寿命。锂离子电池的负极材料等也需要导热性能良好的材料。一般热改性填料的添加量在50%～80%，能够使聚合物的TC由0.2W·$m^{-1}$·$K^{-1}$提高到大于1W·$m^{-1}$·$K^{-1}$。实验研究证明石墨烯具有良好的导热性，并显示出了在超大集成电路中应用的可能性[64]。Shtein[65]等人在环氧树脂中通过行星球磨的工艺，添加商品化的片径尺寸为15μm的石墨烯片，体积分数为0.25%时TC高达12.4W·$m^{-1}$·$K^{-1}$。石墨烯和氮化硼纳米粒子协同作用，在提高TC的同时还能够提高机体的导电性能，是一种具有大规模应用和商业化前景的廉价方法。Balandin等人[62]采用CVD法，分别在9μm和25μm铜箔的双面上生长石墨烯，制得石墨烯-铜-石墨烯的多层复合膜结构（图9.8），TC比纯铜分别提高24%和16%。石墨烯在铜箔表面生长的过程中，铜的晶粒尺寸增加了1～2个数

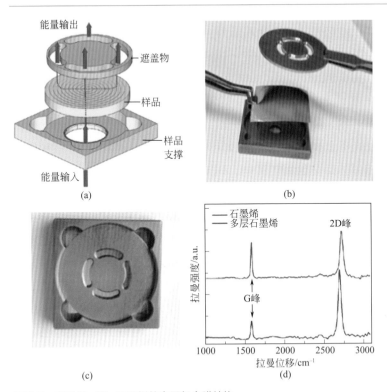

图9.8 石墨烯-铜-石墨烯的多层复合膜结构

量级,从而提升了材料的导热性能。而纯铜因为晶粒尺寸小,晶界散射限制了热载体的平均自由程,从而限制了热传输。互补金属氧化物半导体(CMOS)是超大规模集成电路采用的基本结构单元,这种多层复合膜结构材料可替代铝应用于CMOS的互联材料,强化散热的同时能降低铜向连接层的扩散作用。石墨烯作为优良的热管理材料,在未来有望应用于纳米电子器件等领域,具有解决超大规模集成电路散热方面问题的潜力。另外,石墨烯在超级计算机、卫星电路、手持终端设备等高功率、高集成度系统的散热方面也有广泛的应用空间,还可为碳基纳米集成电路的开发提供解决方案。

## 9.2.3.2
### 相变传热的强化

太阳能作为可再生能源的应用备受瞩目,其三种主要形式光伏、光催化和光热转换都需要应用相变材料。储能相变材料在储能技术中起媒介作用。储能相变材料主要的性能要求是相变温度适宜、相变焓足够大、导热性能好、相变速度快等。中低温相变材料以烷烃及其混合物石蜡为主，其热导率（约 $0.2W\cdot m^{-1}\cdot K^{-1}$）较低是材料应用的主要问题。为了解决这一问题，传统工艺采用添加金属纳米颗粒对基体进行改性，提高TC的同时，却带来流动性差的问题。Fan等人[66]研究了未处理的商业多层石墨烯通过搅拌直接加入二十烷（eicosane）基体中的导热性能。结果表明，石墨烯纳米片添加的质量分数为10%时，可使二十烷的导热性能提高4倍以上，大大优于金属纳米颗粒的改性效果。Fleischer[67]研究了石墨烯厚度和力学性能对石蜡基体导热性能的影响，研究表明，增加石墨烯纳米片层的直径与厚度、添加石墨烯能够达到提高石蜡导热性能的目的。这项工作开启了研究纳米力学和石墨烯增强相变材料的热传导率的新领域。Yan等人[68]采用Hummers法制备GO，经水合肼还原成RGO作为原料，以氯化铁为铁源采用热合成法制备$Fe_3O_4$磁性功能化的石墨烯，在磁场作用下强搅拌添加到环氧树脂基中，实现定向组装。该复合材料的TC比未经磁场作用的复合材料提高46%，比基体提高111%。该工艺提出了一种通过磁场作用使石墨烯定向组装从而提高热导率的方案。Li等人[69]提出了一种可同时提高材料潜热和热导率的方法。采用GO水热还原法制得的海绵状石墨烯，在真空条件下浸润到二十二烷（docosane）熔体中，制备得到石墨烯/二十二烷复合材料。在固化过程中，石墨烯作为成核剂，使二十二烷形成层化结构，提高了二十二烷的结晶度，从而提高了基体的潜热。基体的分子结构没有变化，潜热提高了 $6J\cdot g^{-1}$。该工艺提出一种通过优化界面微结构提高长链烷烃性能的途径。

### 9.2.3.3
### 纳米流体对流热的强化

纳米流体是近年来提出的新型强化传热工质概念，是指向传统换热流体中添加纳米粒子，在提高换热效率的同时，避免产生堵塞流道和大颗粒沉降的问题[70~72]。纳米流体具有一系列优异的热物理性能，如高热扩散系数和热导率、优异的稳定性和高对流换热系数，与此相伴的是压降和所需泵功率的微小提高[73]。石墨烯比表面积大、热导率高，并且具有动力学稳定性，是纳米流体的理想添加剂。Baby[74]将采用Hummers法制备的GO添加到纳米流体中以提高基础流体的导热性能，性能测试装置如图9.9所示。研究表明，对石墨烯进行表面修饰可以强化相变和对流传热。石墨烯添加体积分数为0.05%时25℃和50℃的热导率分别提高16%和75%。

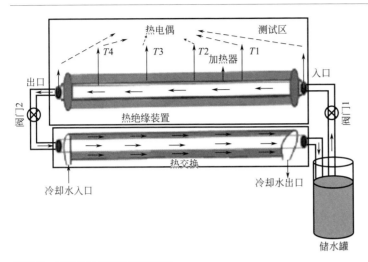

图9.9 石墨烯纳米流体换热系统

Mehrali[75]采用大功率超声的方法制备稳定的石墨烯水悬浮液，石墨烯比表面积为$500m^2 \cdot g^{-1}$，热导率和努塞尔数随石墨烯纳米颗粒添加量的升高而增大，质量分数为0.1%时，测得对流换热系数比纯水增加160%，热通量可达到$12320W \cdot m^{-2}$。

石墨烯复合材料导热性能的相关研究主要是利用石墨烯特殊的热性能，提高机体的热物理参数。石墨烯原料以化学剥离的石墨烯微片为主，主要技术问题是分散性和稳定性。石墨烯材料在工业强化传热领域的应用潜能巨大，但复合材料的制备工艺和基体与石墨烯的协同作用机制仍有待深入研究。

## 9.2.4
### 电磁防护材料

电磁污染源于电场回路产生的电磁辐射，对精密电子设备和人体健康都会造成极大的影响和危害。电磁屏蔽材料是电磁污染防护的主要工具和手段，金属材料具有良好的电子屏蔽效能，是主要的电磁屏蔽材料，但受制于自身质量在一些特殊条件下无法应用[76]。在金属材料无法发挥作用的情况下聚合物基复合材料成为该领域的发展方向。碳材料由于导电、化学性能稳定、密度低、加工性能好等因素，早在石墨烯被发现之前，就成为电磁屏蔽材料的优良填料[77]。石墨烯是有零价带的半金属材料,其作为电磁屏蔽复合材料填料的主要性能优势是具有优异的导电、导热性,超高比表面积和强力学性能。

石墨烯对电磁波的屏蔽主要是通过吸收电磁波,并将能量转化为热能来实现的,对电磁波的反射效能较小,某种程度上可称为吸波材料。石墨烯应用于电磁波屏蔽的主要制备工艺分为两类。一是将功能化的石墨烯分散在聚合物基体中制备柔性屏蔽材料[78~80]。如Chen[81]以水合肼还原的氧化石墨烯为填料,制备环氧树脂基复合材料。石墨烯质量分数为15%的条件下,复合材料的电磁屏蔽效能(10.2GHz)可达21dB。该工艺通过实验验证了石墨烯改性复合材料作为轻质电磁屏蔽材料的可行性。C.Gao等人[82]提出了GO经功能化处理负载上$Fe_3O_4$,制备磁性石墨烯材料,应用于电磁屏蔽材料的可能性,但未对应用效果做深入研究。Dhawan[83]以热还原的氧化石墨烯与乙酰丙酮铁反应,工艺过程如图9.10所示。在石墨烯片层上,$Fe^{3+}$反应生成$\gamma$-$Fe_2O_3$,在230℃强磁场作用下,$\gamma$-$Fe_2O_3$功能化的石墨烯被磁化,分散子在酚醛树脂基体中,电磁屏蔽效能可达45.26dB,微波的屏蔽效能可达35.42dB。$\gamma$-$Fe_2O_3$功能化的石墨烯在基体中具有更高的分散性,并在一定程度上具有方向性的排列。以石墨烯作为填料的方法,都是以氧化石墨烯为原料通过不同的功能化和修饰手段,提高石墨烯在基体中的分散性,同时获得较高的电磁屏蔽效能。

此外,Hong[84]采用CVD法生成单层石墨烯后,转移到PET衬底上,对其屏蔽效能进行测试,并与未转移石墨烯的PET进行比较。结果表明,2.2~7GHz下试样对电磁的吸收效能为2.27dB,吸收了40%电磁波,比金膜高7倍以上,实

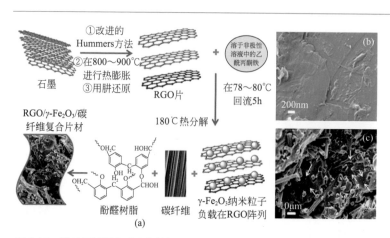

图9.10 磁性石墨烯电磁屏蔽材料

验验证石墨烯作为电磁屏蔽材料的吸收作用强于反射作用。成会明[80]课题组采用CVD法，在泡沫镍上生长石墨烯后，将石墨烯转移到聚二甲基硅氧烷上制成复合材料，密度仅为$0.06g\cdot cm^{-3}$。石墨烯的质量分数不超过0.8%的条件下，其电磁屏蔽效能高达30dB，实验和测试结果如图9.11所示。该复合材料具有柔性轻质的特点。

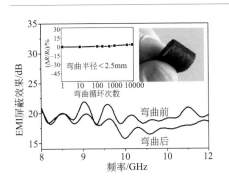

图9.11 石墨烯转移/聚二甲基硅氧烷复合材料电磁屏蔽效能

在电磁屏蔽领域，石墨烯概念的引入顺应了当前电磁屏蔽材料逐渐向高性能、轻型化、柔性化发展的趋势。石墨烯自身的优异属性使它在这类高分子复合材料中的应用具有很大的潜能和优势。通过化学还原和热还原的氧化石墨烯，产率高、成本低，可广泛应用于复合材料中。存在的不足是石墨烯在基体中的分散性和导电性尚需提高。CVD法制备的高品质石墨烯，电磁屏蔽效能显著提高，具有在特殊领域应用的可能性。目前，相关研究处于探索阶段，实验数据离散性较大，没有成形可靠的应用方案。

## 9.2.5
### 储氢材料

氢元素在自然界中蕴藏丰富，氢能热值高，作为清洁能源是传统能源的理想替代品。21世纪，我国和美国、日本、加拿大、欧盟等都制定了氢能发展规划。储氢是氢能技术和应用的关键技术环节。$H_2$分子小，具有极强的逃逸性，液化状态和压缩氢的储存都面临着其物理规律的极限而带来的技术障碍。现有储氢材料难以满足实用化的性能要求，因此储氢技术成为氢作为能源被广泛利用所面临的重要技术难题，开发新型、高效、安全、经济的储氢材料对氢能经济发展至关重要。

碳材料资源丰富，具有孔隙结构坚固、孔径可调控、比表面积大、密度低、耐高温和化学稳定等特性，对$H_2$具有巨大的储存潜能，一直是储氢材料的研究热门方向。在过去的20年里，有关活性炭、碳纳米纤维、碳纳米管、碳化物骨架基碳等碳材料的储氢性能研究层出不穷。石墨烯的问世给相关研究带来新的契机[85]。通常碳材料常温、10MPa下质量储氢密度为0.3%～1%[86]，低温液氮下可达4%～7%[87]。石墨烯的质量储氢密度报道结果分布非常宽，常温、10MPa下在0.7%～3.1%[88,89]。从热力学角度来讲，单层石墨烯与氢的相互作用能力很弱，要实现石墨烯对$H_2$的吸附，要对石墨烯进行修饰、掺杂或功能化等处理，使其具备储氢能力，因此称石墨烯为储氢材料是有条件限定的。应用于储氢材料的石墨烯是经过化学还原或热处理的GO[90]，相关研究是在石墨烯的产量能够达到克级以上并能够功能化后才得以实现的。

影响石墨烯储氢能力的主要性能参数是比表面积和孔体积[91]。A.V.Talyzin等人以氧化石墨烯作为前驱体，全面考察了常温和液氮条件下，比表面积100～2300$m^2 \cdot g^{-1}$石墨烯的质量储氢密度，结果如图9.12所示。从比较结果可见，在比表面积相同的条件下，石墨烯并没有比其他碳纳米材料具有更高的吸附量。石墨烯的储氢应用中，纳米结构材料的物理吸附作用机理的方法最为引人注目。这种方法多运用多孔调控的高分子材料（PCP）或金属-有机框架材料（MOF），可以通过纳米工程技术调节。物理吸附方法主要通过材料表面氢气的快速吸附和分离达到储氢目的。

金属掺杂也是石墨烯的主要研究方向。在金属与氢分子的作用过程中，$H_2$的σ电子会转移到金属的空d轨道，而金属填充的d电子也会转移到$H_2$的σ*轨道，形成反馈键，对$H_2$吸附起关键作用。从动力学角度分析，金属可以显著增大氢解离吸附的动力学参数。要提高石墨烯的吸附能，金属掺杂是最直接的途径。通常的方法是，选择金属与石墨烯组成适当的复合体系而不形成团簇，使$H_2$以分子形式通过Kubas作用储存在材料中。Gaboardi等人[92]采用镍纳米颗粒对热剥离获

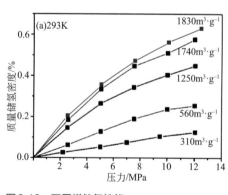
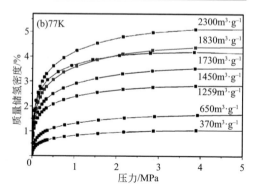

图9.12 石墨烯储氢性能

得的石墨烯进行修饰（Ni-TEGO），低温的质量储氢密度为1.15%。Ao等人理论和实验研究了Al修饰的多孔石墨烯的$H_2$吸附过程，如图9.13所示[93~95]。Al在结构中起到类似桥梁的作用，提高石墨烯和$H_2$间的相互作用，可将石墨烯的质量储氢密度提高到13.79%。类似的方法制备的钙掺杂石墨烯的质量储氢密度可达8.4%[96]。锂掺杂的石墨烯质量储氢密度可达12%[97]。

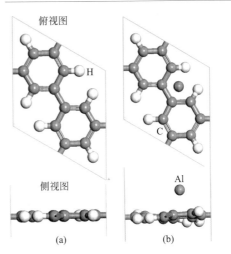

图9.13 Al修饰多孔石墨烯对$H_2$的吸附

美国能源部给出的储氢材料的质量储氢密度应高于6%，吸/脱$H_2$过程在室温下可逆快速进行，且成本低。石墨烯作为储氢材料的质量储氢密度多数达到并高于这一要求，但$H_2$的吸附能通常低于-0.2eV，无法满足吸/脱$H_2$过程的可逆进行[98]。解决这一问题可通过提高孔隙率诱导更多的电子移动，从而增强$H_2$的吸附能。

石墨烯作为储氢材料的应用研究处在吸附机理和理论模型的验证阶段，从相关研究数据可见，石墨烯的调控方法较多，但工业化仍需突破吸附能低、脱附等技术壁垒。

## 9.3 能源存储与转换

石墨烯在被英国科学家发明10年后，应用于能源存储与转换的研究取得了重要技术突破。在超级电容、锂电池、太阳电池和燃料电池材料等方向，石墨烯以其导电性强、透明和比表面积大等卓越性能大大提高了储能元件的性能。大量基础研究正在向工业领域转化。2014年12月，美国电动汽车制造商特斯拉发布了升级版车型Roadster，采用高性能石墨烯电池，续航里程达到644km，高出原版

60%。2014年12月，西班牙Graphenano公司和西班牙科尔瓦多大学合作研发的石墨烯超电池，一次充电时间只需8min，可行驶1000km。2015年12月由中国中车株洲-电力机车有限公司自主研制的两种新一代大功率石墨烯超级电容在浙江宁波问世，其核心参数"比能量密度"高达$11W \cdot h \cdot kg^{-1}$，比目前美、韩等国创造的$5W \cdot h \cdot kg^{-1}$的水平提高了一倍。石墨烯在能源存储与转换领域的应用正掀起储能技术的革新，是石墨烯应用方向中开展最为广泛，也是最有希望快速实现产业化的应用方向之一。电动汽车、通信设备、航天器材等领域都在积极寻求相关的突破性技术。

### 9.3.1 超级电容器

超级电容器是一种新型储能器件，具有充放电快、循环寿命长、功率密度高和使用温度范围宽等特点，广泛应用于国防、铁路、新能源车辆、电子、通信、航空航天等领域[99]。高性能电极材料是超级电容领域最为重要的研究方向。碳材料是超级电容器首选的电极材料，其特点是导电性优良、比表面积大、来源丰富、价格低廉。研究表明，碳材料的电容与$sp^2$杂化的边缘数量和缺陷量成正比[100]。

石墨烯因具有超大比表面积，是最为理想的电极材料。单位质量能量的储存比其他材料都大，理论电容量为$550F \cdot g^{-1}$[101]，且充/放电更快。但是，石墨烯单独作为电极材料时，因层间范德华力的作用容易团聚，使比表面积和导电性大幅度降低，导致比电容迅速减小，严重地制约了石墨烯作为超级电容电极时获得更高电容量、功率密度和能量密度。由此可见，团聚问题是石墨烯在超级电容领域应用的重要技术壁垒。解决石墨烯团聚的主要途径有两种，一是通过水热法或化学还原反应构建石墨烯的三维多孔网状结构，使之具有优异的电化学性能。在降低石墨烯团聚的同时，改善电解质的传质，确保电极与电解液的充分接触[102]。三维多孔状结构的石墨烯既可作为二次电容，也可作为赝电容。水溶液和有机电解质中的电容分别为$100 \sim 270F \cdot g^{-1}$和$70 \sim 120F \cdot g^{-1}$[103]。Chen[104]以氧化石墨烯为原料，在真空干燥的同时，用水合肼还原，制备的样品电容量为$205F \cdot g^{-1}$，功率密度为$10kW \cdot kg^{-1}$，如图9.14所示。二是在石墨烯层间夹杂其他电活性纳米颗粒，形成石墨烯复合材料电极。复合材料中电活性纳米颗粒的引入能够起到空间阻隔的作用，降低石墨烯片层间的团聚，保留了石墨烯比表面积大的优异特性。

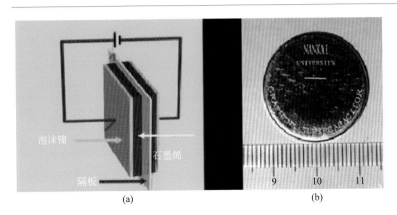

图9.14　石墨烯电极工作原理及样品

石墨烯复合材料是能够提供比双电层电容大10～100倍的法拉第赝电容[105]。近期，石墨烯/聚合物复合材料电极的研究进展迅猛。通常选用的聚合物如聚苯胺（PANI）等与石墨烯具有较好的复配性能，可与GO制备成复合材料。典型的制备工艺是在GO或RGO表面通过原位聚合单体后通过还原过程来实现。聚合反应同时抑制GO或RGO片与片之间的团聚现象。Liu等人[106]用聚苯乙烯（PS）小球作核心，在其表面聚合生产PANI后，四氢呋喃（THF）去除PS得到空心的PANI小球（PANI-HS）。再利用静电吸附的原理，在带正电的PANI空心球表面包裹带负电的氧化石墨烯（GO），通过电化学还原制备PANI/RGO空心球结构的复合材料，如图9.15所示。此复合材料在$0.2A \cdot g^{-1}$电流密度下比电容可达$614F \cdot g^{-1}$，500次循环后比电容保持率为90%，表现出了较好的电化学性能。类似工艺具有一定的优势，但在苯胺抑制GO或RGO片团聚的同时，也阻止了石墨烯片层之间的连接，从而极大地降低了RGO在复合材料中的巨大优势，复合材料的结构稳定性也难以得到提升。石墨烯/过渡金属氧化物和石墨烯掺氮复合材料电极的研究也比较广泛，石墨掺$MnO_2$复合材料的最高电容可以达到$310F \cdot g^{-1}$[107]。$RGO-RuO_2$制造的电极的功率密度可以达到$26.3W \cdot h \cdot kg^{-1}$[108]。

石墨烯填补了电池高能量/低电流密度的空白和标准介质电容器高电流密度/低能量的空白，满足了超级电容良好导电性、大比表面积的材料需求。应用的需求量在每年千吨到万吨水平[109～111]。基于实验室规模石墨烯概念的超级电容材料开展了广泛研究，但与实际应用尚存在较大距离，主要问题是实施工艺复杂，难以规模化推广，成本过高，产业化不易接受。但石墨烯在超级电容领域的优势显著，攻破以上技术壁垒，未来能够在该领域有很好的应用。

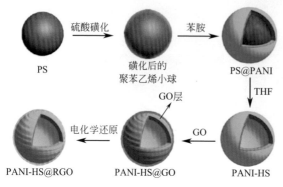

图9.15　电化学还原制备的PANI/RGO空心球结构复合材料

## 9.3.2
### 锂电池

对锂电池研究最为期待的行业非新能源汽车莫属，超性能锂电池可能建立全球汽车业新秩序和游戏规则的前沿阵地。传统锂电池是以氧化钴锂为阴极，石墨为阳极，理论能量密度为387W·h·kg$^{-1}$，实际能量密度为120～150 W·h·kg$^{-1}$。这样的锂电池难以满足汽车、航天器等大型装备的需求[112]。2014年以来，不断有石墨烯超级电池在汽车产业得以应用的报道。石墨烯之所以能够制造出超级电池，主要是由于石墨烯具有高导电性、大比表面积和蜂窝状空穴结构，具有较高的储锂能力和更短的锂离子扩散距离[113,114]。事实上石墨烯在锂电应用中既可作为阴极[115]，也可作为阳极[116]，如图9.16所示。理论上锂完全吸附在石墨烯的两侧形成$Li_2C_6$作为电极时理论电容量可高达744mA·h。

石墨烯应用于锂电池的一种结构是用石墨烯作为如$Li_{1-x}MPO_4$、$LiMn_{1-x}Fe_xPO_4$等电化学活性纳米粒子的基底形成石墨烯复合材料电极，提高电子的传输、电容量、放电倍率和循环次数。石墨烯还可作为基底，生长纳米材料作为电极，电性能远高于不导电衬底电极。如在还原氧化石墨烯上生产$LiMn_{1-x}Fe_xPO_4$纳米杆，100次循环存放电性能只衰减1.9%，电容量密度为100mA·h·g$^{-1}$左右，放电倍率为50 C[117]。在这样的结构中，由于锂离子沿着$LiMn_{1-x}Fe_xPO_4$纳米杆半径方向具有更高的扩散速率，比相应的还原氧化石墨和石墨具有更好的电化学性能，同

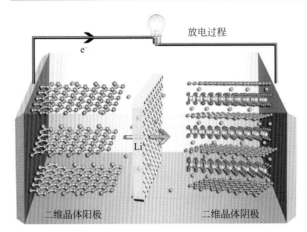

图9.16 石墨烯锂电池工作原理

时还有助于电子在石墨烯与$LiMn_{1-x}Fe_xPO_4$纳米杆间的传输。将石墨烯应用于其他橄榄石型磷酸盐或尖晶石也可得到相似结构的石墨烯基复合电极。还有研究通过化学沉积法在石墨烯材料上植入竖直对齐的碳纳米管，并且研究了这种材料作为电极在锂电池和太阳电池中的性能[118]。

用石墨烯掺杂如$Co_3O_4$、$Fe_3O_4$、$Li_3VO_4$等电化学活性粒子是一种提高锂离子电池充/放电性能和放电倍率的途径。石墨烯包覆$Co_3O_4$可抑制$Co_3O_4$纳米粒子的聚合，给它们在嵌/脱锂离子时对应的体积膨胀和收缩留有足够的空位，以确保高导电性能。采用这一工艺，$RGO/Fe_3O_4$或$RGO/Li_3VO_4$复合材料电极都获得了比单一金属氧化物电极更高的电容量和循环特性。把硫用石墨烯包起来制成可充锂硫电池的阴极。放电次数可以达到100次以上，电容可以达到$600mA \cdot h \cdot g^{-1}$[119]。$Mn_3O_4$-石墨烯混合材料可以在锂电池中用作高电容阳极材料[120]。在1C速率的快速充电下，500次放电后，有$Fe_3O_4$-石墨烯混合材料阳极的锂电池电容依然有$785mA \cdot h \cdot g^{-1}$。这种阳极具有寿命长、速率高的特点[121]。

还可以利用石墨烯制备理想的弹性可拉伸或弯曲电池器件，提供大应变，同时保留性能。层状三维结构的氧化石墨烯可用于制备弹性器件。在硅纳米粒子掺杂下，这种三维结构能够形成灵活的支架，在放电电流密度为$8A \cdot g^{-1}$时，电容量密度为$1000mA \cdot h \cdot g^{-1}$左右，150次循环充放电性能衰减仅为0.34%左右。通过在石墨烯材料表面制造空位和掺杂氮分子，可以有效提高锂电池的性能[122]。柔韧、独立、像纸一样的石墨烯-硅材料可以通过简单的过滤方法一步制备。这种石墨烯-硅薄膜可以经历100次以上放电，电容为708mA·h·g$^{-1}$，比纯石墨烯电池的304mA·h·g$^{-1}$要高很多[123]。石墨烯-硅作为阳极可以提高电池的放电次数，并且电容可以达到2753mA·h·g$^{-1}$[124]。石墨烯-碳纳米管混合纳米结构材料用于锂电池，100次放电后，pG-f-MWNT混合纳米材料的放电容量为768mA·h·g$^{-1}$[125]。

其他类似于锂的过渡金属氧化物电池的性能也是目前研究的前沿。这类材料本身具有良好的化学稳定性、高电子迁移率以及优异的力学性能，将其作为电极材料具有突出优势[126]。随着制备技术的发展，通过控制石墨烯片层间的间距，防止固体电介质层的形成消耗大量锂离子，并合理平衡缺陷结构与"死锂"的产生也许是石墨烯材料进一步向实用化材料发展的方向之一。

石墨烯锂电池的大量研究突破了锂电池应用的理论难题，解决了器件制备工艺方法问题，探明了作用原理，亟待工业化的开发与利用[127,128]。目前，不断有石墨烯超级电池产品问世的报道，相信经过理性的商业化运作，装有石墨烯超级电池的产业化商品投放市场指日可待。

### 9.3.3
**太阳能电池**

进入21世纪，太阳能电池的发展进入高速发展期，经过10年左右的快速发展，2011年后全球光伏产能增速趋于平缓[129]。第一代太阳能电池是以单晶硅作为光伏材料的，转换效率在25%左右，但对硅材料的消耗量大，成本高，技术上的发展空间有限。为了降低成本提高转换效率，第二代薄膜太阳能电池不依赖硅材料，高分子材料、金属薄膜和玻璃都可以作为衬底，但实际转换效率没有单晶硅光伏高。采用有机光伏材料的第三代太阳能电池染料敏化层叠太阳能电池和量子点太阳能电池具有低成本、更为灵活且环境友好的特点，但转换效率低（12%~13%），较之单晶硅电池和薄膜电池存在稳定性低和强度小等问题[130]。目前，太阳能电池发展正朝向低成本、高转化率、超薄和柔性方向发展[131]。如何实现这样的性能，还要回到光伏材料在太阳能电池中的作用原理上。在活性物质中的入射光会产生电子空穴对，这些电子空穴分离和输送到电极产生电流。石墨烯概念的提出为太阳能电池的发展注入了新的活力[132,133]。石墨烯应用于太阳能电池可作为电子传输材料、光敏剂、透明电极材料和催化剂材料，对太阳能产业有着重要的意义[134]。

电子的收集、转换和传输是光伏材料的本质功能属性。在染料敏化太阳能电池 $TiO_2$ 纳米粒子网络中进行的光电转换伴随着电荷复合，是影响效率的一个主要瓶颈。碳纳米管与 $TiO_2$ 复合作为阳极材料能够抑制电荷转移复合，增加光生载流子，但一维结构的碳纳米管与 $TiO_2$ 的接触点有限，且成本较高，因此期待开发更好的替代材料[135]。石墨烯因没有带隙，独立波长的入射光吸收率仅为2.3%，可以捕捉到比硅等光伏材料更广泛波长的入射光。此外，石墨烯具有较高的电子迁移率，可以综合提高 $TiO_2$ 薄膜光阳极的电子传输性能。将还原氧化石墨烯掺杂到二氧化钛和氧化锌中作为染料敏化太阳能电池光阳极，可通过防止电荷载流子的复合来提高电子传输速率[136]。还原氧化石墨烯还可用于制备较厚的光阳极，大大提高了染料负载量而具有更高的光捕获能力，同时提高了传统染料敏化太阳能电池的效率。掺杂质量分数为1.2%的还原氧化石墨烯的9μm厚氧化锌光阳极的转换率为5.86%，高于同样厚度的未掺杂石墨烯电极[137]。电子收集层也是太阳能电池的重要组成结构，高温烧结的n型二氧化钛的选择性接触增加了成本，限制了塑料基底的使用。更换烧结 $TiO_2$ 提高钙钛矿太阳能电池的无机光伏材料性能更具有通用性。通过溶剂法制备的少层石墨烯修饰 $TiO_2$ 纳米粒子，作为复合钙钛矿太阳能电池电荷传输层材料，转换率达到15.6%，比空白 $TiO_2$ 高10%，是目前报道石墨烯基复合钙钛矿太阳能电池中最高的[138]。石墨烯还可应用于有机光伏材料，氧化石墨烯作为有机光伏器件空穴传输层的效率可达3.6%，采用还原后的氧化石墨烯高达3.98%，高于单一有机光伏的3.6%。石墨烯量子点则能够达到6.82%，并具有寿命长、可再生等优势。

光敏剂的性能要求与太阳能电池的类型有关，高效的光敏剂要求对光电吸收有一个宽的能量范围、高的载流子迁移率、热稳定性和光化学稳定性。不同类型有不同的要求，对于有机光伏材料，有利于供/受体材料之间的电荷分离，染料电池要求有效地将电子从光敏剂注射到 $TiO_2$ 上。钌等过渡金属配位化合物如配合物及其合成有机染料作为敏化剂的染料敏化太阳能电池，制备工艺过于复杂，使用昂贵的色析法提纯，有机染料吸收能量范围窄，导电性差制约应用。石墨烯及其衍生物可以通过化学合成或功能化后处理，使其具有超高的光电子性能，可作为光敏剂，吸收光子转成电子[139]。石墨烯通过化学功能化掺杂有机分子、共轭聚合物、稀土元素、无机半导体等材料，石墨烯纳米带和量子点都被用于光敏剂[140~142]。尽管石墨烯量子点的摩尔消光系数在 $1\times10^5 mol^{-1}\cdot cm^{-1}$ 左右，比钌基无机染料高一个数量级，但能量转换效率导致电流密度仅为 $200\mu A\cdot cm^{-2}$。这主要是由于石墨烯量子点与二氧化钛表面的化学兼容性较低,电子不易射穿。过渡金属硫化物的光敏材料也是具有潜能的光敏材料,石墨烯/$WS_2$垂直复合结构应用于光伏材料作为光敏剂,$WS_2$空位电子云上的范霍夫奇点和额外量子效应产生的电子空穴高达33%[143]。另外一个路线是石墨烯掺杂金属纳米颗粒,对光的捕获能力可增加一个数量级,这种复合结构也是一种光敏剂。

石墨烯还可以在无机和有机太阳能电池中发挥不同的功能,例如透明导电电极。石墨烯量子点或石墨烯纳米带(GNR)能够吸收接近其带隙的更高的光子[144,145]。此外,石墨烯具有超高载流子迁移率和优异的电子传输能力,同时,光几乎能够完全透过单层石墨烯,石墨烯作为透明电极材料可替代氧化铟锡,大大提高太阳能电池的性价比。石墨烯作为透明导电薄膜的研究已经深入无机、有机、染料电池、有机/无机混合电池等类型,石墨烯透明薄膜电极较传统的氧化铟锡等具有更为低廉的价格,良好的热稳定性,具有弹性可弯曲等特点[146]。虽然目前尚未获得理想的转换效率,如果通过连续化或辊式生产得到大于1cm的单晶石墨烯,则有望完全替代氧化铟锡。

对电极对于传统染料敏化太阳能电池有两方面作用,一是注入的激发电子被导电基底收集,经过外电路回到对电极上;二是在电催化剂的作用下,电子在对电极表面与氧化态电解质发生反应,生成还原态电解质,使得染料得以再生。对电极的主要性能要求是具有较高的交换电流密度和较低的电阻、高比表面积、电催化活性、化学稳定性等,这些方面的性能很大程度上决定了电池的光伏表现。传统对电极是由镀一层Pt的导电电极、氧化铟锡或导电玻璃充当的。然而,随着铂在$I_3^-/I^-$电解液中接触时间的推移,效率会降低。因此,开发低成本、可靠的对电极材料是必要的。石墨烯因比表面积大,有助于$I_3^-$还原,具有导电性高、电荷转移电阻小、比铂成本低等优势,可作为催化剂替代铂,更加适合作为对电极材料。氧化石墨烯和还原氧化石墨烯与碳纳米管的复合材料作为染料敏化太阳能电池的对电极与铂对电极性能相当,如图9.17所示。比较高的石墨烯对电极的转换率可达13%[147]。石墨烯与其

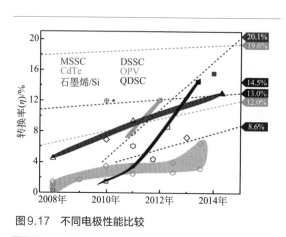

图9.17 不同电极性能比较

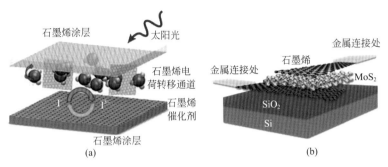

图9.18 石墨烯太阳能电池工作原理

他二维无机材料的复合结构也可用于对电极,石墨烯/$MoS_2$对电极的转换率可达5.81%,如图9.18所示。这类研究目前的转化率还比较低,但未来理想的二维催化剂必将进一步提高转换率[148]。

石墨烯作为染料敏化太阳能电池或CdTe太阳能电池的研究不断获得令人鼓舞的成果。高效的石墨烯基光伏器件正朝着优于传统材料的方向发展。石墨烯对电极的转换率已经接近13%的染料敏化太阳能电池转换率。石墨烯/硅复合太阳能电池的转换率已经达到14.5%,石墨烯基钙钛矿型太阳能电池的转换率可达到15.6%。以此速度发展,通过进一步提高石墨烯结构和性能的稳定性,石墨烯复合太阳能电池的新概念器件的转换率有着较大的提升空间。

## 9.3.4
### 燃料电池

燃料电池是通过燃料的氧化反应将化学能转化为电能的装置。在能量转换电子设备中,燃料电池是一个重要的技术。燃料电池是与氢能制备与储存技术同时发展起来的新能源体系。在电子工业领域,燃料电池的发展面临很多挑战。诸如柔性电极材料的需求,可替代铂、钌、金等贵金属以及其合金的电催化剂材料,避免金属电极中毒等。为了解决这些挑战,必须开发一类具有低成本、高效率的阳极燃料氧化反应和阴极氧的还原反应,并具有耐久性的新材料[149]。理想的二维材料石墨烯的引入,是解决这些挑战的有效手段,图9.19是典型的石墨烯燃料电池结构,石墨烯可有效促进燃料的氧化和氧还原反应过程中产生的电子输运。

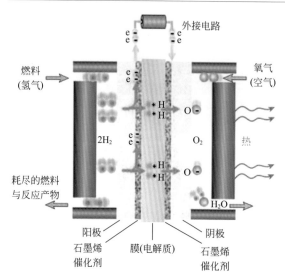

图9.19　石墨烯燃料电池结构

此外，石墨烯由于超高的质子传导率，已被证明是质子膜的最有前景的候选材料。再加之水、$H_2$和甲醇都无法透过石墨烯，可以解决燃料交叉和电极中毒等问题。这些性能优势都使石墨烯成为燃料电池新技术研发的重要方向[150]。

石墨烯在燃料电池的具体应用研究方面，既可作为金属催化剂，也可作为复合结构连接铂微粒。已有研究表明，石墨烯与铂和铂钌纳米粒子对甲醇和乙醇的氧化反应具有比广泛使用的Vulcan XC-72R炭黑催化剂高的氧化活性。氧化石墨烯修饰的铂电催化剂的性能已被证实[151]。铂/石墨烯复合催化剂对甲醇氧化的催化活性高于商业铂/炭黑。微波处理后的含氮石墨烯材料用作燃料电池的催化剂材料，可加速氮原子反应成$NH_3$的过程[152]。把铂/石墨烯作为燃料电池的催化剂，可以提高铂原子的分布。如将铂纳米颗粒均匀地分布在石墨烯薄膜上能够有效提高催化性能[153]。通过对铂和掺氮石墨烯微观结构的理论预测和实践研究，发现该结构具有优异的电化学稳定性，可作为提高燃料电池效率的金属催化剂[154]。铂/石墨材料作为电催化剂在质子交换膜燃料电池中的使用具有十分可观的开发及商业价值。

石墨烯还表现出对阴极氧气还原的催化活性。通过球磨工艺制备的边缘卤化的石墨烯具有比商品铂更好的催化活性。通过研究对比褶皱的RGO与平整的RGO发现，褶皱的RGO材料和平整的RGO材料的体积功率密度分别为

3.3W·m$^{-3}$和2.5W·m$^{-3}$。褶皱结构的还原氧化石墨烯可大大提高该微生物燃料电池的性能[155]。氧化石墨烯具有极好的电化学性能及相对较低的阻力。如果能够调节石墨烯的厚度和横向尺寸，从而增减边缘和表面原子数量比，就能进一步提高催化活性。这将使石墨烯作为更便宜、更高效的燃料电池的发展前进一步。

## 9.4 环境监测与治理

21世纪以来，全球环保生态产业开始进入快速发展阶段。我国"十三五"规划提出对生态环境质量总体改善，生产方式低碳化水平上升，大幅提高能源资源开发利用效率，减少主要污染物排放总量。目前，环保生态产业已经成为国家经济的重要支撑，对环境监测与治理是环保生态产业的重要组成部分。材料的不断创新对环境监测与治理技术水平的提升至关重要。石墨烯作为最薄的二维材料，本身是一种具有超高性能的先进膜材料，在气体检测、土壤治理、海水淡化、污水处理等方向具有广阔的应用前景。

### 9.4.1 气体检测

气体检测主要是通过气体传感器对环境气体组成进行检测的。气体传感器的技术要素包括对环境气体易于吸附和反应的功能材料，材料电阻的可宽范围改变以及高灵敏度。围绕这样的技术需求，石墨烯具有优良的导电性能，功能化的石墨烯表面可修饰丰富的官能基团，是电阻型气体传感器的理想材料，为高灵敏度器件的研发提供新的思路[156]。石墨烯及其衍生材料既可单独加工成气体传感器件，也可与其他纳米材料制成复合材料作为气敏材料应用于气体传感器[157]，常见的气体传感器结构如图9.20所示[158]。石墨烯的大比表面积和良好的导电性有利于提高气体响应的灵敏度，通过大量不同官能基团的修饰可对更多的气体做出响应。

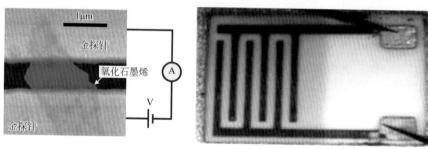

图9.20　石墨烯传感器件

#### 9.4.1.1
单独石墨烯气敏材料的应用

微剥离法、CVD法和氧化还原法制备的石墨烯材料都有在气敏传感器中应用的报道。Schedin等人[159]较早提出石墨烯可以作为高灵敏度气体检测器的设想与论证，预示着石墨烯器件极低的噪声和分子级的灵敏度将掀起气体检测器的变革。此后，还原的氧化石墨烯的气体检测器被证实对室温下的二氧化氮具有高灵敏度，研究还发现，石墨烯薄膜的表面上可以吸附二氧化氮，起到降低二氧化氮浓度的效果[160]。微剥离制备的石墨烯对二氧化碳监测的研究表明，采用聚二甲基硅氧烷冲压的方法将石墨烯附着在硅基板上制成的器件，可在10s内检测出气体中二氧化碳的含量。该检测器具有灵敏度高、反应快速、能量消耗少等优点[161]。经过臭氧处理的石墨烯在室温条件下，理论上可以检测到气体中含量低至$1.3\mu L \cdot L^{-1}$的二氧化氮气体。这种气体检测器制造简单，并且可以再生，结构和原理如图9.21所示[162]。Kaner等人[163]采用旋涂工艺，将还原氧化石墨烯涂覆在交叉电极片上制成传感器，对于$NO_2$和$NH_3$表现出不同的响应特点，如图9.22所示。该器件在具有高灵敏度的同时，可稳定地吸/脱气体，具有较好的循环使用特性。

#### 9.4.1.2
石墨烯基复合气敏材料的应用

在传统的气敏材料中引入石墨烯元素或是将石墨烯进行功能化处理，有望获得更高的气体检测灵敏度。研究比较广泛的有金属氧化物与石墨烯的复合材料。Guong等人通过化学转换方法，在石墨烯薄膜垂直排列氧化锌纳米棒制成气体检测器。该器件可检测出室温下氧气中$2\mu L \cdot L^{-1}$的$H_2S$[158]。氧化锌与GO的复合

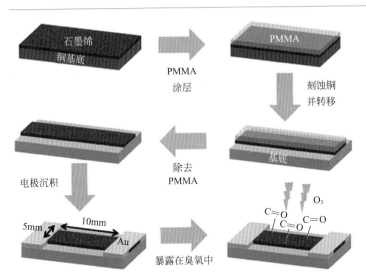

图9.21 石墨烯二氧化氮气体传感器作用原理

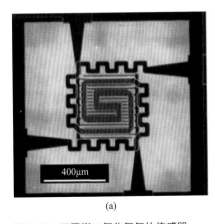
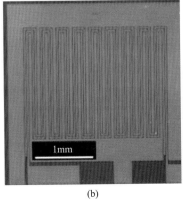

图9.22 石墨烯二氧化氮气体传感器

材料制成的器件还对一氧化碳、氨气以及一氧化氮等常见工业有毒气体的灵敏度低至$1\mu L \cdot L^{-1}$[164]。RGO与氧化亚铜的非晶纳米线形成的类似结构，如图9.23所示，可检测出室温下$64\mu L \cdot L^{-1}$的二氧化氮气体[165]。石墨烯与其他碳材料形成的三维结构器件对氮氧化物也具有较高的灵敏度，如在石墨烯表面垂直排列生长的碳纳米管形成柔性器件对二氧化氮具有较高的灵敏度[166]。最近，在石墨烯表面掺杂贵金属钯纳米颗粒（Pt NP）的氢气检测器，对其他气体的抗干扰特性得以证实[167]，器件结构如图9.24所示。

图9.23 还原氧化石墨烯与氧化亚铜的非晶纳米线形成的复合结构

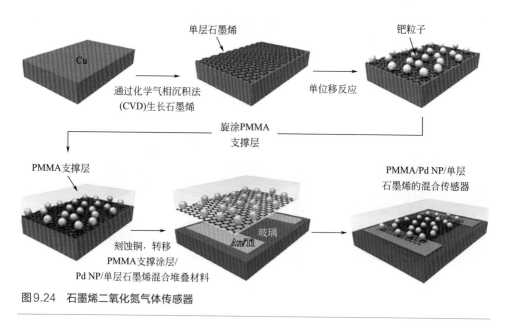

图9.24 石墨烯二氧化氮气体传感器

石墨烯及其复合材料作为气敏材料的可行性通过大量理论研究和实验得以验证。相关研究表明,石墨烯气体传感器件具有低噪、高灵敏度、多样性的特点,是目前其他材料所不及的。石墨烯应用于气体传感器的主要技术壁垒是由于结构特点导致的稳定性欠佳,气体解离比较困难,影响器件的重复使用性能。通过不懈研究,借助于工业化手段突破相关技术难题,有望实现石墨烯在气体传感器领域的工业化应用。

## 9.4.2
## 污水处理

污水处理一方面可合理控制水污染对环境造成的影响，另一方面经有效处理的污水可循环再利用，缓解淡水短缺的危机。污水处理的主要途径是通过物理和化学的方法去除水体的生物污染、化学污染和物理污染。石墨烯由于大比表面积、高强度、化学稳定性和强度大等特性，可以吸附和降解污水中的有机组分、微生物和重金属等有害物质[168,169]。目前主要的技术途径有石墨烯基复合材料直接吸附、石墨烯及其衍生物类催化剂处理污水以及石墨烯基复合材料膜技术。

### 9.4.2.1
### 石墨烯基复合材料直接吸附

吸附方法因费用相对较低、操作简便及处理效果好等优点被广泛应用于污水处理中[170,171]，由于石墨烯超高的比表面积，使其在吸附方面的应用引起科学界的广泛关注[172,173]。Hummers法制备的GO是一种高效的吸附剂[174]，因为GO表面含有大量的羧基、羟基和羰基等含氧官能团，因此在水中具有良好的分散性，从而有利于与水中的金属离子发生络合反应，同时氧化石墨烯也可以和有机污染物相互作用，因此氧化石墨烯可用于去除水中的金属和有机污染物[175]。功能化的石墨烯以及石墨烯复合砂等材料，同样可用来移除污水中的染料，这种方法环保、经济，并且拥有很高的潜在商业价值，可以广泛使用[176]。

Wu等人[177]用修正的Hummers法制备GO，并用于吸附水中的$Cu^{2+}$。通过考察pH值、接触时间、$Cu^{2+}$浓度和吸附剂用量对吸附性能的影响，发现pH值为5.3、接触时间为150min时，最大吸附量为117.5mg·$g^{-1}$。氧化石墨烯对有机物的去除研究目前多集中于有机染料。Yan等人[178]通过Hummers法制备GO，考察了不同氧化程度的石墨烯对亚甲基蓝（MB）的吸附作用，结果表明氧化程度越大，GO对MB的吸附量越大，最大吸附量为600mg·$g^{-1}$。GO表面的官能团使其表面带负电荷，而MB是一种阳离子染料，表面带正电荷，吸附机理是通过静电作用。Ma等人[179]将GO与海藻酸钠复合，制备一种超轻的氧化石墨烯气凝胶（GO/SA），用于吸附水中的MB。动力学的研究表明该吸附过程符合二级动力学模型，等温吸附的研究表明该过程符合Langmuir模型，热力学研究表明该过程是一个自发的、吸热的、熵增加的吸附过程。GO/SA对MB的最大吸附量为833.3mg·$g^{-1}$。Parmar等人[180]制备GO，并用一种简单高效的技术，即在70℃下第一次使用丙酮对GO进行还原，形成ARGO，再与$Fe_3O_4$形成纳米复合材料，用于吸附水中的阳离子染料罗丹明6G。由于$Fe_3O_4$具有磁性，在吸附染料后，可以用磁铁对吸附剂和染料进行分离，避免对环境造成二次污染。

### 9.4.2.2
### 石墨烯基复合材料催化剂

石墨烯具有较高的电子传输性能，在光电转化和光催化应用中，将石墨烯类碳材料与光催化材料结合，在水处理中可以发挥两种材料的协同效应[181]。Chen等人[182]利用一种简单的冷冻干燥的办法制备出GO/ZnO复合物，相比于ZnO，这种复合物对MB的光催化降解性能大大提高。原因是光激发产生的电子空穴对极易复合，而石墨烯独特的电子传输特性可以降低光生载流子的复合，提高光催化效率，此外复合材料增强了材料的吸附作用和电子迁移能力，因此在紫外光作用下，复合材料对于染料的降解效果大大提高。

Rong等人[183]通过水热法制备出一种氧化石墨烯与氧化镍（NiO/GO）的复合物。在吸附和光催化降解的协同作用下除去水中的亚甲基蓝，结果表明，在可见光的作用下进行光催化降解和吸附，在2h后，NiO/GO对MB的移除率达到97.54%。同时也得出结论，光催化降解与吸附协同作用对MB的移除率要高于只有光催化降解或吸附的情况。

### 9.4.2.3
### 石墨烯基复合材料膜技术

渗透法投资省、能耗低、污染少、操作方便，膜分离技术在水处理、食品加工和制药行业占有重要地位，主要的膜材料为高分子材料，如纤维素、聚酰胺和聚砜类。高分子膜材料耐高温性能差，耐氧化和耐酸碱性差，溶于有机溶剂。具有耐高温和化学稳定性的膜材料备受期待[184,185]。单层石墨烯仅有单原子层厚，被证明是最好的制膜材料，同时具有高力学性能和化学稳定性[186]。在石墨烯平面上，π轨道的自由电子云占据芳环结构的空隙，有效阻挡了粒子的渗透，即便小到氦原子尺寸的粒子都无法通过，只有加速原子具有通过的可能。原始状态的石墨烯被定义为不透水材料，Hu等人[187]报道热质子可透过单原子层石墨烯，却无法通过双层石墨烯。对于单层石墨烯，打孔后用于选择通过气体、液体或游离离子，由于厚度小，通过速度大。此外，膜生物反应器与氧化石墨烯合成物可用于污水处理改善亲水性与防污性，该合成物比膜生物反应器更加经济耐用[188]。

## 9.4.3 海水淡化

全球淡水资源匮乏,海水淡化技术在许多沿海地区和一些偏远地区成为淡水提供的重要渠道[189]。海水淡化技术尚无法彻底解决世界饮用水安全的问题,其根源在于处理成本过高。传统的蒸馏法对海水淡化,效率低且耗能大。目前海水脱盐最常用的反渗透膜技术,一直未能突破脱盐率和透水性相互制约的瓶颈问题。另外,为了提高水的透过性,反渗透膜的工作压力一般非常大,对膜材料的要求过高,使得材料成本高而制约发展。经过特殊工艺处理的石墨烯基膜材料为海水淡化技术提供了新的解决方案,应用前景被广为看好。

石墨烯应用于海水淡化处理的方案之一是作为电极材料,通过电容去离子作用,吸附海水中的盐离子,该工艺流程如图9.25所示。由于石墨烯不仅具有良好的导电性能,而且具有很大的比表面积,在静电场中与电解质溶液在界面处产生很强的纳米级双电层,吸引大量的电解质离子。再生时也可仅通过电极的放电来完成,没有废物和污染产生[190]。Ramaprabhu等人[191]采用功能化处理的氧化石墨烯作为电极用于海水净化,功能化处理的氧化石墨烯对海水中含砷酸盐、亚砷酸

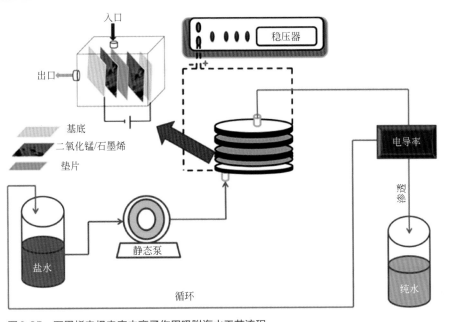

图9.25 石墨烯电极电容去离子作用吸附海水工艺流程

盐和钠盐的吸附量均超过120mg·$g^{-1}$，并且和以超级电容为原理的过滤器配合可以过滤钠。Liu等人[192]研究了石墨烯/酚醛树脂复合材料作为电容电极的脱盐率，可以有效过滤水中的NaCl。材料的性能跟石墨烯表面的小孔大小、化学功能，还有作用压力有关。该研究证明了石墨烯薄膜的过滤能力大部分取决于小孔的直径，动力学分析表明，离子吸附过程为单层石墨烯的吸附行为。研究认为，较之活性炭和还原氧化石墨烯，石墨烯/酚醛树脂复合材料更具有海水处理潜能。Barakat等人[193]采用一锅法石墨和$MnSO_4$为前驱体，制备了石墨烯/$MnO_2$的三明治结构纳米复合材料，从改善复合材料界面间的接触面积出发，获得良好的导电性和大面积。电容量可以达到292F·$g^{-1}$，盐的去除效率高达93%，并且具有良好的再生性能，是一种理想的电容性消电离作用电极。

石墨烯本身是一种特殊结构的膜材料。除了作为电极材料脱除海水中的盐分外，多孔石墨烯膜可直接滤除盐离子。Grossman[194]研究了多孔的单层石墨烯材料对水中NaCl的过滤效果，过滤原理和过程如图9.26所示。研究表明，石墨烯多孔材料对盐的过滤能力取决于孔直径、功能化的活性基团和作用压力等参数。经功能化处理的石墨烯孔结构边缘具有的亲水性羟基可有效提高水通量，水透性比常规的反渗透膜高出几个数量级。Chae等人[195]采用界面聚合法，使GO嵌入到聚酰胺（PA）层中，形成一种超薄复合膜PA-GO，与PA膜相比，这种复合膜的水通量提高80%，但是盐离子的截留率基本保持不变，同时抗污染性能提高98%，这是由于膜的亲水性增加，表面带有负电荷，通过静电斥力避免表面黏附一些带有负电荷的细菌。Kim等人[196]采用界面聚合法，将GO与CNT共同嵌入到聚酰胺层（PA）中，形成一种复合膜PA-GO-CNT，与PA膜相比，这种复合膜的水通量提高64.7%，但是盐离子的截留率基本保持不变，一方面CNT表面疏水，水分子可以快速地通过；另一方面，直径在0.6～1.2nm的CNT只允许水分子通过，而不允许其他离子通过。由于GO/CNT的加入提高了机械强度，所以膜的耐久性增强。膜的抗氯性能提高，主要原因是酰胺膜对氧化剂有很低的抵抗性，很容易被攻击，严重影响膜的性能，使盐离子截留率严重降低。而CNT/GO上的官能团能优先与氯结合，避免膜的损坏，阻止盐离子截留率的降低。Cohen-Tanugi等人[197]对亚纳米孔的石墨烯膜进行分子模拟，相对于聚酰胺反渗透膜，其水通量可以提高2～3个数量级。He等人[198]通过界面聚合将GO纳米片插入到200nm厚的聚酰胺膜中，水通量提高80%，盐离子截留率基本保持不变。同时，调查了复合膜对微生物增长的抑制性，结果表明，这种新型复合膜展示了超高的抗微生物性能，很可能成为具有抗污染性能的膜材料。

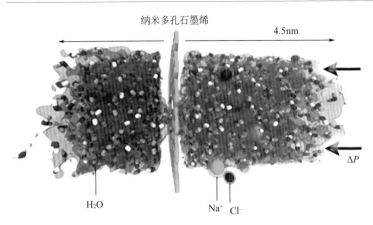

图9.26 多孔的单层石墨烯材料对水中NaCl的过滤效果

对石墨烯海水处理应用的研究，处于实验室探索阶段。实验现象充分地验证了石墨烯电极和膜材料对海水淡化的显著性能。但是，相关的研究规模还停留在过滤单元的小试上。实现宏量处理设备的设计与应用，还需要诸如石墨烯电极结构和石墨烯孔结构稳定性等关键性课题的突破。

## 9.4.4
### 土壤治理

土壤是环境的重要组成部分，对污染土壤的修复是全球环境保护领域研究的热点之一。与在大气和水环境领域的应用相比，石墨烯也延伸到土壤治理的研究，在土壤治理与改善方向的应用研究则处于探索起步阶段。有研究表明，氧化石墨烯对微生物环境具有灭菌的作用[199～202]，在土壤环境中，GO和经过功能化处理的氧化石墨烯对微生物环境和细菌群落的分布也有明显的影响[203]。功能化负载$TiO_2$的石墨烯基复合材料催化剂具有良好的吸附性，可对土壤中的污染物进行催化降解[204]。同时由于石墨烯具有高导电性能，能够确保电子高速传输，使电子的分离更容易实现，从而提高催化剂的再生性能。石墨烯对土壤环境影响相关领域的研究集中于理论和实验阶段，但足以引起重视。与大气和水相比，土壤可能是石墨烯材料治污尤为重要的领域。

## 9.5 总结与展望

碳作为构成地球生命的基本元素，因为石墨烯而再次带给世人惊喜。科学界、产业界以及各级政府都在为实现石墨烯的工业化应用付出不懈努力。石墨烯性能优异，但在应用领域观察到的性能远低于理论应具有的性能，主要原因是制备出的石墨烯性能与理论最优性能尚有差距。据此我们可以推断石墨烯的产业化进程极大程度上取决于工业生产出的石墨烯与在实验中制备的石墨烯具有同样优异的特性。也就是说，可能在很大程度上，石墨烯的应用最终还是取决于其制备环节和工艺。

对于石墨烯的工业应用之路还有多远这一问题的答案，此时此刻还在发生着不停的变化。在此，虽无法给出问题的具体答案，但通过比较石墨烯在材料、能源和环境领域的多个应用方向的发展，可分析出最有可能或最早实现石墨烯产业化应用的方向。石墨烯的应用依赖于石墨烯的制备技术，最有可能广泛实现大规模应用的技术领域应是基于可宏量制备且采用成本低的方法制备出的石墨烯，如氧化石墨烯还原法和液相剥离法等，相应的应用方向集中于复合材料、电池（电容）以及污染物吸附等相关领域。

石墨烯产业正在以惊人的速度发展，在此过程中可谓机遇与风险并存，在大力推进石墨烯的产业化进程中，同时应对石墨烯对于生物健康的威胁予以重视，为石墨烯发展创造良好、有序、健康的可持续发展之路。

## 参考文献

[1] Ayako H, Kazu S, Alexandre Gloter, et al. Direct evidence for atomic defects in graphene layers[J]. Nature, 2004, 430: 870-873.

[2] Kroto H W, Heath J R, O'Brien S C, et al. $C_{60}$: Buckminsterfullerene[J]. Nature, 1985, 318: 162-163.

[3] Iijima S. Helical microtubules of graphitic carbon[J]. Nature, 1991, 354: 56-58.

[4] Novoselov K S, Geim A K, Morozov S V, et al. Electric field effect in atomically thin carbon films[J]. Science, 2004, 306: 666-669.

[5] Liu J Z, Notarianni M, Will G, et al. Electrochemically exfoliated graphene for electrode films: effect of graphene flake thickness on the sheet resistance and capacitive properties[J]. Langmuir, 2013, 29: 13307-13314.

[6] Parvez K, Wu Z S, Li R, et al. Exfoliation of graphite into graphene in aqueous solutions of inorganic salts[J]. Journal of the American Chemical Society, 2014, 136: 6083-6091.

[7] Gao H, Liu Z, Feng X. From 2004 to 2014: A fruitful decade for graphene research in China[J]. Small, 2014, 10: 2121.

[8] Eizenberg M, Blakely J M. Carbon monolayer phase condensation on Ni(111) [J]. Surface Science, 1970, 82: 228-236.

[9] Shi H, Barnard A S, Snook I K. Quantum mechanical properties of graphene nano-flakes and quantum dots[J]. Nanoscale, 2012, 4: 6761-6767.

[10] Noorden R V. The Trials of new carbon[J]. Nature, 2011, 469: 14-15.

[11] Park S, Ruoff R S. Chemical methods for the production of graphenes[J]. Nature Nanotechnology, 2009, 4: 217-224.

[12] Segal M. Selling graphene by the ton[J]. Nature Nanotechnology, 2009, 4: 612-614.

[13] Simmons M. Ten years in two dimensions[J]. Nature Nanotechnology, 2014, 9: 725.

[14] Balandin A A, Ghosh S, BaoW, et al. Superior thermal conductivity of single-layer graphene[J]. Nano Letters, 2008, 8: 902-907.

[15] Gibney E, Geim A. Graphene's buzz has spread[J]. Nature: NEWS, 2011, 469: 14-15.

[16] Peplow M. Graphene booms in factories but lacks a killer app[J]. Nature, 2015, 522: 268-269.

[17] Zurutuza A, Marinelli C. Challenges and opportunities in graphene commercialization[J]. Nature Nanotechnology, 2014, 9: 730-734.

[18] Alcalde H, de la Fuente J, Kamp B, et al. Market uptake potential of graphene as a disruptive material[J]. Proceedings of the IEEE, 2013, 101: 1793-1800.

[19] Brumfiel G. Britain's big bet on graphene[J]. Nature: NEWS, 2012, 488: 140-141.

[20] Shtein M, Nadiv R, Buzaglo M, et al. Graphene-based hybrid composites for efficient thermal management of electronic devices[J]. ACS Applied Materials Interfaces, 2015, 7: 23725-23730.

[21] Park W, Guo Y, Li X, et al. High-performance thermal interface material based on few-layer graphene composite[J]. Journal of the American Chemical Society, 2015, 119: 26753-26759.

[22] Wang X, Shi G. Flexible graphene devices related to energy conversion and storage[J]. Energy & Environmental Science, 2015, 8: 790-823.

[23] Li F, Jiang X, Zhao J. Graphene oxide: A promising nanomaterial for energy and environmental applications[J]. Nano Energy, 2015, 16: 488-515.

[24] Wang F, Wang F, Gao G. Transformation of graphene oxide by ferrous iron: Environmental implications[J]. Environmental Toxicology and Chemistry, 2015, 34: 1975-1982.

[25] Lee C, Wei X D, Kysar J W, et al. Measurement of the elastic properties and intrinsic strength of monolayer graphene[J]. Science, 2008, 321: 385-388.

[26] Bartolucci S F, Paras J, Rafiee M A, et al. Graphene-aluminum nanocomposites[J]. Materials Science and Engineering: A, 2011, 528: 7933-7937.

[27] Hwang J, Yoon T, Jin S H, et al. Enhanced mechanical properties of graphene/copper nanocomposites using a molecular-level mixing process[J]. Advanced Materials, 2013, 25: 6724-6729.

[28] Wang J, Li Z, Fan G, et al. Reinforcement with graphene nanosheets in aluminum matrix composites[J]. Scripta Materialia, 2012, 66: 594-597.

[29] Chen L Y, Konishi H, Fehrenbacher A, et al. Novel nanoprocessing route for bulk graphene nanoplatelets reinforced metal matrix nanocomposites[J]. Scripta Materialia, 2012, 67: 29-32.

[30] Kuang D, Xu L, Liu L, et al. Graphene-nickel composites[J]. Applied Surfaces Science, 2013, 273: 484-490.

[31] Yan S J, Dai S L, Zhang X Y, et al. Effect of graphene nanoplatelets addition on mechanical properties of pure aluminum using a semi-powder method[J]. Progress in Natural Science: Materials International, 2014, 24: 101-108.

[32] Boostani A F, Tahamtan S, Jiang Z Y, et al. Enhanced tensile properties of aluminium matrix composites reinforced with graphene encapsulated SiC nanoparticles[J]. Composites Part A: Applied Science and Manufacturing, 2015, 68: 155-163.

[33] Jeon C H, Jeong Y H, Seo J J, et al. Material properties of graphene/aluminum metal matrix composites fabricated by friction stir processing[J]. International Journal of Precision Engineering and Manufacturing, 2014, 15: 1235-1239.

[34] Zhao Z Y, Guan R G, Guan X H, et al. Microstructures and properties of graphene-Cu/Al composite prepared by a novel process through clad forming and improving wettability with copper[J]. Advanced Engineering Materials, 2015, 17: 663-668.

[35] Rafiee M A, Rafiee J, Yu Z Z, et al. Buckling resistant graphene nanocomposites[J]. Applied Physics Letters, 2009, 95: 2231031-1.

[36] Wang H, Xie G, Ying Z, et al. Enhanced mechanical properties of multi-layer graphene filled poly(vinyl chloride)composite films[J]. Journal of Materials Science & Technology, 2015, 31: 340-344.

[37] Yousefi N, Lin X, Zheng Q, et al. Simultaneous in situ reduction, self-alignment and covalent bonding in graphene oxide/epoxy composites[J]. Carbon, 2013, 59: 406-417.

[38] Yousefi N, Gudarzi M M, Zheng Q, et al. Self-alignment and high electrical conductivity of ultra-large graphene oxide polyurethane nanocomposites[J]. J of Materials Chemistry, 2012, 22: 12709-12717.

[39] Kim H, Macosko C W. Processing-property relationships of polycarbonate/graphene composites[J]. Polymer 2009, 50: 3797-3809.

[40] Stankovich S, Dikin D A, Dommett G H B, et al. Graphene-based composite materials[J]. Nature, 2006, 442: 282-286.

[41] Feng X M, Li R M, Ma Y W, et al. One-step electrochemical synthesis of graphene/polyaniline composite film and its applications[J]. Advanced Functional Materials, 2011, 21: 2989-2996.

[42] Ramanathan T, Abdala A A, Stankovich S, et al. Functionalized graphene sheets for polymer nanocomposites[J]. Nature Nanotechnology, 2008, 3: 327-331.

[43] Lin Y, Chen Y, Zhang Y, et al. The use of zinc dimethacrylate functionalized graphene as a reinforcement in rubber composites[J]. Polymer Advanced Technoloy, 2015, 26: 423-431.

[44] Kalaimani M, Tan M T T, Chin J, et al. A novel synthesis route and mechanical properties of Si-O-C cured Yytria stabilised zirconia(YSZ)-graphene composite[J]. Ceramics International, 2015, 41: 3518-3525.

[45] Yazdani B, Xia Y, Ahmad I, et al. Graphene and carbon nanotube(GNT)-reinforced alumina nanocomposites[J]. Journal of the European Ceramic Society, 2015, 35: 179-186.

[46] Jia J, Sun X, Lin X, et al. Exceptional electrical conductivity and fracture resistance of 3D interconnected graphene foam/epoxy composites[J]. ACS Nano, 2014, 8: 5774-5783.

[47] Kwon S M, Lee S J, Shon I J. Enhanced properties of nanostructured $ZrO_2$-graphene composites rapidly sintered via high-frequency induction heating[J]. Ceramics International, 2015, 41: 835-842.

[48] Kim H J, Lee S M, Oh Y S, et al. Unoxidized graphene/alumina nanocomposite: fracture- and wear-resistance effects of graphene on Alumina matrix[J]. Scientific Reports, 2014, 4: 5176.

[49] Böhm S. Graphene against corrosion[J]. Nature Nanotechnology, 2014, 9: 741-742.

[50] Chang K C, Hsu C H, Lu H I, et al. Advanced anticorrosive coatings prepared from electroactive polyimide/graphene nanocomposites with synergistic effects of redox catalytic capability and gas barrier properties[J]. eXPRESS Polymer Letters, 2014, 8: 243-255.

[51] Dennis R V, Viyannalage L T, Gaikwad A V, et al. Graphene nanocomposite coatings for protecting low alloy steels from corrosion[J]. American Ceramic Society Bulletin, 2013, 92: 18-19.

[52] Prasai D, Tuberquia J C, Harl R R, et al. Graphene: Corrosion-inhibiting coating[J]. ACS Nano, 2012, 6: 1102-1108.

[53] Bunch J S, Verbridge S S, Alden J S, et al. Impermeable atomic membranes from graphene sheets[J]. Nano Letters, 2008, 8: 2458-2462.

[54] Tong Y, Bohm S, Song M. Graphene based materials and their composites as coatings[J]. Austin Journal of Nanomedicine &Nanotechnology, 2013, 1: 1003.

[55] Chen S, Brown L, Levendorf M, et al. Oxidation resistance of graphene-coated Cu and Cu/Ni alloy[J]. ACS Nano, 2011, 5(2): 1321-1327.

[56] Raman R K S, Banerjee P C, Lobo D E, et al. Protecting copper from electrochemical degradation by graphene coating[J]. Carbon, 2012, 50: 4040-4045.

[57] Kirkland N T, Schiller T, Medhekar N, et al. Exploring graphene as a corrosion protection barrier[J]. Corrosion Science, 2012, 56: 1-4.

[58] Chang C H, Huang T C, Peng C W, et al. Novel anticorrosion coatings prepared from polyaniline/graphene composites[J]. Carbon, 2012, 50: 5044-5051.

[59] Chang K C, Hsu C H, Lu H I, et al. Advanced anticorrosive coatings prepared from electroactive polyimide/graphene nanocomposites with synergistic effects of redox catalytic capability and gas barrier properties[J]. Express Polymer Letters, 2014, 8: 243-255.

[60] Ghosh S, Calizo I, Teweldebrhan D, et al. Extremely high thermal conductivity of graphene: Prospects for thermal management applications in nanoelectronic circuits[J]. Applied Physics Letters, 2008, 92: 151911-151913.

[61] Xu Y, Li Z, Duan W, et al. Thermal and thermoelectric properties of graphene[J]. Small, 2014, 10: 2182-2199.

[62] Balandin A A, Ghosh S, Bao W, et al. Superior thermal conductivity of single-layer graphene[J]. Nano Letters, 2008, 8: 902-907.

[63] Zhang W, Sherrell P, Minett A I, et al. Carbon nanotube architectures as catalyst supports for proton exchange membrane fuel cells[J]. Energy and Environental Science, 2010, 3: 1286-1293.

[64] Pop E, Varshney V, Roy A K. Thermal properties of graphene: Fundamentals and applications[J]. MRS Bulletin, 2012, 37: 1273-1281.

[65] Shtein M, Nadiv R, Buzaglo M, et al. Thermally conductive graphene-polymer composites: size, percolation, and synergy effects[J]. ACS Chemistry of Materials, 2015, 27: 2100-2106.

[66] Fang X, Fan L W, Ding Q, et al. Increased thermal conductivity of eicosane-based composite phase change materials in the presence

of graphene nanoplatelets[J]. Energy and Fuels, 2013, 27: 4041-4047.

[67] Warzoha R J, Fleischer A S. Effect of graphene layer thickness and mechanical compliance on interfacial heat flow and thermal conduction in solid-liquid phase change materials[J]. ACS Applied Materials Interfaces, 2014, 6: 12868-12876.

[68] Yan H Y, Wang R R, Li Y F. Thermal conductivity of magnetically aligned graphene-polymer composites with $Fe_3O_4$-decorated graphene nanosheets[J]. Journal of Electronic Materials, 2015, 44: 658-666.

[69] Li J F, Lu W, Zeng Y B, et al. Simultaneous enhancement of latent heat and thermal conductivity of docosane-based phase change material in the presence of spongy graphene[J]. Solar Energy Materials & Solar Cells, 2014, 128: 48-51.

[70] Choi S U S, Zhang Z G, Yu W, et al. Anomalous thermal conductivity enhancement in nanotube suspensions[J]. Appl Physics Letters, 2001, 79: 2252.

[71] Hassan M, Sadri R, Ahmadi G, et al. Numerical study of entropy generation in a flowing nanofluid used in micro-andminichannels[J]. Entropy, 2013, 15: 144-155.

[72] Eastman J A, Choi S U S, Li S, et al. Anomalously increased effective thermal conductivities of ethylene glycol-based nanofluids containing copper nanoparticles[J]. Appl Physics Letters, 2001, 78: 718.

[73] Goli P, Ning H, Li X, et al. Thermal properties of graphene-copper-graphene heterogeneous film[J]. Nano Letters, 2014, 14: 1497-1503.

[74] Baby T T, Ramaprabhu S. Enhanced convective heat transfer using graphene dispersed nanofluids[J]. Nanoscale Research Letters, 2011, 6: 289-297.

[75] Sadeghinezhad E, Mehrali M, Latibari S T, et al. Experimental investigation of convective heat transfer using graphene nanoplatelet based nanofluids under turbulent flow conditions[J]. Industrial and Engineering Chemistry Research, 2014, 53: 12455-12465.

[76] Singh A P, Mishra M, Chandra A, et al. Graphene oxide/ferrofluid/cement composites for electromagnetic interference shielding application[J]. Nanotechnology, 2011, 22: 465701-465710.

[77] Li L, Chung D D L. Electrical and mechanical properties of electrically conductive polythersulfone composites[J]. Composites, 1994, 25: 215-224.

[78] Hisao S T, Ma C C M, Tien H W, et al. Using a non-covalent modification to prepare a high electromagnetic interference shielding performance graphene nanosheet/water-borne polyurethane composite[J]. Carbon, 2013, 60: 57-66.

[79] Zhang H B, Yan Q, Zhen W G, et al. Tough graphene-polymer microcellular foams for electromagnetic interference shielding[J]. ACS Applied Materials Interfaces, 2011, 3: 918-924.

[80] Chen Z P, Xu C, Ma C Q, et al. Lightweight and flexible graphene-foam composites for high-performance electromagnetic interference shielding[J]. Advanced Materials, 2013, 25: 1296-1300.

[81] Liang J J, Wang Y, Huang Y, et al. Electromagnetic interference shielding of graphene/epoxy composites[J]. Carbon, 2009, 47: 922-925.

[82] He H K, Gao C. Supraparamagnetic, conductive, and processable multifunctional graphene nanosheets coated with high-density $Fe_3O_4$ nanoparticles[J]. ACS Applied Materials Interfaces, 2010, 2: 3201-3210.

[83] Singh A P, Garg P, Alam F, et al. Phenolic resin-based composite sheets filled with mixtures of reduced graphene oxide, $\gamma$-$Fe_2O_3$ and carbon

fibers for excellent electromagnetic interference shielding in the X-band[J]. Carbon, 2012, 50: 3868-3875.

[84] Hong S K, Kim K Y, Kim T Y, et al. Electromagnetic interference shielding effectiveness of monolayer graphene[J]. Nanotechnology, 2012, 23: 455704-455709.

[85] Deng W Q, Xu X, Goddard W A. New alkali doped pillared carbon materials designed to achieve practical reversible hydrogen storage for transportation[J]. Physical Review Letters, 2004; 92: 166103.

[86] Panella B, Hirscher M, Roth S. Hydrogen adsorption in different carbon nanostructures[J]. Carbon, 2005, 43: 2209-2214.

[87] Hirose K, Hirscher M. Handbook of hydrogen storage: New materials for future energy storage[M]. John Wiley & Sons, 2010.

[88] Subrahmanyam K S, Vivekchand S R C, Govindaraj A, et al. A study of graphenes prepared by different methods: characterization, properties and solubilization[J]. Journal of Materials Chemistry, 2008, 18: 1517-1523.

[89] Srinivas G, Zhu Y W, Piner R, et al. Synthesis of graphene-like nanosheets and their hydrogen adsorption capacity[J]. Carbon, 2010, 48: 630-635.

[90] Gadipelli S, Guo Z X. Graphene-based materials: Synthesis and gas sorption, storage and separation[J]. Progress in Materials Science, 2015, 69: 1-60.

[91] Klechikov A G, Mercier G, Merino P, et al. Hydrogen storage in bulk graphene-related materials[J]. Microporous and Mesoporous Materials, 2015, 210: 46-51.

[92] Gaboardi M, Bliersbach A, Bertoni G, et al. Decoration of graphene with nickel nanoparticles: study of the interaction with hydrogen[J]. Journal of Materials Chemistry A, 2014, 2: 1039-1046.

[93] Ao Z, Dou S, Xu Z. Hydrogen storage in porous graphene with Al decoration[J]. International Journal of Hydrogen Energy, 2014, 39: 16244-16251.

[94] Ao Z M, Peeters F M. High-capacity hydrogen storage in Aladsorbed graphene[J]. Physical Review B, 2010, 81: 205406.

[95] Ao Z M, Jiang Q, Zhang R Q, et al. Al doped graphene: a promising material for hydrogen storage at room temperature[J]. Journal of Applied Physics, 2009, 105: 074307.

[96] Ataca C, Akturk E, Ciraci S. Hydrogen storage of calcium atoms adsorbed on graphene: first-principles plane wave calculations[J]. Physical Review B, 2009, 79: 041406.

[97] Du A, Zhu Z, Smith S C. Multifunctional porous graphene for nanoelectronics and hydrogen storage: new properties revealed by first principle calculations[J]. Journal of the American Chemical Society, 2010, 132: 2876-2877.

[98] Satyapal S, Petrovic J, Read C, et al. The US. department of energy's national hydrogen storage project: progress towards meeting hydrogen-powered vehicle requirements[J]. Catalysis Today, 2007, 120: 246-256.

[99] Raccichini R, Varzi A, Passerini S. The role of graphene for electrochemical energy storage[J]. Nature materials, 2015, 14: 271-279.

[100] Ambrosi A, Chua C K, Bonanni A, et al. Electrochemistry of graphene and related materials[J]. Chemical Reviews, 2014, 114: 7150-7188.

[101] Chen J, Li C, Shi G. Graphene materials for electrochemical capacitors[J]. The Journal of Physical Chemistry Letters, 2013, 4: 1244-1253.

[102] Biswas S, Drzal L T. Multilayered nanoarchitecture of graphene nanosheets and polypyrrole nanowires for high performance supercapacitor electrodes[J]. Chemistry of

Materials, 2010, 22: 5667-5671.

[103] Sun Y, Wu Q, Shi G. Graphene based new energy materials[J]. Energy & Environmental Science, 2011, 4: 1113-1132.

[104] Wang Y, Shi Z, Huang Y, et al. Supercapacitor devices based on graphene materials[J]. The Journal of Physical Chemistry C, 2009, 113: 13103-13107.

[105] Liu C, Yu Z, Neff D, et al. Graphene-based supercapacitor with an ultrahigh energy density[J]. Nano Letters, 2010, 10: 4863-4868.

[106] Fan W, Zhang C, Tjiu W W, et al. Graphene-wrapped polyaniline hollow spheres as novel hybrid electrode materials for supercapacitor applications[J]. ACS Applied Materials Interfaces, 2013, 5: 3382-3391.

[107] Yan J, Fan Z, Wei T, et al. Fast and reversible surface redox reaction of bgraphene-$MnO_2$ composites as supercapacitor electrodes[J]. Carbon, 2010, 48: 3825-3833.

[108] Zhang J, Jiang J, Li H, et al. A high-performance asymmetric supercapacitor fabricated with graphene-based electrodes[J]. Energy Environental Science, 2011, 4: 4009-4015.

[109] Chen Y, Zhang X, Zhang D, et al. High performance supercapacitors based on reduced graphene oxide in aqueous and ionic liquid electrolytes[J]. Carbon, 2011, 49: 573-580.

[110] Zhang L, Shi G Q. Preparation of highly conductive graphene hydrogels for fabricating supercapacitors with high rate capability[J]. The Journal of Physical Chemistry C, 2011, 115: 17206-17212.

[111] Jin Y, Huang S, Zhang M, et al. A green and efficient method to produce graphene for electrochemical capacitors from graphene oxide using sodium carbonate as a reducing agent[J]. Applied Surfaces Science, 2013, 268: 541-546.

[112] Bonaccorso F, Colombo L, Yu G, et al. Graphene, related two-dimensional crystals, and hybrid systems forenergy conversion and storage[J]. Science, 2015, 347: 1246501-9.

[113] Li B, Li S, Liu J, et al. Vertically aligned sulfur-graphene nanowalls on substrates for ultrafast lithium-sulfur batteries[J]. Nano Letters, 2015, 15: 3073-3079.

[114] Xu Y, Lin Z, Zhong X. Solvated graphene frameworks as high-performance anodes for Lithium-ion batteries[J]. Angewandte Chemie International Edition, 2015, 54: 5345-5350.

[115] Hu L H, Wu F Y, Lin C T, et al. Graphene-modified $LiFePO_4$ cathode for lithium ion battery beyond theoretical capacity[J]. Nature Communication, 2013, 4: 1687.

[116] Wang G, Shen X, Yao J, et al. Graphene nanosheets for enhanced lithium storage in lithium ion batteries[J]. Carbon, 2009, 47: 2049-2053.

[117] Wang H, Yang Y, Liang Y, et al. $LiMn_{1-x}Fe_xPO_4$ nanorods grown on graphene sheets for ultrahigh-rate-performance lithium ion batteries[J]. Angewandte Chemie International Edition, 2011, 123: 7502-7506.

[118] Li S, Luo Y, Lv W, et al. Vertically aligned carbon nanotubes grown on graphene paper as electrodes in Lithium-ion batteries and dye-sensitized solar cells[J]. Advanced Energy Materials, 2011, 1: 486-490.

[119] Wang H, Yang Y, Liang Y, et al. Graphene-wrapped sulfur particles as a rechargeable Lithium-sulfur-battery cathode material with high capacity and cycling stability[J]. Nano Letters, 2011, 11: 2644-2647.

[120] Wang H, Cui L F, Yang Y, et al. $Mn_3O_4$-graphene hybrid as a high capacity anode material for Lithium ion batteries[J]. Journal of the American Chemical Society, 2010, 132: 13978-13980.

[121] Luo J, Liu J, Zeng Z, et al. 3D graphene foam

supported $Fe_3O_4$ Lithium battery anodes with long cycle life and high rate capability[J]. Nano Letters, 2013, 13: 6136-6143.

[122] Reddy A L M, Srivastava A, Gowda S R, et al. Synthesis of nitrogen-doped graphene films for Lithium battery application[J]. ACS Nano, 2010, 4: 6337.

[123] Wang J Z, Zhong C, Chou S L, et al. Flexible free-standing graphene-silicon composite film for lithium-ion batteries[J]. Electrochemistry Communications, 2010, 12: 1467-1470.

[124] Xiang H, Zhang K, Ji G, et al. Graphene/nanosized silicon composites for lithium battery anodes with improved cycling stability[J]. Carbon, 2011, 49: 1787-1796.

[125] Vinayan B P, Nagar R, Raman V, et al. Synthesis of graphene-multiwalled carbon nanotubes hybrid nanostructure by strengthened electrostatic interaction and its lithium ion battery application[J]. Journal of Materials Chemistry, 2012, 22: 9949-9956.

[126] Blake A J, Huang H. Chemical fabrication and electrochemical characterization of graphene nanosheets using a lithium battery platform[J]. Journal of Chemical Education, 2015, 92: 355-359.

[127] Wang X, Ai W, Li N, et al. Graphene-bacteria composite for oxygen reduction and lithium ion batteries[J]. Journal of Materials Chemistry A, 2015, 3: 12873-12879.

[128] Li C C, Yu H, Yan Q, et al. Green synthesis of highly reduced graphene oxide by compressed hydrogen gas towards energy storage devices[J]. Journal of Power Sources, 2015, 274: 310-317.

[129] Wawer P, Müller J, Fischer M, et al. Latest trends in development and manufacturing of industrial, crystalline silicon solar-cells[J]. Energy Procedia, 2011, 6: 1-5.

[130] Liu M, Johnston M B, Snaith H J. Efficient planar heterojunction perovskite solar cells by vapour deposition[J]. Nature, 2013, 501: 395-398.

[131] Hsieh Y P, Hong B J, Ting C C, et al. Ultrathin graphene-based solar cells[J]. RSC Advances, 2015, 5: 99627-99631.

[132] Cheyns D, Rand B P, Verreet B, et al. The angular response of ultrathin film organic solar cells[J]. APL: Organic Electronics and Photonics, 2008, 1: 243310-243312.

[133] Ishikawa R, Kurokawa Y, Miyajima S, et al. Graphene transparent electrode for thin-film solar cells[J]. Physica Status Solidi(C), 2015, 12: 777-780.

[134] Jiao T, Wei D, Liu J, et al. Flexible solar cells based on graphene-ultrathin silicon schottky junction[J]. RSC Advances, 2015, 5: 73202-73206.

[135] Yang N, Zhai J, Wang D, et al. Two-dimensional graphene bridges enhanced photoinduced charge transport in dye-sensitized solar cells[J]. ACS Nano, 2010, 4: 887-894.

[136] Wang J T W, Ball J M, Barea E M, et al. Low-temperature processed electron collection layers of graphene/$TiO_2$ nanocomposites in thin film perovskite solar cells[J]. Nano Letters, 2014, 14: 724-730.

[137] Xu F, Chen J, Wu X, et al. Graphene scaffolds enhanced photogenerated electron transport in ZnO photoanodes for high-efficiency dye-sensitized solar cells[J]. The Journal of Physical Chemistry C, 2013, 117: 8619-8627.

[138] Zhu Z, Ma J, Wang Z, et al. Efficiency enhancement of perovskite solar cells through fast electron extraction: The role of graphene quantum dots[J]. Journal of the American Chemical Society, 2014, 136: 3760-3763.

[139] Li X, Zhu H, Wang K, et al. Graphene-on-silicon schottky junction solar cells[J]. Advanced Materials, 2010, 22: 2743-2748.

[140] Yang H, Guai G H, Guo C, et al. NiO/graphene

composite for enhanced charge separation and collection in p-type dye sensitized solar cell[J]. The Journal of Physical Chemistry, 2011, 115: 12209-12215.
[141] Liu J, Xue Y, Gao Y, et al. Hole and electron extraction layers based on graphene oxide derivatives for high-performance bulk heterojunction solar cells[J]. Advanced Materials, 2012, 24: 2228-2233.
[142] Wang K, Liu C, Yi C, et al. Hybrid solar cells: efficient perovskite hybrid solar cells via ionomer interfacial engineering[J]. Advanced Functional Materials, 2015, 25: 6825.
[143] Wu M X, Wang Y D, Lin X, et al. Economical and effective sulfide catalysts for dye-sensitized solar cells as counter electrodes[J]. Physical Chemistry Chemical Physics, 2011, 13: 19298-19301.
[144] Lee W H, Suk J W, Lee J, et al. Simultaneous transfer and doping of CVD-grown graphene by fluoropolymer for transparent conductive films on plastic[J]. ACS Nano, 2012, 6: 1284-1290.
[145] Park H, Brown P R, Bulovic V, et al. Graphene as transparent conducting electrodes in organic photovoltaic: studies in graphene morphology, hole transporting layers, and counter electrodes[J]. Nano Letters, 2012, 12: 133-140.
[146] Hasan S A, Rigueur J L, Harl R R, et al. Transferable graphene oxide films with tunable microstructures[J]. ACS Nano, 2010, 4: 7367-7372.
[147] Mathew S, Yella A, Gao P, et al. Dye-sensitized solar cells with 13% efficiency achieved through the molecular engineering of porphyrin sensitizers[J]. Nature Chemistry, 2014, 6: 242-247.
[148] Lin J Y, Chan C Y, Chou S W. Electrophoretic deposition of transparent $MoS_2$-graphene nanosheet composite films as counter electrodes in dye-sensitized solar cells[J]. Chemical Communications, 2013, 49: 1440-1442.
[149] Schlupp M V F, Kurlov A, Hwang J, et al. Gadolinia doped ceria thin films prepared by aerosol assisted chemical vapor deposition and applications in intermediate-Temperature solid oxide fuel cells[J]. Fuel Cells, 2013, 13: 658-665.
[150] Qu L, Liu Y, Baek J B, et al. Nitrogen-doped graphene as efficient metal-free electrocatalyst for oxygen reduction in fuel cells[J]. ACS Nano, 2010, 4: 1321-1326.
[151] Yoo E J, Okata T, Akita T, et al. Enhanced electrocatalytic activity of Pt subnanoclusters on graphene nanosheet surface[J]. Nano Letters. 2009, 9: 2255-2259.
[152] Xin Y, Liu J, Jie X, et al. Preparation and electrochemical characterization of nitrogen doped graphene by microwave as supporting materials for fuel cell catalysts[J]. Electrochimica Acta, 2012, 60: 354-358.
[153] Divya P, Ramaprabhu S. Platinum-graphene hybrid nanostructure as anode and cathode electrocatalysts in proton exchange membrane fuel cells[J]. Journal of Materials Chemistry A, 2014, 2: 4912-4918.
[154] Seo M H, Choi S M, Lim E J, et al. Toward new fuel cell support materials: A theoretical and experimental study of Nitrogen-doped graphene[J]. Chem Sus Chem, 2014, 7: 1-13.
[155] Xiao L, Damien J, Luo J, et al. Crumpled graphene particles for microbial fuel cell electrodes[J]. Journal of Power Sources, 2012, 208: 187-192.
[156] Yoon H J, Jun D H, Yang J H, et al. Carbon dioxide gas sensor using a graphene sheet[J]. Sensors and Actuators B, 2011, 157: 310-313.
[157] Kaniyoor A, Jafri R I, Arockiadoss T, et al. Nanostructured Pt decorated graphene and multi walled carbon nanotube based room temperature hydrogen gas sensor[J]. Nanoscale,

2009, 1: 382-386.
[158] Cuong T V, Pham V H, Chung J S, et al. Solution-processed ZnO-chemically converted graphene gas sensor[J]. Materials Letters, 2010, 64: 2479-2482.
[159] Schedin F, Geim A K, Morozov S V, et al. Detection of individual gas molecules adsorbed on graphene[J]. Nature Materials, 2007, 6: 652-655.
[160] Lu G, Ocola L E, Chen J. Gas detection using low-temperature reduced graphene oxide sheets[J]. Applied Physics Letters, 2009, 94: 083111-1-3.
[161] Yoon H J, Jun D H, Yang J H, et al. Carbon dioxide gas sensor using a graphene sheet[J]. Sensors and Actuators B, 2011, 157: 310-313.
[162] Chung M G, Kim D H, Lee H M, et al. Highly sensitive $NO_2$ gas sensor based on ozone treated graphene[J]. Sensors and Actuators B, 2012, 166-167: 172-176.
[163] Fowler J D, Allen M J, Tung V C, et al. Practical chemical sensors from chemically derived graphene[J]. ACS Nano, 2009, 3: 301-306.
[164] Singh G, Choudhary A, Haranath D, et al. ZnO decorated luminescent graphene as a potential gas ensor at room temperature[J]. Carbon, 2012, 50: 385-394.
[165] Deng S, Tjoa V, Fan H M, et al. Reduced graphene oxide conjugated $Cu_2O$ nanowire mesocrystals for high-performance $NO_2$ gas sensor[J]. Journal of the American Chemical Society, 2012, 134: 4905-4917.
[166] Jeong H Y, Lee D S, Choi H K. Flexible room-temperature $NO_2$ gas sensors based on carbon nanotubes/reduced graphene hybrid films[J]. Applied Physics Letters, 2010, 96: 213105.
[167] Hong J, Lee S, Seo J, et al. A highly sensitive hydrogen sensor with gas selectivity using a PMMA membrane-coated Pd nanoparticle/single-layer graphene hybrid[J]. ACS Applied Materials Interfaces, 2015, 7: 3554-3561.
[168] Kemp K C, Seema H, Saleh M, et al. Environmental applications using graphene composites: water remediation and gas adsorption[J]. Nanoscale, 2013, 5: 3149-3171.
[169] Kyzas G Z, Deliyanni E A, Matis K A. Graphene oxide and its application as an adsorbent for wastewater treatment[J]. Journal of Chemical Technology and Biotechnology, 2014, 89: 196-205.
[170] Cui L, Guo X, Wei Q, et al. Removal of mercury and methylene blue from aqueous solution by xanthate functionalized magnetic graphene oxide: sorption kinetic and uptake mechanism[J]. Journal of Colloid and Interface Science, 2015, 439: 112-120.
[171] Wang S, Wei J, Lv S S, et al. Removal of organic dyes in environmental water onto magnetic-sulfonic graphene nanocomposite[J]. Clean-Soil, Air, Water, 2013, 41: 992-1001.
[172] Moradi O, Gupta V K, Agarwal S, et al. Characteristics and electrical conductivity of graphene and graphene oxide for adsorption of cationic dyes from liquids: kinetic and thermodynamic study[J]. Industrial & Engineering Chemistry Research, 2015, 28: 294-301.
[173] Namvari M, Namazi H. Preparation of efficient magnetic biosorbents by clicking carbohydrates onto graphene oxide[J]. Journal of Materials Science, 2015, 50: 5348-5361.
[174] Chowdhury S, Balasubramanian R. Recent advances in the use of graphene-family nanoadsorbents for removal of toxic pollutants from wastewater[J]. Advances in Colloid and Interface Science, 2014, 204: 35-56.
[175] Sun L, Yu H, Fugetsu B. Graphene oxide adsorption enhanced by in situ reduction with sodium hydrosulfite to remove acridine orange

from aqueous solution[J]. Journal of Hazard Materials, 2012, 203-204: 101-110.

[176] Gupta S S, Sreeprasad T S, Maliyekka S M, et al. Graphene from sugar and its application in water purification[J]. Acs Applied Materials & Interfaces, 2012, 4: 4156-4163.

[177] Wu W, Yang Y, Zhou H, et al. Highly efficient removal of Cu (Ⅱ) from aqueous solution by using graphene oxide[J]. Water Air Soil Pollution, 2013, 224: 1372.

[178] Yan H, Tao X, Yang Z, et al. Effects of the oxidation degree of graphene oxide on the adsorption of methylene blue[J]. Journal of Hazard Materials, 2014, 268: 191-198.

[179] Ma T, Chang P R, Zheng P, et al. Fabrication of ultra-light graphene-based gels and their adsorption of methylene blue[J]. Chemical Engineering Journal, 2014, 240: 595-600.

[180] Parmar K R, Patel I, Basha S, et al. Synthesis of acetone reduced graphene oxide/$Fe_3O_4$ composite through simple and efficient chemical reduction of exfoliated graphene oxide for removal of dye from aqueous solution[J]. Journal of Materials Science, 2014, 49: 6772-6783.

[181] Wu Z, Zhong H, Yuan X, et al. Adsorptive removal of methylene blue by rhamnolipid-functionalized graphene oxide from wastewater[J]. Water Research, 2014, 330: 330-344.

[182] Chen D, Wang D, Ge Q, et al. Graphene-wrapped ZnO nanospheres as a photocatalyst for high performance photocatalysis[J]. Thin Solid Films, 2015, 574: 1-9.

[183] Rong X, Qiu F, Zhang C. Adsorption-photodegradation synergetic removal of methylene blue from aqueous solution by NiO/graphene oxide nanocomposite[J]. Powder Technology, 2015, 275: 322-328.

[184] AlMarzooqi F A, Ghaferi A A A, Saadat I, et al. Application of capacitive deionisation in water desalination: A review[J]. Desalination, 2014, 342: 3-15.

[185] Liang B, Zhan W, Qi G. High performance graphene oxide/polyacrylonitrile composite pervaporation membranes for desalination applications[J]. Journal of Materials Chemistry A, 2015, 3: 5140-5147.

[186] Hung L, Zhang M, Li C, et al. Graphene-based membranes for molecular separation[J]. J Phys Chem Lett, 2015, 6: 2806-2815.

[187] Hu S, Lozada-Hidalgo M, Wang F C, et al. Proton Transport through One-AtomThick Crystals[J]. Nature, 2014, 516: 227-230.

[188] Lee J, Chae H R, Won Y J. Graphene oxide nanoplatelets composite membrane with hydrophilic and antifouling properties for wastewater treatment[J]. Journal of Membrane Science, 2013, 448: 223-230.

[189] Goh P S, Ismail A F, Hilal N. Nano-enabled membranes technology: sustainable and revolutionary solutions for membrane desalination[J]. Desalination, 2016, 380: 100-104.

[190] Humplik T, Lee J, O'Hern S C, et al. Nanostructured materials for water desalination[J]. Nanotechnology, 2011, 22: 292001-292019.

[191] Mishra A K, Ramaprabhu S. Functionalized graphene sheets for arsenic removal and desalination of sea water[J]. Desalination, 2011, 282: 39-45.

[192] Wang Z, Dou B, Zheng L, et al. Effective desalination by capacitive deionization with functional graphene nanocomposite as novel electrode material[J]. Desalination, 2012, 299: 96-102.

[193] El-Deen A G, Barakat N A M, Kim H Y. Graphene wrapped $MnO_2$-nanostructures as effective and stable electrode materials

[193] for capacitive deionization desalination technology[J]. Desalination, 2014, 344: 289-298.
[194] Cohen-Tanugi D, Grossman J C. Water desalination across nanoporous graphene[J]. Nano Letters, 2012, 12: 3602-3608.
[195] Chae H R, Lee J, Lee C H, et al. Graphene oxide-embedded thin-film composite reverse osmosis membrane with high flux, anti-biofouling, and chlorine resistance[J]. J Membrane Science, 2015, 483: 128-135.
[196] Kim H J, Lim M Y, Jung K H, et al. High-performance reverse osmosis nanocomposite membranes containing the mixture of carbon nanotubes and graphene oxides[J]. Journal of Materials Chemistry A, 2015, 3: 6798-6809.
[197] Cohen-Tanugi D, Grossman J C. Water desalination across nanoporous graphene[J]. Nano Letters, 2012, 12: 3602-3608.
[198] He L, Dumée L F, Feng C. Promoted water transport across graphene oxide-poly(amide) thin film composite membranes and their antibacterial activity[J]. Desalination, 2015, 365: 126-135.
[199] Joshi R K, Carbone P, Wang F, et al. Precise and ultrafast molecular sieving through graphene oxide membranes[J]. Science, 2014, 343: 752-754.
[200] Liu S, Zeng T H, Hofmann M, et al. Antibacterial activity of graphite, graphite oxide, graphene oxide, and reduced graphene oxide: Membrane and oxidative stress[J]. ACS Nano, 2011, 5: 6971-6980.
[201] Carpio I E M, Santos C M, Wei X, et al. Toxicity of a polymer-graphene oxide composite against bacterial planktonic cells, biofilms, and mammalian cells[J]. Nanoscale, 2012, 4: 4746-4756.
[202] Kang S, Mauter M S, Elimelech M. Microbial cytotoxicity of carbon-based nanomaterials: implications for river water and wastewater effluent[J]. Environmental Science & Technology, 2009, 43: 2648-2653.
[203] Du J, Hu X, Zhou Q. Graphene oxide regulates the bacterial community and exhibits property changes in soil[J]. The Royal Society of Chemistry, 2015, 5: 27009-27017.
[204] Wang S, Sun H, Ang H M, et al. Adsorptive remediation of environmental pollutants using novel graphene-based nanomaterials[J]. Chemical Engineering Journal, 2013, 226: 336-347.

# 索 引

## B

半导体量子点 309
半经典模型 243
饱和吸收 216
本征磁性 276
本征石墨烯 118
吡啶氮 124
吡咯氮 125
边缘功能化 117
表面等离子体 242
表面活性剂辅助法 039
表面掺杂 180
表面转移掺杂 123
不对称功能化 116

## C

C终止面 042
场效应晶体管 185
场效应晶体管存储器 199
超导电 284
超导量子干涉仪 267
超分子组装 139
超级电容器 304, 341, 396
超顺磁性 267
储能 302
储氢 362, 393
磁矩 268
磁力显微镜 267
催化活性 307

## D

带隙 170
单层石墨烯 004
氮掺杂 124, 178
导热材料 387
等离子体波导 251

低温扫描隧道显微镜 269
狄拉克点 007, 168
底栅石墨烯场效应晶体管 186
电磁屏蔽 391
电催化 306
电光调制 223
电弧放电法 044
电化学鼓泡法 089
电化学还原法 052, 147
电化学抛光 059
电流增益 190
电容去离子作用 411
电子能量损失能谱 245
电子转移理论 135
调Q 215
顶栅石墨烯场效应晶体管 187

## E

二次电池 349

## F

法布里-帕罗干涉 238
反渗透膜 412
反铁磁性 267
防腐蚀材料 385
非共价功能化 120
非共线磁结构 267
非水溶剂法 037
非线性光学 213
非易失性存储 198
分子吸附 282
氟化反应 110
辐照 269
复合材料 300

## G

高分子材料 383

高分子功能化　121
高频晶体管　189
高温退火　059
功能化石墨烯　138
共轭化合物功能化　120
共价功能化　108
沟道　185
固体激光器　221
光催化　313
光催化分解水　315
光导率　213
光电探测器　204
光调制深度　216
光伏效应　204
光化学反应　130
光还原反应　132
光敏剂　401
光探测器　234
光纤激光器　217
光学显微镜　015
过渡金属硫化物　241

## H

横磁场模式　232
横电场模式　232
滑移转移法　093
化学剥离法　037
化学还原法　147
化学剪裁　312
化学气相沉积　056
化学掺杂　122
环加成反应　114
还原氧化石墨烯　049, 136

## J

机械剥离　034
机械切割石墨法　036
机械研磨石墨法　036
脊形波导结构　225

角分辨光电子能谱　246
截止频率　189
介电层　185
金属基复合材料　381
近场光学显微镜　248
居里温度　267
局域磁矩　282
局域电子态　271
聚氨酯　325
聚合物辅助转移法　087
聚乙烯醇　325
卷对卷转移　093

## K

开关比　185
抗磁性　266
壳聚糖　327
可饱和吸收体　216, 217
可膨胀石墨　039
跨导　191

## L

拉曼光谱　026
拉曼面扫描　027
拉曼特征峰　026
拉伸应变　171
锂-空气电池　355
锂电池　398
锂离子电池　350
锂硫电池　305, 353
量子点　205
量子点太阳能电池　360
量子霍尔效应　007, 169
量子隧穿效应　183
六方氮化硼　074
逻辑电路　192

## M

马赫-曾德尔干涉结构　228
迈斯纳效应　267

摩擦剥离 035
膜材料 410
"面对面"直接转移法 092

## N

纳米共振腔 250
纳米流体 390
钠-空气电池 355
钠离子电池 354
能带结构 168
能量色散X射线分析仪 019

## P

硼掺杂 128, 179
偏析法 077

## Q

气敏材料 406
气凝胶 149
气体传感器 195
迁移率 185
切开碳纳米管 080
氢气还原 055
轻元素超掺杂技术 278
球差校正透射电子显微镜 021
取代掺杂 124

## R

燃料电池 306, 356, 403
染料敏化太阳能电池 358, 402
热导率 012
热膨胀还原 055
热释放胶带 086
溶剂热还原 054
柔性有机电致发光二极管 319

## S

三级氮 125
三维石墨烯材料 345

三维自组装 144
扫描电子显微镜 018
扫描隧道显微镜 024
生物传感 322
石墨烷 109
石墨烯 003
石墨烯产品 379
石墨烯晶畴 062
石墨烯量子点 312
石墨烯纳米带 173, 277
石墨烯纳米片 356
石墨烯纳米网 181
石墨烯凝胶 345
石墨烯泡沫 347
石墨烯纤维 142
石英基底 073
双层石墨烯 009, 284
双电层电容 342
水合肼 049
水凝胶 054, 145, 320
水热还原法 146
顺磁性 266
随机相变近似 244
锁模 215

## T

太阳能电池 358, 400
陶瓷材料 384
铁磁性 267
透明导电薄膜 316
透明导电电极 202, 402
透射电子显微镜 020

## W

外延生长 041
完全抗磁性 267
微环谐振结构 227

## X

吸波材料 327

吸附 409
细胞成像 321
狭缝波导结构 225
线性光学 212
相变传热 389
橡胶 383
胶带剥离 035
悬浮石墨烯场效应晶体管 188

## Y

压力传感器 196
亚铁磁性 267
赝电容 343
氧化反应 111
氧化石墨 045
氧化石墨烯 111
氧化石墨烯催化 134
氧化石墨烯液晶相 141
药物传输 321
液晶行为 139
液态金属 067
忆阻器 200
异质结 183
荧光 323
有机光伏电池 360
有机凝胶 149
阈值电压 185
原子层沉积法 188
原子力显微镜 022
原子吸附 280
源漏电极 185

## Z

杂化石墨烯 137

栅极 185
真空抽滤取向法 148
振动样品磁强计 267
自下而上 079, 300
自旋传输 169
自旋传输性质 169
自旋电子学 264
自旋劈裂 281
自由基加成反应 113
最高振荡频率 190

## 其他

Brodie法 046
CLT转移 091
Cu-Ni合金 065
Cu基底 061
Gouy-Chapman模型 342
$H_2$刻蚀 063
Helmholtz模型 342
HI 051
Hummers法 047
$K_2FeO_4$氧化法 048
LB技术 142
Lerf-Klinowski模型 046
Lieb定理 273
$NaBH_4$ 050
NaOH 051
Ni-Mo合金 067
Ni基底 059
RCA标准清洗法 089
Si终止面 042
Staudenmaier法 047
Stern模型 342

## 纳米材料前沿

## 编委会

**主　任**　万立骏

**副主任**（按姓氏汉语拼音排序）

包信和　陈小明　成会明

刘云圻　孙世刚　张洪杰

周伟斌

**委　员**（按姓氏汉语拼音排序）

包信和　陈小明　成会明

顾忠泽　刘　畅　刘云圻

孙世刚　唐智勇　万立骏

王春儒　王　树　王　训

杨俊林　杨卫民　张洪杰

张立群　周伟斌